LONELY PLANET'S

1000 极致探险体验

ULTIMATE ADVENTURES

目录

前 言

四周一片岑寂，我汗流浃背。在我的周围，沙漠一望无涯。没有任何移动的东西。天空没有一丝云彩，映衬着沙丘波纹般的曲线和影子。这里没有生命的迹象，以前也了无人踪。

尽管天热，尽管艰辛，我还是露出了微笑。或许我就是因为这一切而微笑？因为冒险本就不该轻松，是吧？

我正在徒步穿越阿拉伯半岛的“空域”（Empty Quarter，见21页）——鲁卜哈利沙漠（Rub' al Khali）。每一步的前进，每一步的安全，我都得靠自己。这是一种令人振奋的感觉。但我并非首个涉足此地的人。我不过是在追随威尔弗雷德·塞西杰（Wilfred Thesiger）于七十年前那次了不起的旅行中留下的足迹。

我思索着塞西杰和我在追求各自的探险时所处的世界是多么的不同，而我这次徒步的终点将是迪拜塔（Burj Khalifa）顶层——目前全球最高的建筑。塞西杰若活在当代，必会惊恐万分。但我们没有必要生活在过去。自从塞西杰出发穿越这些平原以来，世界已经发生了巨大变化，但发现新地点的刺激感仍然存在。我喜欢前往自己从未去过的地方，喜欢欣赏我在类似于本书的著作里首次读到的辉煌景象。

我们生活在一个幸运的时代。这个世界比以前更容易接近了。如今，我们不仅有机会坐在扶手椅里通过阅读体验探险之乐，沉浸在本书的有趣照片和想法之中，而且还可致力于我们自己的探险之旅。我们有机会尝试大大小小的探险，发现自己从未意识到的潜力。不管是作史诗般的宏大探险还是在本地一试身手，本书都是一块不错的垫脚石。

我一开始就是通过那些伟大探索者的故事策划自己的冒险之旅的。他们启发我大胆梦想。我到过库克船长遭到杀害的海滩，我曾追随马可·波罗穿越塔克拉玛干沙漠（见326页），但伯克和威尔斯前无古人的跋涉让我意识到自己的旅行简历中有一个耀眼的疏漏：我从未在澳大利亚探险。世界如此广阔，而我上下求索于其间，永不知足。本书也以如此悦目的篇章明白告诉我们，有那么多事情要做。因此我们更有理由大胆梦想、精心筹划，并付诸实施了。

我的第一次探险是从巴基斯坦顺着令人惊叹的喀拉昆仑公路（见318页）骑车，翻山越岭前往中国。起初，当我计划骑车穿越托斯卡纳时，一位朋友诱使我考虑作一次更大的冒险。这趟骑行之旅不仅比在意大利费用更低、规模更大，而且还是一剂催化剂。我沉迷于其中，永不回头。

在阅读本书时，可别犯下光读不练的错误，去把自己选择的冒险变成现实吧。翻过这些书页，我留意到几次激发我想象力的探险，骑山地自行车经过圣胡安的小木屋（见291页）和在夏洛特皇后群岛划船（见153页）只是其中的两项。我敢肯定你也会有类似的发现。外面的世界多么精彩，本书则是一份美味的开胃菜。让我们出发吧！

阿拉斯泰尔·汉弗莱斯（Alastair Humphreys）

2013年4月于苏格兰

“空域”，一片似乎无边无际的风蚀沙丘——以及无穷无尽的冒险。

终极旅行线路

邂逅动物

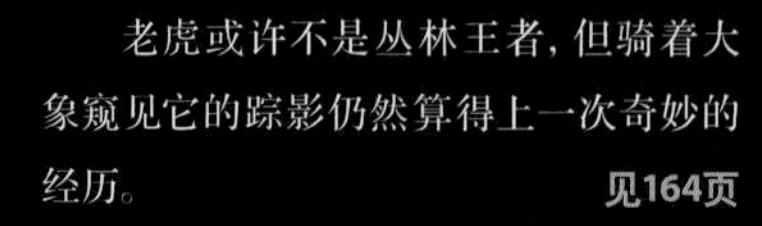

老虎或许不是丛林王者，但骑着大象窥见它的踪影仍然算得上一次奇妙的经历。 见164页

在澳大利亚南部的林肯港（Port Lincoln）附近水域，观看大白鲨的最佳方法是待在一只铁笼子里。 见47页

海龟能够活到很老。到尼加拉瓜的帕德雷·拉莫斯三角洲（Padre Ramos Estuary）去见证它们孵化的那一刻吧。 见54页

在阿拉斯加，狗狗的生活就是拉雪橇，既然如此，何不到这里的一条冰川坐着狗拉雪橇一路飞奔？ 见172页

像成吉思汗及其游牧部落那样，骑着马儿在草原上任意驰骋，还能有比这更好的方法去体验蒙古高原的广袤无垠吗？ 见62页

原始非洲

在坦桑尼亚的桑给巴尔（Zanzibar），香料种植园、纯净的海滩和斯瓦希里（Swahili）文化交相辉映，这座岛屿就像非洲的一颗宝石，漂浮在印度洋上。 见236页

纳米比亚起伏的沙丘是玩滑沙的完美地点……就算摔下去也是软软乎乎的。 见19页

从开普敦（Cape Town）骑自行车一路北上开罗，在这趟史诗般的漫长旅行中，你会接触到这个活力四射的大陆的各种景象、声音和气息。 见10页

每年都会有150万头角马和斑马穿过马赛马拉（Maasai Mara），它们史诗般的大规模迁徙场面蔚为壮观。 见260页

在加纳的卡库姆国家公园（Kakum National Park），向导可在夜晚带领游客穿过非洲原始的热带雨林。 见55页

山岳高原

智利的"W"形步道(W Trek)穿过巴塔哥尼亚的百内国家公园(Torres del Paine National Park),沿途点缀着众多冷光荧荧的冰川湖和危岩高耸的花岗岩山峰,让人惊叹不已。 见73页

出发前往苏格兰,征服"蒙罗山"(Munro,苏格兰人对海拔超过3000英尺的山峰的统称)是需要相当大的勇气的,因为它们共有282座,而且海拔全都在900米以上。 见25页

来到世界最高峰,先让脸飘起来。你并不一定非要登上珠穆朗玛峰,在它上空玩高空跳伞也同样惊险。 见296页

近距离体验全球最活跃的活火山。在夏威夷火山国家公园(Volcanoes National Park),岩浆慢慢腾腾地从基拉韦厄(Kilauea)流下,站在一旁观看非常安全。 见86页

乞力马扎罗山(Mt Kilimanjaro)山顶覆盖着冰川,它巍然耸立在坦桑尼亚烈日炙烤下的大草原上方。 见215页

轻松冒险

经过一路奔波抵达冰岛后,到雷克雅未克的蓝潟湖去,泡在温暖的水中,你就会放松下来,疲劳尽除。 见345页

在加利福尼亚自封的"世界轮滑之都"威尼斯海滩(Venice Beach),你可以像天鹅一样滑行,也可在木板路上玩个痛快。 见102页

来到土耳其的卡帕多基亚(Cappadocia),坐在一只热气球里,飘浮在异域的风景和村庄上方,就这样开始一天的生活。 见32页

在塞舌尔(Seychelles)的一座座岛屿之间,驾着纵帆船滑过印度洋,船后跟着成群的海豚,这样的旅行如同田园牧歌般的生活变成现实。 见168页

作为阿姆斯特丹自行车和驳船游的一部分,与旅伴一起骑双人自行车是培养团队精神的终极体验。 见315页

活力美洲

在得克萨斯广袤的大本德(Big Bend),你可以在格兰德河(Rio Grande)坐着橡皮筏顺流而下,也可徒步或骑马深入奇瑟斯山脉(Chisos Mountains)。 见280页

宝塔糖山(Mt Sugarloaf)守护着里约热内卢(Rio de Janeiro),它提供颇具挑战性的登山体验,只有瓜纳巴拉湾(Guanbara Bay)的美景能与之匹敌。 见129页

魅力非凡的横穿加拿大步道(Trans Canada Trail)将纽芬兰(Newfoundland)与温哥华岛(Vancouver Island)连接起来,它是世界上最长的步道网。 见252页

作为勇往直前的骑手,加乌乔人是带着你骑马探索智利巴塔哥尼亚(Patagonia)起伏的群山与湖泊的完美向导。 见171页

犹他州摩押(Moab)周围的砂岩峭壁拥有享誉世界的山地自行车路线。到这里来寻求骑行的刺激吧。 见96页

勇敢无畏的澳洲

蓝山山脉（Blue Mountains）充满地质学奇观——瀑布、溪谷、裂隙，你可以通过蹦谷之旅全速探索。 见56页

阿拉匹力司山（Mt Arapiles）就像一座嵯峨的要塞，它发源于维多利亚州的乡村，是澳大利亚最好的入门级攀岩地点之一。 见306页

米尔福德步道（The Milford Track）是新西兰最著名的徒步路线，在长达四天的长途跋涉中，徒步者会穿过令人叹为观止的地形。 见73页

冲浪者和灵魂漂泊者来到位于新南威尔士州北部的拜伦湾（Byron Bay），在接连不断的排排巨浪间上下翻飞。 见329页

位于新西兰南端附近的奥塔戈中部铁路自行车道（Central Otago Rail）长达150公里，每年4月这里都有色彩斑斓的秋景。 见177页

徒步探险

参加南极洲冰山马拉松（Antarctic Ice Marathon）的选手须忍受冰点以下的气温和刺骨的寒风，但作为回报，他们可以穿过原始的荒野。 见113页

长达4300公里的太平洋山脊步道（Pacific Crest Trail）越过一条条连绵起伏的山脉，沿途经过美国的三个州和七个国家公园。 见252页

捷克的绿道（Greenways）步道网一路弥漫着松树的香气，而且每个路边村庄的酒馆都有家酿的啤酒！ 见82页

从巴伦支（Barents）越过斯匹次卑尔根（Spitsbergen），前往格陵兰海，意味着要在冰上支起一顶山地帐篷，度过每个星光灿烂的夜晚。 见247页

圣地亚哥朝圣之路（Camino de Santiago）交会于加利西亚（Galicia）地区传说中的保存了圣雅各遗骨的城市，这里一定是当代基督教最著名的热门现代朝圣路线。 见211页

激爽欧洲

克罗地亚在乳白色的亚得里亚海（Adriatic Sea）里拥有超过1200个岛屿，这里为海上皮划艇玩家们提供了丰富的田园风光与挑战。 见153页

从西部高地步道（West Highland Way）穿越苏格兰，途经各种各样美得令人窒息的风景。从荒无人烟的沼地到一平如镜的洛蒙德湖（Loch Lomond），令人目不暇接。 见70页

追随文学史上第一位伟大旅行者奥德修斯的脚步，可以周游地中海的众多港口、海湾和岛屿。 见324页

每年7月的一个星期，成群结队的人每天早上都会在潘普洛纳（Pamplona）的鹅卵石街道上被一头头公牛追赶得四处窜逃。还有比这更有趣的事情吗？ 见202页

在挪威的特罗姆瑟（Tromsø），将你的目光投向空中的北极光，传说它是奥丁神神秘的婢女瓦尔基里盔甲的反光。 见158页

水上嬉戏

在维多利亚瀑布（Victoria Falls）边缘的"魔鬼游泳池"（Devil's Pool），仰卧于水波之上，这是最刺激的事情。 见107页

在帕劳（Palau）的水母湖（Ongeim'l Tketau），当一千万只水母追随着太阳从你头顶经过时，你可以在它们中间懒洋洋地随波逐流。 见271页

到开曼群岛（Cayman islands）半透明的海水中与巨型魔鬼鱼一起畅游，那种经历真有一种触电般的感觉。 见339页

赞比西河（Zambezi River）从维多利亚瀑布飞流直下，然后一路奔腾着穿过玄武岩林立的巴托卡峡谷（Batoka Gorge），载着漂流者顺流而下。 见241页

在澳大利亚西部的宁格罗海洋公园（Ningaloo Marine Park），性情温和的海中巨兽鲸鲨长达10米，它们畅游在波光粼粼的海水中。 见269页

精彩亚洲

在越南北部郁郁葱葱的高原上，点缀着一个个山地部落的村庄，那里以色彩斑斓的定期集市著称。 见37页

安纳布尔纳环线（Annapurna Circuit）有让人喘不过气来的海拔高度和世界上最深的峡谷卡里甘达基（Kali Gandaki）。 见318页

中国的长城绵延八千多公里，北京周边的河北省境内有一些可供徒步的路段。 见65页

世界上海拔最高的机动车公路列城—马纳利公路（Leh-Manali Highway）将拉达克地区（Ladakh）与喜马偕尔邦（Himachal Pradesh）连接起来，其平均海拔超过4000米。 见135页

在5公里长的空中项目"长臂猿的飞翔"（Flight of the Gibbons）中，可以鸟瞰，或者说"猴瞰"清迈（Chiang Mai）周围的雨林风光。 见221页

终极旅行线路

旅行风向标

是不是觉得自己胆子够大？那么何不去以下目的地挑战一番，这些都是世界终极探险圣地，美好程度一点都不打折扣。

001 沿中亚丝绸之路探索

并没有哪条路写着“丝绸之路”的路标，也没有标注清晰的路线图。同样，也没有卫星导航仪用马可·波罗的声音告诉你在下一个商队驿站左转。现代公路的设施在丝绸之路上一概没有，你将经历的是纵横交错的古老贸易路线：从地中海地区通往亚洲的东方。从伊斯坦布尔（Istanbul）启程，选择一条适合自己的路线向东进发。从乌兹别克斯坦的雄城重镇、喀什的周日大巴扎、巴基斯坦的喀喇昆仑公路（Karakoram Highway），到各个以“斯坦”为名的国家里不计其数的独特景观，这些都是丝路上的重要景点。探索这一道路网络时，最好避免踏上通往伊拉克和阿富汗等地的若干支线——不过没关系，只要另选一条其他路线继续探险就好了。

中国公民前往伊朗，可到大使馆申请为期30天的伊朗境内停留签证，也可在德黑兰国际机场办理落地签，但有被航空公司拒绝登机的风险。

002 南美洲亚马孙河漫游

“在没有生命危险的时候，这里还是相当好玩的。”埃德·斯塔福德（Ed Stafford）在2010年成为徒步走完亚马孙河全程的全球第一人后，如是打趣道。他从位于秘鲁安第斯山脉（Peruvian Andes）的亚马孙河源头开始，一路走过6400公里，到达位于巴西大西洋沿岸的入海口，共用时860天。这场征程确实有生命危险：浩瀚的亚马孙河蜿蜒穿过世界上面积最大的雨林，汇入大西洋，沿岸流域危机四伏，蛇虫、疾病当道，还潜藏着满怀敌意的当地土著。但这一地区同样有着难以估量的生物种类和令人着迷的部落，可提供给你电影《夺宝奇兵》一般的奇妙探险。跳上船只（渡轮、游轮、树干独木舟）顺水疾驰吧。

亚马孙河沿岸的主要城镇几乎都不能从陆路前往，只能乘飞机或船前往。马瑙斯（Manaus）、伊基托斯（Iquitos）、贝伦（Belém）等是主要枢纽城市。

003 驾房车环游澳大利亚

这不仅是假日出行，实际上是一场特定的仪式，也是一场现代的“俄底修斯之旅”。幅员辽阔的澳大利亚让旅行者们将食物塞满他们的冷藏箱，开着房车上路。无论你从悉尼向北，从阿德莱德（Adelaide）向西，还是环绕整块大陆一周（顺便说一下吧，全程约16,000公里），都可能遇到这样的情况：与沙袋鼠擦肩而过，在人迹罕至的地方为汽油耗尽而抓狂，被路边不断涌现的壮美景致迷得神魂颠倒……这样的体验毕生难忘。

事先做好准备：带上备用轮胎、充足的食物和饮用水、充满电的手机或卫星电话。尽量避免在夜间行车。

004 非洲从开罗骑行到开普敦

开着卡车，从北向南贯穿非洲是超凡的壮举，一路上会经过灼人的沙漠、闷热的丛林，还有大型动物横行的热带大草原。现在，可以考虑骑着自行车走这条路线，全程骑行12,000公里。道路状况就只能听天由命了，有的坑坑洼洼，有的根本不算是路，还有的有大象。与非洲这般亲密接触当然常常令你身陷险境，不过你与这里的人民、景观、声响乃至气味之间都不再有任何恼人的隔阂，可以全身心地拥抱这块大陆。不要急着赶路，走走看看、细细品味才是充分感受非洲的绝佳方式。

有后勤保障的环非洲国际自行车赛（Tour d' Afrique；tourdafrique.com）的起点在开罗，终点在开普敦，骑完全程需时4个月，花费约14,000美元。

UPPA/PHOTOSHOT ©

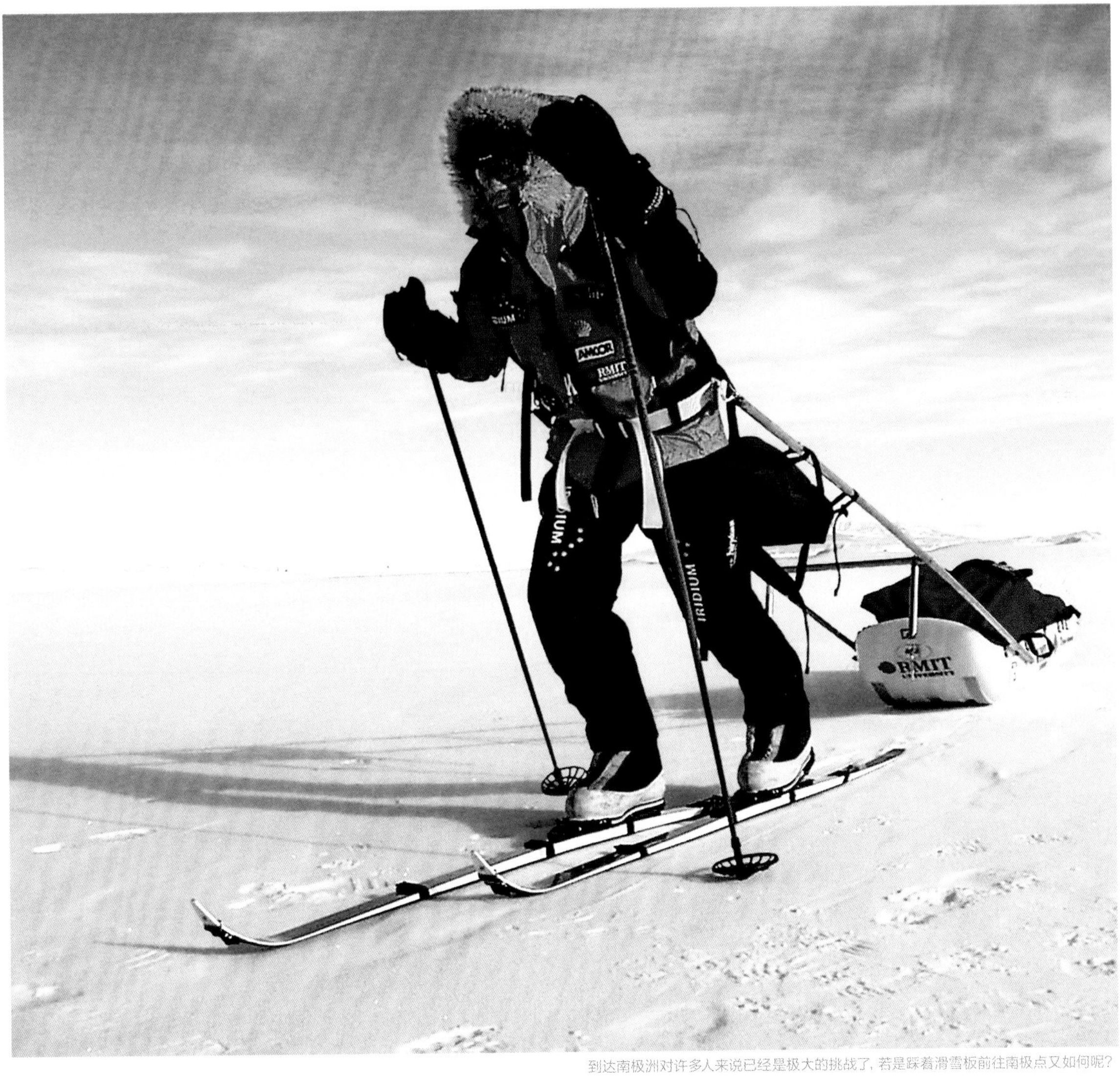

到达南极洲对许多人来说已经是极大的挑战了，若是踩着滑雪板前往南极点又如何呢？

005 滑雪去南极点

仅是前往南极洲的边缘旅行已经填补了人生一大空白，要是能站在南极点——位于白色大陆令人望而生畏的腹地，极难到达——真可以说此生无憾了。不过凭借一己之力到达南极点（像斯科特和阿蒙森等前辈一样，发须上挂着冰碴）则是另一种壮举，足可名震一方。谢天谢地，现在去南极点比一百年前容易了些许。如今，你可以先乘雪上飞机到南纬89度，最后再滑雪110公里抵达目标。或者沿更长的路线前往：从南极大陆边缘的海格拉斯湾（Hercules Inlet）出发，此地距令人雀跃的南极点标记还有漫长而艰辛的1170公里。

参加Adventure Network International的“极度滑雪”（Ski Last Degree）项目，滑雪5天可至南极点，从海格拉斯湾出发需60天。详情见www.adventure-network.com。

攀登珠穆朗玛峰：从世界最高点俯瞰，名副其实的一览众山小。

006 深海潜水

征服世界最高峰珠穆朗玛峰的登山者已经数以千计，但截至2012年，到过世界最深处——太平洋马里亚纳海沟的挑战者海渊（Challenger Deep）的却只有区区3人。这处海渊位于关岛（Guam）西南320公里，深达11,000米，荒凉、黑暗、寒冷，而且暗流汹涌。只有使用非常专业的深潜设备并执行昂贵科研任务的人才能到达这里。虽然已有多方计划到马里亚纳海沟进行考察，不过还是探索“泰坦尼克号”更为实际，普通旅行者们已经可以通过一些商业潜水（花费不菲）项目下潜，到达北大西洋海底3720米处，并近距离观赏这艘“永不沉没”的巨轮。

未来，包括2～3小时海床探索的“泰坦尼克号”潜水项目仍有待确认。登录deepseachallenge.com可以了解马里亚纳海沟考察项目的进展。

007 美国阿拉斯加州观看艾迪塔罗德狗拉雪橇比赛

艾迪塔罗德狗拉雪橇比赛（Iditarod），又称“最后的伟大比赛”（Last Great Race），为的是纪念勘探者的精神和挽救逐渐逝去的传统。这项极具纪念意义的赛事始办于1973年，目的是推动阿拉斯加狗拉雪橇的历史传承（捎带着对当时新奇的雪上摩托的不屑）。参赛者沿历史上淘金潮先驱者的路线，从安克雷奇（Anchorage）赶着狗拉雪橇至诺姆（Nome）。如今的赛程

全长1600公里，艰苦程度令人难以想象。雪橇夫指引着狗儿穿越险恶的冰原，经过无数高山山口，还要忍受暴风雪和零下70℃的严寒。比赛还是留给专业人士吧，普通人在赛道旁加油助威就好。在安克雷奇观看起跑仪式，在瓦西拉（Wasilla，位于安克雷奇以北65公里处）观看重新起跑，或者租一辆雪上摩托，试着跟上飞驰的雪橇。

艾迪塔罗德狗拉雪橇比赛（iditarod.com）每年3月的第一个周六在安克雷奇开赛，参赛者们完成比赛通常需要9至15天。

008 从尼泊尔攀登珠穆朗玛峰

“因为山在那里。”乔治·马洛里（George Mallory）一语道破自己攀登世界最高峰的缘由，而这句传奇名言至今仍激励着越来越多的登山者挑战珠峰。珠穆朗玛峰8844.43米的海拔无与伦比，山坡上的冰层和面积广阔的“死亡地带”（海拔8000米以上的地带，到达这个高度的人已是濒临死亡）危险重重，不过这还不是最困难的。很明显，攀登珠峰特别艰难，费用也非常高昂（约50,000美元）。不过，有足够的资金、决心，加上玩命似的训练，你还是有可能站在世界之巅的。

珠穆朗玛峰探险的起点在卢卡拉（Lukla，从加德满都乘飞机抵达），需时约70天。最适宜登山的时间是3月至5月。2015年，尼泊尔地震引发珠峰雪崩，大本营部分营地被掩埋，但对登山迷来讲，珠峰的魅力仍在。

009 环球航行

效仿库克船长或麦哲伦进行一次现代的世界环游，堪称最令人回味的旅行挑战，不过最好不要像当年的先驱一样被满怀敌意的土著干掉。扬起风帆，你可以前往任何地方，当然也要听取安全建议，规避海盗风险……你甚至都不需要有自己的船。亿万富翁们可能乘着自己的豪华游艇四处巡游，而囊中羞涩的航海爱好者也有多种选择，可以在取得航海资质后加入船员的行列，然后，塔希提岛（Tahiti）、加勒比海（the Caribbean）、合恩角（Cape Horn）等就任你遨游啦。

Crewseekers等组织提供志愿者、熟练水手与招募船员的船只之间的中介服务。详情可登录网站www.crewseekers.net。

010 从英国经陆路去澳大利亚

伦敦与悉尼相距约17,000公里，两座城市之间有世界上最高的山脉、动荡的疆土、纷扰的国界、路况迥异的道路，还有一片浩瀚的海洋。此外，世界上一半的人口也居住在这里：他们或生活在熙熙攘攘的都市，或分布于乡间。因此，搭乘飞机飞越这片广袤的区域实在让人遗憾。花上至少6个月的时间，加入陆路团队并前往澳大利亚，也可以揣着一沓地图，迎接独自绕行地球半圈的挑战。

签证条例各国不同，有些需要在出发前申请，有些则可以在入境时办理，要提前了解清楚。

体验惊涛骇浪的最佳地点

驾驭世界上最壮观、最令人激动的海浪，
这样的惊险体验让你一生难忘。

浪如其名，大白鲨简直是一堵轰鸣的水墙，这里已经吞噬了许多冲浪者。

011 塔希提岛 泰阿胡波

从水面如玻璃般光滑的管浪中顺利穿出，避免触碰浅水中锋利如刀的礁石，你或许也能登上冲浪杂志的封面。这里有“世界上最大的海浪”，巨大的水量足以形成连续不断的完美管浪。莱德·汉密尔顿（Laird Hamilton）于2000年8月完成的精彩冲浪挑战已被影像保留下来，这里也因此更加蜚声冲浪界。当你触碰到礁石的时候，你就明白为什么汉密尔顿这样的弄潮高手也会不寒而栗。去挑战泰阿胡波（Teahupo' o）的巨浪吧，后果自负。

可以从“路的尽头”前去踏浪，字面上就能看出这里是村庄和海浪的交汇处。

DAVID PU' U/CORBIS ©

012 南非豪特湾 “地牢”

长期以来，开普敦附近的海水一直以波涛汹涌闻名。红牛非洲冲浪赛（Red Bull Big Wave Africa）每年视海浪的情况在7月或8月举行，这一赛事使“地牢”（Dungeons）名动全球。即便不参加比赛，你也可以挑战汹涌澎湃的海浪，体验随之而来的激动心情。不过，左右一切的还是海底的礁石和多变的天气。别忘了穿潜水衣：这里的海水冰凉。哦，对了，鲨鱼也是珊瑚礁的常客，它们在这里主要是为了捕食栖息在这片水域中胖乎乎的海豹。

乘飞机前往开普敦，租辆车到豪特湾（Hout Bay），然后在港口跳上船出海吧。

013 墨西哥瓦哈卡 埃斯孔迪多港

与大批冲浪者聚在墨西哥的冲浪天堂，感受世界上最好的沙底浪点。每天早晨和傍晚，风吹过海面，你可以先品尝烤鱼玉米饼，午后小睡一会儿，也不会错过最深厚的管浪：气势磅礴的海浪拍击海岸，发出震耳欲聋的声响。海浪的速度很快，冲浪的风险相当高。不过，这里的海水温暖，城镇一派好客的氛围，在冲浪之余随意逛逛，也不会花费太多。

雨季一般从5月持续到10月，此时整片海滩都有着最大的波浪。

014 美国夏威夷毛伊岛 大白鲨

有些人去毛伊岛（Maui）是为了观光和夏威夷式派对，而你到这里为的是最终极的肾上腺素激增体验。声如雷鸣一般的深水礁石冲浪点大白鲨（Jaws），一向被冲浪者视作无与伦比的冲浪点，这里的海浪速度快、水势猛、落差大，挑战过几座18米以上浪峰并活着回来的冲浪者都会出名。最大的浪峰在每年12月至次年2月出现，澳大利亚人马克·维瑟（Mark Visser）曾在2011年一个漆黑的夜里挑战大白鲨成功。

想要感受冲浪的刺激又不想亲自下水的话，可以驾车前往佩阿希（Peahi）悬崖的顶端，加入成群的观众，为最优秀冲浪手的精彩表演惊叹不已。

015 澳大利亚塔斯马尼亚船尾崖

船尾崖（Shipstern）曾是塔斯马尼亚冲浪界秘而不宣的一个冲浪点，海水拍击着200米高悬崖的底部，只有最勇敢、最强悍的冲浪者才能挑战这里的海浪。在这里，征服众多恶名昭著的管浪中的一个，就足以跻身为数不多、技艺娴熟、挑战滔天大浪成功的冲浪者行列。你要在塔斯马尼亚刺骨的海水中划至冲浪点，在应付层出不穷的锋利礁石的同时，还得时刻提防噬人的鲨鱼。

船尾崖很偏僻，只能步行或乘船到达，但附近的亚瑟港（Port Arthur）却是塔斯马尼亚最热门的旅游目的地。

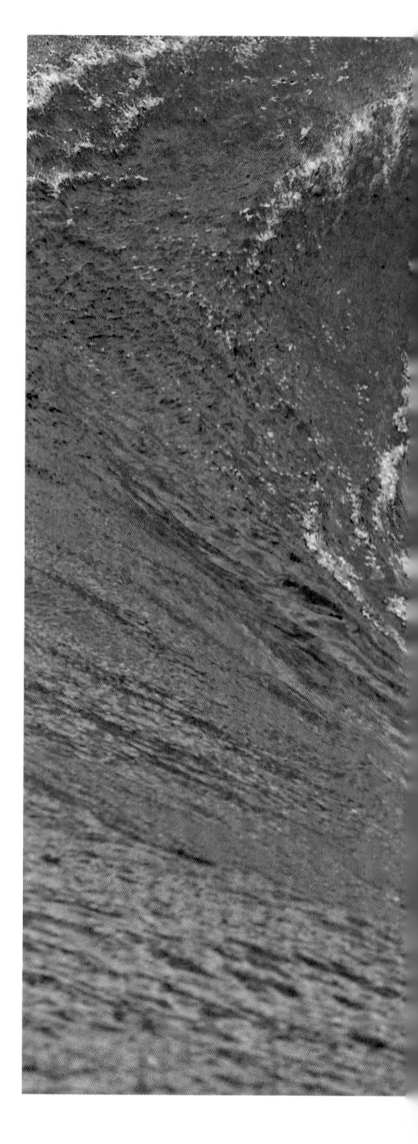

016 爱尔兰马勒莫

懂行的冲浪者都不敢对爱尔兰的海浪掉以轻心，这里的浪以小村马勒莫（Mullaghmore）边缘汹涌的礁石浪为代表。在每年的冬末春初，例行的狂风都会带来15米高的海浪，能够驾驭这样的海浪并全身而返真是无比幸运。强风、汹涌的海水、让人睁不开眼的雨水都给冲浪带来巨大困难，但是这里毕竟有着强劲的长长管浪，足以弥补这一切。另外，在冲了一天浪后，喝一品脱吉尼斯（Guinness）啤酒也是不错的享受。

在冲浪之余，也可以前往雄踞于附近悬崖上童话般的城堡Classiebawn Castle游览一番。

017 法国贝尔阿拉

如果能体验到贝尔阿拉（Belharra）的巨浪，那简直就是中了彩票，不过憧憬一下也无伤大雅。这个礁石浪点位于巴斯克区近岸2公里处，一年当中只有几天因适宜冲浪而变得热闹。在冬季，大西洋上的风暴形成的海浪拍打着浅海的珊瑚礁。好啦，欧洲最大的浪就此产生。乘船或乘水上摩托艇抵达冲浪点，与你比试身手的常有欧洲最大胆狂妄的弄潮儿，当然还有来自世界其他地区、想要征服咆哮巨浪的冲浪者。

如果只想做个普通冲浪者，可以尝试比里亚茨（Biarritz）的La Grande Plage。

018 美国俄勒冈州林肯市内尔斯科特礁

笑对西北太平洋地区海岸的瓢泼大雨，乘船或乘水上摩托艇前往离岸800米、巨浪滔天的冲浪点……是的，你也可以在冲浪板上划水到达此处，世界上许多顶级的冲浪者也是这么做的。不过，你也许想省下点力气对付世界上最大的可骑海浪。俄勒冈的海岸线附近有一系列大浪，而内尔斯科特礁（Nelscott Reef）则是喜欢刺激活动又想证明实力的冲浪者的专属地点。

一年一度举办的顶级冲浪赛事内尔斯科特礁大浪精英赛（Nelscott Reef Big Wave Classic），依据"预计至少9米高的海浪到达时间"来确定，举办时间只在赛前72小时发布。

019 葡萄牙纳扎雷

你，是的，说的就是你。你也可以征服巨浪。职业冲浪者Garrett McNamara在这里驾驭世界上最大的海浪——征服令人

不顾海水冰冷、礁石锋利、鲨鱼游弋，意志坚定的冲浪者在船尾崖的管浪冲浪。

害怕的高达23米的水墙，这为他创下一项吉尼斯世界纪录。但这个小渔村并不是每天都能看到这种浪——即便深邃的海底峡谷将大量海水向海岸快速释放。在不那么壮观的日子里，纳扎雷（Nazaré）的海浪稳定并且容易驾驭，只带来水下柔软的细沙。如果你渴望大浪，那么冬天是前往这里的最佳时间。在夏天，来这里冲浪的人不太多。

冲浪前提升一下技巧吗？在纳扎雷（Nazaré）有十几家冲浪学校。

020 墨西哥巴哈半岛托多斯桑托斯岛

别把这里与巴哈半岛南部的旅游城镇托多斯桑托斯混为一谈，这里说的托多斯桑托斯（Todos Santos）可没有冲浪学校，也没有海滩上的玛格丽特鸡尾酒。这座怪石嶙峋的荒岛距巴哈半岛北部恩塞纳达（Ensenada）海岸约19公里，以被称作“杀人浪”（Killers）的大浪著称。海水在海底的峡谷激荡，蓄积着巨大威力，拍向附近的岩礁。如果“杀人浪”的名头还不足以把你吓退，那么时而达到15米的浪高也许会令你对自己的命运产生恐惧。不用担心，这座岛还有其他小些的浪。假如你不介意放下自尊，不妨去那个被叫作“胆小鬼”的冲浪点。

乘船的地点在恩塞纳达港口，这里的渔民习惯收点钱带冲浪者出海。

终极沙漠挑战

咬紧牙关，护好双眼，
奋力完成沙漠赋予你的十项挑战吧。

021 美国，乘三轮风帆车奔驰在莫哈维沙漠

晨晖慵懒地照耀在内华达州的莫哈维沙漠（Mojave Desert）上，拉斯维加斯渐渐远去。平坦的沙地艾凡帕湖（Ivanpah lake）距赌城65公里，乍看起来不过是一片狂风肆虐的萧瑟荒土，但此地却是三轮风帆车（blokarting）运动的天堂。三轮风帆车是风力驱动的轻型三轮车辆，你可以在这里邂逅美国最好的三轮风帆运动高手。2009年，理查德·詹金斯（Richard Jenkins）在这里驾驶着绿鸟号（Greenbird）创造了时速202.9公里的三轮风帆车世界纪录。也许你不会达到那么快的速度，但是当疾风劲吹时，你一样可以在陆地扬帆。

艾凡帕湖定期举办风帆车比赛，登录www.nabsa.org可了解详情。

022 蒙古 骑马穿越大戈壁

你以为自己早就知道在戈壁会看到什么，但是这里的多样性还是会令你震惊不已。这里的荒漠寸草不生，环境恶劣却又美不胜收。当你从乌兰巴托（Ulaanbaatar）启程，纵马经过Baga Zorgol Hairhan Uul的岩层并穿越Arburd Sands的时候，你会为自己在交通工具方面的选择感到由衷高兴。广袤的蒙古大草原上曾经生活着这个星球上规模最大的马群，这里也是人类最早开始骑马的地方。所以，在这片成吉思汗曾经驰骋的土地上，你还想用其他的交通工具吗？

组织在戈壁骑马的旅行社有好几家。你可以计划好时间，在7月举行古老的那达慕盛会时前往。

023 以色列 在犹地亚沙漠蹦谷

在犹地亚沙漠（Judaean Desert）边缘的悬崖利用绳索下降100米后，你一边恢复着呼吸频率，一边纳闷：自己以前怎么就没听说过昆兰峡谷（Canyon Qumran）？你可能在戈兰高地（Golan Heights）尝试过瀑布蹦谷，但是在《死海古卷》（*Dead Sea Scrolls*）出土地点附近进行沙漠垂降探险具有更加强大的吸引力。古卷沉睡的两千年间，此地的洞穴和峡谷一直人迹罕至，到陆地上的最低点进行半地下探险也因此妙趣横生。这里的温度常常逼近50℃，好在可以在附近的死海中畅游，享受惬意的凉爽。

可以通过Q-Terra（qterra.org）安排行程。在死海海域开展活动的最佳时间是10月至次年4月。

024 阿布扎比艾因，在盘山公路上奋勇向前

在进入艾因（Al Ain）的Green Mubazzarah之前，扣好你的鞋子，然后蹬着公路自行车从路边启程，向哈菲特山（Jabal Hafeet）山脚进发。哈菲特山的海拔高度为1249米，它在阿联酋和阿曼边境的平坦沙漠中拔地而起。这段路程对于所有的公路自行车爱好者来说都是极大的挑战：在11.7公里长的哈菲特山公路（Jebel Hafeet Mountain Road）上向山上冲刺疾驰，转过21处令人胸闷心慌的弯道，一路上的高度跃升1219米，平均坡度8%。才刚开始爬坡你就已经汗流浃背，并盼着能早点到下坡路。

有几项比赛用哈菲特山公路做赛道，其中有一项每年举行的铁人两项赛（骑自行车和跑步），相当累人。

在布兰科山雄伟的多沙悬崖滑沙当然不需要穿潜水服，不过戴上护目镜还是明智之举。

025 纳米比亚，在世界上最古老的沙漠中登山

远行的第三天，你在纳米比亚最高峰布兰德山（Brandberg Massif）侧翼的Wasserfallflache营地露营，该营地靠近世界上最古老的纳米布沙漠（Namib Desert）的边缘。前一天的行程非常辛苦，爬山7个小时，攀爬巨石无数，山坡陡峭，不过今天才是真正的挑战。新一轮的急行军之后，团队将到达海拔2573米的国王岩（Königstein）。在下山返回的路上，可以探索著名的桑族（San）岩画遗址蛇岩洞（Snake Rock Cave）。

温得和克（Windhoek）城外的旅行社组织Brandberg Ascent露营和徒步导览游，全程5天。冬季（4月至9月）是登山的最佳时节。

026 秘鲁 在布兰科山滑沙

鲜有其他活动可以跟飞越“远古之谜”纳斯卡线条（Nazca Lines）相媲美，不过在你探索秘鲁塞丘拉沙漠（Sechura Desert）时，下面的这种活动也许会带给你无与伦比的感受。你站在布兰科山（Cerro Blanco）附近的峭壁上，然后坐上滑沙板，沿悬崖多沙的一侧奋勇滑下。这处沙丘位于Las Trancas山谷，海拔1176米，是世界上最高的沙丘，欣赏它的方式只有一种：双脚绑好滑沙板、戴好护目镜，风驰电掣般的速度会让眼前一片模糊。这种体验相当于滑雪，尤其适合讨厌寒冷的人。

从小城纳斯卡出发，驱车28公里，再爬山3个小时就能到达布兰科山。许多旅行社都可以安排滑沙行程。

FEARGUS COONEY/GETTY IMAGES ©

在白沙漠参加极限马拉松赛可能遇到海市蜃楼，你会看到特别不可思议的壮观景色。

027 埃及在海床上奔跑

你在奇幻的风化砂岩森林中寻找着前进的道路，心里琢磨着自己是不是身在梦境——这是耐力已达极限的运动员出现的幻觉。或许在你眼前的也是幻觉，那边的岩石怎么那么像一个巨大的冰激凌呢？这片沙漠在两亿年前曾是海底，不过如今在埃及的西部沙漠（West Desert）和白沙漠（White Desert），水可是稀罕物。太遗憾了，你正在一场为期4天的不间歇超级马拉松赛途中，赛程全长160英里，将穿越撒哈拉（Sahara）的部分地区。此刻你的口中干渴难耐，嘴巴真的比骆驼的腿窝还要干。只剩60英里了——得快些找到供水点才行，还有无比重要的补给包……一定要在96小时的完赛时间内到达终点。

海床赛（Ocean Floor Race; www.oceanfloorrace.com）于2月举办。

028 澳大利亚，骑自行车穿越辛普森沙漠

澳大利亚南部内陆，旭日照在普尼井（Purni Bore）上，你早已醒来，正在调试着轮胎已打足气的座驾。现在还不热，一旦热起来，你就要忍受阳光的灼烤——直到那团火球落到地平线以下。你即将踏上全程10个赛段的自行车赛征程，穿越辛普森沙漠（Simpson Desert）。这片沙漠的环境十分险恶，素有“魔鬼赛车场”之名，这样的诨名对顽强的自行车手们来说也意味着挑战，570公里的残酷赛程经过荒凉的沙丘、会产生海市蜃楼的咸水湖、巨大的牧场（有些牧场的面积堪比欧洲小国）以及风棱石平原上没完没了、足以把车胎扎破的砾石。

辛普森沙漠挑战赛（Simpson Dessert Challenge; www.desertchallenge.org）每年9月末或10月初举行，选手骑山地自行车参赛。

029 南极洲风筝滑雪

你的探险伙伴嘴角上扬，露出微笑，因为他的风筝赶上了下降气流。你的风筝好像也因为风的鼓动而变得有了生命，操控绳一直在你戴着手套的手里不安分地扯动。你已经拆好帐篷，收拾停当，并穿好滑雪板，准备尽情享受。在地球南北极，风曾经是旅行者们最可怕的敌人，因为寒风可能使温度骤降到致命的零下70℃以下。如今的探险者们借助风力跨越这个星球最寒冷、最干燥、风力最强的荒芜冰原，在最为极端的环境下进行着风筝滑雪（kite skiing）。

尽管价格不菲，但各种长度的南极风筝滑雪行程还是可以通过Weber Arctic（www.weberarctic.com）等专门从事南极洲旅游的机构安排。

030 在阿拉伯半岛的空域沙漠骑骆驼

也许你渴望自己能像威福瑞·塞西格（Wilfred Thesiger）一样进行沙漠探险，那么就骑上骆驼去探索世界上最大的空旷到令人害怕的连绵沙漠——鲁卜哈利沙漠（Rub' al Khali，又称空域沙漠）吧。这片沙漠占阿拉伯半岛总面积的五分之一，地跨沙特阿拉伯、也门、阿联酋和阿曼的部分地区，贝都因（Bedouin）祖祖辈辈都居住于此。未来几天里，你的贝都因向导会带着你深入体验沙漠风情，了解他的族人是如何在极为艰苦的环境下生活数千年的。当篝火渐熄时，夜空在璀璨的繁星点缀下千变万化，显得格外迷人。

阿曼或阿联酋是最适宜骑骆驼旅行的出发地点。

探索群山

只爬一座山觉得不过瘾吧？登山的目标可以定得更高、更远、更快，比如挑战以下的山峦。

031 日本百座名山

著名登山家和作家深田久弥（Fukada Kyūya）在1964年出版的《日本百名山》（*100 Famous Japanese Mountains*）中列出了日本的100座山峰，他的选择在某种程度上是出于审美，因为他的依据不仅有山的高度，还有山的历史、形状和特征。他不希望自己的列举成为百座名山的刻板规定，他希望其他人可以从他的书中得到

奋力征服世界七大洲的最高峰之一：南美洲最高峰阿空加瓜山。

启发，去选择自己心目中的名山，并在有生之年前往攀登。不过，深田选择的100座山峰却成了徒步者和登山者向往的日本百座名山。随后，也衍生出200座名山、300座名山，甚至还有100座山花烂漫的名山。

网络上已经有百座名山的资料，但是终极版本还是深田久弥的开山之作。

KENNETH KOH/ADVENTURE NOMAD/GETTY IMAGES ©

032 8000米俱乐部

攀登海拔高度8000米以上的山峰堪称登山界的最高成就。挑战在于：登山者必须攀登14座海拔超过8000米的世界高峰，其中包括8844.43米高的珠穆朗玛峰、8027米的希夏邦马峰（Shishipangma）等。这些山峰分布紧凑，都位于尼泊尔、巴基斯坦、中国交界的喜马拉雅山脉和喀喇昆仑山脉。意大利伟大的登山家莱茵霍尔德·梅斯纳尔（Reinhold Messner）在1986年成为登顶所有14座8000米以上山峰的世界第一人。一年以后，波兰登山家捷西·库库齐卡（Jerzy Kukuczka）也完成了这一壮举。截止到2012年，只有另外28人沿着这两位先驱的足迹完成了这一伟业。

网站www.8000ers.com有8000米俱乐部山峰的详细介绍。

033 美国万四峰

万四峰（14ers）指的是海拔超过14,000英尺（4267米）的山峰（且峰顶要比山脊或山口高出至少300英尺）。这个高度需要数座蒙罗山（Munros）堆叠起来才能达到。全美境内共有88座这样的山峰，不过单是科罗拉多一州就足以构成这一分类，该州海拔超过14,000英尺的山峰有53座。有些登山者渴望征服所有88座万四峰，而大多数人通常集中征服科罗拉多州内的山峰。攀登全部的山峰可以在夏季完成，或者在冬季——可以享受滑雪的乐趣。

网站www.14ers.com方便登山者们获取制订攀登计划所需的信息。

034 七大洲最高峰

七大洲最高峰是七个大洲海拔最高的山峰，其数量是8000米俱乐部的一半，高度也几乎是一半。在七座高峰中，有六座是非常明确的：珠穆朗玛峰（亚洲）、迪纳利山（Denali，北美洲）、阿空加瓜山（Aconcagua，南美洲）、乞力马扎罗山（Kilimanjaro，非洲）、厄尔布鲁士山（Mt Elbrus，欧洲）和文森峰（Vinson Massif，南极洲）。然而，在澳大利亚大陆，海拔2228米的科修斯科山（Mt Kosciuszko）攀登起来非常容易，因此多数登山者把范围扩大到整个大洋洲——攀登西巴布亚（West Papua）的查亚峰（Carstensz Pyramid，4884米）。如果你已经登顶七大洲最高峰（已有近百人完成这一壮举），你可以继续攀登七大洲次高峰，有人认为这项挑战更为困难。

登录网站www.7summits.com可以获取七座高峰的详细介绍和攀登所需的信息。

GARETH MCCORMACK/GETTY IMAGES ©

美国的阿巴拉契亚小径穿越14个州，沿途环境多样，有巍峨的高山、巨石散落的原野和森林。

035 美国 徒步三冠王

鲜有挑战像徒步三冠王（Triple Crown of Hiking）般令你筋疲力尽。要达到这样的成就，你必须沿美国最长的三条徒步路线跋涉，它们分别是：位于西部、沿内华达山脉（Sierra Nevada）和喀斯喀特山脉（Cascade Range）延伸的太平洋山脊小径（Pacific Crest Trail），贯穿中部、偏僻而崎岖的大陆分水岭小径（Continental Divide Trail），以及穿越东部14个州的阿巴拉契亚小径（Appalachian Trail）。三条小径全程总计近13,000公里，即便你一天走上可观的25公里，也要近18个月才能完成。

登录三条小径的网站（www.pcta.org, www.cdtsociety.org, www.appalachiantrail.org）可以了解相关信息。

036 苏格兰 蒙罗山

1891年，休·蒙罗爵士（Sir Hugh Munro）的著作中列举了苏格兰海拔超过3000英尺（914米，达到这样的高度才称得上是“真正的山”）的所有山峰，全国对于登山的热爱就此诞生。蒙罗山的忠实拥趸尝试在一生、一个季节或者自己设定的时间跨度内登顶每一座被列举的山峰——这份山峰名录几经修改，目前包括282座。A.E.罗伯森（AE Robertson）牧师在1901年成为登顶所有蒙罗山的第一人。1974年，首次有人连续登顶所有山峰。到了2010年，一位登山者曾在40天内完成了这项挑战。

苏格兰登山俱乐部（Scottish Mountaineering Club；www.smc.org.uk）网站有蒙罗山的完整名录。

037 澳大利亚 阿贝尔山

受蒙罗山的启发，1994年，澳大利亚拥有连绵丘陵的塔斯马尼亚州产生了一份与之类似的名录。为了纪念第一位看到塔斯马尼亚岛的欧洲人阿贝尔·塔斯曼（Abel Tasman），岛上海拔超过1100米、与四周落差至少150米的山峰被统称为阿贝尔山（Abels）。阿贝尔山共有160座，塔斯马尼亚岛上多数著名的山尽在其中，如摇篮山（Cradle Mountain）、惠灵顿山（Mt Wellington）、法国帽峰（Frenchmans Cap）、雄伟的联盟峰（Federation Peak）等。群山中有的轻而易举就可步行登顶（或者开车，如惠灵顿山），有的则需要步行数日。

比尔·威尔金森（Bill Wilkinson）主编的《阿贝尔山》（*The Abels*）书名一目了然，分上下两卷，对这些山峰有详细介绍。

038 英国 挑战三峰

三个地区，三座山峰，二十四小时。出于为慈善组织募集资金的目的，登山者们往往会参加全英三峰挑战赛（National Three Peaks Challenge），他们有一天的时间攀登苏格兰、英格兰和威尔士的最高峰：本尼维斯山（Ben Nevis；1344米）、斯科费尔峰（Scafell Pike；978米）和斯诺登山（Snowdon；1085米）。在一天的比赛时间中，选手们马不停蹄地从一座山峰赶到另一座山峰，驾车行驶约750公里。一般来说，登山者们先去本尼维斯山，再到斯科费尔峰，最后攀登斯诺登山。有些人在山路起始点的停车场开始和结束登山，而坚持传统的登山者会从海边的威廉堡（Fort William）出发，最后来到同样位于海边的卡纳芬（Caernarfon）。

全英三峰挑战赛的官方网站是www.thethreepeakschallenge.co.uk。

039 尼泊尔 珠穆朗玛峰马拉松赛

你也许参加过马拉松比赛，但是世界海拔最高的马拉松赛又会如何呢？这场马拉松赛在珠穆朗玛峰海拔约5200米的高度起跑，街上寻常跑三四个小时的比赛远不能与之相提并论：单是抵达比赛起点就要徒步15天，还有两段上坡路让选手适应高海拔。然后，在喜马拉雅山脉凛冽的黎明，你开始了返回纳姆切巴扎（Namche Bazaar）的42公里征程。一路上，海拔下降近2000米，不过途中也需要翻越几段陡峭的路段。当地的环境艰苦，仅凭公路马拉松赛的经验还不足以使你具备参赛资格，因此你必须有重大越野、山地跑步或耐力赛事的参赛经验才行。

珠峰马拉松赛通常在11月举行，赛事的最新动态，可关注官方网站www.everestmarathon.org.uk。

040 马来西亚，京那巴鲁山国际马拉松登山赛

想要跑步攀登东南亚地区最高峰吗？在婆罗洲的沙巴，海拔4095米的京那巴鲁山（Mt Kinabalu）举行一年一度的艰难赛跑。首届赛事在1987年举行。传统上，参赛者们沿着长21公里的步行者小径跑到山顶，一路的海拔跃升2200米以上。后来因为赛事的人气极高，在2012年采用了更长的新路线。选手们如今要跑23公里，不需要到达山顶，而是在Layang-Layang Hut（2700米）的小径处折返。2012年的最好成绩为2小时12分钟。这项于10月举办的赛事是天空跑世界系列赛（Sky Runner World Series）的组成部分，该系列赛还包括西班牙、意大利、瑞士和美国的山地跑步赛事。

这项马拉松登山赛的官方网站是www.climbathon.my。

最山高雪深的越野滑雪

既然在山坡上就可以体验滑雪的乐趣，为什么一定要局限于滑雪道呢？系牢头盔上的摄像机，摆脱常规路线吧。

041 美国怀俄明州 杰克逊霍尔

杰克逊霍尔（Jackson Hole）并非城镇，而是一个僻静的山谷，长约45英里，宽10公里，东边是格罗斯文特山脉（Gros Ventre），西边是提顿山脉（Tetons）。这个山谷一年四季都有深深的积雪，纵横交错的山坡上既无道路，也无人烟。山谷的越野雪况令人向往，可以通过主要度假村的边界入口进入并滑雪。对于真正喜爱探

白马距东京不远，这里提供规模宏大的自由越野滑雪区域。

险的人来说，这里有从小屋到小屋，或是从小屋到圆顶帐篷的过夜滑雪住宿选择。不难看出为什么许多越野滑雪的死忠会把这里当作美国最好的越野滑雪场地。

杰克逊霍尔有自己的机场，联合航空公司、美国航空公司、达美航空公司都有航班飞往这里，因此交通特别便利，不需任何换乘等待时间。更多信息见网站www.jacksonhole.com。

RYAN CREARY/AGEFOTOSTOCK ©

042 阿根廷 拉斯莱纳斯

说起世界上越野滑雪的上好场地，就不得不提安第斯山脉（Andean），这里的拉斯莱纳斯滑雪场（Las Leñas）要多好就有多好。来自北半球的自由滑雪者在本国的夏季时会云集此地，以满足对于南美最大、最齐全滑雪区域的渴望。2013年是拉斯莱纳斯滑雪场创立30周年，此处已经因优秀的极限和非雪道滑雪著称于世。越野滑雪的行程很容易就会让你花上整周时间，也可以在旅行社的安排下前往阿根廷和智利的其他场地进行双滑雪场行程。

在滑雪方面，南美洲与欧洲、北美洲相比，组织和管理水平都低得多，所以最好通过www.laslenasski.com这样的旅行社预订，让他们为你安排好一切——包括从布宜诺斯艾利斯到滑雪场的交通工具。

043 印控克什米尔 贡马

还有哪里比“群山之母”喜马拉雅山脉更适合挑战自己的极限呢？因为巴基斯坦和印度之间的边境争端，壮美的克什米尔数十年来一直是旅行的禁区，好在这里现在已经向游客重新开放。贡马（Gulmarg）是这里的滑雪枢纽。令这里声名远播的不光是世界上海拔最高的水上船屋（gondola，海拔4084米），还有该地区最大的降雪量。这里处于原始未开发状态的越野滑雪雪况堪称传奇。等你滑够了雪，还可以回到小屋享用薄荷茶和香辣的咖喱，不过可能要提防雪豹……

Ampersand Travel提供名为Unknown Kashmir的包括一切费用的滑雪行程，可以选择越野滑雪的指导。更多信息见网站www.ampersandtravel.com。

044 日本 白马

许多人都知道在日本有不错的越野雪区，但是很少有人实际尝试过。日本的越野滑雪也能跻身世界最佳的行列。难道会有人对滑雪后享用生鱼片的体验说不吗？白马（Hakuba）的陡峭雪坡雪况极好，很厚的“日本粉雪”（Ja-Pow）就更不用说了。这座度假村位于日本阿尔卑斯山（Japan Alps）的北麓，是1998年冬奥会的主要场地，从东京乘火车即可到达。不过，还是要提醒一句：这里越野雪区的粉雪可能极深，除了护目镜以外，你不妨斟酌一下是否要带上呼吸管。

除了雪情不能掌控，其他一切都可通过Inside Japan（www.insidejapantours.com）安排。这家旅行社简直是业内标准。

045 奥地利 圣安东

有句老话是这么说奥地利阿尔贝格（Arlberg）地区的："带老婆去列西（Lech，滑雪度假村），带情人去祖尔斯（Zurs，滑雪度假村），带滑雪板去圣安东（Saint Anton）"。圣安东的越野滑雪享誉世界，这就意味着你需要早起进山，还要知道去哪里避开人群。这座滑雪度假村有180公里的非雪道深雪场地，滑雪之后可以去名气不佳的酒吧Moosewirt和Krazy Kanguruh讲讲自己的经历，再把头盔摄像头拍摄的影像回放。讲到手舞足蹈、得意忘形之际，你会庆幸自己没把老婆……或情人带来。

距度假村62英里的因斯布鲁克（Innsbruck）机场是最近的机场。圣安东有火车站，距村庄中心仅一步之遥。更多信息见网站www.stantonamarlberg.com。

046 美国科罗拉多州 希尔弗顿山

"真诚实在不浮夸，紧张刺激顶呱呱"是希尔弗顿山（Silverton Mountain）的营销口号——这在越野滑雪的狂热爱好者们听来真是无比悦耳。镇上只有一部滑雪用升降机，但是这也使你可以享受长达数英里、令人震撼无比的越野雪况。希尔弗顿山没有精心护理的雪道，没有开辟好的道路，没有许多滑雪者造成的拥挤，这里提供着落基山脉独一无二的纯粹滑雪乐趣。不过，由于地狱之门（Hell' s Gate）、噩梦（Nightmare）和风暴之巅（Storm Peak）等地方都很偏僻，所以强烈建议你雇向导。

希尔弗顿（www.silvertonmountain.com）在主要滑雪度假村特鲁莱德（Telluride）的附近，后者有机场，可起降6家商业航空公司的航班。更多信息见网站www.tellurideskiresort.com。

047 加拿大不列颠哥伦比亚省 惠斯勒黑梳山

积雪常年都有，范围广阔的升降机可达越野滑雪区，惠斯勒黑梳山（Whistler Blackcomb）还需要再改进吗？呃……2012~2013滑雪季开始的时候，再多加25,000英亩的滑雪区如何？这里的越野滑雪规模几乎深不可测。毗邻的两座山——曾举办2010年冬奥会的惠斯勒和黑梳山就像两个高大的看门人，保证你可以进入世界上最好的运动场所。开始雪上的舞蹈吧。

惠斯勒黑梳山（www.whistlerblackcomb.com）距温哥华仅126公里，交通便利。Extremely Canadian's Backcountry Adventures（www.extremelycanadian.com/backcountry-clinics）提供丰富的当地知识。

Henry Georgi/Getty Images ©

圣安东是个人气很高的滑雪胜地，深深的积雪保证了真正的非雪道滑雪体验。

048 瑞士 安德马特

安德马特的地理位置独特，是瑞士阿尔卑斯山区降雪最多的地方之一，周围都是皑皑的积雪。如果把安德马特比作王冠，那么王冠上的明珠就是高耸的山峰Gemsstock，其峰顶区域提供极有趣的非雪道滑雪体验。你可以乘缆车到山顶，从这里开始，有无数的越野滑雪路线。Gemsstock是欧洲冬末的滑雪胜地，由于主要的雪坡是北向，这就意味着一直到5月都可以滑雪。

安德马特是瑞士戈特哈德高山滑雪场（Gotthard Oberalp Arena）的一部分。如果想在村里住宿，强烈推荐River House（www.theriverhouse.ch）。

049 法国 夏慕尼

阿尔卑斯嵩酒、奶酪火锅、焗烤马铃薯——在法国阿尔卑斯山区，有些事情不用过多解释。夏慕尼（Chamonix）可能是世界上最著名的滑雪度假村。毫不奇怪，位于雄伟勃朗峰山麓的这座城镇也提供了欧洲最好的越野雪区。大蒙特（Grands Montets）和白色山谷（Vallee Blanche）更不是浪得虚名。其他形形色色的非雪道选择可以满足从小心翼翼的初学者到无畏的骨灰级选手的各种需求。

日内瓦机场是该地区众多滑雪度假村的交通枢纽，而夏慕尼是距机场最近的度假村之一。更多信息见网站www.chamonix.com。

050 意大利 阿兰尼亚

阿兰尼亚（Alagna）坐落在罗莎山（Mt Rosa）冰川的脚下，是欧洲阿尔卑斯山脉滑雪区域中最后一批未受破坏的胜地之一。这个自由滑雪者的天堂有众多上佳的越野雪区，升降机不多，却可以帮你通往多处非雪道的陡峭雪坡。度假村本身是一个风光秀丽、有深色木饰的聚集区，尚未被阿尔卑斯山的商业旅游氛围所影响。另外，这里还有几家出色的当地餐馆。要尽早到这里来，不要等到大家蜂拥而至的时候。

阿兰尼亚位于意大利的奥斯塔山谷（Aosta Valley）。最近的机场是米兰马尔本萨国际机场（Milan Malpensa），它位于度假村东北方向120公里处。

最惊心动魄的飞行

怎能只满足于乘坐前往巴塞罗那的廉价航班——真正喜欢飞行的人从来都是咬紧牙关，体验最惊险刺激的着陆和起飞过程。

051 奥克尼群岛最短的岛间飞行

忘掉长途飞行吧，乘坐世界上飞行时间最短的班机更有乐趣。洛根航空公司（Loganair）的353航班保持着飞行时间最短的世界纪录——正常状况下两分钟可达目的地，如果是顺风飞行，可能只需要47秒。这种看似不可能的岛间飞行在韦斯特雷奥克尼岛（Orkney island of Westray）机场和帕帕韦斯特雷岛（Papa Westray）机场这两个重要枢纽间变为现实。前往群岛当然还有更好的理由，如观赏珍禽、探索公元前3500年的房屋（欧洲北部最古老房屋，以当地石头为材料）。

通过洛根航空公司（www.loganair.co.uk）预订全球飞行时间最短的航班。错过返程航班也不要紧，每天在岛屿间还有数班渡轮往来。

052 圣马丁岛，在度假者头顶几米处飞过

脑海中勾勒一下这样的场景：你身处热带海滩，轻风中传来阵阵的铁皮鼓声。一架波音747客机突然出现，襟翼徐徐向下，引擎轰鸣，飞机近到你可以闻到机上燃油的味道，气流吹得鸡尾酒杯中的小雨伞满沙滩乱滚。这可不是电影《77航空港》（*Airport 77-Beach Disaster*）中的空难场景。这是圣马丁岛（St Maarten）荷属部分的朱莉安娜公主国际机场（Princess Juliana International Airport）正常的航班降落。飞机降落在跑道之前，从马霍海滩（Maho Beach）的日光浴者头顶上方几米处掠过，对于全世界喜欢看飞机的人们来说，这确实是十分壮观的场面。

从巴黎、阿姆斯特丹或美国出发，乘长途航班，来此可以体验到两次飞机着陆，一次是在机舱里，另一次则是在马霍海滩上。

053 在沙滩上着陆

苏格兰的刚毅气质再次显现，这得益于西部群岛（Western Isles）中巴拉岛（Barra）上的简易跑道。这里也许是世界上唯一一座由潮汐决定航班时刻表的机场，为什么？因为跑道就是岛上的沙滩。每当退潮，特拉赫姆霍海滩（Traigh Mhor）上的开阔卵石滩变得足够坚硬。能够充当跑道时，从相邻的本贝丘拉岛（Benbecula）和苏格兰本土格拉斯哥飞来的每日航班才能降落在这座小小的苏格兰岛屿上。飞机降落的主要危险是随处乱放的桶和铲子，还有心不在焉的拾贝壳者。

出发前在巴拉岛的官方网站（www.isleofbarra.com）查询潮汐时刻表。弗莱比航空公司（Flybe; www.flybe.com）运营前往本贝丘拉岛和格拉斯哥的航班，飞机是“双水獭”（Twin Otter）机型。

054 在青藏高原起飞

在“世界屋脊”降落需要适当的技能。喷气式发动机在稀薄的空气中并不容易保持足够的推力或获得足够的升力。中国西藏昌都的跑道成为世界上最长的跑道绝非偶然，因为它同时也是海拔最高的跑道。起落跑道的海拔高达4334米，几乎等同于勃朗峰的海拔高度，飞机在起飞和降落时的平缓轨迹可以让你饱览西藏高原的壮美风光。不过，代价是前往昌都市区的2小时车程——没办法，这是最近的平坦区域了。

中国国际航空公司（www.airchina.com）运营由昌都至拉萨和成都的少量航班。

055 卢卡拉的局促跑道

怎样才能把飞机降落在山上呢？当然要十分小心谨慎才行。尼泊尔的卢卡拉小型机场坐落在海拔超过2800米处，周围环绕着海拔6000米的群山，就是说，跑道一侧是千仞绝壁，另一侧是万丈深渊。在前往这座位于高山深处的机场时，飞行员必须把飞机降落在仅有460米长、坡度达12%的跑道上——让飞机及时减速，起飞时也能迅速加速。尽管前往并不容易，但每年仍有数以千计的徒步者乘飞机到此，然后到达珠峰大本营。

加德满都每天有数十架小型飞机飞往卢卡拉，但是飞机只能在跑道上空没有云层时降落。雪人航空公司（Yeti Airlines; www.yetiairlines.com）的航班最多。

056 与火山的亲密接触

许多观景飞行都能让你近距离观赏高耸入云的山峰，而能够带你领略喷着火焰的山峰的却寥寥无几。在活火山上空飞过听起来好像太过莽撞。不过，夏威夷的基拉韦厄火山（Kilauea）自1983年起开始喷射岩浆，当地的飞行员们在如此独特的飞行环境中已经千锤百炼。当风向合适的时候，直升机嗡嗡地飞过流动的岩浆上空，提供世界上距离最近、最震撼人心的火山体验。有些旅行社的飞机甚至没有舱门，你可以感受到从下方涌来的热浪。

Blue Hawaiian（www.bluehawaiian.com）的飞机装有舱门，虽没那么刺激，但它一直以来都被评为夏威夷最顶级的直升机运营商。

057 南极洲的冰上着陆

驾着飞机在山地着陆非常刺激，那么换成冰面又如何呢？整个南极洲都被冰层覆盖，所以这里的机场也是在冰上开辟而成的。飞机为散落在南极洲各处的科考站供给物资，但在蓝色的冰面跑道降落非常困难。光滑的冰面没有摩擦力，飞机必须借助反向推力减速，这令跑道在空旷的冰面上绵延数英里。那为什么还要乘飞机去？因为这样一来，你就可以跻身每年数百位有相同经历者的行列。

想乘飞机前往南极洲的话，可以参加南极洲永久科考站的团队游。国际探险网络（Adventure Network International; www.adventure-network.com）组织前往南极点的行程，飞机在联合冰川营（Union Glacier Camp）降落。

058 在喜马拉雅山脉降落

当然，世界上还有海拔更高的跑道。不过，飞往列城（Leh）时，感受飞机飞越6000米以上的高山，然后再向雪地俯冲，仍然是梦幻般的体验。你最终的目的地是哪里？就是荒芜的群山间这条狭长的山谷。引擎轰鸣，两侧的岩石山坡逐渐逼近，眼看就要撞山了，飞机此时以一个令人头晕目眩的急转，降落在柏油跑道上。几米开外，站着等候多时的行李员。提醒恐飞人士注意，这种杂技般的惊险飞行是10月至次年6月进出拉达克地区（Ladakh）的唯一方式。

抵离列城的航班座位紧张，陆路封闭时更甚。尽早通过捷特航空公司（Jet Airways; www.jetairways.com）预订航班。

059 这是船，还是飞机？

在科学家们发明飞越大陆的长途飞机之前，水上飞机是大陆间长途旅行的标准工具。环球旅行者们在开罗至加尔各答的旅途中，会在港口或水道歇息。想体验这种将海空乐趣结合在一起的极好方式，可以去美国的阿拉斯加州，那里的凯奇坎（Ketchikan）和朱诺（Juneau）是乘水上飞机飞越美国最动人景致的起点。除了点对点式的飞行外，阿拉斯加的航空公司还提供接触野生熊类和飞越迷雾峡湾（Misty Fjords）的行程。

许多小型旅行社的水上飞机从凯奇坎出发。阿拉斯加水上飞机通勤公司（Alaska Seaplane Service; www.flyalaskaseaplanes.com）的飞机从朱诺出发，也提供包机服务。

060 机场？哪有什么机场？

马尔代夫群岛的平均海拔高度不足2米，这里缺乏建造机场的土地。为了在马累（Male）建造跑道，岛民们从潟湖中挖取沙子、填海造地，将两座岛屿连在一起。国际航班降落在仅比跑道大一点的岛屿：棕榈树沙滩在你眼前掠过，飞机慢慢降低高度，直到蔚蓝的海面上船只几乎与飞机舷窗高度相当，飞机才终于降落在柏油跑道上。

飞往马尔代夫时，要挑选日间的航班，并一定购买靠窗的座位！

最棒的空中探险

在世界上最鼓舞人心的地点飞向天空，探索苍穹的魅力。

061 尼泊尔 在博克拉体验滑翔伞

从桑冉库特山（Sarangkot Hill）纵身跳下，在天空滑翔之际，能观赏到安纳布尔纳山脉（Annapurna Range）的雄伟群峰。当你掠过下方的湖泊，还有足够的时间凝望博克拉山谷（Pokhara Valley）的神奇景象，这条群山遮蔽的苍翠山谷宛如香格里拉般的世外桃源。当然，博克拉的魅力如今已不是什么秘密。重返陆地时，你可以从尼泊尔的这个户外活动中心出发，前往安纳布尔纳山脉的世界级徒步路线。那些在空中遨游时看到的群山此刻正召唤你前去探索。

在博克拉，进行滑翔伞运动的最佳季节是9月至次年4月，此时天气条件近乎完美，每天都可在天空遨游。

063 土耳其 乘坐热气球游览卡帕多基亚

黎明到来，柔和的晨曦照在岩石上，此时你正缓缓升空。热气球越飞越高，你的眼前慢慢展现出地面上沟壑纵横的崎岖山谷。卡帕多基亚（Cappadocia）的岩壁嶙峋，堪称地质奇观。体验大自然鬼斧神工的最佳方式，莫过于乘坐热气球。此类活动适宜在清晨进行，这样你可以有一整天的时间在地面继续探索这个极具魅力的地区。这里的活动项目很多，乐趣十足，回到地面后，可以在众多徒步和骑马路线中做出选择。

热气球飞行的费用约为每人140欧元至160欧元。热气球每天早晨起飞，升上卡帕多基亚的高空（天气允许的话）。这一活动全年均可进行。

062 新西兰 在弗朗兹约瑟夫冰川乘直升机并徒步

弗朗兹约瑟夫（Franz Josef）是世界上结合空中观景和探险活动的最棒目的地之一。乘直升机从新西兰西海岸的这个小定居点出发，观赏周边热带雨林的美妙景致，之后飞越白雪覆盖的群山顶峰，景色更加宜人。首先映入眼帘的，是堪比巨大“冰冻瀑布”的弗朗兹约瑟夫冰川（Franz Josef Glacier），它从山坡倾泻而下。飞机在冰川着陆后，你就可以徒步穿越这片冰封的世界。沿途可见弗朗兹约瑟夫冰川深深的冰隙和泛着蓝色的冰锥，这是最好的冰川徒步体验。

乘直升机加徒步活动每天最多出发3次（视季节而定），活动持续约3小时。登录网站www.franzjosefglacier.com可了解详细信息。

在金色朝阳的照耀下，从缓缓飘动的热气球上俯瞰，这是最适合欣赏卡帕多基亚地貌的方式。

Momatiuk - Eastcott/Corbis ©

乘直升机在科罗拉多河上空盘旋，从一个崭新的视角观赏大峡谷。

064 瑞士，在因特拉肯体验悬挂式滑翔伞

在山坡上跑几步你就可以飞起来，耳畔风声呼啸，下方是布里恩茨湖（Lake Brienz）和图恩湖（Lake Thun）波光粼粼的蓝色湖水。你在天空中滑翔，还可以做几个大胆的俯冲，再来几次回旋。从空中望去，因特拉肯（Interlaken）有如微缩的城市模型，周围有伯尔尼阿尔卑斯山（Bernese Alps）的群峰。这里是瑞士的探险之都，漂流、皮划艇、山地自行车等活动一应俱全。但领略这一地区的非凡美景，还是在空中观赏时最佳。

Hang Gliding Interlaken（www.hangglidinginterlaken.com）每天组织双人悬挂式滑翔伞行程，费用为195欧元，平均飞行时间约25分钟。

065 约旦，乘坐热气球飞越瓦迪拉姆

这里是沙漠，但与阿拉伯的劳伦斯（Lawrence of Arabia）眼中的沙漠不同。清晨，变化微妙的阳光照耀在瓦迪拉姆（Wadi Rum）的陡峭群峰和广阔沙海，岩石染上深浅不一的柔和橙色和粉色。你坐在热气球的篮子里，凝视着沙漠中突兀、起伏的砂岩山脉，明白了这里为何被称作"高地之谷"（Valley of the High Places）。在飞行之后，可以选择像T.E.劳伦斯（TE Lawrence）一样骑骆驼在沙漠中跋涉，从更传统的视角欣赏瓦迪拉姆。

乘坐热气球飞越瓦迪拉姆通常需要1小时，费用约每人145欧元。详情见网站www.rascj.com。

066 美国 乘直升机游览大峡谷

直升机飞越悬崖，又俯冲至山谷深处，大峡谷（Grand Canyon）的岩壁在眼前不断涌现。科罗拉多河（Colorado River）在大峡谷底部蜿蜒流过，峡谷深度超过1英里。只有乘直升机盘旋在橙黄色的岩层上空，才能充分领略这一横亘在亚利桑那州原野、令人叹为观止的自然奇观。回到地面，你可以通过徒步或河流漂流等脚踏实地的活动，继续在大峡谷的探险。

大峡谷直升机团队游费用为每人300美元起，从博尔德（Boulder）或拉斯维加斯（Las Vegas）的机场出发。

067 土耳其，在厄吕代尼兹体验滑翔伞

你在森林覆盖的海岸峭壁上方飞过，头顶上是清澈蔚蓝的天空。如果从波光粼粼的蓝色潟湖向上看，你在空中显得无比渺小。厄吕代尼兹（Ölüdeniz）的金色沙滩也许是土耳其最吸引游客的沙滩之一，这个度假胜地也堪称世界上最适宜体验滑翔伞的地点之一。起飞处在巴巴山（Baba Dağ），通往山顶的道路蜿蜒而险峻，无疑是即将开始的惊险之旅的最好序曲。空气中的强劲暖气流带来近乎完美的飞行条件，所以，在这里借助双人滑翔伞进行一次滑翔初体验再合适不过。

4月至11月，厄吕代尼兹每天都安排滑翔伞飞行，费用为40欧元至60欧元，包括前往巴巴山的交通工具。

068 俄罗斯 在堪察加半岛跳伞

这片偏僻的地区被称作“冰与火之地”，既然探险就一定要来这里。在火山口上空跳伞很危险，并不适合初学者。实在想这么干，你得拿到跳伞运动员执照才行。翱翔在热气升腾的火山口上空，嶙峋突兀的尖岩拔地参天，这里的确是跳伞运动的天堂。当你重返大地时，可以浸泡在当地的温泉中，平复跳伞带来的激动。接下来，在这个遍布活火山、冰川和间歇泉的荒芜之地寻路而行，这里拥有足够多的户外活动，可以满足最热衷于寻求刺激者的需要。

Kamchatka Travel Group（www.kamchatkatracks.com）组织火山跳伞团队游（有资质的跳伞者方可参加），此外也安排该地区的其他户外活动。

069 赞比亚 在维多利亚瀑布跳伞

乘飞机到气势磅礴的维多利亚瀑布（Victoria Falls）上方，然后从机舱一跃而下，让赞比西河（Zambezi River）的湍急水流迎接你。利文斯通（Livingstone）最初为旅行者熟知，是因为与瀑布相距不远，后来就一直享有“非洲探险之都”的美名。这里有蹦极、划独木舟、漂流和徒步游猎等各种活动项目，但是对于那些一心寻求探险乐趣的人们来说，没有什么能和跳伞时饱览壮丽的城市风光相提并论了。

Livingstone（www.skydivevicfalls.com）组织的双人跳伞每人230美元起，空中自由落体时间至少10秒。

070 坦桑尼亚 乘坐热气球游览塞伦盖蒂国家公园

你已经体验过徒步游猎，也近距离观赏了野生动物。现在，该去空中，从另一个崭新的视角欣赏塞伦盖蒂国家公园（Serengeti National Park）的原野魅力。当热气球飞越金合欢树冠时，能看到正在吃草的成群斑马和草原上奔跑跳跃的瞪羚。如果你够幸运，没准儿还能看到潜行捕食的猎豹、花豹或狮子。热气球载着你继续高飞，更多美妙的景致在你眼前展开，充分领略广袤的非洲原野吧。

热气球公司全年运营，游览塞伦盖蒂国家公园的飞行在黎明起飞，平均费用为每人500美元。

最令人激动的部落邂逅

深入世界最偏远的角落，体验那里的人们传承已久的文化和生活方式。

前往埃塞俄比亚的奥莫河谷，全面探索那里的民族和部落文化。

071 马里 观看多贡人的面具舞

提到马里，人们就会想到泥塑清真寺、萨赫勒（Sahel）的空旷地带、传奇的商队枢纽廷巴克图（Timbuktu），这里是西非异国风情的精华所在。而莫普提（Mopti）东部邦贾加拉（Bandiagara）陡坡上的多贡人（Dogon）村庄则为旅行者增加了另一个视角。沿着定居点之间的破旧道路跋涉，寻找屋顶种有谷子的集会场所、古老的窑洞和墓地、类似立体派艺术的木雕。但是最令人难忘的，还是多贡人的面具以及持续多日的面具舞蹈仪式。这种面具名为sirige，寓意人与上天的联系，它由整条树枝雕刻而成，视觉效果最为强烈。

最近马里的安全局势很紧张，计划出行前请查询旅行建议。11月至次年1月最凉爽，是最惬意的游览时间。

072 厄瓜多尔，和华欧拉尼人探索亚马孙河

厄瓜多尔的奥利安特（Oriente）地区生活着以捕猎和采集为生的游牧民族，他们与外界建立联系的时间不过50年。实际上，有两三个部落仍然对外界保持敌意：考虑到他们生存的土地面临石油开采的威胁，这一点也不足为奇。约2500名华欧拉尼人（Huaroani）说着一种鼻音很重的语言，这种语言与其他任何已知的语言都没有联系。他们仍然使用3米长的吹管捕猎，并保存着独特文化。如今有几处以社区为依托、被称作华欧拉尼生态屋（Huaorani Ecolodge）的住宿点，它们提供深度体验的机会。在这里，随处都可以看到令人眼花缭乱的鸟类和部落的传统仪式。

前往华欧拉尼人的生活腹地，需要乘小型飞机至Quehueri' ono，然后划独木舟沿着施里普诺河（Shiripuno River）顺流而下。

073 纽芬兰岛，学习因纽特人的生存技巧

尽管看似不可能，但可供探索的真正荒原还是存在的，道路、电话、安全保障在这些地区一概没有。当你找到这样的地方，你几乎就找到了已经学会在此生存的原住民。位于拉布拉多地区最北端的托恩盖特山脉国家公园（Torngat Mountains National Park，加拿大最年轻的国家公园）保护区就是这样的一片土地，这里群山起伏，其间有冰川和峡湾。数千年来，因纽特人（Inuit）在这里以觅食打猎为生。你到这里旅行的话，需要雇佣一位因纽特人向导，他不但可以解释族人传统的生存技能，还可以在遭遇北极熊时保护你。

托恩盖特位于小镇纳因（Nain）以北200公里处，距北极圈很近。对多数游客来说，在盛夏时方可前往。

074 接触埃塞俄比亚奥莫河谷的部落

下奥莫河谷（Lower Omo Valley）各民族的华丽身体装饰和非凡仪式，体现着极其丰富、生动的部落文化。摩尔西人（Mursi）以棍棒打斗和嵌入女性下唇的巨大圆盘著称。卡罗人（Karo）的人体彩绘、布米人（Bumi）的疤痕文身、哈马尔人（Hamer）的精致发型和跳牛成人礼也都非常有名。这个偏僻的地区位于埃塞俄比亚南部，常年干旱，维持生活在这里是极大的挑战，而与周边族群的冲突则是常有的事。前往这里并不容易，不过如果你有称职向导，前往奥莫河谷的旅行肯定令人难以忘怀。

旅行的最佳时节是6月末至9月，许多仪式都会在这时举行，不过届时天气炎热，有时会下雨。

075 与越南北部的山地部落做交易

越南北部的青翠高原上分布着许多山地部落的村庄。此类部落中最好认的是苗族人（H' mong），他们的支系以服装颜色为名，比如白苗、黑苗、红苗，以及穿戴彩色条纹衣帽的花苗。只需在当地集市上（沙巴和北河附近的山城集市一直深受游客喜爱）观看以物易物的贸易方式，或者雇佣导游在传统部落村庄里转转，就可以了解不同族群。

北河的集市在周日举办，沙巴的主要集市在周六举办，但是其他时间也会有许多商贩聚集，非常热闹，所以最好不要在周末前往。

这并不是严格意义上的服装展示，不过新几内亚高原文化表演者们的穿着的确很绚丽。

076 秘鲁，与乌鲁斯人漂浮在芦苇上

乌鲁斯人建造的独特的漂浮岛（floating islands，门票5新索尔）虽然已经商业化，但仍是世界上别无二处的遗迹。这些岛由的的喀喀湖边随处可见的有浮力的totora（芦苇）一层层地堆积而成。作为一个小部落，乌鲁斯人在几个世纪前开始了他们的漂浮生活，以此来躲避好斗的Colla人和印加人。乌鲁斯人用芦苇建造他们的房屋、船舶和手工艺品。如果芦苇腐烂了，他们会用新的芦苇铺在顶上。所以这里的地面经常又软又有弹性——走路要小心！

每天6:00至16:00，每小时至少有一班从乌鲁斯港出发的渡轮（往返12新索尔）。

077 伯利兹，与现代的玛雅人一起生活

西班牙的征服者们来了，看见了，也征服了。好吧，他们基本做到了。阿兹特克（Aztec）和印加（Inca）文明都被毁灭，而玛雅（Maya）文明则得以留存。在伯利兹（Belize）的南部，卢巴安敦（Lubaantun，据称神秘的"水晶头骨"之一就是在这里出土的）等古老遗址周边仍保留着鲜活的玛雅文化。玛雅人的分支凯克奇（Kekchi）和莫潘（Mopan）族群在这里合作组建了托莱多生态旅游协会（Toledo Ecotourism Association），并在传统村庄里接待游客。这不是经过改良的像迪斯尼乐园一般的体验，这里并没有精心编排的舞蹈或仪式。你到这里，可以饶有兴致地观察村民的日常生活，偶尔会听到他们讲述古怪的民间传说，也会听到民族歌曲。

蓬塔戈尔达（Punta Gorda）附近的5座玛雅村庄有简朴客栈可供住宿，居民家里供应简单饭菜。

JOHN W BANAGAN/GETTY IMAGES ©

079 巴布亚新几内亚 到塞皮克河谷的部落做客

这里是世界第二大岛屿，也是最原始的岛屿：大部分地区地势多山且有丛林覆盖。在这样的孤立环境中，各部落的百花齐放（更准确地说，是在语言文化方面）也就不足为奇了。这里的部落数量超过800个。如果你看过高原文化展——哈根山（Mt Hagen）举行的展览最有名——的照片，就不难想象到画着绚丽色彩的面孔和华丽的羽毛头饰。有些表演者的部族从前甚至有着猎头的习俗。不过乘船沿塞皮克河（Sepik River）慢慢游览，你就可以亲身体会到，在以tambaran（神灵居所）为生活中心、捕食鳄鱼的部落中究竟有着怎样的传统文化。

6月至9月是巴布亚新几内亚（Papua New Guinea）最凉爽、干燥的季节。哈根山文化展（Mt Hagen Cultural Show）在8月举办。

078 与纳米比亚的布须曼人一起打猎

20世纪50年代，劳伦斯·范德波斯特（Laurens van der Post）曾记叙了喀拉哈里（Kalahari）布须曼人[Bushmen，即桑人（San）]的生活方式，颂扬这些以捕猎和采集为生的“原始人”仍保持着可追溯至40,000年前的传统文化。布须曼人的生活曾经（现在也是）非常艰苦，他们用毒箭捕猎豪猪和羚羊，吃植物的块茎和野蜂蜜，还要逐水源而居。但是，如果你保持开放的态度来这里旅行，那么与Ju/’hoansi !Kung族人的共同生活，一定会让你感受到震撼与鼓舞。

Nhoma Safari Camp精心安排负责任的观光活动，你可以参加这样的项目并前往//Nhoq’ma布须曼村庄，为布须曼人带来收入。

080 马来西亚婆罗洲 在可拉必高原保住项上人头

1841年，当詹姆斯·布鲁克（James Brooke）获封沙捞越白人拉惹（White Rajah of Sarawak）时，他的面前有许多任务有待完成。他的当务之急是清除生活在婆罗洲北部的达雅克人（Dayaks）、伊班人（Iban）和可拉必人（Kelabits）中的猎头习俗。这项举动耗费了一些时日，不过嗜血的陋习还是被废除了……我们希望如此。鼓足勇气进入可拉必高原（Kelabit Highlands），住在可拉必人和伊班人令人印象深刻的河畔长屋里，观察他们捕猎野猪或用整根树干刨制独木舟。也可以下定决心，用5天时间走完从穆鲁山（Gunung Mulu）到林梦（Limbang）的猎头族小径（Headhunters’ Trail）。

巴里奥（Bario）是可拉必高原的枢纽城镇，从美里（Miri）乘小型飞机可达。

最危险的旅行目的地

我们不推荐到这些地区旅行，不过如果你非常想去，出发前一定要留意政府部门的旅行安全提示。

081 巴基斯坦的西北边境省

巴基斯坦多山的西北边境省（North-west Frontier Province）有丰富的历史文化和古老传说，对旅行者而言，这里一直具有令人兴奋又陶醉的魅力。尤其是斯瓦特山谷（Swat Valley），因其未经雕琢的美丽风光，长期以来都是令人梦寐以求的徒步和登山地点。不过，这一地区的气氛与众不同，纷乱的土地和部族争端使这里几乎不受巴基斯坦中央政府的控制。如今，这一地区的代名词就是武装暴动。大部分地区都是禁区，劝阻普通旅行者的旅行限制时常改变，让人捉摸不定。

目前，外国人需要在前往斯瓦特山谷14天前，在伊斯兰堡（Islamabad）的内政部申请无异议证明（NOC）。

082 阿富汗

当嬉皮士从欧洲出发前往印度时，令他们神魂颠倒的正是阿富汗。可是，在大批穿着喇叭口牛仔裤的嬉皮士们从这里经过不久，曾使阿富汗一度开放的“铁幕”缝隙就重新关闭了。这个美丽的国度饱经侵略、战争和严苛的孤立主义统治摧残，自1979年开始便从旅行者的视野中消失。在前往阿富汗探险之前，你需要从实际出发，慎重估量风险因素。阿富汗原始的自然风光与独特文化融合在一起，或许可以带来一项另辟蹊径的终极探险体验。但是，毕竟缺乏安全保障，这意味着独自旅行是会受到官方劝阻的。

尽管阿富汗政府没有采取迎合旅游业的措施，但该国旅游签证的申请程序却相当简便。

083 巴西 里约热内卢的贫民窟

一年一度的狂欢节和极富魅力的海滩使里约热内卢（Rio de Janeiro）享誉世界，而在城市周围山坡上大大小小的贫民窟（favela）曲折前行，却会令人想到，这里大部分民众的生活远远没有这座城市的外表那般光鲜。里约大多数的贫民窟直到最近还都在贩毒集团的控制之下，即便最大胆的游客也对这里敬而远之。对于贫民窟的治理、永久的警方驻守、新的旅游计划……种种措施都旨在把危险区域的贫民窟转变成旅行目的地，并使好奇的旅行者了解这里生动的文化。

组织贫民窟观光的旅行社中，最好的要属那些回馈贫民窟社区的机构，它们的导游全部来自贫民窟。

084 刚果民主共和国

刚果民主共和国（Democratic Republic of the Congo，简称DRC）不会马上成为“十大旅游国家”中的一员。因为发展水平极为低下，各类反政府势力的反抗连年不息，这个国家的大部分地区都不安全。数以百万计的刚果人饱受战争之苦，他们逃至难民营以躲避恣意的强奸和杀戮。刚果民主共和国的重要旅行目的地维龙加国家公园（Virunga National Park）就曾因冲突对游客关闭。

因为国内冲突，刚果民主共和国与邻国乌干达、卢旺达、布隆迪、安哥拉等国的边境口岸有可能临时关闭。

085 洪都拉斯 圣佩德罗苏拉

多为洪都拉斯的旅游部长着想吧。一个非常棘手的问题正摆在他的面前：圣佩德罗苏拉（San Pedro Sula）在全球“杀戮城市”中排在第一位。这个洪都拉斯的第二大城市有70余万人口，但是每年平均每10万人中就有159人被杀的统计数字，使这里轻易就获得“最暴力城市”的头衔。如果你够聪明，注意避免卷入黑社会的火拼，那么这里和中美洲其他地区一样安全。如果你只是在此地中转，你可以毫发无损地继续你的洪都拉斯之旅。

圣佩德罗苏拉是洪都拉斯主要国际机场的所在地和国内交通枢纽，大多数旅行者都会在某些时候与这座城市打交道。

086 车臣

尽管境内山区景色优美，激烈的战事也早已宣告结束，但是车臣距离成为安全的旅行目的地还有很长的路要走。不时发生的爆炸、绑架和暴力事件都给旅行带来真正的风险。不过，还是有为数不多的勇敢旅行者前往这个位于高加索地区的地方，探索重建后的首府格罗兹尼（Grozny）特有的气质、时尚商场和高楼大厦。但别让这种现代化迷惑了双眼，城外的大部分地区仍然散布着地雷，旅游基础设施基本不存在。

从莫斯科和伊斯坦布尔有定期航班飞往格罗兹尼，你也可以在莫斯科搭乘火车前往。

087 撒哈拉沙漠的萨赫勒地区

萨赫勒（Sahel）地区横贯非洲北部，包括世界上最艰苦的地点，是撒哈拉沙漠的南部边界。这一狭长地带的大部分都既偏僻又混乱。对旅行者来说，萨赫勒的西端是眼下最麻烦的地区。经过这里的道路不多，非常偏僻，沿途还有逍遥法外的土匪。而且，位于萨赫勒地区的毛里塔尼亚、马里、尼日尔、阿尔及利亚等国高调绑架外国人的事件频发，这样一来，萨赫勒就成了禁区，只有最大胆的人才会前往。

萨赫勒地区从西到东贯穿塞内加尔、毛里塔尼亚、马里、布基纳法索、阿尔及利亚、尼日尔、尼日利亚、乍得、苏丹和厄立特里亚等国的部分地区。

088 伊拉克

这里是美索不达米亚平原的腹地、文明的摇篮，最早的文明古国在这里诞生。尼尼微（Nineveh）、乌尔（Ur）、巴比伦（Babylon）等名称让人不禁联想到古老神秘的异国情调。伊拉克是个富有魅力的国家，有许多沙漠覆盖的遗址和重要的宗教遗址，可是过去的荣耀却因现代严苛的独裁统治和残酷的战争而被蒙上阴影。北部的库尔德自治区对于旅行者相对安全（这里也在积极推动旅游业的发展），但是伊拉克的其他地区仍是局势不稳，游览美索不达米亚文明遗址的时机也许还不成熟。

库尔德自治区的旅游签证可在抵达时办理，而该国其他地区的旅游签证必须提前申请。

089 巴拿马/哥伦比亚 达连峡谷

达连峡谷（Darién Gap）的茂密丛林和沼泽湿地是地球上最少有人涉足的地区之一。这片连接巴拿马和哥伦比亚（北美洲和南美洲）的荒野地带不通道路，非常偏僻，需要极大的勇气才能克服这里的艰苦。尽管如此，这里还是众多想成为探险家的人眼中的瑰宝。人们可以步行或乘四驱车穿越这里，不过那是以前的事了。20世纪90年代，毒品贩子、哥伦比亚非法武装组织和反抗组织在这里横行，所以蛇、水蛭、传播疟疾的蚊子倒成了你在这里最不用担心的事情。

多数旅行者乘飞机或船绕过达连峡谷。乘船从巴拿马出发，途经圣布拉斯群岛（San Blas Islands）前往卡塔赫纳（Cartagena），这是条替代路线，人气很高。

090 索马里

这里有非洲最长的海岸线、几座国家公园，首都一度因美丽的殖民地时期建筑而著称于世，但索马里距离重回度假胜地的日子还很遥远。长期的内战使数十万人死于非命，摧毁了首都大部分建筑，也造成了饿殍遍野的悲惨景象，所以去索马里旅行的可能性不大。尽管风险一直持续，但还是有少数旅行者陆续前往。如果索马里进入了你的视线，你首先要做足功课。

该国随处可见的武装民兵带来持续的威胁，建议旅行者们在去摩加迪沙（Mogadishu）之外的区域探险前雇佣保镖。

最寒冷地带的探险活动

一点点（或许多）冰雪不应成为阻止你探险的理由。

093 芬兰 冬泳

首先，在结冰的湖面或海面上找个冰洞，然后，跳进去。这听起来非常简单，不过当你在冰洞边缘保持着平衡时，冬泳（avantouinti）看起来可没那么容易。如果你想来真格的，就别穿潜水服。冬泳并非芬兰独有，不过在这方面最为擅长、热情也最高涨的还是芬兰人。冬泳在芬兰人气极高，在许多辟有冰洞的芬兰浴室，等着在冰窟窿里扎个猛子的人都排着长队。冬泳的拥趸们声称这有益健康，是一个长寿秘诀。他们会身体健康，长命百岁的，不是吗？

赫尔辛基东郊的露营地Rastila Camping提供大众冬泳场地。

091 苏格兰 在雪洞中住宿

你被困在苏格兰一处积雪的山坡上，黑夜渐渐降临，露宿在寒冷中就会被严重地冻伤。开始挖洞吧！对于登山者来说，挖雪洞是一项重要的生存技能，而且，睡在雪洞里还出人意料地很舒适。你可以参与苏格兰冬季登山技能课程，学习如何挖雪洞。花两三个小时建造这样的一个避难所：要带通风口和令你更接近洞里暖空气的堆床。这是一项非常好的探险体验，让黎明时照在积雪覆盖的山坡上的第一缕阳光把你唤醒吧。

climbmtclimbmts.co.uk上有斯图尔特·约翰逊（Stuart Johnson）负责的各类课程，你也可以在登山指导协会（Association of Mountain Instructors; www.ami.org.uk）的网站上了解更多信息。

092 格陵兰岛 北极圈马拉松

在被称为“地球上最凉爽的马拉松”比赛中，选手们不大可能出现身体过热的问题。这项马拉松赛事每年10月（秋季）举办，这时格陵兰岛的平均温度为零下10℃。你踩着白雪覆盖的沙石路，脚下发出咯吱咯吱的声响，经过冰川鼻，还要在格陵兰冰盖跑2至3公里（取决于冰雪覆盖情况）。别指望能跑出自己的正常成绩。赛道起伏不断，不过大多是下坡，3个小时跑完就可保证取胜。各种状况可能使速度减慢，这样完成比赛的时间至少延长到4个小时。

该马拉松赛在格陵兰岛西部的康克鲁斯瓦格（Kangerlussuaq）发枪。格陵兰航空公司（Air Greenland）有从哥本哈根起飞的航班。赛事网站是www.polar-circle-marathon.com。

094 阿根廷 在莫雷诺冰川徒步

领略世界上风景最优美的冰川，其最佳方式莫过于穿着冰爪徒步穿越。与大多数游客所走的纵横交错的观景路径不同，在导游的带领下，这种徒步行走在长23公里的冰川边缘。你将看到各种冰川地貌，冰窟、冰隙、蓝冰应有尽有。冰柱从10层楼高的冰川鼻上崩落，坠入阿根廷湖（Lago Argentino）时，冰与水撞击发出巨大声响。徒步的终点是冰川上的有轨车酒吧，这里加入威士忌的冰块都取自冰川。

从布宜诺斯艾利斯有航班直达卡拉法特镇（El Calafate），这座小镇每天都有长途汽车前往莫雷诺冰川（Moreno Glacier）。Hielo y Aventura（www hieloyaventura.com）组织冰川徒步。

095 印度 冬季沿赞斯卡河徒步

冬天，印度西北部的喜马拉雅地区很寒冷。对当地村民而言，赞斯卡河（Zanskar River）自古以来就是冬季的交通道路。不过不是乘船，而是靠步行。当这里披上银装时，除乘坐飞机外，想抵达这里只能步行。一代又一代的当地人只能借助结冰的河面在群山中穿行。近年来，这条冰路也对游客开放，从奇冷（Chilling，名字倒是恰如其分）至灵谢（Lingshed），步行往返需8至9天，途中可在岩屋或私人住宅住宿。如果能耐得住寒冷的话，冬季的景致真是无限美好，想象一下冰冻的瀑布与河上薄薄的蓝色冰面吧。

当地的旅行社Zanskar Trekking（www.zanskar-trekking.com）经营河流冬季徒步项目。

冬季，在赞斯卡享受一步一滑的乐趣。

096 加拿大 在班夫攀爬冰瀑布

当冬季来临、瀑布冻结时，在班夫（Banff）和坎莫尔（Canmore），并不是每一个人都只想着滑雪。许多人认为两座城镇周边的区域是世界上最出色的结冰瀑布攀爬目的地。在这里，攀爬路线多样，适合各种水平。而在坎莫尔，每年2月都会举办大型的攀冰活动。班夫的一家青年旅舍甚至浇筑了一面冰墙，用作室内攀冰场所。如果你对冰爪和冰镐还不熟悉，在居高临下俯瞰坎莫尔的Junkyards和距坎莫尔一小时车程、卡纳纳斯基斯村（Kananaskis Country）的国王溪（King Creek）都有出色的新手攀爬路线。

位于坎莫尔的Yamnuska Mountain Adventures（www.yamnuska.com）为各种水平的攀冰者提供指导：从新手入门到为期5天的多条路线项目，不一而足。

AARON BLACK ©

097 新西兰，在塔斯曼湖上划皮划艇

想在冰山旁泛舟，你觉得肯定得去极地，对吧？其实也可以前往新西兰，去交通便利的库克山村（Mt Cook Village）。距村子几公里处，在新西兰最长的冰川边缘，有一座塔斯曼湖（Tasman Lake）。冰山漂浮的湖面，看上去活像浮着油炸面包丁的冷汤。湖面呈灰色，漂浮着从冰川上脱离的蓝色冰山。据说单是2011年2月克赖斯特彻奇（基督城，Christchurch）地震就使3000万吨的冰从冰川脱离，形成各种各样的皮划艇障碍回旋。划皮划艇的同时，可以与冰山来个亲密接触。

Glacier Kayaking（www.mtcook.com/glacier-sea-kayaking）安排塔斯曼湖上的皮划艇行程，旺季从10月到次年4月。

098 俄罗斯 拜访奥伊米亚康

这里是西伯利亚，如地狱般寒冷的地区。地球上"最寒冷的永久定居点"这一称号对偏僻的雅库特小镇奥伊米亚康（Oymyakon）来说再合适不过。小镇的这项头衔始于20世纪20年代，人们在当时记录下了令人知觉麻木的最低温度：零下71.2℃。这是有史以来城市中记录的最低温度，也是北半球有记录的最低温度。小镇位于北极圈以南350公里处，当地居民都对记录着最低温度的纪念匾额深感自豪。

从雅库茨克（Yakutsk）驾车向西，前往奥伊米亚康一路颠簸，车程约800公里，大概需要一天。

099 法国/瑞士，沿高山路线滑雪观光

高山路线（Haute Route）堪称世界最优美、最著名的滑雪观光路线，从勃朗峰（Mont Blanc）山脚下的夏慕尼（Chamonix）到马特洪峰（Matterhorn）山脚下的策马特（Zermatt），横跨140公里的阿尔卑斯山景，是一条从一个阿尔卑斯山重要标志到另一个重要标志的路线。行程通常6至7天，滑雪途中可在木屋休息。一路穿越20余座冰川，攀登高度累

翻越班夫冰瀑布的唯一途径就是不断向上。

计超过10,000米。冬季的勃朗峰、罗萨峰（Monte Rosa）、大孔班山（Grand Combin）和马特洪峰都美不胜收。夏季时，可以沿高山路线徒步（与冬季滑雪路线略有不同）。

夏慕尼和策马特各有前往法国和瑞士境内各地的便利交通。包括夏慕尼的Mountain Spirit（www.mountain-spirit-guides.com）在内的多家旅行社提供导览游。

100 俄罗斯 冰下潜水

白海（White Sea）深入俄罗斯北部内陆，距芬兰边境不远，这里提供非凡的冬季体验：冰下潜水。水温在零下1℃左右徘徊，你可以透过面罩看到此处独有的水下景观，如冰丘和在冰下生长的软珊瑚。先在码头7至10米深的水中进行冰下潜水训练，之后就可以前往金托角（Cape Kindo）、克雷斯托维群岛（Krestovi Islands）和一艘沉没的渔船了。每天潜水两次，每次下潜约30分钟。不必多说，要带上干爽的衣服。

北极圈潜水中心（Arctic Circle Dive Centre; www.ice-diving.ru）组织白海的冰下潜水行程。

最惊悚的邂逅动物之旅

动物——甚至那些把你当作晚餐一样又抓又咬、盯着不放的动物都可以成为完美的旅伴。

101 南非 克鲁格荒野小径

如果你乐意成为一种速度更慢的猎物，那就参加一次非洲的徒步探险。克鲁格国家公园（Kruger National Park）有7条荒野小径，可提供两天的徒步探险之旅，你将穿过世界上最优美且野生动物最丰富的国家公园之一。这个公园已经拥有差不多150种哺乳动物，包括五大动物。那些荒野小径远离普通的旅游活动，在此徒步的探险团队规模很小（最

你和大白鲨如此接近，甚至都可以看见它们珍珠般的大白牙。

多8人），碰见的野生动物数量却很多。纳皮小径（Napi Trail）经过好几个季节性的洼地，在此很容易看到大型野生动物，而史温尼小径（Sweni Trail）通往史温尼河（Sweni River），这里聚集着大量的动物，也吸引了狮子这样的掠食动物。

小径信息可从克鲁格国家公园网站（www.sanparks.org/parks/kruger）获得，点击“Travel”链接即可找到。请早早地预订。

FRANCO BANFI/PHOTOSHOT ©

102 博茨瓦纳 骑车探险之旅

这算是真正的“上门送餐服务车”。博茨瓦纳（Botswana）的马沙图野生动物保护区（Mashatu Game Reserve）不仅拥有狮子和花豹，而且也是大象、长颈鹿和鸵鸟的家。骑着山地自行车，在4天的探险中，你会在这次别具一格的旅行中邂逅不少动物。这里的骑行之旅从南非边境的林波波河（Limpopo River）开始，然后穿越这个25,000公顷的野生动物保护区，途中会经过坑坑洼洼、考验车技的地形，每天需骑行30至40公里。你会在与大象群仅仅几米之遥的地方骑行而过……我们有没有提到狮子？别的不说，你最后一次和背着来福枪的旅伴一起骑车是什么时候？

穿过马沙图的山地自行车之旅由Cycle Mashatu（www.mtbsafaris.com）经营。关于这个野生动物保护区的更多信息，见www.mashatu.com。

103 哥斯达黎加 锤头鲨潜水之旅

若想在锤头鲨之间随心所欲地畅游，你得是一种锤子之类的工具，对吧？要么，你就只是被科科斯岛（Isla del Coco, Cocos Island）的名声所诱。它位于哥斯达黎加本土西南方600公里处。雅克·库斯托（Jacques Cousteau）把它描绘成全世界最美的岛屿。它或许也提供了全世界最好、最纯粹的潜水观鲨之旅——这里可没有保护你的防鲨笼子。形状怪异的锤头鲨是这里的明星动物，几个最大的种群就是在Bajo Alcyone的海底山脉一带被发现的。岛上禁止停留，因此你多半会搭乘一条提供食宿的船只来此观赏鲨鱼。

Okeanos Aggressor（www.aggressor.com）和“海底猎手”（Undersea Hunter；www.underseahunter.com）都可从圣何塞（San José）提供前往该岛的潜水之旅，需住在船上。

104 澳大利亚 与大白鲨一道笼潜

你首先需要了解的一件事情是，电影《大白鲨》（*Jaws*）里的一些最可怕的场面是在南澳大利亚州（South Australian）的林肯港附近海域拍摄的。现在，你准备好将自己浸泡在南太平洋中并观看那些鲨鱼了吗？要参加笼潜（cage dive）之旅，需从林肯港南下前往内普丘群岛（Neptune Islands），那里有比较大的海豹栖息地。在这里，人们会将诱饵扔进海里，吸引那些大白鲨。然后，你穿戴好潜水设备，钻进一只金属笼子，被放入海水中。在接下来的45分钟内，这种全球最可怕的动物会围着你游来游去，其中最大的可能有你身体的3倍大。

笼潜之旅由Calypso Star Charters（www.sharkcagediving.com.au）经营。

Wayne R Bilenduke/getty images ©

北极熊或许看起来很可爱，不过，你希望自己在夜里遭遇它们吗？

105 加拿大 划船观赏逆戟鲸

当你坐在约翰斯顿海峡（Johnstone Strait）的一条皮划艇里，一条逆戟鲸（又名虎鲸）就在几米开外的地方钻出海面，你会为自己不是鲑鱼而谢天谢地。每年夏天，虎鲸们都会聚集在温哥华岛和加拿大大陆之间这个窄窄的海峡里，大肆享用到此产卵的鲑鱼。不过，当一条2米高的背脊突然在你身边冒出来时，你或许会怀疑这些逆戟鲸是否只吃了鲑鱼。在罗布森海湾（Robson Bight）附近划船是最好的体验，因为逆戟鲸会在这里的鹅卵石海滩上蹭磨肚子上的皮肤——这个海湾本身是禁止皮划艇和船只进入的，但它边缘的水域照样有熙来攘往的逆戟鲸。

Natural Focus Safaris（http://naturalfocussafaris.com）在约翰斯顿海峡经营皮划艇之旅。

106 澳大利亚 鳄鱼湾

澳大利亚北端的水域居住着大量咸水鳄——这些"来自史前"的"皮"实动物能长到6米长，这并不意味着它不会咬住你小小地翻滚几下。我们绝不建议你在它们附近的任何地方游泳。但在达尔文市中心，你却能够做这样的事情——安全地待在一只透明的丙烯酸树脂笼子里。在鳄鱼湾主题公园（Crocosaurus Cove），笼中的游客会被放进一个鳄鱼围场里，像诱饵一样在5米长的鳄鱼之间摇摆。这不会惹得鳄鱼像喂食时那么疯狂，但笼子上的牙印却说明它们偶尔也会接近那样的状态。

Crocosaurus Cove就在达尔文市中心Mitchell St和Peel St的交叉路口。欲了解更多信息，可访问www.crocosauruscove.com。

107 加拿大 在北极熊之间酣睡

马尼托巴省（Manitoba）的丘吉尔市（Churchill）可不是个半夜三更跑到室外“方便”的好地方。夏天，北极熊待在苔原上。冬天，它们迁徙到哈得孙湾（Hudson Bay）的浮冰上捕食海豹。这个孤零零的小镇恰好位于它们的迁徙路线上。丘吉尔的“观熊旅游”已经发展成一个产业，在花了整个白天观看这些强壮的冰雪巨兽之后，你可以入住所谓的“苔原旅馆”——其房间布置在苔原的移动平台上——在北极熊中间酣睡。其实你非常安全，不过，如果你在夜深人静时听到外面有什么东西跌跌撞撞地走过，你或许就会怀疑自己是否真的安全了。

游客可从温尼伯（Winnipeg）乘坐飞机或火车前往丘吉尔市。欲了解苔原旅馆的信息，可访问www.greatwhitebeartours.com。

108 南非 沙丁鱼洄游

这听起来是无害的——谁会害怕几条沙丁鱼呢？——然而，每年6月，当数百万条沙丁鱼成群结队地游过南非海岸附近时，也会有大量的捕食动物紧随其后。海里的每种大型掠食动物——捕食性的鱼类、海豚、海鸟、鲨鱼和逆戟鲸——几乎都会在这里出现，并尽情享用这些尚未被装进罐头的沙丁鱼。有游船载着旅行者跟随洄游的沙丁鱼观看海豚和鲸，但浮潜者的视角是最好的——在自己的下方就可看到这场盛宴。背着氧气罐潜入深水可不是个好主意，因为当你游进沙丁鱼群时，没准也把自己送到了掠食者们的菜单上。

位于德班（Durban）和东伦敦（East London）之间的荒野海岸（Wild Coast）是与沙丁鱼同游的绝好基地。

109 印度 骑着大象追踪老虎

科比特国家公园（Corbett National Park）是印度的首个老虎保护区，而且现在也仍然是该国主要的大型猫科动物庇护区。这里可为游客提供两种探险旅行：坐吉普车和骑大象。后者最容易让你神经紧张，但也最有亲历感——骑着一种动物去观看另一种动物，让人感觉周围的环境完全无法控制。大象从公园位于Dhikala的主要住宿中心迈开大步，穿过娑罗双树森林和随意生长的大麻——谢天谢地，因为大象喜欢吃大麻，所以如果它们真的看见一只大型猫科动物，或许正是这种植物可以让它们保持平静（“瞧啊，那里有老虎”）。

夕发朝至的兰尼克特特快（Ranikhet Express）列车从德里开往位于公园入口处的拉姆讷格尔（Ramnagar）。

110 乌干达 追踪山地大猩猩

一头成年的雄性山地大猩猩——也就是凶猛的银背大猩猩——体重可达160公斤。在它最有骑士风度的时候，它还算个温和的家伙，但如果它受到威胁，或者有时仅仅因为有陌生人造访，它就会大喊大叫地冲向入侵者。如果那个入侵者是你——你正跋涉穿过布温迪禁猎国家公园（Bwindi Impenetrable National Park），观看这里的400只山地大猩猩中的几只，那么你的任务就是保持镇静。如果在银背大猩猩冲过来时，你静静地站着，不与它对视，它几乎不会伤害你。在你惊慌失措时只需记住这一点即可。

徒步许可证的费用为每天500美元，需要提前好几个月通过乌干达野生动物管理局（Uganda Wildlife Authority；www.ugandawildlife.org）预订。参加冒险旅游公司的团队游会更稳妥一些。

最雄奇壮观的攀岩之旅

你紧贴着岩石，命悬一线——
但你总有时间瞥一眼脚下的风景，对吧？

AURORA PHOTOS/AWL IMAGES ©

111 希腊 卡利姆诺斯岛

作为多德卡尼斯群岛（Dodecanese）的第三大岛，这里曾是一个著名的海绵潜水地点，不过现在这个岛最吸引眼球的却是那些石灰岩峭壁。尽管直到20世纪90年代中期攀岩爱好者才发现了卡利姆诺斯岛，但现在它和毗邻的小岛Telendos已经成为希腊的攀岩圣地，共有50个攀岩地点可供选择。2000年，这里举行了一次攀岩运动节，攀岩爱好者们越过爱琴海蜂拥而至。如今，这里仍在不断开放新的攀岩地点和路线。这也难怪——攀上悬崖，你就可俯瞰脚底绿松石般的海水，简直就像在一张明信片里攀岩。大多数攀岩地点都在小镇Masouri和Armeos周围，你可以步行或租一辆助力摩托车前往那些峭壁。

Climb Kalymnos（http://climbkalymnos.com）可提供丰富的信息。卡利姆诺斯岛攀岩运动节（Kalymnos Climbing Festival）在9月举行。

112 中国 阳朔

看到中国广西的喀斯特地貌，有哪个酷爱攀岩的人不想一试身手？这个地区到处都点缀着石灰岩山峰，就像是位于内陆的下龙湾。而作为亚洲的攀岩热点，这些尖塔状山峰怀抱里的阳朔脱颖而出。这里的岩石是犬牙交错、易于抓握的石灰岩，有可能你系绳索的岩石旁就是劳作的农夫和水牛。状如拇指的“拇指峰”（Thumb Peak）有很适合入门者的山顶系索攀岩地点。若以纯粹的风光和新奇感而论，月亮山（Moon Hill）无与伦比，你可以在此攀上一个天然的岩拱。

从桂林坐大巴到阳朔约90分钟。江缘客栈（原阳朔攀岩学校）集合了攀岩俱乐部和客栈的功能，学攀岩的同时还能交朋友。

113 澳大利亚“图腾柱”

在澳大利亚的岛屿之州塔斯马尼亚（Tasmania），大部分地区都由辉绿岩岩石柱构成，而其中最雄伟的莫过于“图腾柱”（Totem Pole）周围一带。这根纤细的海蚀柱就像一支倒立的香烟，位于塔斯曼半岛的峭壁边。它的高度超过60米，底部却只有4米宽，经常都是巨浪滔天。虽然其经典的“自由路线”的难度仅有25级（法国系统7b，美国系统5.12b），但它对人的精神和肉体都构成严峻的挑战。如果攀登了这里之后意犹未尽，附近还有一块名叫“烛台”（Candlestick）的岩石。虽然名气没那么大，可是其高度却达到“图腾柱”的近2倍，而且需要搭乘小船、皮划艇或游泳（别去想那些鲨鱼）才可抵达。

从福蒂斯丘湾（Fortescue Bay）出发可抵达“图腾柱”，这里有条徒步小径，通往远处的海岬Cape Hauy和一个玩绳降的地点。

普通的图腾柱或许很有象征意义，但你没理由不去攀登这块名叫“图腾柱”的岩石。

虽然攀上川口塔峰非常艰难，但从上面看到的风景却也同等壮观。

GALEN ROWELL/MOUNTAIN LIGHT/ALAMY ©

114 巴基斯坦 川口塔峰

被挤在川口和Dunge这两条冰川之间的川口塔峰（Trango Towers）是一条海拔超过6000米的花岗岩山脉。其中，无名塔峰（Nameless Tower）和面朝东的大川口塔峰（Great Trango Tower）是世界上最高的峭壁中的两座——这两块近乎垂直的花岗岩都超过1300米。它们被认为属于世界上最难攀越者之列。对大多数人而言，仅仅在Urdukas的露营地看它们一眼就足够了。沿着巴尔托洛冰川（Baltoro Glacier）跋涉到露营地需要五六天的时间，而在这里看到的景色也是地球上最壮观的山地风光之一。

要进入几座塔峰和巴尔托洛冰川，需经过斯卡都（Skardu）的小镇巴尔蒂斯坦（Baltistan）。巴基斯坦国际航空公司（Pakistan International Airlines）有从伊斯兰堡飞往斯卡都的航班。

115 美国 埃尔卡皮坦

说到攀岩，人们会想起埃尔卡皮坦（El Capitan）。这块蔚为壮观的巨石耸立在约塞米蒂国家公园（Yosemite National Park）的默塞德河（Merced River）上方，高达1000米，是大岩壁攀登的诞生之地。眺望那一连串光秃秃的岩石圆顶，场面非常壮观。这里的经典攀岩地点是Nose，它在1958年被首次征服，那场规模宏大的攀岩盛会持续了45天。如今，攀岩者需要约5天登上它倾斜度为31度的峭壁。2012年，汉斯·弗洛莱恩（Hans Florine）和亚历克斯·杭诺尔德（Alex Honnold）仅用了2小时23分钟就飞快地爬了上去。这里的攀岩难度并不大，但攀登的距离很长，而且你会暴露在风吹、日晒、雨淋之中。

想体验真正的攀岩，不妨将约塞米蒂河谷的4号营地作为基地。它周围峭壁林立。

116 希腊 迈泰奥拉

公元14世纪，当修士们开始在迈泰奥拉（Meteora）修建自己的修道院时，他们知道自己在做什么。这些修建在高高的石尖顶上的修道院保持着惊人的平衡，它们让攻击者望岩兴叹，无可奈何。而现在，这里却成了装备着绳索和粉袋的攀岩爱好者们挑战极限的地方。迈泰奥拉兀立于希腊北部的色萨利平原（Thessaly Plain）之上，是无可否认的雄奇惊险之地，密集的岩石上有一百多条攀岩路线——对禁欲苦修的修道士们来说可能有点浪费。塔状的圣灵岩（Holy Ghost，Heiliger Geist）提供了一些经典攀岩体验：高达250米、倾斜度为9度的Traumpfeiler可能是迈泰奥拉标志性的攀岩路线。

位于迈泰奥拉那些岩石山脚下的Kalambaka是进入该地区的主要入口。附近Kastraki的Vrachos露营地是适合攀岩者的住宿地点。

117 阿根廷/智利 塔峰

如此纤细的尖塔状岩石，居然能在巴塔哥尼亚冰盖的恶劣天气中屹立不倒，这似乎违反了自然法则。塔峰（Cerro Torre）曾经被视为不可攀登的，据说到1959年才有人首次攀到它顶上，不过这种说法至今仍有争议。它像针一样耸立在下方的冰川之上，岩顶上的一块蘑菇状冰块更是使得攀登复杂化。说它是最令人惊叹的山区中最难攀登的岩石，或许还有待讨论，因为位于它对面的菲茨罗伊峰（Monte FitzRoy）与它旗鼓相当。

距离它最近的机场位于El Calafate，下飞机后还需乘坐长途汽车行进215公里，才能来到该地区的攀岩基地El Chaltén。想知道人类是如何试图征服塔峰的，可观看电影《石头的呐喊》（*Cerro Torre: Schrei aus Stein*）。

118 加拿大 托尔山

抵达托尔山（Mt Thor）几乎跟攀登它一样困难——好吧，考虑到这座山拥有全球最高的垂直峭壁（1250米），这么说并不准确，但这趟旅程仍然是非常艰辛的。这座海拔1675米的山紧挨着北极圈，位于巴芬岛（Baffin Island）的奥尤伊图克国家公园（Auyuittuq National Park）内。要来到它的山脚下，需要飞到冰天雪地的小村Pangnirtung，然后坐船，经过一段漫长的旅途，最后还有20公里，需要蹚过河流步行。这块巨型石壁看起来就像一道即将扑进山谷里的石头海浪，其平均倾斜度为105度，因此攀岩过程中大部分时间都是凌空悬挂——你能在1250米的疲惫攀登中保持这个姿势吗？

这个国家公园的网址是www.pc.gc.ca，点击“National Parks”链接就可找到Auyuittuq。

119 巴西 鬼针峰

还有哪个山峰有这么恰如其分的名字？鬼针峰（Agulha do Diabo，意思是“魔鬼之针”）如长矛一般耸立在奥尔冈斯山脉国家公园（Nacional Parque Serra dos Órgãos）的森林上方。这个公园据说拥有巴西规模最大的步道网络——这倒也不错，因为需要步行几小时才可抵达这个针尖。映入眼帘的是它2050米高的山峰——就像一根孤零零的手指，从更高的山峰之间伸了出来——看起来咄咄逼人。山顶上的尖塔状岩石从根部裂开，上面的石头就像一根断掉的手指那样弯曲着。同样位于这个国家公园的还有Dedo de Deus（上帝之指）——据说也同样蔚为壮观，是巴西的经典攀岩地点之一。

从里约热内卢到奥尔冈斯山脉国家公园的车程约为一小时。

120 新西兰 城堡山

如果有个天神将一袋弹球倒在地上，它们看起来跟城堡山（Castle Hill）差不多。这个盆地里的草地上点缀着一些石灰岩巨石，就像大地暴露的关节一样从地面凸起。这种攀岩有个专门的名称，叫“抱石”（bouldering）：不需要系绳索，攀岩者伸展四肢，攀上那些经过风雨打磨的石头表面，其高度达到50米。好莱坞导演认为它风景壮丽，因此在这里拍摄了《纳尼亚传奇》（*The Chronicles of Narnia*）的战斗场景。

城堡山距离基督城100公里左右（驾车需90分钟），在通往亚瑟山口（Arthur's Pass）的公路附近。

璀璨星空下的冒险之旅

在夜间旅行中，你不仅应信赖自己的眼睛，同时也要控制住对黑暗的恐惧。

121 为海龟守夜站岗

在某种程度上，由于非法的龟肉和龟蛋贸易，全球的所有7种海龟都成了濒危动物。为了确保海龟妈妈、海龟蛋和刚孵化幼龟的安全，世界各地有多个保护项目派人在它们重要的筑巢产卵地耐心地巡逻，尤其是晚上。其中一个这样的地区，是不受限制的尼加拉瓜宝地——帕德雷·拉莫斯三角洲(Padre Ramos Estuary)，东太平洋地区有近一半的玳瑁都在此筑巢产卵。三角洲的志愿者活动包括晚上陪同有经验的项目工作人员在海滩上寻找、测量和标记筑巢的海龟妈妈，或者保护它们刚孵化的幼龟。为了避免灯光扰乱海龟的方向感，这些活动必须在黑暗中展开。

欲了解尼加拉瓜(和其他地方)海龟保护工作的信息，可访问www.hawksbill.org。在www.seeturtles.org还可了解更多有关世界各地海龟保护的信息。

122 在暮色中搜寻松露

我们大多数人都听说过松露，但很少有人品尝过新鲜的松露——尤其是两种贵得能让人破产的松露：佩里戈尔地区(Périgord)的"黑珍珠"和阿尔巴(Alba)的"白色黄金"。见过完整松露的人就更是少之又少。你知道它们是一些在地下生长、成熟的蘑菇吗?你知道它们通常是由经过特殊训练的狗或猪在夜间协助搜寻采摘的吗?松露采集者在克罗地亚被称为"tartufar"，他们会提着铲子，带着自己四条腿的"蘑菇侦探"，在天光熹微的森林里潜行。这看起来有些像托尔金小说里的场面，不是吗?天黑后和他们一起外出，在夜灯灯光下享受树林的幽静，随后还可体验松露风味美食对你味觉的启发。

在西班牙、法国和意大利也有松露和松露团队游，但若想了解克罗地亚(伊斯的利亚)产的松露，可从阅读www.lonelyplanet.com/croatia/travel-tips-and-articles/76139上的这篇网络美文开始。

123 与蝠鲼一起潜入黑暗

夜间潜水的感觉跟飘浮在空中的感觉是最接近的。失重和刀枪不入之感因为缺少近旁的视觉参照物而放大。同样精彩的是，当灯光打开时，海底世界的真正色彩会赫然出现在眼前，同时出现的还有一些在夜间活动的新角色。夏威夷的Kona就是这样一个传说中的夜间潜水宝地，在这里，蝠鲼(魔鬼鱼，manta ray)会像飞机一样从黑暗中游出来，并捕食受灯光吸引而来的浮游生物。紧挨着珊瑚礁游动，可以看到捕猎的海鳗、奔逃的小虾、酣睡的鱼儿和令人惊叹的裸腮亚目软体动物。

夜间潜水往往比在白天潜水更轻松。详见www.konahonudivers.com/manta -ray-night-scuba-dive.php。

124 在月光下滑雪

在有的滑雪场，你不需要在雪坡关闭前匆匆忙忙地玩一次直线速降——雪道上的灯会一直亮着，自由式滑雪也会一直继续。这应该比较新奇，但晚上在斜坡上做大回转有些危险。不过，夜间滑雪也有一些实际的优势：没有拥挤的人群，排队搭乘滑雪缆车的人更少，门票也更便宜。当然，夜间会寒冷得多(一定要带上点烈酒！)，有时还会结冰。那么到哪里滑夜雪呢?你不妨试试Bromont，一个位于加拿大蒙特利尔以东85公里处的滑雪场。它的7个雪坡上有超过一百条有灯光照明的雪道，所以它是北美洲最大的夜间滑雪场。

欲了解更多有关Bromont日间和夜间滑雪的信息，可访问www.skibromont.com。关于北美洲的其他夜间滑雪地点，见www.winterdirectory.com。实用贴士：请使用透明的护目镜。

125 参加冒险探洞之旅

有谁知道“冒险探洞”（adventure caving）一词是产生于斯威士兰（Swaziland）吗？它开始于1999年，当时这个国家的Gobholo花岗岩洞穴系统开放。冒险探洞更侧重于那些艰苦的有向导的探索之旅，而非铺砌道路上石笋林中的漫步。这种由向导带领的洞穴探险活动更艰险一些。如今业余和专业的探洞者仍然会穿戴上包裹全身的防护服、头盔、头灯和安全装备，穿过800米长的泥泞通道，避开惊飞的蝙蝠，让自己适应一片漆黑的环境。绝不能偏离已经确定的路线，因为Gobholo的部分区域仍未有人探索过。晚上的黑暗之旅需要你在森林里行进45分钟。

尽管并不是非要有探洞经验不可，但比较好的身体素质还是需要的。详情见www.swazitrails.co.sz/adventure-caving。

126 月光下的马拉松

光天化日之下的月亮谷（Wadi Rum）带有几分异次元的气息，一块块突出地面的石头就像失事船只一样耸立在约旦南部的沙丘上，让人触目惊心。而在一轮满月的照耀下，这里完全笼罩在一片梦幻之中……你得拧一下自己才会意识到自己不是在做梦。在每年一度的“满月沙漠马拉松”（Full Moon Desert Marathon）比赛中，你有机会一路狂奔地进入风蚀山谷，穿过坡度和缓的沙坡、填满干硬泥巴的高原以及一条条岩石小径和沙丘。有10公里、21公里和全程马拉松路线可供选择，有全天候灯光照明。

比赛于5月中到5月底举行，起跑时间为太阳下山前不久。要为沙漠中的一切做好准备，包括沙尘暴。更多信息见www.flashback-adventures.com。

127 凝神欣赏北极光

不管是白天还是黑夜，北极光都会装扮天空，但在黑夜的天空中（避开有满月的日子）却能看得最清楚，尤其是晴朗无云的干冷夜晚。在很多地方都可看到这种令人难忘的自然奇观，但气候和便捷的交通是两个必须考虑的因素，它们为挪威北部带来很多活动。特罗姆瑟（Tromsø）或许是最热门的北极光圣地，而罗弗敦群岛（Lofoten Islands）则是一个诱人的替代选择，这个群岛拥有丰富的自然和（维京）文化景观，是钓鱼的好去处。而且对于一个位于北极圈里的地区而言，它的气候也相对温和。

计划在地球上的“北极光地区”开展极光之旅，时间可选在每年的10月到次年3月。欲了解更多有关罗弗敦群岛的信息，见www.lofoten.info。

128 夜空下的徒步

美国犹他州的天生桥国家保护区（Natural Bridges National Monument）是全球首个国际夜空公园（International Dark-Sky Park）。白天，这里的主要景点是三座高耸的天生桥。而到了夜晚，这里作为美国唯一的波特尔2级夜空所在地——波特尔暗空指数（Bortle Scale）是衡量夜空和星光亮度的标准——就变成了一个群星璀璨的世界，令人目眩的点点繁星比大多数城市居民看到的星星明亮300倍。在地面上，9英里长的公路和位于峡谷底部的步道是宁静的观星活动和其他夜间活动的完美地点。

天生桥国家保护区全年昼夜开放，详情见www.nps.gov/nabr。而www.darksky.org介绍了更多适合观赏夜空的地点。

129 斗胆参加夜间徒步探险之旅

在非洲加纳，卡库姆国家公园（Kakum National Park）覆盖着热带雨林，而且很容易进入，甚至在夜晚步行也可以探索。虽然非洲夜间探险之旅很普遍，但夜间的徒步探险却很稀罕。毕竟，你来这里是为了在漆黑之中步行观看那些你不应该碰到的动物，对吧？在卡库姆，公园的向导会带领游客在夜晚的森林小径上徒步两小时，这些小径是大象、紫羚羊（bongo）、小羚羊（duiker）和人类的近亲灵长类动物踩出来的。不过，别指望看到多少动物，周围漆黑一片，而你会弄出很大的声响。

更多信息见www.touringghana.com/ecotourism/kakum.asp。也可以查看一下它那条树冠步道，上面建有令人头晕目眩的树冠吊桥，这在非洲还是第一座。

130 夜登山巅观日出

海拔3776米的富士山是日本最高峰，它那近乎完美的锥形山顶在全年大部分时间都覆盖着白雪。4条带有清晰路标的步道顺着陡峭、多石的山坡通往山顶。夜里攀登这些步道会更冷，也更有挑战性。大多数登山者都在夜间登山，唯一的目的就是及时登顶并观看绚丽的日出。山顶的火山坑周围有一条4公里长的小径，在可以通行的时候游人能够沿着小径造访几座庙宇。令人疲惫的登山过程需要进行4到10小时，中途可在一些山地小木屋暂停休息，这对适应逐渐升高的海拔也很有帮助。

最好在7月和8月攀登富士山，不过要避开游人如潮的盂兰盆节（Obon）假期（那时小木屋尤其拥挤）。可使用www.jnto.go.jp/eng/indepth/scenic/mtfuji/fuji_05.html提前制订计划，需把极端天气考虑在内。

最刺激的蹦谷探险

深入地表之下，在这些惊险刺激的峡谷中体验惊心动魄的急流与巨石。

131 澳大利亚 蓝山山脉

澳大利亚的蓝山山脉充满地质学珍宝，如一望无际的砂岩峭壁、倾泻而下的壮观瀑布，以及深及90米左右、却仅有几米宽的罅隙，这些都只有通过蹦谷探险之旅才能进入。好消息是，其中一些峡谷——包括洗羊槽（Sheep Dip）和要塞峡谷（Fortress Canyon），都不需要绳降。只要会游泳，各个年龄段的探险者都

探索巴韦拉山地深处，尽享嬉水之乐。

可以去玩蹦谷。在风景如画的环境中作溜滑的骤降、刺激的跳水、短距离的游泳和攀爬，是痛痛快快疯玩一天的完美方案。其他峡谷在体力上更具挑战性，需借助绳索下降25米。

从悉尼驾车北上蓝山，只有两小时的车程。最好驻扎在卡通巴（Katoomba），这里有大量经营蹦谷的公司——请货比三家，找到最符合自己期望值的选择。

CHARTON FRANCK/GETTY IMAGES ©

132 美国犹他州，埃斯卡兰特国家保护区

一言以蔽之，这里美如仙境。如果说有一种运动让这个地方与众不同，那就是蹦谷。绵延伸展于犹他州南部的埃斯卡兰特国家保护区（Escalante National Monument）由一条条美得不可思议的悠长峡谷组成，它们被称为"狭隙"（slots），能提供完美的多日蹦谷之旅。在砂岩悬崖边上，借助绳索下探数十米，从一个个冰凉的水池涉水而过，攀上滑溜溜的石头，一路拼搏，穿越一段狭窄的峡谷，这是探索这个罕为人知但景色超美的公园的最佳方式。它并没有像锡安国家公园（Zion）那样大肆宣传自己——这对你再好不过了。身在埃斯卡兰特，你真的会感觉自己在探索地球深处。

如果需要了解犹他州境内各蹦谷地点的评论和路线描述，请查阅www.canyoneeringusa.com。

133 哥斯达黎加阿雷纳尔

哥斯达黎加可不只是在公园里悠闲漫步的地方。恰恰相反，这个适宜开展各种户外活动的国家充满了机会。蹦谷高手会直奔位于阿雷纳尔（Arenal）附近、地如其名的"迷失峡谷"（Lost Canyon）。这个烟雾朦胧的地方到处都是热带瀑布，探险者不妨顺着绳索一溜而下。多么漂亮的瀑布啊！站在一个陡峭的悬崖边缘，看着脚下高达40米、可以一跃而下的峭壁，你的心脏一定会怦怦直跳。别害怕，你的向导会让你全面了解安全注意事项，并为你提供易于使用的高质量攀岩装备，让这次惊险之旅平安而有趣。

阿雷纳尔非常适合那些虽是蹦谷新手却拥有丰富户外经验的人。

134 科西嘉岛巴韦拉山地

一连串海拔超过1600米的花岗岩山峰，活像一头巨鲨排列着尖尖牙齿的下颚，刺向科西嘉岛腹地的天际线。在脑海中描画出这幅图景，你就知道令人难忘的巴韦拉山地（Massif De Bavella）是什么模样了。在欣赏了辉煌的全景之后，你或许希望做更深入的探索，那么蹦谷就是最好的探索方式。在科西嘉岛提供这项活动的众多地点中，巴韦拉地区凭借自己的3座主要峡谷——Canyon De La Vacca、Canyon De La Purcaraccla和Canyon De La Pulischella——拔得头筹。它们都很有气氛——等待着你绳降、飞身跳进一个个清澈如水晶的天然水池。除此之外，还有美不胜收的风景等着你。

在进入Canyon De La Vacca和Canyon De La Purcarccla两个峡谷时，要先徒步30至50分钟。而Canyon De La Pulischella则适合家庭游客。

拥抱嶙峋、多水的环境：在萨拉济冰斗蹦谷。

135 西班牙 瓜拉山国家公园

你会浑身湿透！西班牙的顶级蹦谷（barranquismo）中心位于阿拉贡的瓜拉山国家公园（Parque de la Sierra y Cañones de Guara）。此处以其深深的喉状通道、湍急的激流和狭窄的峡谷而闻名。你能用一切方法——步行、滑行、游泳、跳跃甚至潜水——沿着这些峡谷顺流而下。把自己的基地设在气氛轻松的阿尔克萨尔（Alquézar），报名参加一次前往维罗河谷（River Vero Canyon）的蹦谷之旅。该河谷是瓜拉山200来个峡谷中最迷人的峡谷之一。它的另一个优势是可满足各个层次蹦谷爱好者的需要。带上孩子们一起来吧！

这里主要的蹦谷季节是6月中至9月中。Avalancha（www.avalancha.org）是一家很不错的本地机构，专营户外活动。

136 土耳其 萨克利肯特

土耳其顶级的蹦谷地点是费特希耶（Fethiye）附近引人入胜的萨克利肯特峡谷（Saklıkent Gorge）。猜猜这里有什么？纵身跃下、跳进水池、爬上石头……还有真正的绳降。这个超美的峡谷其实是群山之间的一条缝隙——它周围那些壁立的悬崖高达300米，狭窄得连阳光都挤不进来。幸运的是，你能挤进去，不过还

边境度假（www.borderlandresorts.com）的喜庆气氛会增添这种探险经历的乐趣。

137 留尼汪的萨拉济冰斗

洗衣机、浴池——看到这样的地名，你就知道造访白洞（Trou Blanc）的峡谷绝非是在留尼汪（Réunion）中部的另一次远足野餐。要做好心理准备，在壮阔的风景中参加一些真正的户外运动——白洞据说拥有留尼汪最有"水趣"的峡谷，在这里旅行，有急速下降（投进流水湍急的瀑布）和跳跃可以参加。萨拉济冰斗（Cirque De Salazie）的另一座标志性峡谷是Voile De La Marée（"新娘的面纱"），这条环线更高，包括一处50米（是的，你没看错！）高的绳降。这确实是一次精彩的全感官体验。

在降水最多的几个月（12月至次年3月），留尼汪的大部分峡谷都无法进入。

是要准备好面对全年都冰冷刺骨的溪水。潜水服是必备之品。一旦到达峡谷底部，你将顺流而下18公里，途中会从一连串的瀑布一跃而下。如果感觉疲惫，那就想想到达终点后你会获得的回报：一条新鲜出锅的美味鳟鱼，摆放在凌空架设于河流之上的木头平台上，等待着你去享用。这就是生活！

土耳其的蹦谷性价比很高，萨克利肯特是新手们一试身手的好去处。

138 塔希提岛熔岩洞

为什么不试试在黑暗中蹦谷？在塔希提岛东海岸，有一些因火山岩浆迅速冷却变硬而形成的长长隧道。一条河流从这些蠕虫般弯曲的巨大洞穴中蜿蜒流过。如果想象在隧道中攀爬湿滑的石头、从岩脊跳进冰凉的水池，你会为此感到紧张刺激，那就等着亲自尝试一番吧。你可能需要凭感觉在黑暗中摸索着前进，以免被那些缝隙绊倒，因为你看不清下一步是什么，但在整整半天的短途旅行中，你的肾上腺素会不断喷涌，甚至在回到陆地上后也仍然要兴奋上好一阵子。

只有在几乎或完全不下雨时才能到此进行蹦谷探险，5月至10月是最好的季节。

139 尼泊尔的边境

这里有个不为人知的秘密：在加德满都山谷之外、靠近中国边境的地方，有一个安安静静、与世隔绝的河畔生态冒险度假区，这里有各种各样的户外活动，包括顶级的蹦谷探险体验。绝妙的边境度假区（Borderlands Resort）经营两天的短途户外旅行，从加德满都出发。第一天，你会接受基础的蹦谷训练课程，然后在附近的小瀑布练习。第二天，你会享受一整天的蹦谷体验，然后返回首都。你不需要具备特别强健的体魄——从"温和"级别到更有挑战性的种类，总有一样适合你。有件事是肯定的：你会把身上弄湿，因此，如果你担心弄乱自己的发型，那就压根儿别考虑这项活动。

140 多米尼克特鲁斯皮顿山国家公园

现在，你有机会将那种"印第安纳琼斯"式的幻想变成现实了。特鲁斯皮顿山国家公园（Morne Trois Pitons National Park）占据了多米尼克内陆的一大片地区，拥有形形色色的自然奇观，如高耸的山峰、幽深的溪谷、令人振奋的雨林景色、火山口、怪异的湖泊和轰鸣如雷的瀑布，这一切构成蹦谷的完美地形。穿上潜水服和坚固的鞋子，戴上头盔，抓起自己的攀登装备和防水背包，体验一次终生难忘的刺激探险。大多数短途旅行都持续4小时左右，如果你带上一顿野餐，就可以玩得更久，比如多参加一次顺着垂直岩壁而下的刺激绳降活动。最棒的是，这里没有人群挡住去路。

"极限多米尼克"（Extreme Dominica; www.extremedominica.com）是一个专业的探险中心，在这个公园里经营蹦谷导览游。

最棒的骑马之旅

跨上骏马，与牛仔、狩猎向导和蒙古牧人一起，在全世界最偏僻的荒野地区飞奔。

141 在世界最南的极限进行牛仔运动

在巴塔哥尼亚的最南端与当地牛仔一起骑马，你和南极洲之间的距离比任何情况下都要近——肆虐的大雪、暴雨和下坡风也强调了这个事实。坚韧的拉美马匹仍被用于长途旅行和在estancias（牛场）上放牛。要想寻求真正的刺激，那就加入一场穿越南美大草原的驱马之旅，在那些随意徜徉于崎岖大地上的骏马旁奔驰。你的同伴——那些派头十足的baqueanos（向导）——会教你如何扔出套索、追踪那些对

二百年国家步道长达5000余公里，跨上骏马是体验这里的最好方法。

马驹虎视眈眈的美洲狮并发现一只翱翔的秃鹫。这些向导就跟他们的骏马一样坚韧，要跟上他们的步伐，你需要的是毅力而非精湛的马术。你也需要充沛的精力，如此方可在偏远的牛场抱着烤全羊大啃大嚼、痛饮烈酒、唱着牛仔民谣度过漫漫长夜。

BlueGreen Adventures（www.bluegreenadventures.com）经营巴塔哥尼亚骑马之旅，如赶着马群度过南半球的整个夏天，同时还可欣赏向导的技艺。尽量赶上一场本地的骑术表演。

HEMIS/ALAMY ©

142 在高高的安第斯山脉放牧狂野的公牛

安第斯山的牧人每年都要把牛聚集起来，你可以和chagras（牛仔）骑马外出、参加赶牛。你们需要排成一字长队，将牛赶到山谷下面。至于要不要披上鲜红色的传统南美披风……你一定要慎重考虑，因为你放牧的大部分牛都是斗牛！在下面的牛栏里，你有机会磨炼自己的套牛技巧。抓住公牛和未经驯服的马儿，好给它们打上标记。这里还有很多大嚼烤肉、大碗喝酒并伴着吉他跳舞的机会。

牛群通常在1月末被赶下山去。要为山区天气和艰苦的骑行做好准备，详见www.rideandes.com。

143 骑马环绕维京之路

夏末，加入一队队冰岛农夫的行列，和他们一起到崎岖的内地，将他们放牧的马赶回家。如果你能帮助农夫驱赶上千匹放纵的马，他们会分配给你一个由三四匹骏马组成的小马队。实际上，尽管这些动物的体型较小，但它们仍然被称作“马”，它们是最好的全地形交通工具，可以跋山涉水、跨过崎岖地面、顺着危险的小路走过一个个陡峭的山坡。这里的养马传统能追溯到1000年前。赶马的最后一晚，大家聚集在村公所大厅跳舞，追求一种维京人式的享乐。

在冰岛那样的天气中，你不需要华丽的骑马装备，只需要拖网渔民穿的防水靴和油布雨衣。详情见www.ishestar.is。

144 最长、最偏僻的小径

你能在马背上度过一年左右的光阴吗？想体验另一种生活方式？那就到澳大利亚体验长达5330公里的二百年国家步道（Bicentennial National Trail）吧！它位于昆士兰州（Queensland）的库克敦（Cooktown）与墨尔本（Melbourne）之间。请记得我们的告诫：这条路线非常漫长且非常偏远。如果你觉得这需要投入太多，那么还可以到澳大利亚的雪山（Snowy Mountains）去尝试该国一些最富挑战性的骑马之旅。在这里，追随狂野的牛群意味着你需要纵马跃过倒地的原木、翻过陡峭的山坡。若想在山里骑马、啜饮野营瓦罐茶、睡在自己的行囊之间，那就报名加入Reynella的Rudd家族，他们已经在科修斯科山国家公园（Kosciuszko National Park）经营了三十多年的骑马之旅，每趟旅行持续5至7天。

详情见www.reynellarides.com.au。若想了解有关二百年国家步道的信息、人们从这里获得的启示以及全球其他的独立长途骑马之旅，请参阅www.thelongridersguild.com。

最初，蒙古的德比大赛马会是成吉思汗为自己的游牧部落提供的娱乐项目，现在是持续两周、令人筋疲力尽但又收获丰富的盛会。

145 全球最艰苦的赛马

蒙古的德比大赛马会是一个体育比赛——嗯，好吧，是场持续两周的漫长比赛……这项比赛最初是成吉思汗为自己的游牧部落组织的。比赛期间，运动健儿将纵马穿越蒙古高原，赛程长达1000公里。参加比赛的马匹会被定期更换，并由兽医保障它们的福利，但马背上的选手则需要骑完全程，得不到任何舒适的享受。而且选手只能携带5公斤的急救包，这就迫使你依赖当地牧人的蒙古包以获得食宿。因此，你最好习惯喝酸马奶，因为在这场全世界最长的赛马中，你需要让自己吃饱喝饱。

如果这场比赛对你来说太艰辛，请别担心：蒙古是个很务实的国家，它允许那些称职的骑手购买或租用几匹马，于是这些骑手可以独自出发作一次骑马之旅。

146 正宗的美国牧场体验

怀俄明州的Bitterroot是一个运营中的牧场，饲养安格斯肉牛，为前来骑马的客人提供西部风味的奢华美食。因此，你可以白天赶牛并在夜晚吃牛肉。一旦穿上牛仔装（Wranglers牌裤子的大腿内侧裤线平整，便于骑马，是牛仔的首选）和靴子、戴上帽子，你就可以在竞技场内的分群过程中将食用牛从一个牧群中分离出来，或者纵马飞奔，进入面积达130平方公里的群山、河谷和高山牧场，将走散的牛赶回来。

若想体验最有趣的放牧经历，那就等到9月末再去，届时他们会把牛从高地上聚拢并赶下山来。详情见www.bitterrootranch.com。

147 最长的障碍跳跃场地

爱尔兰莫纳亨郡（County Monaghan）的莱斯利城堡（Castle Leslie）将良种马、古老宅邸和一丝怪异的气息结合在一起。在这里，你有机会尝试任何与马有关的东西（包括骑侧鞍）——既可在长达20英里、没有汽车的骑道上骑着马穿过这片面积达1000英亩的城堡，也可以在恒温的室内骑术学校学习骑马。但这里的极限场地却是那条障碍跳跃场地（jump course），它拥有300种不同栅栏和障碍——从skip-hop到Olympic huge，大小不一——这意味着你可以随意选择和组合自己的路线，甚至还可以换一匹马继续跳。

这里提供适合不同水平选手——从完全外行的初学者到经验丰富、渴望一显身手的骑手——的组合项目，详情见www.castleleslie.com。作为“养马圣地”，爱尔兰提供多种骑马选择，大多数都在www.ehi.ie上列了出来。

148 非洲最艰辛的长途骑马旅程

骑在马鞍上，跋涉400公里，穿过纳米比亚贫瘠的荒野——世界上最古老的沙漠——这可不是一趟轻松的旅程，但回报却非常丰厚。每天的骑行距离可长达70公里，你将穿过一片由风蚀岩和风蚀沙丘构成的世界，沙尘暴和海市蜃楼不过是为这种体验增添了几分怪异。你会感激每天晚上舒适的露营，你将在篝火旁大快朵颐，还将在璀璨的星空下安睡。而在旅行结束时，即使是温得和克（Windhoek）提供的简单娱乐也会很受欢迎。

骑马旅程从3月至10月都可参加。骑手需要拥有与极其强健的马儿相匹配的实力，才可完成这种漫长的史诗般的旅程。详情见www.namibiahorsesafari.com。

149 邂逅野生动物的骑马探险

从博茨瓦纳位于奥卡万戈河三角洲（Okavango Delta）的Macatoo帐篷营地骑马出发，当地的动物会把你当作一只怪异但无害的人首马身斑马。那意味着你会以令人难以置信的状态接近长颈鹿、水牛、河马和足以装满一整条诺亚方舟的其他大型野生动物。你的专业向导拥有渊博的知识和挂在马鞍旁的来福枪，但你仍然需要有足够好的骑术，以便在过于接近一头狮子或被激怒的大象时不顾一切地飞奔逃命。

在5月至7月的洪水期，这里仍然有快速骑行之旅，但在位于高地之间的地区，你还需要涉水，通常水深及马背。详情见www.africanhorseback.com。

150 另辟蹊径的骑马之旅

报名参加加拿大奇尔科廷山（Chilcotin mountains）的拓荒骑马之旅，让驮畜驮着在偏远山区支起帐篷的所用装备。供你骑乘的马是坚韧的卡尤塞山地马，一代代的牛仔、开辟道路的人、金矿矿工和不法之徒都把它们当作坐骑。你应该帮着打包、给马备鞍并在夜里出去遛马。作为回报，你会抵达野性十足的山谷、偏僻的湖泊（带上钓竿）、高山草甸和高高的山口，并且有邂逅黑熊、灰熊、狼、驼鹿和大角羊（big-horn sheep）的机会。

为了抵达最偏远的地区，你需要达到“山地挑战者长途负重骑马旅行”三级水平（Mountain Challenger Horse Pack Trip Level III），这要求你具备这方面的经验。“奇尔科廷假日”（Chilcotin Holidays；www.chilcotinholidays.com）经营骑马之旅导游课。

标志性的
亚洲探险之旅

凭借那些非凡的风景和一些全世界最高的山峰，
亚洲召唤着所有具有冒险精神的人。

据说能从月球上看到万里长城，它可让人一窥中国的历史和壮丽的风光。

151 经陆路走访丝绸之路沿途城市

三座城市——撒马尔罕（Samarkand）、布哈拉（Bukhara）和喀什——典型地代表了丝绸之路上挥之不去的异域风情。千百年来，它们已经成为一座座灯塔，引诱着那些躁动不安的灵魂穿过广袤的中亚。在乌兹别克斯坦（Uzbekistan），撒马尔罕雷吉斯坦广场（Registan Square）周围的那些建筑美得令人窒息，这或许是丝绸之路上最容易让人怀旧的景象。在附近的布哈拉，大宣礼塔（Kalon Minaret）曾经给横扫一切的成吉思汗留下深刻印象，后来又成为关押大英帝国一些官员（间谍）的地牢。中国新疆的喀什以其热闹的巴扎而闻名，至今仍吸引着游客和商人。他们听从了这条最伟大的陆上通道之一发出的召唤。

塔什干（Tashkent）到布哈拉和喀什的距离几乎相等，是最实用便捷的旅行基地。

152 泰国莱雷攀岩

直接从热带海滩的沙丘攀上岩顶，就能看到詹姆斯·邦德在《007之金枪人》（*The Man with the Golden Gun*）中亡命天涯的风景。莱雷（Railay）非常悠闲：棕榈树丛中点缀着一座座小屋，海滩边缘有若干酒吧，而从攀岩地点的峭壁顶上可将尖尖的海岬、白色的海滩和长尾船尽收眼底。这里有各种各样的攀岩选择，初学者喜欢钻石洞（Diamond Cave）的北侧岩壁和ABC峭壁。这里还有深水区徒手攀登项目，允许你在不系保险绳的情况下攀登海里的峭壁，在成功登顶或中途失败后只需跳进安达曼海（Andaman Sea）即可。

从奥南海滩（Ao Nang Beach）坐长尾船前往攀岩地点是最便捷的。若想寻求指导，King Climbers（www.railay.com/railay/climbing/climbing_intro.shtml）是当地攀岩经营者中的老前辈。

DIGITAL VISION/GETTY IMAGES ©

153 在中国徒步长城

历史在你脚下咯吱作响。长城南面是受到保护的中原大地，而北面则是“四处劫掠”的游牧部落——至少，当中国古人修建这一令人难以置信的建筑时，它是这么被定义的。一度长达8000多公里的长城如今有3000至4000公里是可以徒步穿越的（如果你顺着残存的长城一路走下去），不过其实远非想象的那么简单。在很多地区，长城都处于年久失修的状态，单是找到它的走向就充满挑战。对于大多数希望在长城徒步的人，可以参加长达一周的商业团队游：到位于北京附近的河北省去，顺着几段保存比较好的长城徒步，就已经很震撼了。

长城徒步导览游通常包含古北口、金山岭、箭扣和司马台周围的几段。古北口距北京城140公里。

在下龙湾玩皮划艇就像在群峰之间划船。

GALLO IMAGES–STUART FOX/GETTY IMAGES ©

154 在越南的下龙湾玩皮划艇

在下龙湾（Halong Bay），海水冲刷着数千座石灰岩山峰和岛屿，构成了亚洲最令人熟悉的风景之一。多年来，穿梭来往于各个岛屿之间的舢板都是这里典型的景观，不过现在它们也成为那些想近距离欣赏海湾的皮划艇爱好者的最爱。作为典型的石灰岩地形，下龙湾里点缀着众多洞穴、岩拱和石柱——不管你将自己的皮划艇朝着哪个方向划去，都会发现一些新鲜的东西。要是想在这个海湾里游玩多日，通常必须与一条为你提供食宿的舢板为伴。

从河内经陆路前往下龙湾大约要3个小时。商业的皮划艇游通常从河内出发。

155 老挝万荣轮胎漂流

这听起来非常平淡、稳妥——坐在一只拖拉机内胎里，沿着南松河（Nam Song River）顺流而下——但这并没有将狂欢派对算在内。轮胎漂流（river tubing）已经成为一种备受喜爱的热门娱乐活动，甚至成了东南亚背包客的入行仪式之一。石灰岩洞穴如蜂窝一般布满众多大小、深浅不一的峭壁，高耸于这条河流之上，不过，绝大多数人已经很难看到老挝啤酒商标上印着的老虎了。如今河边酒吧林立，诱惑着漂流者进去喝上一杯或几杯。在发生了若干漂流死亡事件之后，当局已经关闭了很多这样的酒吧，我们也一直建议游客要小心谨慎。

从万荣（Vang Vieng）有长途汽车通往琅勃拉邦（Luang Prabang）和万象（Vientiane）。

156 印度尼西亚 穿越婆罗洲丛林

婆罗洲雨林(Borneo rainforest)或许是地球上最原始的地方之一,横跨海岸穿越世界第三大岛也是亚洲的终极探险之一,且尝试者很少。旅行从巴厘巴板(Balikpapan)开始,乘坐各种本地船只沿马哈坎河(Sungai Mahakam)逆流而上,这趟900多公里的旅行需要一周左右。在岛屿的另一侧,你可以沿着世界上最长的岛屿河流卡普阿斯河(Sungai Kapuas)顺流而下,但这次横跨岛屿之旅的关键是徒步翻越两条河流之间的马勒山脉(Muller Mountains)。你需要徒步5到7天,以穿过这条以河滩、蚂蟥和危险陡坡而闻名的山脉。

要翻越马勒山脉,找个向导是最重要的。推荐De' Gigant Tours(www.borneotourgigant.com)和Kompakh(www.kompakh.org)的向导。

157 越南 骑车旅行

自行车几乎已经成为越南的象征——不管是骑车穿过会安具有殖民地风格的街道,还是穿过一片片稻田之间的田埂。对游客而言,自行车也是一种可供选择的交通工具。越南提供了形形色色的骑行体验。在南方,你可以在平坦的湄公河三角洲(Mekong Delta)漫游,沿途经过的水域面积几乎跟陆地一样多——这里的桥或许比世界上其他任何地方都要多。在越南中部,你既有机会沿着海岸骑行——环绕岘港(Danang)和芽庄(Nha Trang)之类的旅游胜地,也可攀上一个个高坡,进入高原,穿过一片片雨林和咖啡种植园。

全球各地的旅游机构都可提供穿越越南的骑行之旅。

158 中国澳门 在澳门塔上玩蹦极

让澳门闻名于世的有两种人:一种是赌场上肆意挥霍的赌徒,另一种是从世界上最高的蹦极点一跃而下的游客。澳门塔的蹦极点高达233米,在此蹦极相当于从一座76层高的大厦顶上往下跳——单是坐电梯登上蹦极平台就需要约60秒钟。好消息是(姑且这么认为),当你以每小时200公里的高速从上面垂直落下时,需要的时间只有乘电梯的十分之一。这时,这座城市似乎一下子扑面而来而不是颠倒过来。若想在澳门体验一下别出心裁的眩晕感,不妨尝试在晚上到此蹦极。

在macau.ajhackett.com上可找到在澳门蹦极的详细信息。

159 印度尼西亚 巴厘岛冲浪

在巴厘岛的南端,武吉半岛(Bukit Peninsula)就像海里的一道防波堤,抵御着从印度洋席卷而来的巨浪。在它的整个东海岸上,到处都有海浪,吸引了来自世界各地的冲浪者:这个小小的半岛满足了熟练程度参差不齐的冲浪者的需求。在热门的库塔海滩(Kuta Beach),温和的海滩碎浪构成了理想的初学环境,而巴东巴东海滩(Padang Padang,绰号"巴厘管道")一排排翻滚的管浪则具有传奇色彩。风光最美的冲浪地点或许要算Uluwata,它就在巴东巴东海滩的南边。冲浪者可划水穿过一个洞穴,前往一处五连浪的地点。

飞往巴厘岛的航班在位于武吉半岛顶端的登巴萨(Denpasar)着陆。在繁忙的库塔(Kuta)可租到冲浪板。在www.baliwaves.com上可找到冲浪报告。

160 尼泊尔 喜马拉雅山徒步

尼泊尔的徒步产业在20世纪60年代中期才开始发展,但该国很快就成为这个星球上最令人向往的徒步目的地。虽然2015年尼泊尔地震对登山和徒步皆有影响,但登山迷的热情不减。纵贯其狭长领土的是全球最高的山脉,山间分布着一个个山谷,引领徒步者进入珠穆朗玛峰、阿玛达布朗峰(Ama Dablam)、道拉吉里峰(Dhaulagiri)、卓奥友峰(Cho Oyu)和安纳布尔纳峰(Annapurnas)周边一带。珠峰大本营是最热门的徒步目的地,而大名鼎鼎的安纳布尔纳峰环线最近这些年已经被一条条公路吞没,这将一部分前往博克拉(Pokhara)的徒步者分流到安纳布尔纳保护区(Annapurna Sanctuary),或者海拔更高的木斯塘(Mustang)。非主流的徒步目的地包括Dolpo和马卡鲁峰(Makalu)大本营,前者因为彼得·马蒂森(Peter Matthiessen)的著作《雪豹》(*The Snow Leopard*)而享有盛名。

差不多所有徒步公司都经营尼泊尔徒步路线,而加德满都繁忙的旅游中心Thamel则挤满了各种徒步经营机构。

不入虎穴焉得虎子：最佳越野赛

如果你充满竞争本能又热爱户外运动，那么越野挑战赛就很适合你。这里有10种适合新手和老手的赛事。

161 苏格兰 赫布里底群岛大赛

这里水清沙白，碧空如洗（间或如此）。那么气温呢？更是棒极了。赫布里底群岛（Hebrides）分布在苏格兰西北部沿海，是一串排列成圆弧状的崎岖群岛，被人们热情地简称为“Heb”的赛事就在此举行。你需要在岩石之间骑山地自行车和跑步（单人或组队皆可）、游过海湾，如果天气允许，还要划着皮划艇往来于其中几个岛屿间——它们的名字耳熟能详，包括埃里斯凯岛（Eriskay）、北尤伊斯特岛（North Uist）和本贝丘拉岛（Benbecula）。不出所料的话，比赛会在一杯热乎乎的威士忌中结束，因为这场持续多天的赛事以赛后的派对闻名。

到www.theheb.org报名参赛，费用包括来往于奥本（Oban）与赫布里底群岛之间的渡轮票、食品、露营和一些装备的花销。

162 澳大利亚，马克·韦伯塔斯马尼亚大赛

一名一级方程式赛车手在闲暇时间会做些什么？栽花种草搞园艺？画水彩画？还是主办并参加一场持续5天、全程长达350公里、穿越整个塔斯马尼亚岛的比赛？如果你是马克·韦伯（Mark Webber）——那个在骑山地自行车时摔断一条腿和肩膀的家伙，那么你就会选择后者。他发起的“马克·韦伯塔斯马尼亚挑战赛”（Mark Webber Tasmania Challenge）需要通过划船、自行车和跑步全速穿越这个岛屿，最后抵达位于该州首府霍巴特（Hobart）的终点——如果你能把看地图的任务留给一名队友，那么这就是欣赏人间最美角落风景的绝佳方式。途中经过标志性的火焰湾（Bay of Fires）。

登录www.markwebbertasmaniachallenge.com查看有关未来赛事的消息。可组成双人团队参加精英赛（Elite）或狂热赛（Enthusiast），也可组成三人团队参赛。

163 法国 越野长跑

这场越野挑战赛是一项经典的冒险赛事，原来的名称之一是“高卢人香烟”越野长跑（Raid Gauloises）。此项赛事可追溯到1989年，当时，烟草商赞助体育赛事并不罕见——毕竟这是法国。如今，去掉其烟草赞助商的冠名后，它被简单地称为“法国越野长跑”（Raid in France）。这场赛事由4名“超越其极限”（用组织者的原话说）的选手组成混合团队，他们需在长达一周的漫长比赛中环绕法国。2012年，组织者更新了比赛的规则，在跑步、骑山地自行车和划皮划艇等基本项目之外，加上了从阿尔卑斯山到蓝色海岸这一段——需攀冰、探洞、蹦谷和漂流。这一年获胜的团队在125小时内完成了比赛。

到www.raidinfrance.com上查看最新新闻。2014年法国越野长跑的口号是“回归大自然”。

164 智利巴塔哥尼亚 越野挑战赛

当比赛场地包括了麦哲伦海峡（Strait of Magellan）和百内诸峰（Torres del Paine），你就知道自己要参加的是越野挑战赛中的顶级赛事。这项比赛已经拥有10年的历史，参赛者将在长达11天的比赛期间挑战巴塔哥尼亚的沼泽、冰川、群山和平原。野外定向是必备的技巧，因为当你在美洲最南端穿越数百公里的荒野时，你几乎不会获得什么帮助。你还需要在攀登、皮划艇和自行车方面拥有熟练的技巧——这场越野挑战赛或许不太适合新手。

请到www.patagonianexpeditionrace.com上报名参赛。须由4名男女选手组成混合团队。

165 英国 5小时公开赛系列

通过参加5小时公开赛系列(Open5 series)比赛中的一场，为英国风光最美的若干国家公园加上少许冒险的气息。参赛者要在仅5个小时的比赛时间里，以跑步或骑山地自行车的方式到达尽可能多的检查点，然后你就可以用这个周末剩余的时间，优哉游哉地探索湖区(Lake District)、约克郡众溪谷(Yorkshire Dales)和南部丘陵(South Downs)。5小时公开赛强调定向技巧和策略，这一点会吸引一些人。总之，这场比赛费用低廉、充满乐趣，是越野挑战赛的入门赛事。

请到www.openadventure.com报名参赛(可单人参赛或组成双人团队参赛)。

166 斯洛文尼亚越野挑战赛

真正的越野挑战赛至少包含两个项目(例如骑自行车和跑步)，还涉及定向技巧和策略。但斯洛文尼亚越野挑战赛的组织者却琢磨出一场超级赛事，要求参赛选手徒步、骑山地自行车、游泳和划皮划艇……哦，还要加上洞穴探险、蹦谷、越野滑雪和绳降。选手应在50个小时内完成从皮兰(Piran)到Velenje长达440公里的比赛全程，赞！这项赛事从2003年开始在斯洛文尼亚举行，这里堪称欧洲最好的探险乐园之一。组织者挖空心思地设计出一些残酷的花招，例如：必须携带自己的自行车、抓着一根绳子越过一条河。

请访问www.adventurerace.si。这项比赛通常在6月举行，包括两种类型：两天的“漫游者”(Rover)大赛和三天的“探索者”(Explorer)大赛。

167 泰国“桂河杯”越野挑战赛

你已经看过电影，现在就来参加比赛吧。泰国的越野挑战赛系列赛事举办地包括曼谷、苏梅岛(Koh Samui)和这场在西部北碧府(Kanchanaburi)桂河上举行的比赛——“桂河杯”越野挑战赛(River Kwai Trophy)。这项挑战系列赛是亚洲规模最大的越野挑战赛之一。你将在桂河里划皮划艇和游泳，然后在丛林里骑自行车并跑步。带上水，而且要多带些。3月那里的天气炎热而潮湿。

报名参赛细节见www.ama-events.com。比赛持续8小时，参赛者需组成二人团队，共有两种类型的比赛：“越野挑战赛”(Adventure，适合周末参赛的勇士)和“极限挑战赛”(Extreme，适合真正的铁杆选手)。

168 美国 XTERRA系列大赛

怎样让铁人三项运动变得有趣？把它变成越野赛：参加Xterra系列大赛(创立于1995年)的选手会在开阔的水域中游泳，骑一辆山地自行车，最后再在小路上跑一段。Xterra在美国一些风景最美的地区举行，包括犹他州、加州和夏威夷。尽管不需要定向技巧，比赛却往往充满冒险——前冠军内德·奥弗伦(Ned Overend)在一次比赛中骑着自行车从一头黑熊身边经过，近得黑熊几乎可以给他一巴掌。每年一度的世界锦标赛——同“铁人三项全能”大赛(Ironman Triathlon)一样——都在夏威夷举行，但只有Xterra才包括登上一座火山的赛段。Xterra的世界巡回赛会在西班牙、希腊、英国、澳大利亚和新西兰等站举办。

到www.xterraplanet.com报名参赛。你可以在比赛之前和朋友、家人一起沿比赛路线骑车、游泳和跑步。

169 美国牡蛎越野挑战赛系列

在造访奥斯丁(Austin)、西雅图(Seattle)、波特兰(Portland)、丹佛(Denver)、旧金山或纳什维尔(Nashville)时，报名参加在这些地方举办的城市越野挑战赛——牡蛎越野挑战赛系列(Oyster Adventure Racing Series)，给自己的旅行注入少量肾上腺素。每场比赛都不同：在波特兰，你可能需要在威拉米特(Willamette)河里划皮划艇；在纳什维尔，你需要穿上轮滑鞋参加一场冰球比赛；而在奥斯丁，你得承担品尝4种啤酒并为它们评级的艰巨任务。记住：组织者保留将你弄成落汤鸡的权利。

三人及以上的团队可报名参赛。跨越12个城市的比赛全程可能长达48公里，耗时6小时，但这是一场轻松、有趣且有很多社交机会的活动，而非考验耐力的大赛。

170 哥斯达黎加越野挑战赛

哥斯达黎加是越野挑战赛的天堂。实际上，哥斯达黎加在2013年就举办了越野挑战赛世界锦标赛(Adventure Racing World Championship)。参赛者在6天的比赛中，挑战热带海滩、攀登山峰并穿越雨林，横跨整个国家，从太平洋沿岸到达大西洋沿岸，从与尼加拉瓜接壤处来到与巴拿马的边境。途中经过的地区气温变化很大：塔拉曼卡山脉(Cordillera de Talamanca)低至0℃，而在海岸地区却高达35℃。全程长度为800公里——还好，至少有一部分赛段可以用汽车内胎漂流。

关于这场每年一度的比赛，详见www.arcostarica.com。

风景最美的徒步路线

徒步或许辛苦，但若能邂逅绮丽的风光、雄伟的山峰并一瞥本地宁静的色彩，那就非常值得了。

171 马里 多贡地区

多贡地区（Pays Dogon）已被列入世界遗产名录，这是一片人间少有的美丽地带。顺着Bandiagara悬崖，经过一些古老的村庄，徒步者能将广阔的萨赫勒平原（Sahel Plains）尽收眼底。多条小径都可以让你一窥古老非洲的风采：可以看到从高原延伸出来的广袤平原，上面点缀着一个个建在高耸的砂岩峭壁上的村子。小路顺着精心铺砌的石阶蜿蜒，向上攀升的阶梯越过一条条裂隙，经过砖砌的房屋——它们为这一览无遗的全景添上了彩虹般的色彩和质感。

这里一直都很温暖，不过要避开特别炎热的4月至6月。

172 苏格兰 西部高地步道

作为苏格兰最著名的长途步道，西部高地步道（West Highland Way）两侧绵延矗立着一座座海拔超过3000英尺的山峰（即所谓的“蒙罗山”），令人难忘的荒凉沼泽朝着地平线延伸，一个个急转弯构成“之”字形的盘山路。有人说最佳赏景地点是狭长的圆锥山（Conic Hill）山顶，在这里，波光粼粼的洛蒙德湖（Loch Lomond）会映入眼帘，既充满魅力，又神秘莫测。难怪人们会选择徒步整段穿过本尼维斯山和格伦科河谷国家风景区（National Scenic Area of Ben Nevis and Glencoe）的小径，那些野性十足的崇山峻岭中隐藏着一道狭窄而陡峭的壮丽幽谷。

这条位于威廉港和米尔盖（Milngavie）之间的步道长达155公里，通常需要5到9天走完全程。最佳徒步时间是5月到10月。

173 哥斯达黎加奇里波环线

奇里波环线(Uran Chirripo Loop)在位于塔拉曼加山(Talamanca Mountain)腹地的奇里波国家公园(Chirripo National Park)内,这条徒步小径途经公园里风光最美的地方。你会穿过几个物种丰富的生态区。古老的原始森林里,树木高耸入云,高高的树冠垂下。荒凉的高山下,稀疏的草地上点缀着矮小的树木,还有高地野生动植物栖息的草地、郁郁葱葱的雾林——在这里俯瞰脚下那些棉花球似的云团,既令人心生敬畏,又给人恍如梦境之感。当你登上奇里波山(Mount Chirripo),你就会看到两边的加勒比海和太平洋……

走完这条环线的全程大约需要4天,全年都可徒步,但要避开9月到11月这几个最泥泞的月份。

174 美国的科罗拉多大峡谷:从一侧走到另一侧再返回

为什么不先往下走呢?这条小路越过科罗拉多大峡谷(Grand Canyon)一侧的边缘,来到另一侧,然后再折返,往返的路线却是不同的。向下走进这个凹坑底部,你就能近距离欣赏那种像彩虹一样填满岩层、令人惊叹的砖红色。蜿蜒的科罗拉多河(Colorado River)发出召唤,你将经过美丽的缎带瀑布(Ribbon Falls),这条30米高的瀑布如同缎带一般在微风中摇摆。当你到达谷底并抬头仰望时,你会觉得自己像蚂蚁一样渺小。

避开夏冬两季,夏季这里的气温可轻松升至35℃~40℃,到了冬季,大峡谷北缘的部分地区会关闭。这条徒步路线往返需4到7天。

洛蒙德湖环绕着西部高地步道。

在百内国家公园徒步，需要经过太多的上下坡。

175 尼泊尔 巴塔利村步道

这里的路线和选择很多，但所有的路线都能带着你穿过加德满都谷。对于举家出游者，或者希望在几天的轻松徒步中看到各种风景的游客，这是理想的选择。步道的起点和终点都在加德满都，它会经过一座座佛寺和乡间小村—— 包括巴塔利村。它位于一个梯田之间的高地上，点缀着一些土红色的茅草农舍。途中，你可以瞥见白雪覆盖的喜马拉雅山群峰，还有一片片长条形的翠绿森林。总体而言，这是一个令人放松的徒步地区，跟尼泊尔其他更热门的路线相比，游人也较少。

从巴塔利村通往周边任何地方的步道都需要走3到6天，而且全年都可前往，但需避开多雨的7月和8月以及严寒的12月至次年1月。

176 冰岛 温泉步道

众多的冰川、瀑布、覆盖着苔藓的岩浆平原、火山、镜子似的湖泊——这条徒步路线将它们全都包括在内。长达53公里的“温泉步道”（Laugarvegurinn）得名于从这种地形中升起的一股股硫黄蒸汽。它能成为冰岛最热门的徒步路线，自有其原因。弯弯曲曲的步道穿过令人惊叹的南部高地，通常需要4天才能走

177 智利巴塔哥尼亚百内国家公园“W”形步道

这条位于百内国家公园（Torres del Paine National Park）里的步道先下后上、再下再上，呈“W”形。在此徒步是了解智利巴塔哥尼亚地区和理清头脑的最佳方式。在这里的每一天都会带给你一连串令人赞不绝口的全新景致，有散发出光芒的狭长冰川湖泊（当心那些漂浮的冰川！）、赫然耸立的起伏群峰，还有点缀着麦哲伦森林的山毛榉树林……令人目不暇接。途中，你还会看到那些仿佛来自另一个世界的“塔石”（3座高耸入云的锥形花岗岩石柱），而且有机会窥见顶上嵌着缟玛瑙的“角石”（两根顶上为变形黑色岩石的尖石）。

巴塔哥尼亚地区的天气变幻莫测，要避开5月到9月之间的严寒月份。走完全程约需4到5天。

完全程。大多数人都会从蓝德曼纳劳加（Landmannalaugar）出发，南下前往索斯默克（Þórsmörk），途中可在沿路分布的5座小木屋过夜。如果你想挑战自我，那就充分利用仲夏时节每天长达24小时的白昼，努力在一天之内走完全程。不过，要尊重冰岛那些掌管天气的神灵——他们会在眨眼之间变脸。

这条线路沿途的小木屋每年6月底至8月底开放，建议提前预订。相关信息见www.fi.is/en/hiking-trails/laugavegurinn。在制订旅行计划时请留意该地区的火山活动。

178 不丹 DRUK PATH TREK

田园牧歌般的乔松（blue pine）、杉树、茂密的高山森林、低矮的杜鹃树、波光粼粼的湖泊和依偎着喜马拉雅山的陡峭山谷，这里的风景滋养灵魂，并让相机快门幸福地响个不停（这里毕竟是地球上“幸福指数”最高的国家）。然而，当你穿过高山草地时，那些牦牛的牧人构成的微妙美景也和这里高山深谷的雄伟地形一样令人惊叹。Druk Path Trek步道上最壮观的景色之一是不丹最圣洁的佛教圣地——帕久顶寺（Phajoding）的10座庙宇，它们巍然耸立在海拔3870米高的陡峭山坡上，白色的墙壁和红色的屋顶构成一片令人惊叹的风景。

这条步道需要5到6天走完全程，3月至6月和9月至11月是这里最好的徒步季节。

179 德国 雷恩施泰克步道

德国人严守雷恩施泰克步道（Rennsteig）的秘密：其168公里长的路线从14世纪以来就被商人和信使使用。该步道从这个国家的核心地区顺着图林根森林（Thuringian Forest）的山脊蜿蜒向前，经过中世纪的城镇、河水奔腾的山谷和高耸的山峰，然后在德国与捷克的边境附近结束。你可以从赫塞尔（Hörschel）一路走到布兰肯施泰因（Blankenstein），全程需要6天左右。你也可以单独徒步其中的任何一段，途中的大多数地方都可乘坐公共汽车轻松抵达。

若想欣赏被列入世界遗产的瓦尔特堡（Wartburg Castle），需要在爱森纳赫（Eisenach）绕行一段路程。5月至8月是徒步雷恩施泰克的最佳时间段，不过它的部分路段在冬季也会向雪鞋徒步游的旅行者开放。

180 新西兰 米尔福德步道

米尔福德步道（Milford Track）全长54公里，位于狂野的峡湾国家公园（Fiordland National Park）里，沿途布满纯净的湖泊、丰富的白桦树、翠绿的森林和U形冰蚀谷，难怪会成为新西兰最著名的步道之一，它也是全世界最美的步道之一。沿途各种美景争奇斗艳，我们都不知道自己究竟更喜欢哪种：是受侵蚀而成的峡谷还是湿润的雨林？是静静地穿过湿地的观景平台还是沿着9个急转弯向麦金农山口（MacKinnon Pass）顶峰攀登的之字形小路？正当你觉得眼前的风景美到极致时，马上又会跨过一座座吊桥，发现令人叹绝的萨瑟兰瀑布（Sutherland Falls）——它高达580米，是新西兰最高的瀑布。

走完全程需要4天。在旺季（10月至次年5月），步道会进行交通管制，必须从南向北徒步。

石头界的“摇滚明星”：全球最佳抱石之旅

抱石是一种杂技似的攀岩，
攀登地点靠近地面，且不带装备，
到下列美丽的地方尝试一下这项运动吧。

181 加拿大 斯夸米什

斯夸米什（Squamish）夹在不列颠哥伦比亚省的温哥华和惠斯勒之间。它曾经是个伐木小镇，现在已经迅速变成一个探险运动热点，而抱石正是这里令人难以抵御的吸引力之一。这项活动的中心位于森林环抱的酋长岩（Stawamus Chief）——一座俯瞰小镇和豪湾（Howe Sound）的花岗岩山峰。更靠南的抱石地点在烈日的暴晒中。夏季，在花旗松的树

灯光打在枫丹白露的抱石点上。

荫下练习抓握悬空的岩壁，还是挺舒服的。斯夸米什有适合各种攀爬水平和风格的丰富选择，而且它也适合探索巨石以外的世界：试试在豪湾里划皮划艇，或者参加令人筋疲力尽的“Test of Metal”山地自行车比赛。

详情见www.hellobc.com和www.tourismsquamish.com。Squamish Adventure Centre（www.adventurecentre.ca）是一个提供所有户外活动的基地。

HENN PHOTOGRAPHY/GETTY IMAGES ©

182 澳大利亚 格兰扁

只有在澳大利亚，你才能在体验经典的抱石攀岩时嗅到柠檬香桃木（lemon myrtle）和桉树的气味，听到凤头鹦鹉（cockatoo）的刺耳啼叫声。格兰扁山脉（Grampians）是澳大利亚主要的攀岩地点，位于维多利亚州西南部，从墨尔本到这里约有3小时的车程。直奔格兰扁山脉北段，把车停到Hollow Mountain，它是这片风景优美地区最好的抱石选择。当你征服了那些砂岩之后，如果想驱车南下，不妨到邓凯尔德（Dunkeld）的皇家邮政酒店（Royal Mail Hotel）吃点东西，在此享用顶级的葡萄酒。

到www.visitvictoria.com上预订Hall's Gap的住宿。南方的春季和秋季是最适合玩抱石的时节。

183 瑞士 提契诺

Cresciano和Chironico如今已成为提契诺（Ticino）并不那么隐秘的抱石地点。如果你觉得它们的读音听起来像意大利语，那你算猜对了——这个位于瑞士南部的行政区三面与意大利接壤。另一个迷人（以前也不为人知）的抱石地点是东边的Magic Wood，这里有适合各种水平挑战者的“难点”——向本地旅游局咨询，他们提供前往这些巨石的向导。作为口碑制造的一个奇迹，提契诺如今已是“多语言环境”，整个夏天都有玩抱石的人从世界各地来到这里。当你呼吸着瑞士的新鲜空气，眺望那些清澈如水晶般的湖泊时，你的双臂会因为整整一天的攀爬而肌肉紧张，这时你就会明白它为何如此迷人。

关于交通和住宿选择，详见www.ticino.ch。

184 法国 枫丹白露

枫丹白露森林（Forêt de Fontainebleau）位于巴黎以南55公里处（车程），就像那座赋予周边地区这个名字的城堡一样壮观。林中的沙质地面上躺着3万块巨石，这些石头上标出了上万个需要解决的抱石问题，它们按照色彩标记的圆圈排列，很多都属于难度比较大的级别。在世界各地的抱石玩家中，这片森林是个传奇的地方，它有一群圈内的粉丝，叫“bleausards”。他们专注于Bas-Cuvier和Gorges d'Apremont的巨石群，其他可供探索的地点还包括Trois Pignons和Franchard。

从巴黎出发，沿着A6号公路驾车前往Bois-le-Roi，也可以从巴黎的里昂火车站（Gare de Lyon）坐火车去。冬季，在没被白雪覆盖时，这些巨石更容易抓握，而春季和秋季是热门的攀登季节。详情见www.fontainebleau-tourisme.com。

亨比是攀岩者的天堂。他们就像蜘蛛一样灵活。

185 印度南部 亨比

清晨的温暖阳光洒在一只猴子身上，它忽左忽右地跳上一块巨石，你面临的“难点”对它而言轻而易举。对攀岩者来说，在没有绳索的情况下徒手爬上一块距离地面几米高的巨石就是解决一个“难点”。在亨比（Hampi）有足够多的“难点”。这里过去叫毗奢耶那伽罗（Vijayanagara），曾是一个强大印度帝国的旧都，如今却是由一座拥有500年历史的寺庙废墟构成的一大片区域，上面点缀着巨大的花岗岩巨石——并非产生于“宇宙大发雷霆”，而是30亿年风雨侵蚀的结果。最好的攀爬地点在亨比岛（Hampi Island）上，Tungabhadra河将岛与那座旅游城市隔开。

搭乘飞机前往班加罗尔（Bangalore），换乘火车到附近的Hospet，然后坐人力三轮车到亨比。最好的攀登时间是冬季（11月至次年3月）。详情见www.karnatakatourism.org。

186 南非 罗克兰兹

在罗克兰兹（Rocklands）玩抱石的问题是要知道从何处入手。作为Northern Cederberg的攀岩圣地，它拥有大堆的砂岩巨石，从西开普省（Western Cape）的开普敦驱车北上到此只需不到3小时。就像所有最好的抱石地点一样，这里的1500个"难点"对攀登者的精神和肉体都构成挑战——你需要一路攀爬并思索（尤其是Rubik's Cube Wall）。大多数攀登者都会租一座小木屋，或者住在本地的农庄里。

旅游信息见www.cederberg.com。攀登季节从5月持续到8月。经Pakhuis Pass可进入罗克兰兹。

187 英格兰 皮克区

到英格兰的皮克区（Peak District）抱石，请记得带上缓冲垫——面对英格兰中部砂岩带来的严峻生理挑战，你需要个柔软的垫子来个"软着陆"。这一地区如今已经成为一个国家公园，很久以来它就是一个对攀岩者的严酷考验。当天气太糟、无法登上高高的峭壁时，当地攀岩者会让自己的手脚忙着应付Careless Torque这样的巨石。在离开那些石头之后，别错过本地区的"明星外景地"——庄严的查茨沃斯庄园（Chatsworth House），它曾出现在很多古装剧中——包括著名的《傲慢与偏见》（*Pride and Prejudice*）。

有关这个公园和查茨沃斯（Chatsworth）的更多信息请分别参阅www.peakdistrict.gov.uk和www.chatsworth.org。设菲尔德（Sheffield）是距离这里最近的城市，不过最好住在附近那些漂亮的小镇，比如贝克韦尔（Bakewell）。

188 美国 乔之谷

美国有适合各种攀岩需求的抱石和攀岩地点：从阿巴拉契亚山脉那些周围生长着北美杜鹃的巨石，到纽约州北部砂岩质地的Shawangunks，应有尽有。但位于遍布巨石的犹他州中部的却是一个名字和规则都更简单的地方：乔之谷（Joe's Valley）。这是一个适合公路旅行的地区，从丹佛和拉斯维加斯驱车到此仅需一天，而从盐湖城过来的时间更短。在车里装上补给品、镁粉和大量的饮水，然后在那个（非常）简陋的露营地搭起你的帐篷。就像美国最好的小餐馆一样，乔之谷也能给你提供干脆利落、令人满意的体验。

详情见www.utah.com。抱石旺季是春季和秋季，夏季太热了。距离乔之谷最近的城镇是奥兰治维尔（Orangeville）。

189 维尔京群岛（英） 维尔京戈尔达岛

维尔京群岛（英）的第三大岛维尔京戈尔达岛（Virgin Gorda）位于最东边。加勒比海的温暖海水、阳光、蓝天，外加让攀岩者兴奋的抱石，全都在此凑到一块儿了。在这个岛屿的白色沙滩上，点缀着一些花岗岩巨石。这些体验大多难度适中，和这里懒散悠闲的气氛很相称。攀登者们每天的生活节奏就是一大早前往那些巨石，在太阳和石头变得太热时游个泳凉快凉快，日落时再去攀爬一番，然后去喝一两杯啤酒，结束一天的行程。

从波多黎各的圣胡安（San Juan）搭乘飞机（www.seaborneairlines.com），很快就可抵达维尔京群岛（英）。可在www.bvitourism.com上制订旅行计划。住在Guavaberry Spring Bay度假区（www.guavaberryspringbay.com），出门就可以抱石了。

190 奥地利 齐勒河谷

四周都是牛铃声，空气中有股松树的清新气息……是的，奥地利的蒂罗尔州（Tyrol）满足了你有关《音乐之声》（*Sound of Music*）的幻想。齐勒河谷（Zillertal）位于迈尔霍芬（Mayrhofen）附近、因斯布鲁克（Innsbruck）的东边，在这里的阿尔卑斯山草甸、森林和群山，有一些欧洲顶级的抱石地点。Ginzling Wald和Sundergrund这样的地方——只需徒步一小段路即可抵达——都点缀着破碎的岩石，提供了数百个潜在的"难点"，例如高耸的Knockin' on Heaven's Door（"敲响天堂之门"）。有些巨石从森林中拔地而起，上面洒满斑驳的阳光，而另一些则被山间草地上的奶牛包围着。在冬季，这个山谷就会变成一个低调的滑雪场。

慕尼黑（Munich）和萨尔茨堡（Salzburg）是离这里最近的大城市。可驾车或乘坐火车前往因斯布鲁克，再转车到迈尔霍芬。可在www.austria.info上制订旅行计划。

最佳淡季探险之旅

当其他所有人都打道回府后，到世界上最美的地方旅行，既可避开人群，又可节省费用……

OLIVIER RENCK/GETTY IMAGES ©

在冰层最厚的隆冬季节邂逅贝加尔湖气势磅礴的一片湛蓝。

191 博茨瓦纳“绿色季节”探险

要参加探险之旅，博茨瓦纳（Botswana）可不是一个便宜的地方。这里很多豪华旅馆每人每晚的住宿费用高达1000美元——来个深呼吸吧。不过，在成群结队的游客纷纷回家之后，如果你能够忍受不期而至的倾盆大雨，就可在这里捡到大便宜。11月到次年4月被委婉地称为“绿色季节”（green season）——频繁的降雨使得植物疯长，野生动物很难被发现——但这时也是旅馆住宿费大降价而大地变得苍翠欲滴的时候，因而会吸引各种各样的鸟儿。很多动物也在一年中的这个时候产仔，优秀的向导会指给你大量健康的幼崽，外加一些不可避免地潜伏在附近的掠食动物，它们正在为自己寻找方便的午餐。

博茨瓦纳部分地区有疟疾，其中包括奥卡万戈河三角洲（Okavango Delta）、Moremi和乔贝（Chobe）等国家公园——游客应该做些预防。

192 美国黄石国家公园冬季追寻狼踪

夏季，有超过300万人涌入黄石国家公园（Yellowstone National Park），而在冬季却只有14万人造访这里。当然，从12月到次年3月，这里的一些道路会关闭，护林员带队的各种活动结束，气温也会降至零下20℃。但这个季节也有很多优势：不单热门景点游人稀少，而且也适合观赏野生动物。栖息于此的动物，如驼鹿、美洲野牛和大角羊会到低海拔地区过冬。在白雪覆盖的大地上，隔着一英里就能看到。此外，你还可以找个博物学向导，踏过这片白雪皑皑的土地，追踪难以捉摸的灰狼的踪迹——在初雪的衬托下，很容易就能发现它们。

在Old Faithful、Mammoth、Canyon和Tower地区，冬季会有维护良好的越野滑雪道，半日滑雪游套餐为15美元。详情见www.nps.gov/yell。

193 印度西高止山脉雨季徒步

雨季游览孟买（Mumbai）？你肯定是疯了！确实，从6月至9月，印度的这个大都市不是很有趣，因为倾盆大雨会淹没公路，滋生疾病。但冒险深入内陆100公里，来到Sahyadri山脉（Sahyadri Mountains），你就会找到理想的雨季游戏场。这些山属于更大的西高止山脉（Western Ghats），它们在这个季节变得活跃起来。河流与季节性瀑布水流湍急（是玩绳降和漂流的完美地点），乡村也在一片绿意中熠熠生辉。而且，雨水还使得天气更凉爽，非常适合你在那些古道上徒步，经过一座座城堡废墟和与世隔绝的农庄。

距孟买154公里的Malshej Ghat是徒步者的热门选择，在雨季，迁徙的火烈鸟会聚集于此。

194 俄罗斯贝加尔湖

贝加尔湖（Lake Baikal）位于西伯利亚——这个词语甚至会让穿着羊毛大衣的人不禁打起冷战。难怪大多数游客都会在夏季探索它那深不见底的幽蓝湖面。然而……冬季的贝加尔湖，当温度计的水银柱骤降到零下20℃时，这里却比夏季更好玩。这个巨大的水坑冻住了，你可以在它咯吱作响的透明湖面上行走。虽然冰层厚达2米，但却非常透明，你都能看到在冰下摇曳的水藻森林。不妨乘坐狗拉雪橇或雪地摩托车，也可以踩着滑雪板穿过这个水晶世界。如果乘坐冰上气垫船，你将跳过那些如冰坡一样被冻住的湖浪，然后在一个俄式banya（蒸汽桑拿浴室）里让自己暖和起来。

俄罗斯的主要交通枢纽都有航班飞往伊尔库茨克（Irkutsk，距贝加尔湖65公里）和乌兰乌德（Ulan-Ude，距贝加尔湖250公里）。跨西伯利亚大铁路也经过这两个城市。

195 巴西/阿根廷雨季的伊瓜苏瀑布

“Iguaçu”是个瓜拉尼印第安词语，是将“y”（意思是“水”）和“ûasú”（“大”）结合起来构成的。它的意思是“大水”——确实大，但有时会比其他时间更大。伊瓜苏瀑布（Iguaçu Falls）跨越巴西和阿根廷边境，由两国共同拥有。它宽达3公里，高达80米，由275个单独的小瀑布组成，奔腾着穿过丛林。在每年的丰水期，每秒钟会有6500立方米的水从这道巨大的瀑布飞流直下。问题是，在旅游旺季（也就是从4月至7月的旱季），这条瀑布会缩小成涓涓细流。想看到其最壮观时气势磅礴的景象，那就在12月至次年2月期间的雨季到此游览——记得带上防水外衣。

在阿根廷一侧能看到伊瓜苏瀑布多姿多彩的近景，而巴西一侧则拥有最佳的全景视野。

196 意大利威尼斯的冬季

浓雾笼罩着运河，空荡荡街巷里的鹅卵石路面反射着光芒，圣马可广场上游客寥寥：威尼斯的冬季阴冷潮湿，甚至会被完全冲溃（人们把这称为“acqua alta”，即“洪水季节”）。不过，这一在没有拥挤人流的情况下随意漫步的机会，完全值得你穿上长筒胶靴。你得把自己穿得暖和点，然后迷失于这座城市，你会发现自己不期然地来到一些热门景点，如里奥多桥（Rialto Bridge）和富丽堂皇的威尼斯艺术学院画廊（Gallerie dell' Accademia）。但那些颇有气氛的后街小巷才是乐趣之所在，还有那些温暖的咖啡馆，当然，在这个季节，你总能找到一个座位。

Alilaguna经营从马可波罗机场到圣马可广场的船运服务，全程仅需1个多小时。

TRAVEL INK/GETTY IMAGES ©

197 在飓风季节造访阿鲁巴岛、博内尔岛和库拉索岛

在世外桃源般的加勒比海，飓风季节是个大麻烦。从6月至11月，备受游客喜爱的温暖海水也会带来风暴。任何特定岛屿每年都会经历一次恶劣天气预警，每5到10年会遭受一次飓风的直接侵袭。但并非所有突出海面的岩石都同命相怜，那些位于加勒比海南部、坐落在“飓风走廊”（hurricane alley）之外的岛屿就很少见到风暴。这就使得阿鲁巴岛（Aruba）、博内尔岛（Bonaire）和库拉索岛（Curaçao）成为不错的夏季出游目的地。它们拥有色彩鲜艳的殖民地风格建筑、漂亮的沙滩和很棒的潜水地点。

所有这3个岛屿［以前归荷属安的列斯群岛（Netherlands Antilles）］都有自己的国际机场，其官方语言是荷兰语、英语和帕皮阿门托语。

198 英格兰布赖顿冬季观鸟

布赖顿（Brighton）是英格兰的一座海滨城镇，这里的人们会用报纸包着炸薯条，整个城市嘈杂而有趣。在天气不错时，伦敦人会来到这里布满鹅卵石的海滩，这儿的精品店和波希米亚格调让这里成为夏季城市度假的理想选择。但从12月至次年2月的淡季，城里会安静得多——除非你是一只鸟儿。当布赖顿著名的码头在冬季受到游客冷落之后，来自南部丘陵的欧椋鸟（starling）飞到此地。黄昏时分，它们成千上万地聚集在这里，表演令人眼花缭乱、如同芭蕾舞般的群鸟翻飞，像流水一样在天空中泛起涟漪，然后，仿佛受到大自然母亲的无形暗示，它们倾泻而下，如同一股翻滚的洪流般落到下面的码头上，栖息在那里。

群鸟翻飞的景象在布赖顿海滨的任何地方都能看到，如各个码头之间或皇宫码头上。

199 美国夏威夷“淡季”优惠

夏威夷有两个旅游旺季：一个是隆冬时节，这时游客们纷至沓来以逃避其他地方的寒冷天气；另一个则是盛夏时节，这时举家度假的游客会光临这里。在这两个时段，各种旅游费用都会增加——但它们并非造访此地的最佳时间。实际上，这里任何时候都很棒：露出地面的火山岩全年都温暖宜人，平均气温在25℃至30℃之间波动。但4月至6月不仅是旱季开始的时间，而且也不像7月至11月那样有飓风频繁光临。此外，还可看到座头鲸，它们从12月开始聚集在毛伊岛（Maui）附近，一直要待到次年5月左右才会离开。

没有嘈杂人群的运河和咖啡馆——冬季的威尼斯。

气温会随着海拔的升高而逐渐降低——若想去毛伊岛的哈莱阿卡拉（Haleakala）或大岛（Big Island）上的基拉韦厄（Kilauea）火山，请准备比较暖和的衣物。

200 葡萄牙 冬季冲浪

葡萄牙在大陆上的部分大约拥有950公里长的海岸线，它们大部分都是夏季度假的理想地点：总有一个时髦、安静、有高尔夫球场或者豪华度假区的地方满足大多数人的需求。但对于冲浪者来说，冬季却是前往葡萄牙的最佳季节，这时大西洋的海浪是最大的，并且大多数都很稳定，而海滩上也不会有其他游客。天气其实并不太冷——不过你还是需要准备一件合适的湿式潜水服（这时的海水平均温度为17℃）。南部的阿尔加维（Algarve）气候更温和——到拉古什（Lagos）和萨格雷什（Sagres）之间去寻找悠闲的冲浪地点。不过最暴虐的海浪却在更远的北方：如果你胆子够大，不妨冒险尝试一下波尔图（Porto）和绿岸（Costa Verde）附近的大浪。

法鲁（Faro）是靠近阿尔加维的最佳机场。波尔图拥有自己的机场，从里斯本坐火车到此需3小时。

最提神的徒步和自行车路线

这些路径经过一些啤酒厂、葡萄酒酒庄和酿酒厂，你可以时不时地喝上一杯，解乏提神。

201 美国加利福尼亚州福克森峡谷葡萄酒小径

尽管奥斯卡获奖影片《杯酒人生》（*Sideways*）早已令福克森峡谷（Foxen Canyon）声名鹊起，但这片中央海岸（Central Coast）葡萄产区却仍然保持着天然风光。乡间道路越过长满橡树的山坡，经过马场和带有白色护墙板的农舍，之后下坡进入周围遍布草莓园的圣玛利亚山谷（Santa Maria Valley），沿途田园风光优美，自行车骑行者们对这里垂涎不已。该地区周边分布着十几座葡萄酒庄，这意味着你可以在美妙的骑行中品尝到胡椒味的西拉（Syrah）、浓郁的黑皮诺（Pinot Noir）和桃子味的霞多丽（Chardonnay）等美酒。许多酒庄还可以让你在葡萄藤下打开酒瓶，美美地吃上一顿野餐。

小径两端是洛斯奥利弗斯（Los Olivos）镇和圣玛利亚（Santa Maria）镇。4月至10月最适宜骑行（尽管夏天会很热）。更多信息见www.foxencanyonwinetrail.com和www.bike-santabarbara.org。

202 德国弗兰肯小径

若论啤酒厂的密集程度，巴伐利亚（Bavaria）北部的乡村弗兰肯（Franconia）无疑是世界上最高的。无数条徒步和骑行路线将众多酿酒厂连接起来，这些酿酒厂一般都有栗树掩映的啤酒花园，并提供从啤酒桶直接打出的啤酒。从艾石岗啤酒公路（Aischgrund Beer Road，50公里，沿途是山毛榉林，有8座酿酒厂）到Fünf-Seidla-Steig（15公里，沿途是苹果园，有5座酿酒厂），再到奥夫赛斯啤酒环路（Aufsess Beer Loop，13公里，沿途有几座城堡和4座酿酒厂），这一乡村地区到处都是泡沫丰富的淡啤酒、焦糖口味的烈性黑啤酒和略带培根味道的烟熏啤酒。众多啤酒馆还供应热气腾腾的土豆丸子，可以帮你补充些体力。

班贝格（Bamberg）和纽伦堡（Nuremberg）都是不错的中转城市。5月至10月天空最晴朗。更多信息见www.frankentourismus.de和www.franconiabeerguide.com。

203 捷克绿道

捷克南部的森林和乡村中有许多纵横交错的小径，由这些小径交织而成的网络即绿道（Greenways），其总长共402公里（250英里）。小径沿途弥漫着松树的气味。圆石铺就的小镇广场上回荡着巴洛克式教堂传来的钟声。不论你徒步或骑行至哪座小镇歇脚，镇上都会有个小酒馆——供应由当地老字号酿造的泡沫四溢的啤酒。而我们所说的老字号，的确是久经考验的：小镇Český Krumlov的爱根堡啤酒厂（Brewery Eggenberg）从1560年就开始酿造啤酒了。而在特雷本（Třeboň），Bohemia Regent的品牌则可以追溯到1379年。

蜿蜒曲折的绿道位于布拉格（Prague）和维也纳（Vienna）之间的地区。登录www.praguewiennagreenways.org可以查看地图。5月至9月时天气最好。

204 阿根廷门多萨葡萄酒之路

在门多萨（Mendoza），似乎每一条尘土飞扬的小路都会通往一座葡萄园，而这也很好地诠释了"葡萄酒之路"（Caminos del Vino）的由来。在白雪皑皑的安第斯山脉脚下骑行时，可以观赏到壮观的山景（也能避开山风），而殖民地时期风格的酒庄和偶尔可见、正在吃草的美洲驼则将乐趣再提升一个档次。感觉腿脚酸软的话，你可以在任一座酒庄歇息，品尝该地区的招牌美酒马尔贝克（Malbec）。清冽？甘醇？果味十足？好好品尝一番之后，再次出发，去寻找下一种带着泥土芬芳的佳酿。

乘出租车或长途汽车到迈普（Maipú），这座小镇的许多商店都出租自行车。秋季（3月至4月）和春季（9月至11月）天气宜人。更多信息见www.caminosdelvino.com。

205 加拿大魁北克 美味之路

“美味之路”(Route des Saveurs)长143公里(89英里),穿过魁北克的粮仓夏洛瓦(Charlevoix)。在崎岖的山路上骑行并不轻松,不过想到路旁的牧场、番茄园和梨园将为你提供下一顿饭的部分食材,让你得以感受真正的从农场到餐桌的餐饮理念,你就会受到极大的鼓舞。村庄里的旅馆和啤酒屋供应当地独特的餐食,如番茄开胃酒配鹅肝酱或梨子冰葡萄酒配绵羊奶酪。比利时式的自酿啤酒馆和法棍面包房会为你继续在圣保罗峡谷(Baie-Saint Paul)至拉马尔拜(La Malbaie)的探索提供充足的给养。

美味之路的起点在魁北克市的东北部。骑行并大快朵颐的最佳时节是4月至10月中。更多信息见www.tourisme-charlevoix.com。

206 澳大利亚南部 巴罗莎小径

即便这里不是澳大利亚的主要葡萄酒产区,巴罗莎山谷(Barossa Valley)也足以吸引骑行者。修剪整齐的田野、粗壮的赤桉树、带方尖塔的教堂——充满诗情画意的风光就像是出自画家的笔下。再加上位于紧凑平坦区域内的60多家酒庄,你会发现这里的魅力所在。没有汽车通行的巴罗莎小径(Barossa Trail)沿一条旧的铁路通道贯穿山谷的中心地带,在13公里(8英里)长的路段沿线上分布着近10座葡萄园。途中可以品尝味道醇厚的西拉酒(Shiraz,当地特产)、泡沫丰富的雷司令(Riesling)或茶色的波特酒。也可以只是停下来,到路旁嗅一嗅玫瑰的芬芳。

山谷位于阿德莱德(Adelaide)以北1小时车程处,11月至次年6月最适宜前往,葡萄丰收期的3月至4月是旺季。更多信息见www.barossa.com。

207 苏格兰 斯佩塞德路

斯佩塞德路(Speyside Way)长104公里(65英里),沿途有长满紫色石楠的荒原、童话般的城堡、中世纪的教堂和林木丛生的峡谷,路边还有几家麦芽威士忌酒厂,它们酿制酒体金黄的佳酿。跟随混着泥炭味的甜香走到麦卡伦(Macallan)、格兰花格(Glenfarclas)、亚伯乐(Aberlour)、格兰菲迪(Glenfiddich)等蒸馏酒厂。这些酒厂都开门迎客,向你展示他们汩汩冒泡的蒸馏铜锅,并为你倒上几杯辣喉的威士忌。晚上在这些小村逗留,品尝从斯佩河(River Spey)里新鲜捕捞的鲑鱼,喝下更多的威士忌。

这条路在巴基(Buckie)和阿维莫尔(Aviemore)之间,徒步走完需5至7天。4月至10月最适宜前往。更多信息见www.speysideway.org。

208 美国肯塔基州 波旁城区小径

波旁城区小径(Urban Bourbon Trail)适合徒步的新手,你只需在路易斯维尔(Louisville)的市中心走几个街区、逛逛酒吧即可。城市周边出产的波旁威士忌占全世界产量的大半,小径沿途酒馆所供应的种类至少有50种。因此,所谓的“徒步”可以这样进行:先在时尚的Proof on Main喝一轮微酿酒厂生产的波旁威士忌,接着到Dish on Market喝杯工人常喝的老爷酒(Old Grand-Dad)、吃个汉堡包,再去Old Seelbach Bar品尝波旁威士忌和香槟混酒。这之后,只要再去17家酒吧就行了……

波旁威士忌全年皆有供应,但是,在5月的第一个周六举行肯塔基赛马会(Kentucky Derby)时消耗量特别大。更多信息见www.bourboncountry.com。

209 西班牙 圣地亚哥朝圣之路

千余年来,基督徒们徒步至圣地亚哥德孔波斯特拉(Santiago de Compostela),据说圣雅各(Saint James)就埋骨于此。圣地亚哥朝圣之路(Camino de Santiago)由几条路径组成,不过人气最高的是长780公里(485英里)的法兰西之路(Camino Francés)。这条路在西班牙北部延伸,一路上经过古罗马引水渠、摩尔人的宫殿、遍布遗址的修道院,此外还有可供朝圣者充饥解渴的葡萄园。西班牙许多顶级的葡萄酒产地也分布在这一地区。你可以痛饮纳瓦拉(Navarra)的果酒、里奥哈(Rioja)的红葡萄酒以及加利西亚(Galicia)提神的白葡萄酒。

步行走完朝圣者之路需4至6周。春季(4月至6月)和秋季(9月至10月)时天气条件最好。更多信息见www.csj.org.uk。

210 法国诺曼底 苹果酒之路

懒洋洋地骑行在乡间小道上,经过诺曼底奶牛吃草的田地,正在此时,一座散发着诱惑力的苹果园映入你的眼帘。你循着香甜的气味、写有cidre(苹果酒)和calvados(苹果白兰地)的标志,骑到了一栋砖木结构的农舍前。主人邀你进来,领你去看堆满酒桶的地窖,又给你倒了一大杯酸酸甜甜、令人垂涎的佳酿。随着你的骑行,这样的场景一再重复。车道虽令人昏昏欲睡,但沿途的约20家传统苹果酒庄、奶酪和蜂蜜作坊却向你施展着无穷的魔力。

苹果酒之路(Route du Cidre)是条环线,长40公里(25英里),标志清楚,有汽车通行。4月果树开花时是旺季,不过,骑行可以一直延续到10月。更多信息见网站www.larouteducidre.fr。

最灼人的火山探险

有些火山轰隆隆地冒出气体和水蒸气，有些则涌出硫黄和岩浆，但是所有这些喷吐着火焰的巨人都令人生畏。

这可真是怒气冲天的火山呀！苏弗里埃尔火山在释放着愤怒。

211 俄罗斯 堪察加半岛

堪察加(Kamchatka)可不是一块寻常之地:这个难以到达的半岛位于俄罗斯远东地区,延伸进地壳活动频繁的环太平洋火山带(Pacific Rim of Fire)。这就解释了为什么在这个有熊类栖息且人烟稀少的地方(每平方公里不到1人),火山的活动异常活跃。这里有300余座火山,有的是仍然在频繁喷发的庞然大物,如海拔4750米的克柳切夫火山(Klyuchevskoy);有的是暗流涌动、色彩奇异的火山湖,如马利塞姆亚奇火山(Maly Semyachik);还有的只不过是气泡翻腾的泥浆池、喷气孔和冒着水蒸汽的裂缝。然而,所有的火山都在不断地提醒着人们:地表以下有着翻滚的熔岩。

从莫斯科乘飞机,9个小时可达勘察加的彼得罗巴甫洛夫斯克(Petropavlovsk),可以乘坐直升机在众多火山和乌宗(Uzon)火山口的上空观光。

212 厄瓜多尔 火山大道

探险家亚历山大·冯·洪堡(Alexander von Humboldt)于1802年将这条峡谷命名为"火山大道"(Avenue of the Volcanoes),恰如其分地表达了这里的地表特征:由安第斯山的东、西科迪勒拉山脉(Cordillera)形成的峡谷两侧矗立着数不胜数的高大火山。从基多(Quito)乘长途汽车沿主要公路向南,道路两旁都是连绵起伏的火山。峰顶积雪的科托帕希(Cotopaxi)景色壮丽但又充满危险——有喷发之虞。此外还有巨大的钦博拉索山(Chimborazeo,海拔6267米,为该国最大的山),双峰、距基多仅10公里的皮钦查火山(Pichincha),以及厄瓜多尔最活跃的火山之一、脾气古怪的通古拉瓦(Tungurahua,也称"火喉")。

火山大道大致从卡亚姆贝(Cayambe)通往通古拉瓦。在6月至8月和12月至次年1月的干燥季节里,景色是最壮观的。

213 尼加拉瓜 奥梅特佩岛

奥梅特佩岛(Isla de Ometepe)虽然不是世界上最美的火山岛,不过却是地球上位于淡水湖内的最大火山岛。实际上,奥梅特佩拥有所有的火山形态:有两座巍峨的锥形山体,两座山体之间只有一条狭长的陆地。康塞普西翁火山(Volcán Concepción)更雄伟,活动也更频繁。这座高达1610米的山峰是活火山,火山口云雾缭绕,随时可能喷发火山灰,徒步登顶十分费力。马德拉斯火山(Maderas)更低矮,活动也没那么频繁,被认为处于休眠状态,但是在这里登山探险仍然令人激动。穿过栖息着许多猴子、生满兰花的森林向上攀登,可以到达山顶薄雾笼罩的潟湖。

攀登康塞普西翁火山需要10个小时。有3条路线上山,两条从莫约加尔帕(Moyogalpa)出发,另一条以阿塔格拉西亚(Altagracia)为起点。

214 加勒比海小安的列斯群岛 蒙特塞拉特

20年前,这座绰号为"另一座翡翠岛"的岛屿吸引了眼光独到的游客,他们在黑沙海滩上休憩,在鱼类众多的海里潜水,在青翠的群山中徒步。1995年,这里的地貌发生了巨变:苏弗里埃尔火山(Soufrière Hills)在沉睡了近400年后,宣泄了压抑已久的能量:火山灰喷薄而出,熔岩四处流淌。首府普利茅斯(Plymouth)被泥浆和岩屑掩埋,居民从岛上撤离,这里成为被隔离的禁区。拜访蒙特塞拉特火山观测站(Montserrat Volcano Observatory),观看并了解仍在继续的火山活动。也可以乘船绕岛的南端游览,看看"现代庞贝"普利茅斯从泥浆和凝结的熔岩中冒出的屋顶。

蒙特塞拉特火山观测站解说中心于周一至周四10:15至15:15开放。登录www.mvo.ms可以了解苏弗里埃尔火山的最新情况。

215 冰岛瑟利赫努卡吉格尔火山

儒勒·凡尔纳(Jules Verne)在《地心游记》(*Journey to the Centre of the Earth*)中让主人公们从冰岛下降到地下。这一点也不足为奇,在这个火山活动最活跃的岛国,火山锥和间歇泉众多,令你几乎寸步难行。你可以模仿那些虚构的维多利亚时期的探险家,下降120米,进入瑟利赫努卡吉格尔(Thrihnukagigur)休眠火山巨大的熔岩山洞。2012年,人们借助摇摇晃晃的升降机完成了第一次下降。将来的下降不单要听天由命,还要考虑健康和安全问题……

Inside the Volcano组织团队游,行程持续5至6小时。如果未来仍可成行的话,可以登录www.insidethevolcano.com了解行程细节。

在夏威夷火山国家公园随波逐流，不过，这里说的是岩浆流。

216 美国 夏威夷火山国家公园

一般来说，最好从远处观看火山活动。但是对于世界上最活跃的火山基拉韦厄（Kilauca）而言，因为熔岩顺山坡流下时宛如黏稠的胶水（速度非常缓慢），所以近距离观看也很安全（只是相对来说）。在夜间观赏发着红光的高温熔岩的确是一项无比刺激的探险活动。观看熔岩的最佳位置虽然时常变化（熔岩毕竟是流动的嘛），不过Pu'u O'o Vent还算是一个热点，确实非常热。也可以沿火山口连环路（Chain of Craters Rd）前往海岸，当熔岩流入大海、水汽蒸腾之际，你也许会享受到一次说来就来的桑拿。

基拉韦厄游客中心每天7:45至17:00开放。国家公园管理局（National Park Service）的网站（www.nps.gov/havo）会定期更新最主要活动的地点信息。

217 新西兰 怀特岛

你不但可以从视觉上看到怀特岛（White Island）的壮观地热，还可以听到和闻到。这座给感官带来全方位体验的复式火山就位于新西兰的丰盛湾（Bay of Plenty），拥有世界上最容易抵达的活火山口。从北岛本土乘直升机或船行驶49公里就可以到达这里，在扑面而来的热浪中体验这个硫黄味熏天、蒸汽嘶嘶作响、到处冒着气体的地狱般的岛屿吧。在这里徒步非常轻松：火山口直径2公里，花几个小时就可以绕行一周（需向导带领，千万留神）。探头张望一下喷气口，欣赏因酸性而变黄的晶体，感受脚下原始的、几欲喷薄而出的无穷力量。

前往怀特岛的船从华卡塔尼码头（Whakatane Wharf）出发，行程持续5至6小时，其中包括在岛上停留的1至2小时。更多信息见www.whiteisland.co.nz。

218 印度尼西亚 爪哇岛布罗莫火山

要不是新西兰早已摘走了"托尔金式奇幻"（Tolkienesque）的名号，这座既神秘又美丽的火山肯定会当得起这样的称呼。呈完美锥体形状的布罗莫火山（Mt Bromo）海拔2329米，从犹如月球表面的荒凉沙海（Sand Sea）中拔地而起，周围有一圈巨大的环形山，西侧为山坡上满是褶皱的库尔西火山（Kursi，2581米）和巴托克火山（Batok，2440米）。那么问题来了：如何最好地欣赏这里的壮观景象？多数人会在天亮前从外火山口边缘的莫洛拉旺村（Cemoro Lawang）徒步1个小时，爬上布罗莫火山看日出，或者登上附近的皮南加肯山（Mt Penanjakan），在一定的距离之外欣赏布罗莫火山的壮观全景。

离这里最近的大城镇是45公里以外的庞越（Probolinggo）。游览布罗莫火山的最佳时间是旱季（4月至10月）。

219 坦桑尼亚 伦盖伊火山

坦桑尼亚最著名的火山也许是乞力马扎罗山（Kilimanjaro），但伦盖伊火山（Ol Doinyo Lengai，或称“众山之神”）绝对是该国最奇特的火山。这是因为，位于该国北部边疆、火烈鸟聚集的纳特龙湖（Lake Natron）以南的这座火山，有一个奇特之处：它产生钠碳酸盐熔岩，这种熔岩的温度只有普通熔岩的一半，所以在被喷到半空中时就会凝结，然后就像玻璃一样破碎，结果呢？就是一派着实怪诞的火山顶峰景象。尽管火山活动激烈，强悍的登山者还是可以爬上2980米的山坡，欣赏堆积的火山灰、流动的熔岩、怪异的火山碎屑岩和壮观到令人难以置信的东非大裂谷（Rift Valley）。

攀登伦盖伊火山非常吃力，需花费4至6小时，下山需2至4小时。多数徒步行程从午夜前后开始，这样到达峰顶时刚好可以看日出。

220 希腊 圣托里尼岛

公元前1630年前后，一场规模巨大的火山爆发摧毁了原来的圣托里尼岛（Santorini）。这场爆发的破坏力非常大，有些历史学家认为，附近克里特岛（Crete）上的米诺斯文明就是因为这场灾难而被彻底毁灭的。但是，这场大破坏也留下了壮丽的景色：残留下来的下沉火山口成了一个拥有魔幻般日落美景的岛屿。还有斑白的峭壁，这是极富魅力的潜水胜地：火山喷发造成海水灌入潟湖，其中出现了30余个潜水点。所有因古代火山活动而形成的嶙峋岩壁、熔岩地貌以及陡崖，如今已是龙虾、海兔、鲷鱼、梭鱼等水下动物的乐园。

圣托里尼岛的潜水点从2米至30米，深度不等。水下有4处沉船残骸，其中2处适合潜水初学者游览。

仅限专业人士——危险系数最高的探险活动

让专业人士用最玩命的挑战来震撼你。

JOE MCBRIDE/GETTY IMAGES ©

虽然海浪达不到这样的高度，但是在亚利桑那州的沙漠上空一样可以踩着空中滑板“乘风破浪”。

221 巴哈马 与虎鲨共游

天堂也会有烦恼。在巴哈马，海水清澈得令人难以置信，明媚的阳光让你的心情要多轻松就有多轻松。不过，老虎海滩（Tiger Beach）周边的海水却危机四伏。潜入水中看个究竟吧，当然是置身于安全又结实的潜水笼中。水烟式的呼吸器从上方而非通过氧气瓶供气，所以，即便你没有获得潜水执照，也可以在潜水笼内活动。鲨鱼的好奇心很强，会悄无声息地在潜水笼周边游弋，这样与鲨鱼近距离的接触确是令人心惊胆战的经历。

大巴哈马岛（Grand Bahama Island）的弗里波特（Freeport）以西40公里处是岛上最古老的城市韦斯滕德（West End），这里提供食宿。潜水行程可以通过www.sharkexpedition.com安排。

222 马来西亚吉隆坡 低空跳伞

低空跳伞（BASE jumping）有点儿像跳伞，不过又与从机舱跃下不同：低空跳伞者从四类固定的地点起跳，它们分别是：建筑、天线、跨距（桥梁）和地表（悬崖），BASE一词即四类地点英文单词首字母的组合。与普通的跳伞相比，低空跳伞的死亡率更高，这是因为打开降落伞的时间更短，摔落的可能性更大。不过，高风险并不能使专业级别的铁杆低空跳伞爱好者对下一次名气更大或更具挑战性的跳伞地点——如悉尼的海港大桥或法国的埃菲尔铁塔——望而生畏。马来西亚吉隆坡的吉隆坡塔（KL Tower）是一个低空跳伞的比赛地点，选手们在这里比拼的是在令人恐惧的335米低空起跳，打开降落伞、降落在一个指定的小着陆点的准确程度。

登录www.kltowerjump.com，可以了解参加吉隆坡塔低空跳伞竞赛的更多详细事项。

223 自由式 摩托车越野

不要问专业人士为何要从事这些惊心动魄的探险活动。问题的答案就是，他们可以做到。有摩托车吗？为什么不冲上斜坡，飞跃在空中做些特技动作呢？专业骑手们在世界舞台上表演的好机会就是自由式摩托车越野赛（FMX），如红牛摩托车特技赛（Red Bull X-Fighters），它有异常华丽的比赛场地，如伊斯坦布尔、马德里、巴西利亚、罗马和莫斯科等。这项运动仍在发展中，直到2000年才有人第一次尝试在比赛中表演后空翻（即便冒着会重重摔在地上的风险也在所不惜）。谢天谢地，选手们可以穿戴头盔、靴子、手套、护肘和护膝等保护性装备。

你可以在体育场内举行的超级越野（Supercross）和场地越野（Arenacross）自由式摩托车越野赛中观看专业选手们炫技。更多信息见www.motoxaddicts.com。

224 美国 在亚利桑那州玩空中滑板

有人只看到亚利桑那州那生长着仙人掌的酷热荒漠，也有人把这里的广袤地区看作是空中滑板运动（skysurfing）的天堂。在跳伞渐渐不再给人带来兴奋之后，一心只想寻找刺激的人们却说："为什么不踩着冲浪板在天空中翱翔，再做几个富有创意的特技动作呢？"这种运动的滑板与单板滑雪板相似，需要绑在脚上以防翻筋斗时脱离。你在空中肯定会翻筋斗的，因为气流会冲击脚下的滑板，此时想要保持平衡非常困难。曾经有人出资赞助空中滑板运动，不过现在这项运动已不再那么有利可图，并且人气也没那么高了，但是专业人士并不会因此而停止他们的空中舞步。

想从事或了解这项运动的话，你可以通过www.skysurfer.com参加相关课程。

225 瑞士 在因特拉肯蹦谷

掌握其他极限运动的技巧，再将它们运用到蹦谷上。你必须对从高高的瀑布上跳下、感受冰冷潭水的拍击等惊险举动感兴趣。如果你可以在光滑的岩石表面滑下，面对刺激不惊反笑，并对自己佩戴的头盔感恩戴德，那为什么还要从悬崖上缓缓攀下呢？你也应该花一些工夫欣赏令人惊叹的峡谷美景。现在回到池水中，绕着水面上突出的岩石畅游吧（有时必须要爬着翻越它们）。奋力求生从未如此有趣。

因特拉肯（Interlaken）位于瑞士阿尔卑斯山的伯尔尼高地（Bernese Oberland）地区，可以从巴黎乘TGV（法国高速列车）抵达，或从法兰克福和柏林乘ICE（德国高速列车）抵达。

226 墨西哥，阿卡普尔科克夫拉达悬崖跳水

没有安全措施，没有特殊装备，不穿鞋子，也不戴手套，只是从悬崖边缘跳入水中。悬崖跳水（cliff diving）这项运动起源于夏威夷，并在阿卡普尔科（Acapulco）发扬光大。这里的悬崖跳水由于危险而声名大噪，在此享受急速坠入水中感觉的既有墨西哥人，也有美国人。如今，你可以看到专业人士在跳水之前进行祈祷。克夫拉达悬崖（La Quebrada）有10层楼的高度，这里也许更接近他们心中的上帝。这也不足为怪，因为如果他们没把握好时机，他们的血肉之躯便会撞击在凹凸不平的崖壁上。另外，他们也可能错过冲入悬崖下方汹涌太平洋海水中的最佳落点。这种运动绝对不适合新手！

13:00至22:30常可以看到跳水的人。天黑时，跳水者会点上火把。该地区的观景台会收取几美元费用，餐馆的收费超过15美元。

227 苏格兰，在结冰的岩壁上攀爬

每年冬天，苏格兰高地（Scottish Highlands）都会覆盖上一层厚厚的冰雪。不惧严寒的苏格兰人会借助冰爪、绳索和冰镐攀登冰岩。岩壁的融霜形成了美妙的图案，同时也给抓牢岩壁表面带来困难和危险。在凯恩戈姆（Cairngorms），即便是经验丰富的攀登者也会打滑，或者靠一根绳索飘荡7个小时。更糟糕的是，有时你还会下坠100多米。这些山脉的岩石表面会冻得人手指发麻，其所处的环境是英国有记录以来最高风速（每小时270公里）和最低气温（零下27℃）的所在地。专业选手们得学着习惯冒冷汗，还要对越来越难的攀爬处之泰然。如本尼维斯山（Ben Nevis）难度级别为8级的百夫长岩壁（Centurion），又如格伦科峰（Glencoe）难度级别为9级的决斗岩壁（Duel），后者极其陡峭，赖以攀着的冰面几乎以毫米计。暖人心房的是团队合作，还有让人身体暖和的威士忌。

如果你迫不及待地想去攀爬苏格兰的岩壁，一定要向经验丰富且有专业资格的教练学习。更多信息见www.alphamountaineering.co.uk/index.html。

228 瓦努阿图陆地弹跳

蹦极是寻找刺激的好方式，但彭特科斯特岛（Pentecost）上的陆地弹跳（naghol）比蹦极还要惊险得多。岛上没有现代设备，也没有弹力绳。当地的勇士在一只脚的脚踝处绑上藤蔓，从距离地面35米高、由树干和树枝编成的平台上纵身一跃，以祈求甘薯的丰收。每个人在弹跳时都会拍拍手，双臂交叉在胸前，身体向前倾斜，在空中划出一道弧线。如果藤蔓够结实（有些时候并非如此），弹跳者便只有头发会接触地面，然后就会获得丰收。

在彭特科斯特岛上，4月至6月的每周都会举行陆地弹跳，每次弹跳的观众人数限定为50人。

229 斯里兰卡，挑战世界上最辣的辣椒

斯里兰卡的眼镜蛇辣椒是世界上最辣的辣椒之一。如果你对人气越来越高的印度意兴阑珊，那么就来文化底蕴深厚的

不要理会别人的怂恿，在克夫拉达悬崖跳水的冒险行为还是留给专业人士吧。

斯里兰卡吧：看看这种辣椒能否让你提起精神。该辣椒的辣度可达855,000史高维尔辣度单位（与此相比，塔巴斯科辣椒酱只有区区的2500史高维尔辣度单位），只有真正的勇者才敢尝试。在羊肉咖喱或椰子参巴酱的配菜中也可以尝到这种辣椒。想要喝杯水缓解辣感根本就是杯水车薪。

旱季（4月至9月）最适宜前往斯里兰卡的古城区游览。

230 美国，在黑岩沙漠中陆地扬帆

沙滩风帆车看起来就像是架在3个车轮上的帆船，这种车的历史可以追溯到古埃及时期。即便在当时，它也是用来寻找刺激的。这也难怪，你可以坐在车上以5倍于风速的速度在海滩上疾驰，开阔的空地意味着你可以兴奋地大喊大叫，借助风力也意味着没有污染。但是你确实需要极大的勇气，才能参加在黑岩沙漠（Black Rock Desert）多风而广袤的地域进行的艰苦比赛。

这片令人惊叹的沙漠位置偏僻，自然条件恶劣，所以要带足给养并与专业人士同行。登录www.nalsa.org可以了解美国陆地风帆运动的更多信息。

仅限专业人士——危险系数最高的探险活动

最佳隐蔽小屋和庇身所

作为野外基地和赖以救命的庇身所，山地小屋、偏僻的山间旅舍和简陋的棚屋通常对荒野漂泊者有着非比寻常的象征意义。

231 厄瓜多尔 比尔卡班巴

你上一次骑马已经是几年以前的事情了。颇具个人魅力的夜间探险向导、新西兰人加文（Gavin）说骑马就像骑自行车一样，但你并不确定自己是否敢在能俯瞰安第斯山村比尔卡班巴（Vilcabamba）的山路上骑马。还好，你的坐骑经验丰富，步伐稳健，小心翼翼地寻路而行，驮着你走过冰雪初融的河畔，爬下陡坡，再沿着陡峭狭窄的小路攀上云雾缭绕的森林。然后，你将吃着滋味浓郁的炖菜，喝着葡萄酒，听着关于这座小屋和波多卡帕斯国家公园（Podocarpus National Park）周边高山胜景的故事。这一天天空晴朗，险峻挺拔的山峰耸立于长满兰花和凤梨花的山谷之上。

可以通过Caballos Gavilan（gavilanhorse@yahoo.com）安排到这座私人山间旅舍的骑马行程，为期两天。

232 英格兰坎布里亚 黑帆小屋

你怎能抗拒在英格兰最偏僻的旅舍中品尝家常菜和美酒的诱惑呢？前身是牧羊人棚屋的黑帆小屋（Black Sail Hut）坐落在柱山（Pillar Mountain）和大山墙山（Great Gable Mountain）之间，主厨兼管理者彼得·埃里森（Pete Ellison）将小屋的招待水平提升到一个新的高度——不过在湖区高山峡谷间数日的骑行、露营和登山之后，你的确有资格享受这样的款待。恩纳代尔湖（Lake Ennerdale）、巴特米尔湖（Lake Buttermere）和瓦斯特沃特湖[Lake Wastwater，英格兰最深的湖泊，在英格兰最高峰斯可斐峰（Scafell Pike）的山脚下]就在附近，黑帆小屋位于这三个湖泊之间，地理位置非常便利。

黑帆小屋（www.yha.org.uk/hostel/black-sail）可容纳16人住宿，小屋距最近的公路有2英里的路程。

233 新西兰南阿尔卑斯山脉蒙戈小屋

根据日志，在过去的12个月里只有两个团体在蒙戈小屋（Mungo Hut）住过。作为跋涉至此的极少数人中的一员，凝望着托阿洛哈山脉（Toaroha Range）巍峨高耸的雄伟群峰，的确让人有些飘飘然。但是，接下来在蒙戈河（Mungo River）畔的丛林中披荆斩棘地前行，却远非一时心血来潮的周末徒步者所能胜任。走到路的转弯处，再向上坡走15分钟，到达山林环绕着的一块空地上的小屋，你会立刻如释重负。如果你到这里的时候天还早，不妨沿着河向下游方向漫步半个小时，寻找位于布伦瑞克溪（Brunswick Stream）旁、雪松和粉色松林环绕的两个温泉。

蒙戈小屋有4张双层床，详情见www.remotehuts.co.nz/huts/mungo。

234 奥地利 约翰大公小屋

一大早，你勉强咽下早饭，凝望着大格罗克纳峰（Grossglockner）。在一片令人心驰神往的寂静中，达赫斯坦（Dachstein）和多洛米蒂（Dolomites）等欧洲几座标志性的山峰随着破晓的阳光慢慢映入你的眼帘。约翰大公小屋（Erzherzog Johann Hütte）的人气很高，接受提前预订，不过这里位置偏僻，所有人都必须经历一番探险方可抵达。前往奥地利海拔最高的小屋（3454米），你需要从南部[卡尔斯（Kals）]或东部[海利根布鲁特（Heiligenblut）]攀登5至6个小时，途中还要穿越冰川，或者还需要保护绳以攀爬岩壁。然而一旦抵达小屋，仅需再攀登2小时就可登顶奥地利的最高峰。

小屋6月至9月开放，其他时间可以在Winterraum（4张双层床）住宿。

235 苏格兰凯恩戈姆 加尔克尔庇护所

屋顶吱吱作响，雨水漏个不停，棚屋的门被猛然打开，苏格兰的狂风暴雨扑面而来，两三个全身泥污的徒步者走进屋来，干燥的地面在此时弥足珍贵。你用凯恩戈姆（Cairngorms）的方式——几杯热气腾腾的茶欢迎这几个徒步者。自20世纪60年代起，这间简陋的棚屋就一直为敢于挑战粮仓山（Cairn Toul）和Braeriach山（英国第三高峰）之间路线的山区徒步者和登山者提供着庇身之所——狂风呼啸，人们的对话转向Beinn a'Bhuird的秘密小屋（Secret Howff）——一处隐蔽的庇护所——据说就在附近，那里有火炉、木地板和玻璃窗。小屋的位置被严格保密，只有为数不多的几个人知道。

加尔克尔庇护所（Garbh Choire Refuge）是加尔克尔的一座小建筑，详情见www.mountainbothies.org.uk。

236 法国奥弗涅 戴拉克布隆庇护所

穿着雪鞋在雪野中跋涉2.5公里，到达戴拉克布隆庇护所（Buron Refuge d'Eylac），玛丽山（Puy Mary）就在远处。这家徒步者客栈（gîte d'étape）比奥弗涅火山公园（Parc des Volcans d'Auvergne）中的多数同类建筑都要简陋：不提供餐食，从9月16日至次年6月14日之间没有水和电。位于佩罗尔隘口（Pas de Peyrol）附近的这个庇护所有14个铺位和一间公共休息室，但是你可别奢望会遇到什么其他旅伴——奥弗涅是欧洲最人迹罕至的地区之一。在坎特尔（Cantal），奶牛的数量是人的5倍。

庇护所由奥弗涅地区自然公园（Régional Nature Park of the Auvergne）管理。

237 新西兰达斯基峡湾 苏帕湾小屋

你在苏帕湾（Supper Cove）泛舟垂钓，这是你居住过的第一座提供小船的小屋，你要时刻留意周边的情况。海水可能在顷刻之间就波浪翻滚，这里过去也曾发生过更大的船只事故。这座具有历史意义的小屋坐落在世界遗产新西兰峡湾区国家公园（Fiordland National Park）一个极为偏僻的角落。达斯基峡湾（Dusky Sound）空无人烟，库克船长的手下为建造Astronomy Point伐木并在树木上留下的斧痕依然清晰可见。达斯基栈道（Dusky Track）连接豪洛克湖（Lake Hauroko）和马纳普里湖（Lake Manapouri），需10天方可走完全程，而苏帕湾就在这一极具挑战性的徒步路线的中间位置。

若想在苏帕湾小屋住宿，必须从环境保护部（Department of Conservation; www.doc.govt.nz）购票。

238 澳大利亚新南威尔士州伊拉旺小屋

离开古塞加（Guthega）2个小时后，你的滑雪同伴会用手杖指着远山的一个小点，确定地说那里就是伊拉旺（Illawong）。这座高山庇护所位于海拔1600米的高处、澳大利亚的屋脊——考斯休考国家公园（Kosciuszko National Park）的腹地。自20世纪20年代以来，这里一直是澳大利亚越野滑雪的中心地带。8月的清晨，白茫茫的草原格外寂静，这种白雪皑皑的草原景象与夏季时前往这座小屋的丛林徒步者们见惯的景象截然不同。沿路再向前走，通过吊桥跨过雪河（Snowy River），被雪压弯树枝的桉树林中隐藏着无数纵横交错的小径。

伊拉旺小屋（Illawong Lodge; www.illawong.asn.au）位于古塞加以南2.5公里处。

239 阿根廷巴塔哥尼亚 弗雷山庄

一只秃鹫翱翔在一座两层小屋的上方，教堂山（Cerro Catedral）的花岗岩壁与之相映成趣。弗雷山庄（Refugio Frey）位于阿根廷的湖区，俯瞰着巴里洛切（Bariloche）赭红色的街道。该山庄是安第斯山脉徒步者、越野滑雪者、登山者的休憩地点，为前往南美最佳攀岩地点的人们提供美丽的野外营地。当你准备攀登高山、感受Torre Principal山麓的广阔时，不妨全方位地欣赏一下周围的景色：尖峰林立的巴塔哥尼亚天际线以及群山在盆地底部平静湖水中的倒影。

弗雷山庄位于阿根廷巴塔哥尼亚的纳韦尔瓦皮公园（Nahuel Huapi Park）内，多条小径都通向山庄。

240 日本 忠别岳避难小屋

喝口威士忌，冲淡鱼肉香肠的味道，你新结识的朋友慷慨地奉上美酒美食。由于语言不通，你们的交谈非常困难，但你们却一见如故。能来到这座高山庇护所就足以证明大家对山的共同向往和热爱。你将用一周时间沿大雪山国立公园（Daisetsuzan National Park）的主要山区徒步。这里有一系列庇护所，包括简陋的披屋（要小心棕熊）和与忠别岳避难小屋（Chubetsu-dake Hinan-goya）类似的、两层楼结构的小屋。有些庇护所甚至还有榻榻米和温泉。

大雪山国立公园是北海道中部一片广阔的原野，园内约有12座庇护所。可携带一顶四季帐篷以防万一。

标志性的美洲探险之旅

从加拿大的北极圈到亚南极的巴塔哥尼亚，
辽阔的美洲大陆提供的探险体验比起其他地区来毫不逊色。

OVERSNAP/GETTY IMAGES ©

一路步行前往隐入云端的马丘比丘，探访印加帝国的高山古城。

241 厄瓜多尔，在加拉帕戈斯群岛观赏野生动植物

加拉帕戈斯群岛（Galapagos Islands）几乎就是奇异而多样的野生动植物的代名词。该群岛的声名鹊起始于查尔斯·达尔文在1835年的考察——他在《物种起源》（*Origin of Species*）一书中的描述令该群岛成为世界主要野生动植物观赏地之一。这些火山岛位于距南美洲海岸近1000公里处，分布于赤道两侧，如同水上动物园一般。多数游客会乘坐观光船在岛屿之间往来，他们会观赏不同种类的动物。加拉帕戈斯最具代表性的动物包括陆鬣蜥、象龟、萨利轻脚蟹（Sally Lightfoot crab）、加拉帕戈斯海狮、海狗，以及令人印象深刻的蓝脚鲣鸟和可爱的加拉帕戈斯企鹅等。

该群岛的两座机场分别位于巴特拉岛（Isla Baltra）和圣克里斯托巴尔岛（Isla San Cristóbal），岛屿间可乘公共渡轮往来，不过，有些无人居住的岛屿只有参加团队游才能前往。

242 加勒比海潜水

加勒比海（Caribbean Sea）上星罗棋布着数千座岛屿以及与之等量的奇妙潜水点。博奈尔（Bonaire）岛被珊瑚礁环绕，种类丰富的海洋生物栖息于此，该岛也因此成为全球顶级的海岸潜水目的地。岛上的最佳潜水和浮潜地点之一是千步海滩（1000 Steps Beach），此处游客最少，距海滩72步远（对啦，海滩的名字太夸张）。开曼群岛（Cayman Islands）的血腥湾墙（Bloody Bay Wall）深入清澈的水下300米，这里有一艘被故意沉入水中的水下救援船Kittiwake，你可以在此进行沉船潜水。如果想看长着锋利牙齿的大块头，巴哈马是加勒比地区与鲨鱼同游的最佳场所。

博奈尔岛信息见www.tourismbonaire.com，开曼群岛信息见www.caymanislands.ky，巴哈马信息见www.bahamas.com。

243 美国 万岁管道冲浪

在夏威夷瓦胡岛（O'ahu）的北岸驾驭最著名的海浪吧。在这里，万岁管道（Banzai Pipeline）——又称管道（Pipeline或Pipe）——的光滑管浪既是冲浪天堂，也是冲浪词汇中必不可少的一个。冬季的海浪高达10米，重重地拍击在危险的浅珊瑚礁上。管道冲浪非同小可，当地的冲浪者也非等闲之辈——这里并不适合冲浪初学者。退潮时，你倒是可以与一些来访的专业冲浪者一起分享海浪。

前往伊胡凯海滩公园（Ehukai Beach Park），面向大海，向左手边走约100米即是万岁管道。

244 秘鲁 印加古道徒步

无论以何种标准评选世界最著名的徒步路线，全长38公里的印加古道（Inca Trail）都会名列前茅。因此，它也是秘鲁旅行不可或缺的一个环节。从乌鲁班巴河（Urubamba River）——亚马孙河的一条支流——开始，沿古道向上攀登，一路途经云雾林、贫瘠的普纳（puna）草原、印加遗址和海拔高达4200米的山口。古道的终点是失落之城马丘比丘（Machu Picchu），这里是南美洲最著名的考古遗址，古城的建筑依山分布在瓦纳比丘（Wayna Picchu）的山峰下。走完这条古道需要4天时间，内行的徒步者会在马丘比丘逗留一夜，然后在没有人群干扰的情况下欣赏黎明景色。

在印加古道徒步需要许可证，每天只发放500个。

245 阿根廷 菲茨罗伊峰徒步

一边是针尖般陡峭的托雷峰（Cerro Torre），另一边是智利境内的托雷德裴恩（Torres del Paine）国家公园，菲茨罗伊峰（Monte Fitz Roy）若要脱颖而出，真得有些独到之处才行。这座山峰的确特别，站在巨大的峰顶岩石之下——整块岩石的高度超过1000米——你就会明白这里为何被看作是世界上最具挑战性的攀登地点之一。多数人来此只是徒步，目标是山脚下的Laguna de los Tres。如果天气不错，这里的日出景象将无比壮观。少数更顽强的徒步者会绕山一周，穿过马可尼隘口（Paso Marconi），然后横穿极其荒凉的巴塔哥尼亚冰盖（Patagonian Ice Cap）。

前往该地区的航班在埃尔卡拉法特（El Calafate）降落，从此地驾车行驶215公里可达徒步起点埃尔查尔腾（El Chaltén）。

246 美国 摩押山地自行车骑行

这项探险可以用一个词概括：slickrock（意为平滑的岩石）。犹他州摩押（Moab）镇的世界顶级山地自行车骑行活动正是以这种表面光滑的砂岩而闻名。在小镇后方，山上的Slickrock Trail全长21公里，堪称世界最著名的山地自行车路线。这条车道在砂岩脊上蜿蜒，有时需攀爬金字塔般陡峭的山坡，有时又骤然下降至沙坑。其他著名的路线还包括位于Bartlett Wash、对技术要求很高又遍布岩石的Porcupine Rim，以及让人担心屁股会被硌成两半的Portal Trail——想想宽度仅50厘米、落差却达100米的车道，你就明白了……车道旁的警示牌可不是没有来由的。

摩押的许多自行车商店都提供自行车出租服务——可以尝试在Poison Spider Bicycles（www.poisonspiderbicycles.com）或Chile Pepper（http://chilebikes.com）租自行车，要提前预订才能确保租到车子。

KENNAN HARVEY/GETTY IMAGES ©

247 加拿大 惠斯勒黑梳山滑雪

惠斯勒（Whistler）和黑梳山（Blackcomb）两座山峰是北美洲的顶级滑雪胜地，这里有约30平方公里的滑雪区域和近200条标识清晰的雪道。其中四分之一的雪道是黑钻级别（高级），度假村的落差（1609米）也是北美之冠，不过这里也有许多适合初学者的滑雪场。这里还有超过28公里的越野滑雪路径——并非只是一味惊险的山坡俯冲。想要体验终极的惠斯勒黑梳山滑雪挑战，可以前往红宝石碗（Ruby Bowl）。在徒步抵达史庞基阶梯（Spanky's Ladder）后，你就会发现长达600米的连续双钻级雪坡。

惠斯勒黑梳山距温哥华约120公里，可能是为数不多的通火车的滑雪胜地之一［海天号列车（Sea to Sky Climb）］。登录www.whistlerblackcomb.com可了解滑雪详情。

248 古巴 骑行

加勒比海少有岛屿能够提供自行车骑行场所，但古巴却是个例外。这个加勒比海最大的岛屿——从一端骑行1300多公里就可到达另一端——已经成了骑行者的向往之地。路途不算遥远，沿海岸骑行也非常轻松，在每个转弯处似乎都有海滩。不论是沿哈瓦那海滨的马雷贡（Malecón）自行车道一路游览，还是吃力地挑战岛上最令骑行者头疼的山路——向海拔1200米的巨岩（La Gran Piedra）攀登——你都是以最美好的方式领略着古巴风光。

许多国际旅行社都组织古巴的骑行之旅。如果想在当地租自行车，可以通过Cubalinda（www.cubalinda.com）或WoWCuba（www.wowcuba.com）等机构租赁。

249 加拿大 西海岸小径徒步

温哥华岛（Vancouver Island）的西海岸小径（West Coast Trail）曾是海难幸存者的逃生路线……这条海岸线的凶险程度就不用多说了吧？长达75公里的小径在太平洋沿岸国家公园保护区（Pacific Rim National Park Reserve）的南部边缘延伸，贯穿原始的云杉、雪松和铁杉树林，经过无数的海岸山崖和若干荒凉的海滩。除了吸引你来此的原始之美，这里也有深深的泥沼、浓雾和暴雨。多数人会用5到7天走完全程，这也将是你所经历过的

在犹他州的沙漠深处，骑行者们就是摩押周边砂岩地域的王者。

最艰苦的徒步体验。不过，你至少不是以海难幸存者的身份来经历这一切的……

小径在5月至9月开放，5月15日至9月15日期间需要徒步许可证。详情见www.pc.gc.ca。

250 美国 大峡谷漂流

你也许曾听说过大峡谷（Grand Canyon），你甚至也许曾到过大峡谷的边缘。但是，观赏大峡谷的最佳方式还是乘坐筏子漂流。每年约有25,000人在大峡谷体验这项运动。你能领略到多少，可能要取决于老板给你多少假期。你可以花2至3周做全程漂流（446公里），而3段较短河段的总长为160公里（或更短），需要4至9天。木筏有3种动力形式：橹、桨、马达。乘坐带橹的木筏，一路上均由向导操舟，而乘坐用桨的木筏，你也需要出力划船。

如果想独立进行漂流，你必须参加摇号以获取许可证——这一工作主要在2月进行。详情见www.nps.gov/grca。

乘火车旅行的终极体验

乘着火车攀登群山、绕过峡谷、穿越沙漠……
见识一下人类如何用世界上最成熟的出行方式——火车来征服自然。

PEP ROIG/ALAMY ©

251 英国苏格兰 詹姆斯二世党人号

这列苏格兰的蒸汽火车咔嚓咔嚓地横贯因电影《本地英雄》(*Local Hero*，还记得片中那些美丽的海滩吗？)和《哈利·波特》(*Harry Potter*)而不朽的土地……魔幻电影中开往霍格沃斯学院的列车即以此为原型。更为有名的是，这条铁路沿美王子查理(Bonnie Prince Charlie)当年的浪漫足迹而延伸。王子查理是苏格兰人对本土国王的最后希望。在1745年被政府军队击溃之后，他逃到马莱格[Mallaig，之后渡海前往斯凯岛(Isle of Skye)]。此后，王子再未踏足苏格兰的土地。不过在与马莱格车站隔水相望、山峦起伏、格外迷人的斯凯岛上，这条路线可以为你的进一步探险拉开帷幕。

詹姆斯二世党人号(Jacobite)于5月中至10月中每天至少发车1班。通过西海岸铁路(West Coast Railways; www.westcoastrailways.co.uk)预订车票。

252 墨西哥 铜谷铁路

铜谷铁路(Copper Canyon Railway)是墨西哥铁路系统的幸存者，它横贯沙漠。列车在世界最大的峡谷体系边缘行驶，惊心动魄。视坡度如无物的古老蒸汽机车El Chepe在墨西哥北部的荒凉腹地和太平洋海岸之间行驶，这条铁路线的海拔落差有2400米，海拔高度下降1000多米往往只在瞬息之间，令人头晕眼花。沿途经过37座桥梁、86座隧道，以及在峡谷间一系列设计巧妙的“Z”字形路线。值得留意的还有居住于峡谷中的塔拉乌马拉人(Tarahumara)。在峡谷的主要观景点迪维萨德罗(Divisadero)下车休憩时，一定要尝尝他们的美食或购买他们的手工艺品。

通过Authentic Copper Canyon(authenticcoppercanyon.com)等别具特色的旅行社可以体验El Chepe机车，还能更深入地体验在铜谷铁路探险的乐趣。

253 印度喜马偕尔邦山地铁路

关于印度顶级火车之旅线路的竞争十分激烈，不过，喜马偕尔邦（Himachal Pradesh）的两条低喜马拉雅山脉铁路线显然更具优势（至少在地理上居高临下）。其中一条是从卡尔卡（Kalka）至西姆拉（Shimla）的铁路，其名列联合国教科文组织世界遗产，另一条是更加深入这一印度北部山区省份的巴丹葛（Pathankot）至久金德纳加（Jogindernagar）的窄轨铁路，后者在游客和前往山坡上一座座印度寺庙的朝圣者中人气极高。两条铁路沿线都有许多山地村庄，景色格外迷人。卡尔卡至西姆拉的列车可以助你饱览沿途美景，不过车程只有10个小时，而巴丹葛至久金德纳加的列车行驶得更为缓慢，但胜在细细观赏。两条铁路线都要尝试！

坎格拉（Kangra）之前的30余公里路段最崎岖，景色最优美，你要伸长脖子仔细看。

全体人员登车，准备欣赏卡尔卡至西姆拉之间低喜马拉雅山脉的壮观景色。

KEN SCICLUNA/GETTY IMAGES ©

跨西伯利亚快车全程行驶9000多公里，可能称不上“快”，但所有其他史诗般的火车之旅都难以望其项背。

254 俄罗斯 跨西伯利亚快车

在欧洲的边缘登上火车，向远东地区进发，开始一段9000多公里的探险：这场火车之旅让所有人都趋之若鹜。列车从莫斯科出发，跨越7个时区“直达”符拉迪沃斯托克（海参崴），乘客们将在车上度过8天的时间。西伯利亚并不是只有冰天雪地和共产主义时期冒着滚滚浓烟的工厂，它还坐拥有漂亮木屋和雄伟城堡的城镇、薄雾笼罩的大草原，以及林木环绕、辽阔优美的贝加尔湖。坐在列车上时常可以看到铁路旁的狗拉雪橇、精明的推销员和一片又一片令人叹为观止、目瞪口呆的美丽景象。之后另有支线铁路前往蒙古和中国……

这样的火车之旅需要周密计划，Trainsrussia（www.trainsrussia.com）等专业网站或Lonely Planet出版的*Trans-Siberian Railway Travel Guide*都很实用。

255 摩洛哥 马拉喀什至丹吉尔

非洲的大多数铁路都已年久失修或不利于出行，因此，为何不从最好的路段开始旅行呢？这段旅程从非洲大陆北端的港口城市丹吉尔（Tangier）出发，向南一路经过摩洛哥的经典旅行目的地菲斯（Fes）、拉巴特（Rabat）和卡萨布兰卡（Casablanca）等地，列车全程运行11个小时，非常舒适。但在观赏沙漠风光和沿途名城之余，你也许想在路上多盘桓些时日……如果想一次完成这段旅程，建议预订卧铺（couchette），以便有更宽敞的车厢空间。

丹吉尔以粗犷而闻名，通常不是前往摩洛哥旅行者的心仪之地，但最近这里重获新生，还有绝佳的文化氛围和夜生活。

256 澳大利亚 印度洋—太平洋号

这是世界上唯一一条真正横跨大陆的铁路，它西起珀斯（Perth），东至悉尼（Sydney），全程4350公里。印度洋—太平洋号（Indian Pacific）列车从珀斯出发时，窗外是郁郁葱葱的山谷和农田，一路经过荒凉的纳拉伯平原（Nullarbor Plain，名字的含义是几乎没有树木），攀上以节日和美食而闻名的宜人城市阿德莱德（Adelaide），绕过内陆地区，再到蓝山（Blue Mountain），3天后抵达终点。它驶过现代都市与荒芜的沙漠，为你呈现澳大利亚不同地区的鲜明对比。

在阿德莱德，可以转乘另一贯穿澳大利亚大陆的列车——甘号（Ghan Train），前往位于帝汶海（Timor Sea）海滨的达尔文市（Darwin）。

257 秘鲁 中央安第斯火车站

自从中国建成了那条海拔更高的铁路线之后，人们便将这一贯穿秘鲁安第斯山脉铁路的宣传口号改成了"世界上海拔最高的标准轨距历史铁路"。不过，它仍是世界第二高的铁路，沿途还有世界最高的铁路交叉路口，它就位于寒冷的蒂克里奥（Ticlio）车站附近。从滨海的利马（Lima）至秘鲁富含矿藏的山区，你需要乘坐火车，一路从海平面上升到海拔4700米的高度，穿越沙漠、草木茂盛的安第斯山麓和采矿业枢纽拉奥罗亚（La Oroya），再下坡，抵达大都市万卡约（Huancayo）。一次过夜的长途旅行可以助你尽览秘鲁最大的城市和一些最偏僻的乡村。

万卡约最方便旅行者的中转站是Casa de la Abuela（www.incasdelperu.com），这里也是最新列车信息的可靠来源。

258 中国 青藏铁路

这是第一条将西藏与其他省份联系起来的铁路，修建这条铁路要克服许多技术上的障碍。比如说，怎样在永久冻土层上建设轨道？或者，怎样应对5000米以上的海拔高度？中国人在2006年完成了这一现代工程奇迹，建成了世界上海拔最高的铁路——青藏铁路。并非所有人都有机会体验令人头晕眼花的唐古拉山口。想乘火车在1天之内走完2000公里并到达拉萨，你必须填写健康表，证明自己的身体条件能够适应高海拔。列车上有集中式供氧设备和医护人员。

可登录www.12306.cn查询票价、车次等信息。

259 加拿大 加拿大太平洋铁路

加拿大获得西部领土，或者说（至少是）向西部移民，就是通过这一方式完成的。在资源丰富的19世纪，大亨们通过向移民提供一揽子重新安置项目获得了大笔金钱，其中包括从欧洲乘船的交通费用和在铁路公司拥有的土地上重新开始生活的费用。成千上万的移民涌到加拿大的荒野之上。一个世纪之后，这条铁路线的魅力仍不减当年。你可以在哈利法克斯（Halifax）搭乘从大西洋海岸至太平洋海岸的列车，不过多伦多才是加拿大太平洋铁路（Canadian Pacific）的正式起点。前往太平洋海岸史诗般的旅程需时3天，近来有关部门修改了时间表，以便旅行者能够在日间充分领略落基山脉的壮观。

加拿大太平洋铁路曾力求打造全国酒店网络以吸引富裕阶层。众多酒店中的佼佼者无疑是魁北克市的Château Frontenac（www.fairmont.com/frontenac-quebec）。

260 泰国/马来西亚/新加坡，亚洲东方快车

从现代城市国家新加坡出发，取道吉隆坡，前往给感官带来全方位刺激的曼谷。热带的稻田和茶叶种植园在眼前掠过，这就是堪比威尼斯辛普朗东方快车（Venice Simplon-Orient Express）的亚洲东方快车（较前者而言，魅力有过之而无不及）。充满异域风情的列车每月定期发车7班，车上有最具魅力的美食（东南亚菜肴的创意融合）。最重要的是，这是一次魅力四射的列车之旅：车上有带空调的套房车厢、一间精品店和一个柚木装饰的观景休闲车厢。亚洲东方快车提供3至7天的行程。要提醒衣着方面不拘小节的背包客：列车上的着装要求是穿着商务便装。

可以随时上下列车以探索马来西亚金马仑高原（Cameron Highlands）等地。这一路线也运行其他奢华程度稍逊的列车，另有前往老挝的环线列车。

复古潮流：老派探险

老派并不意味着过时，去发现这些经典探险活动长盛不衰的原因吧。

261 韩国 在首尔射箭

在电影《饥饿游戏》(*The Hunger Games*)和《勇敢传说》(*Brave*)中，女主人公张弓搭箭，展示力量，使得射箭运动再度流行。这并不是女性的第一次复兴：18世纪末见证了年轻女士们是如何喜爱射箭运动的，她们在遇到钟情的男士时会展示自己的技艺。射箭是全世界的运动，从美国到土耳其，不同文明都曾有射箭方面的传统。如今，你可以在韩国练习弓道(gungdo，韩国传统弓箭技艺)，这个国度曾以朝鲜三国时代的高句丽(Goguryeo)神箭手而闻名于世。

游览首尔的最佳时间是樱花盛开的春季：从3月末至5月初。

262 澳大利亚新南威尔士州，在克洛瓦乘自制车冲下山坡

自制车(billycart)就是带轮子的临时盒子或板条箱(你随便从哪儿捡一个就行)。这种临时拼凑而成的车子最初是由公山羊拉着的，billycart也因此得名。澳大利亚郊区的孩子们已经在自家后院制作出了数以百计的自制车玩具，不过，在克洛瓦(Corowa)每年复活节周六举办的澳大利亚自制车锦标赛(Australian Billycart Championships)上，人们会以更专业的态度对待这些车子。赛事举行时，主街上节日气氛浓厚，有美食也有音乐，自制车在道路中间疾驰。克洛瓦具有典型的瑞福利纳(Riverina，位于新南威尔士中南部，以农业为主)地区的特征：气氛悠闲，阳光明媚，有无尽的空间和啤酒，以及桉树上时常传来的喜鹊叫声。

登录www.australianbillycartchampionships.com.au了解自制车比赛的更多信息。

263 加利福尼亚州，沿威尼斯海滩滑旱冰

这可能让你想起旱冰迪斯科舞厅和20世纪70年代。不过，如今双排轮滑的旱冰活动仍在威尼斯滑板运动场(Venice Skate Park)上如火如荼地进行着，喇叭裤倒是不常见了。DJ播放着让人情不自禁晃动臀部的舞曲，与此同时，熟练的轮滑者穿着旱冰鞋翩翩起舞以飨观众。双排轮滑也许不如直排轮滑那么快，但更有乐趣、更有范儿，也更容易掌控。威尼斯海滩(Venice Beach)的这项运动由来已久，早在1978年，时任洛杉矶市长的汤姆·布莱德雷(Tom Bradley)就宣布这里是“世界轮滑之都”。在阳光照耀下熙熙攘攘的步道旁，有许多商店出租或出售旱冰鞋。

威尼斯海滩，简称威尼斯，是加利福尼亚州洛杉矶市中心以西的海滩地区。从圣莫尼卡(Santa Monica)乘公共汽车来此只需15分钟。

264 美国威斯康星州，在布里斯托尔骑马比武

是的，身着盔甲的勇士们骑在飞驰的骏马上，随着君王旗帜的挥动，用金属长矛互刺——这就是骑马比武(jousting)。如今，学习骑马比武可以更好地了解中世纪时人们的生活方式……而且，不用像当时那样一决生死。盔甲为比武的孩子们提供了足够的保护，不过马术高超者肯定能占上风，因为手持长矛骑在马上并保持身体平衡可不是件容易的事！每年，在伊利诺伊州边界附近的布里斯托尔(Bristol)都会举行文艺复兴游园会(Renaissance Faire)，届时就可以观看骑马比武了。

你需要自驾车前往文艺复兴游园会，从密尔沃基(Milwaukee)出发需30分钟车程(或者从芝加哥出发，需50分钟车程)。更多信息见www.renfair.com/bristol。

265 英格兰 体验机翼行走

你要站在飞机顶上。没开玩笑，这是真的。置身于一架飞在空中的双翼机上，马达轰鸣，气流强劲，而此刻你的朋友们还在地面上，看起来就像是一个个小黑点。如果只是想到这些你就已经心跳加速，那么真的以每小时217公里的速度随飞机飞行时你又会如何呢？绑好绳索，背靠一根固定的杆子，在肩膀和腰部系好安全带，飞行员可以随时看到你，但是听不到你说话。现在，你可以四处眺望，欣赏无边无际的天空和绿野。要保持抬头的姿势，这样强劲的气流才不会灌到你的嘴里。

英格兰有许多地方都提供这种体验，埃塞克斯机翼行走（Wing Walking in Essex；www.wingwalking.co.uk）就是很好的选择。

266 伦敦 骑大小轮自行车

大轮的高度到人的肩膀，小轮的高度只到脚踝，这种自行车车身巨大，看上去非常不实用，不过高高在上的骑行的确给人一种飘飘然的感觉。大小轮自行车曾是有钱绅士的专属交通工具，如今只要在伦敦参加课程，无论男女老少都可以骑修复过的或新制的大小轮自行车（Penny Farthing，以从前的便士和四分之一便士的硬币命名）。尽管要坐在高处，这种自行车实际骑起来却比看上去容易得多。有些拥趸甚至打算骑着这些漂亮又古怪的车子环游世界。

在电影《环游世界80天》（*Around the World in 80 Days*）中可以看到骑大小轮自行车的场面，这为伦敦人重新骑行大小轮自行车带来了灵感。在天气较温暖、白天较长的7月和8月适宜到伦敦游览。

267 挪威 泰勒马克式转弯

让我们回想一下滑雪究竟是怎么一回事。先不要理会高科技的器材或昂贵的装备。滑雪就是双脚踩着滑雪板，享受在雪上自由自在的感觉。泰勒马克式滑雪与高山滑雪不同，采用前者，靴子的足跟部是可以脱离滑雪板的，这让你可以屈膝滑雪，并在转弯时更加流畅。富于节奏感的俯冲才是这种技巧（tele）的应有之义。包括雪上速滑和高山速降在内，所有其他雪末飞扬的高山滑雪方式都属于现代技巧。让我们前往19世纪60年代这种技巧的发源地：挪威南部的泰勒马克（Telemark），在陡峭的山坡和无垠的雪地中重温古典式滑雪的乐趣吧。

如果想了解这种技巧是否适合你，可以参加一天的试滑，也可以通过www.telemarktips.com观看视频教程或者浏览论坛。

268 美国 在纽约市滑长板

长板（longboard）比普通的滑板更长、更宽、更容易驾驭，这种器材的设计目的是作为代步工具供人使用，而非展示技巧——感受那些结实、相对软一点的轮子带给你的操控感，你就会明白了。来几个急转弯，再躲避步行的人群，你会发觉自己在轻松前行之余已经离不开这种自由的感觉了。长板起源于夏威夷，当海浪条件受限、冲浪手们想在人行道上体验冲浪的感觉时，这种运动便应运而生。在街头风尚之都的纽约市，长板运动于20世纪70年代逐渐流行，兴盛于90年代。

纽约市（以及全球各地）有许多长板课程，面向各年龄段。国际上还有一支女子长板滑板团体（Longboard Girl's Crew；longboardgirlscrew.com）。

269 法国 在巴黎击剑

“Touché（击中）！”用花剑的剑尖刺中对手的胸膛时，你就会听到这样的说法。击剑（fencing）是一项复杂的运动，即便是在电子积分装置和护胸出现前的奥运会上，想要做出评判也十分困难。现代击剑运动起源于15世纪的西班牙，不过却因法国学校里的贵族男子才得以发扬光大。至今，法国仍有许多男女从事这项运动。穿戴好护具、面罩和身份标识，选好武器——花剑、佩剑或重剑……然后就下场比试剑术吧。

通过iSport指南（fencing.isport.com/fencing-clubs/fr/paris/paris）可以搜索巴黎的击剑学校。

270 美国 在洛杉矶直线飙车

还记得在电影《油脂》（*Grease*）的最后，丹尼·祖科（Danny Zuko）沿运河与人飙车的一幕吗？你可以在直线飙车（Drag Racing）的起源地——加利福尼亚州南部感受风驰电掣。被漆成糖果色的汽车与梳着背头、穿着20世纪50年代大众流行风格复古服装的飙车者相得益彰。引擎轰鸣，一派混乱的景象。车速极高，需要借助车尾的降落伞减速——有鉴于此，洛杉矶的许多直线飙车带（往往是废弃的“二战”时期跑道）都被关闭了。

可以参加全国改装式高速汽车协会（National Hot Rod Association，简称NHRA）和国际改装式高速汽车协会（International Hot Rod Association，简称IHRA）授权或举办的课程。

世界上
最疯狂的游泳

泳衣：随意。泳镜：自便。逞能：必须有。
准备在世界上最疯狂的游泳场所一试身手吧。

IMAGO/PHOTOSHOT ©

271 新西兰 野生海豚

你坐在巡游于南岛（South Island）凯库拉（Kaikoura）近海的船上，双眼扫视四周。你的导游正在寻找野生海豚。不是一两条海豚，而是一大群忽而潜入水下、忽而浮出水面、忽而跃在空中的海豚。他看到了海豚，突然之间，你也跳下了水，在水里浮浮沉沉，兜着圈子，用呼吸器发出阵阵声响。这些举动虽然怪异，但却是吸引海豚的有效方式。一条海豚盯着你看，另一条则上下拍动着尾鳍。一会儿它们便游走了，你又回到了船上，继续追赶着它们……欢迎来到新西兰并与海豚同游。这里海洋保护区的人都尽量不打扰海豚（能安排船的旅行社数量有限，你也不能给它们喂食），与海豚游泳的体验是在纯自然的环境下进行的。

凯库拉的天气变化无常，想游泳的话要留出3天的机动时间。清晨时段出海是最可靠的。

272 巴塔哥尼亚 比格尔海峡

在巴塔哥尼亚（Patagonia）的任何地方，游泳几乎都是一种疯狂的体验。这片土地上有白雪皑皑的群山、极地风暴和波涛汹涌的海水。水温通常在5℃以下，防止体温过低是一大现实问题。这里的海洋不属于人类，而属于虎鲸、海豹、企鹅和鸬鹚。但是，这里清洁的水域很多，你可以在冰川河流与深蓝色的湖水中尽情游泳，尽管人都快冻木了。自1990年以来，为数不多的游泳爱好者已经更深入地体验了这里的野趣，那就是横渡阿根廷与智利之间的比格尔海峡（Beagle Channel）。这条海峡是世界上最具挑战性的海峡之一，这里的水也称不上干净，但正如你所知，在这个与陆地分隔的地方横渡5公里将为你带来非凡的体验。

要做好准备，适应冰冷刺骨的海水。

273 伊斯坦布尔 博斯普鲁斯海峡

你与其他数百位穿着泳衣、戴着电镀泳镜的游泳者一起乘着渡轮，准备游过亚洲和欧洲之间宽达800米的博斯普鲁斯海峡（Bosphorus）。这里通常是一处主要的航运通道，不过，此时海峡两岸的巨大油轮都已停运，为一年一度的博斯普鲁斯海峡洲际跨海游泳比赛腾出了水域。在巨大的桥梁下，你深感建筑的宏伟和自己的渺小。汽笛响起，你随大家一同跃入水中，在汹涌的海水里游过6.5公里。伊斯坦布尔（Istanbul）是一座令人激动的城市，而这场时常与水母和海豚遭遇的游泳比赛，绝对是这里众多令人激动的活动之一。

听取其他游泳者关于躲避旋涡的建议。可通过土耳其语网站www.bosphorus.cc报名参赛。

跳入水中，横渡伊斯坦布尔的博斯普鲁斯海峡，然后你就可以大肆吹嘘自己——这可是事实——曾在大洲之间游泳的经历了。

274 南非 罗本岛

17世纪至20世纪之间，距开普敦（Cape Town）海岸7.5公里的罗本岛（Robben Island）曾是政治犯和麻风病人的流放之地。与由周围海水形成的天然屏障相比，监狱的围墙简直是多此一举。如今，这座岛是世界上最艰苦的寒流海水游泳比赛的举办地。从比赛开始的那一刻起，不仅水中的大白鲨会让你感到非常恐惧，天气的多变（前一刻风平浪静、阳光明媚，下一刻风速却可能高达25节，浪高4米）也会让你提心吊胆。不管你穿不穿防寒衣，冰冷的海水（10℃~13℃）都会冰冷刺骨。

卡迪斯自由游泳赛（Cadiz Freedom Swim）一般在4月举办，以纪念种族隔离制度的终结，届时将有数百名游泳爱好者参赛。

275 苏格兰 科里弗雷肯旋涡

世界十大旋涡之一的科里弗雷肯（Corryvreckan）旋涡位于苏格兰的西部荒野近海。在苏格兰的传说中，这个旋涡是冬女巫的洗衣盆。乘船前往这里，你会看到地平线上牡鹿的身影，还能看到海雕以及躺在生满墨角藻岩石上的海豹。这里常有强劲的涡流、变化莫测的水流和混乱的潮汐，旋涡发出的巨大声响在几英里外就可以听到。每次涨潮和落潮之间有半小时的间隔，此时旋涡的水流平缓，游泳者可以抓紧时间横渡吉拉（Jura）和比特（Bute）之间1公里宽的海峡，速度要快，不然又要涨潮了……

这意味着要在6℃至14℃的水中游1公里，没有当地经验丰富的船夫提供保护的话就不要贸然而行。Swimtrek（www.swimtrek.com/）可安排横渡海峡的行程。

276 日本 津轻海峡

你也许听说过英吉利海峡（English Channel）、爱尔兰海峡（Irish Channel）、库克海峡（Cook Strait）和卡塔利娜海峡（Catalina Channel），它们都是世界知名的长距离游泳场所。但是东京所在的本州岛与日本最北端的北海道岛之间的深水海峡，也在世界七大天然水域长距离游泳场所之列，只不过相对而言不为人所知罢了。津轻海峡（Tsugaru Channel）波涛汹涌，洋流湍急，你若在此游泳，时常会遇到大型油轮激起的冷水流。在夜间，还有大批乌贼在活动。横渡海峡的直线距离是19公里（12英里），但是由于急流的存在，实际的游泳距离很可能超过这一数字。

世界七大天然水域长距离游泳的挑战者需要极强的意志力，也需要经受极其刻苦的训练，还要有非常专业的本地团提供支持。

277 北美洲 五大湖区

五大湖区位于美国和加拿大之间，是一个风景秀丽的广袤淡水湖区，其中有些湖泊的面积堪比内海。这里有令人惊叹的日落景色、洁净的沙滩、湖畔的小屋和人气极高（也很偏远）的内陆湖滩，正是你梦寐以求的游泳环境。五大湖区有时又被称作“第三海岸”，有非常多的游泳选择。主要由苏必利尔湖（Lake Superior）、密歇根湖（Lake Michigan）、休伦湖（Lake Huron）、伊利湖（Lake Erie）和安大略湖（Lake Ontario）组成的五大湖区有数以百计的沙滩可供选择。密歇根湖畔的睡熊沙丘国家湖岸风景区（Sleeping Bear Dunes National Lakeshore）被人们评为这里最美的沙滩之一，不过其他数以百计的小湖泊也值得探索一番。

你虽然不必担心鲨鱼和水母，但是离岸风造成的惊涛骇浪也很危险，要小心才是。

以罗本岛为起点的自由游泳赛困难重重：海水冰冷，浪高4米，水中还有大白鲨在游弋。

278 尤卡坦半岛 墨西哥石灰岩洞

你穿梭在尤卡坦半岛（Yucatan Peninsula），白天痛快地喝着龙舌兰酒，晚上开心地睡着吊床。凭着蹩脚的西班牙语，你听说了岩坑游泳。你在城镇边缘的高灌木丛中择路而行，沿着低矮荆棘丛中的曲折小路一路向前，寻找着石灰岩洞。终于找到了，你的旅伴说："咱们跳下去吧！"于是，你从干燥的地面纵身跃进一个清澈、蔚蓝的地下水世界。尤卡坦半岛本身是多孔的石灰岩陆架，所有的河流都在地下，形成了神奇的地下岩坑游泳地点，这里透着阳光，还有钟乳石和淡水洞穴。

整个尤卡坦半岛有许多石灰岩洞，问当地人就行。

279 阿曼 干河谷游泳

提到阿曼，你很可能会联想到干旱和沙漠中的灌木，而不是游泳——但在该国随处可见的干河谷（wadi）中，却有着一些隐蔽而野趣十足的游泳场所。暴发的洪水流过山谷形成河流，河水干涸之后的河床即为干河谷。找一处尚有河水的干河谷，你就可以尽享碧绿的深水泳池所带来的凉爽了，还可以观赏两侧岩壁上生出的绿色植物和周围大自然造就的光滑岩石。

干河谷中很可能会有暴发的山洪，所以如果刚刚下了雨或是有下雨的征兆时请不要前往。要尊重穆斯林的文化传统，游泳时也请穿得保守一些。

280 赞比亚 魔鬼游泳池

你就位于世界七大自然奇迹之一的维多利亚瀑布（Victoria Falls）边缘。这是世界上最大的瀑布，河水从350英尺高的悬崖上飞流而下，水声隆隆，气势磅礴。水雾经阳光折射形成了美丽的彩虹。你身边追求刺激的人们纷纷爬过岩石，涉过浅滩，以求获得更好的视野，但是你——与他们不同！你纵身跃入魔鬼游泳池（Devil's Pool）体验水流的速度，水中的岩壁恰好使你免于跌落。这里是世界上最令人兴奋的游泳场所。

只能在旱季（4月至10月）做此尝试，此外还要听取当地导游的建议。

最疯狂的洞穴探险

怪异的结晶体闪闪发光，碧蓝的地下水波光粼粼，这些梦幻般的洞穴探险体验非常美好，令人叹为观止——稍微了解一下，就足以令你跃跃欲试。

281 菲律宾普林塞萨港的地下河

这是中国元朝的上都吗？当然不是……诗人塞缪尔·泰勒·柯勒律治（Samuel Taylor Coleridge）在代表作《忽必烈汗》（*Kubla Khan*）中曾写道："圣河阿尔弗……流经一个个深不可测的山洞"，如果这条圣河有实际参照物的话，那么它必是普林塞萨港（Puerto Princesa）的这条8公里长的地下河流无疑。自荣膺世界新七大自然奇观的头衔以来，关于沿这条地下河游览的宣传文章已有相当数量。不过，当你置身于洞穴之中，抬头观看岩壁结构，聆听回荡在四周的蝙蝠扇动翅膀的声音，你就会感到这里的确名不虚传。

团队游只在地下游览30分钟。如果想充分领略这里的魅力，不妨花点时间，在地面上陶醉于沙班（Sabang）村周边的海滩、峭壁和森林。

282 南非甘果洞穴

对于有志于洞穴探险却又缺乏技术知识的新手来说，非洲唯一可供参观的洞穴——甘果洞穴（Cango Caves），刚好能够满足要求。最具探险意味的导览游包括钻30厘米高的隧道和岩缝。在度过了那段诱人爆发幽闭恐惧症的时刻之后，你将欣赏到的是神殿模样的岩石拱顶和周围的流水石次生化堆积物（岩石的形状有如融化且冒着气泡的蜡）。另有令人印象极为深刻的石灰岩构造，其中有的形似圣经中变成盐柱的人物罗德（Lot）及其家人，有的纵横交错、令人眼花缭乱，仿若水晶宫殿。

在钻隧道或岩缝时，如果想减轻狭小空间带来的惊恐，可以考虑采用头先进、仰卧的姿势。

MICHAEL NICHOLS/GETTY IMAGES ©

283 美国 卡尔斯巴德洞窟国家公园

新墨西哥州卡尔斯巴德洞窟国家公园（Carlsbad Caverns National Park）的地下奇境由80多个洞穴组成，其中的列楚基耶（Lechuguilla）还是世界上最长的洞穴之一。这里有多个探险地点可供选择。自行通过“Z”字形的路线下降230米，可以到大房间（Big Room）——这个洞穴大到足以容纳6座美式足球场，也可以到白色巨人大厅（Hall of the White Giant）——需在岩缝中挤一挤。如果沿国王宫殿（Kings Palace）路线游览，可以下得再深一点，去瞧瞧枝形吊灯一般的管形石笋，它们还被叫作“苏打水吸管”。游览路线合计长达数公里。许多形成你眼前景观的地质活动至今仍未停息，这可真是一项与时俱进的洞穴研究呀。

可以向公园管理员询问前往杀戮峡谷洞穴（Slaughter Canyon Cave）的徒步和探索路线，该洞穴位于37公里以外，更加偏僻。

在卡尔斯巴德洞窟国家公园探索地下石笋。

MARK DAFFEY/GETTY IMAGES ©

阿曼马吉里斯尔金洞穴吸引了严肃的探洞者，或许也吸引了一些精灵。

284 阿曼 马吉里斯尔金洞穴

马吉里斯尔金洞穴（Majlis al Jinn）名字的字面含义是“精灵的聚会之地”，在这里游览的确会给人到了另一个世界的感觉：它比你所见识过的任何其他事物都更像儒勒·凡尔纳《地心游记》中故事发生的环境。沙漠地面上有一个裂开的洞口，只能通过绳降（两股绳索）从这里进入世界上最大的单体洞穴之一。这里有地下湖泊，也有大量的石笋和钟乳石。这一探索只适合经验非常丰富的洞穴探险者，其他人乘坐直升机俯瞰险峻的洞口或者乘四驱车在边缘转转就好。

继续关注：阿曼政府计划修建观景台和直达洞穴底部的玻璃升降机，以使这个洞穴能够吸引更多游客。

285 墨西哥 双眸井

起初漆黑一团，你什么都看不到，之后黑暗中透出骇人的青绿色水光。双眸井（Cenote Dos Ojos）这个多孔的巨大空间是最广阔的水下洞穴体系，无论是浮潜新手还是经验丰富的潜水者，都能在这里得偿所望。他们可以在25℃的清水中探索延伸60余公里的水系的各个角落、缝隙和通道。在有着数千年历史的石柱和石笋间畅游之后，不妨尝试热门的水肺潜水。

游览这个天然水井的一部分（非常壮观），门票价格为7.75美元。要想深入探索，你需要雇用导游。

286 墨西哥 水晶洞

奈卡（Naica）的矿工在发现宝剑洞（Cueva de las Espadas）时肯定都惊叹不已，该洞穴的名字就来源于洞里巨大的白色剑状亚硝酸盐晶体。时间一晃，过了90年，在这处壮观的洞穴之下，人们又发现了水晶洞（Cueva de los Cristales），这里的温度高达58℃，洞穴里交错分布的亚硝酸盐晶体比宝剑洞里的大许多倍。这处洞穴用抽水泵来防止矿坑被淹，只对获得特殊许可的人们（一般都是科研人员）开放。由于洞内的极端环境，人只能在里面待很短时间。

安慰奖：附近的伊达尔戈德帕拉尔（Hidalgo de Parral）是著名革命者庞丘·维拉（Pancho Villa，墨西哥1910年至1917年革命时期的北方农民义军领袖）的故乡。也可以去游览普里埃塔矿（Mina la Prieta），这是世界上仍在运转的最古老矿坑。

287 新西兰怀托莫的 萤火虫岩洞

在这个把莫里亚矿坑（Mines of Moria）变成现实的国度，我们为你呈现……呃，好吧，应该是怀托莫（Waitomo）的洞穴，看起来也许就像《魔戒》中的一样，但它洞顶的点点微光可不是特效：这些都是光蕈蚊属——即萤火虫——发出的光。这些萤火虫是新西兰特有的品种，生活在怀托莫，它们发出的点点光亮让人不禁好奇：这是不是地下的北极光？不要错过乘船游览鲁阿库利洞穴（Ruakuri Cave）的机会，这里是萤火虫聚集的中心。迷宫般的通道与毛利人的许多神话传说有关，你很快就会明白为何数百年来这里一直被当作圣地。

四处观看的时候要态度恭敬。对毛利人来说，这里具有重大的精神意义。

288 斯洛伐克斯洛文斯 基克拉斯国家公园

斯洛伐克南部拥有欧洲最广阔的喀斯特地貌之一，这一点至今仍鲜为人知。斯洛文斯基克拉斯国家公园（Slovenský Kras National Park）里熠熠生辉的克拉斯诺霍斯卡洞穴（Krásnohorská Cave）被列入联合国教科文组织世界遗产，这里容纳着地球上最大的石笋，而奥赫廷斯卡霰石洞穴（Ochtinská Aragonite Cave）则是世界上已知的三处霰石洞穴之一。这里的亮点是银河厅（Milky Way Hall）：白色霰石爆裂时将其染白，看上去有如缩小的银河系。

不要错过附近斯洛文斯基拉耶国家公园（Slovenský Raj National Park）内的多布辛斯卡冰洞（Dobšinská Ice Cave，洞里的冰即便到了夏季也不会融化）。

289 英国 皮克区的洞穴

任何以“魔鬼的屁股”（Devil's Arse）为绰号的事物出身都不光彩，多半有一段黑漆漆的下行路。除了充当展示洞穴的入口洞室之外，皮克洞穴（Peak Cavern）也是你前往一个潮湿泥泞世界（由一系列凌乱的水坑和浸水的通道组成）的门户。这里与英国最深的洞穴泰坦（Titan）通过一条地下河流相连。普通的洞穴参观者持皮克洞穴的门票可以一并游览斯比德维尔洞穴（Speedwell Cavern），在那里你可以乘小船沿旧时的矿道参观。在附近的蓝约翰洞穴（Blue John Cavern）里，半宝石的蓝黄相间的萤石闪着微光，就像矿石一样迷人。

TSG（www.tsgcaving.co.uk）可提供更多信息，也安排在洞穴探险者的圣地卡斯尔顿（Castleton）的洞穴探险行程。以上提及的各种探险活动都在此地开展。

290 阿根廷 印第安人洞和手洞

1977年，神话再次引起人们的关注：布鲁斯·查特文（Bruce Chatwin）在其游记《在巴塔哥尼亚》（*In Patagonia*）中，记叙了偏远的圣克鲁斯（Santa Cruz）省的印第安人洞（Cueva de los Indios）。他认为，洞中的古代岩画很可能是上古神兽独角兽曾经存在过的证据。这里已经模糊的岩画描绘的可能是公牛，而周围的环境——原始的湖泊、平原、苔原、白雪皑皑的山峰——同样非常神秘。就在Ruta 40公路的路对面，有一座手洞（Cueva de los Manos），洞内的岩顶画着许多manos（手），此外还有其他岩画，它们的历史可以追溯到公元前7世纪。那么，真的有独角兽吗？还是自己去寻找答案吧。

Ruta 40是一条久负盛名的南北向公路旅行路线，纵贯阿根廷全境，将该国分成两半，只有通过这条路才能到达上述两处洞穴。公路全长5000多公里，沿途有很多令人毕生难忘的越野探险活动。

扣人心弦的马拉松比赛

如果你一定要跑完42公里，那为什么不在壮观的地方跑呢？在阿尔卑斯山，在内陆地区，或在一片茫茫的冰雪世界中奔跑吧。

291 挪威特罗姆瑟 午夜的太阳马拉松

晚上8点半，这是大多数人前往酒馆的时候。挪威的北极圈地区却并非如此，在仲夏的一个傍晚，1000名跑步者动身前往比赛起点。特罗姆瑟（Tromsø）靠近北纬70°，从5月中至7月中，这里的太阳总是在地平线以上，照耀着城里的北极大教堂（Arctic Cathedral）、极地博物馆（Polar Museum）以及周围的峡湾。阳光也为世界最北方的陆地马拉松提供了照明，这场赛事在深夜举办，全程绕弗里德托夫·南森广场（Fridtjof Nansen Square）一周，经过1公里长的特罗姆瑟大桥（Tromsø Bridge）和几座6月仍有积雪的山峰的山脚，再回到市中心，选手们接受观众的欢呼。然后，你可以去酒馆了……

比赛（www.msm.no）在6月中举办，于前一年的12月开始报名。尽量提前报名参赛并预订住宿。

292 澳大利亚乌卢鲁 澳大利亚内陆马拉松

乌卢鲁—卡塔丘塔国家公园（Uluru-Kata Tjuta National Park）归原住民阿南古人（Anangu）所有，从公园内标志性的红色岩石到周边原始丛林的整个地区，都被他们视为神圣之地。这里的大部分区域都是禁区，内陆马拉松（Outback Marathon）也因此而显得特别。比赛于7月举办，参赛的2000名选手可以跑过通常被视作私有土地的原野，一路上有乌卢鲁（Uluru）和奥尔加斯（Olgas）的圆顶山峰相伴。赛道尘土飞扬，不过（除几座沙丘之外）非常平坦，这样的经历绝不仅是跑步而已，包含灵性的赭红色土地给选手们带来的是神圣的体验。

比赛于7:45发枪，早上可能很冷，不过7月日间的平均温度约为21℃。更多信息见www.australianoutbackmarathon.com。

293 英国苏格兰 尼斯湖马拉松

尼斯湖马拉松（Loch Ness Marathon）的沿途不会有许多观众，起伏的农田、波光粼粼的湖面和开阔的峡谷也都太过遥远，尼斯湖水怪更不会露面捧场。但是，尽管没有人加油助威，你却可以饱览壮丽的景色，沿途也可能会看到鹿、老鹰和红色的松鼠。最重要的是，尽管比赛是在苏格兰高地举办的，但其中的大部分赛段都是下坡，而正当你需要来点音乐、振奋精神时，可能会看到穿着短裙的风笛手。

赛事（9月举办）是一个节日的组成部分，在该节日期间也有其他比赛、高地舞蹈表演和美食博览会等。更多信息见www.lochnessmarathon.com。

294 中国 黄崖关长城马拉松

长城的总长曾一度达到过6000公里左右。谢天谢地，比赛只需要跑其中的一小段——多么小的一小段呀！这场赛事的大部分比赛都是在古代箭垛的遮蔽下、绕黄崖关地区的稻田和偏僻村庄进行的。真正跑上长城城墙的路段不过3.5公里，但是——路线是环形的，需要来回各跑一次——要爬5164级陡峭的台阶，这的确令人腿脚发软、头晕眼花。不过，在远山中，蜿蜒的城墙极为壮观，美景就在眼前，比赛好像也没有那么吃力了。

赛事于5月举行，参赛的选手多为外国人，详情见www.great-wall-marathon.com。另有金山岭长城国际马拉松，也在5月举行。

295 瑞士 少女峰马拉松

虽然没有听上去那么可怕[实际上你并不需要攀登海拔4158米的少女峰（Jungfrau）]，但该赛事还是不适合普通的跑步者。比赛前半段的地势比较平坦：从因特拉肯（Interlaken）出发，沿瀑布飞溅的劳特布伦嫩山谷（Lauterbrunnen Valley）前进。后半段从25公里处开始地势陡升：在令人崩溃的5公里长的路段里要经过许多“Z”字形急转弯，海拔跃升500米。而且不止于此：最后的12公里全是上坡，随着海拔的升高，伯尔尼高地（Bernese Oberland）的标志性山峰也越来越近并越发壮观。

赛事（www.jungfrau-marathon.ch）于9月举办，选手们必须在6.5小时的规定时间内完赛才有成绩。

296 南极洲 南极洲冰山马拉松

横跨白色大陆的冰封腹地对于双腿和钱包来说都是折磨，每位参赛者的比赛费用高达10,500欧元。但是若有幸成为40名参赛选手中的一员，这样的花费又算得了什么？比赛条件极其艰苦：虽然对从冰雪中辟出的打滑路线做了修整，也对可能经过的冰缝做了勘察，但即使这样，你的体力还是很快就会消耗殆尽。另外，比赛在海拔1000米的高度进行，这里的气温在零度以下，你还要对抗下坡风。在这样一片保持着原始地貌的荒原里跑步，耳畔听到的只有鞋子踩在雪地上的咯吱声。这样的比赛无论从哪个方面来说都堪称惊心动魄。

赛事（www.icemarathon.com）在11月或12月举行，报名费用中包含从智利的蓬塔阿雷纳斯（Punta Arenas）出发去南极洲的机票、住宿费和餐费。

297 牙买加 雷鬼马拉松

要相信牙买加人有这样的能力：他们可以把长途的艰苦比赛变成一场狂欢。赛事在婆娑的棕榈树下进行，比赛路线风光秀丽，附近海水轻柔。除饮水站之外，沿途还有拉斯塔鼓手、雷鬼乐队和有DJ献艺的临时表演场地，强劲的音乐节奏会让你越跑越带劲儿。5:15发令枪响时，派对气氛更盛，竹子火把在熊熊燃烧，空气中飘来烤鸡肉的香味，气温更是宜人的20℃~25℃。你需要在太阳升起前完成比赛，届时气温升高，赛后的海滩狂欢正徐徐拉开帷幕。

12月的第一个周六，比赛在距蒙特哥湾（Montego Bay）机场1小时车程的尼格瑞尔（Negril）举行。登录www.reggaemarathon.com了解报名事项。

298 肯尼亚 里瓦马拉松

如果需要些动力才能跑得动的话，那一头犀牛从高高的草丛中全速向你冲来，这一点应该就足够了吧？肯尼亚以高水平长跑和游猎闻名于世，一年一度的里瓦游猎马拉松（Safaricom Lewa Marathon）赛事将这两点完美地结合在一起，泥土道路、起伏的丘陵、高海拔和无处不在的动物远非等闲之物。里瓦保护区（Lewa Conservancy）位于肯尼亚山（Mount Kenya）北麓，有成片的金合欢树和一望无际的稀树草原，这里栖息着100多只犀牛，还有大象、斑马、长颈鹿和野牛。幸运的是，在比赛当天，有武装护林员和直升机对可能造成危险的动物进行严防死守。

里瓦马拉松（www.safaricom.co.ke/safaricommarathon）在6月末举行，此时中午的温度会达到30℃，每隔2.5公里设一处饮水站。

299 希腊 雅典古典马拉松

这是历史最悠久的马拉松赛事，是所有马拉松的鼻祖——从马拉松（Marathónas）至雅典（Athens）的比赛路线依当年斐迪庇第斯（Pheidippides）所跑过的路线而设。据说在约公元前490年，这位以速度见长的信使全速跑回雅典，传达希腊军队战胜波斯人的消息，之后他就倒地身亡。如今，尽管选手们主要是在柏油路上奔跑，但也会经历一些地势的起伏。比赛终点设在希腊首都的泛雅典体育场（Panathenaic Stadium），该体育场是为1896年奥运会而在古代圆形剧场的遗址上重建的。一路跑向终点，你会感觉自己也像一个传奇人物。

比赛于11月举办，于当年的1月份开始报名（见www.athensclassicmarathon.gr），参加赛事的选手可能多达12,000名。

300 美国加利福尼亚州 大瑟尔马拉松

来自太平洋的浓雾、海洋产生的暴风雨、冰雹、泥石流，加上地质的断裂构造……大自然施展了种种手段，却不能妨碍4500名跑步者勇敢地参加大瑟尔马拉松（Big Sur Marathon）。诚然，从大瑟尔村（Big Sur Village）至卡梅尔（Carmel）的26.2英里比赛路线被圣安德烈亚斯断层（San Andreas Fault）隔离，选手们还要经受加利福尼亚海岸多变的天气，但他们毕竟可以沿着1号公路奔跑，这可是美国的第一条景观公路，是世界上沿途景色最壮观的公路之一。比起边观景边开车，奔跑的方式更为适宜，因为这样就可以有更多的时间欣赏高大的红杉树、海浪拍击的悬崖以及沿途横跨险峻地势的桥梁。

赛事（www.bsim.org）在4月举行。选手们必须在6小时内完成比赛，然后道路重新通车。

户外活动最丰富的丛林

模仿人猿泰山，
到这些真正的原始雨林中探险。

科科达小径足够泥泞、炎热且潮湿，还有令人叹绝的风景，这一切足以让你的脉搏加快跳动。

301 澳大利亚昆士兰 苦难岬的空中索道

鸟儿翱翔着穿过雨林的树冠层，这是它欣赏古老雨林的最佳视角，而人类通过空中索道就可以实现。不过，你要像鸟儿那样以异乎寻常的速度滑行。当你滑翔着掠过这片被列入世界遗产名录的热带雨林时——毗邻丹特里苦难岬国家公园（Daintree Cape Tribulation National Park）——你会瞥见大海和大堡礁，外加蝴蝶、鸟儿和各种昆虫。丛林里的野生动物包括刺林蜥（rainforest dragon，是的，它们确实像龙！）、蝙蝠、负鼠、蜘蛛和蛇。为了真正了解它们，你可以给自己的旅行计划加上2小时的夜间徒步。

丛林冲浪（Jungle Surfing; www.junglesurfing.com.au）经营在一个私人保护区内的旅行项目。该机构利用专门设计的飞行器，因而对树木的影响微乎其微。从旅行者云集的凯恩斯（Cairns）驱车到此需2.5小时。

302 柬埔寨，在CHI PHAT骑山地自行车

骑自行车游览丛林不仅可以让你在地上铺着落叶的林中走得更远，还能让风景如梦幻一般在你的眼前飞快地移动。Chi Phat生态旅游区提供一系列的骑行之旅：在群山、红树林、瀑布——如果幸运的话，还有正在觅食的大象——构成的背景中，顺着崎岖的雨林小径前进。这个地方位于豆蔻山脉（Krâvanh Mountains），是东南亚所剩无几的雨林中最大的一片。2007年，非政府组织野生生物联盟（Wildlife Alliance）创立了这个生态区，目的是通过推广这里的自然景观让本地家庭获得可持续的收入。

这里有难易程度不一的骑行之旅，既有12公里的轻松骑行，又有让人汗流浃背、长达42公里的艰难骑行。有些骑行活动会组织在丛林中露营。还可在由瀑布汇聚而成的天然水潭中凉快凉快。详情见www.ecoadventurecambodia.com。

GREG NEWINGTON/ GETTY IMAGES ©

303 巴布亚新几内亚 顺着科科达小径穿越战场

和平主义者不应该避开科科达小径（Kokoda Track）。在“二战”期间，这里曾发生过血腥的战斗。你需要在炎热、潮湿的环境中，沿着一条长达96公里的蜿蜒小径徒步。如果你不确定是否适合你，当然不应该去。这条小径是翻越欧文斯坦利山脉（Owen Stanley Range）的唯一道路，该山脉将岛屿南北一分为二。沿着这条路线徒步，通常需要9天的时间，途中需要涉水过河，经过深及膝盖的泥泞，而且还会经常遭遇滂沱大雨。不过，壮美的深谷和丛林的风景会补偿你的艰苦跋涉。

4月至11月是最佳的徒步时间。对于很健壮的人而言，这里还有速度更快的6日徒步游。详情见www.kotrek.com。

Frans Lanting/getty images ©

冒着酷热进入德赞噶-桑哈的终极奖赏，是邂逅西部低地大猩猩。

304 尼泊尔，在奇特旺国家公园寻觅虎踪

如果你想看的是野生老虎，而不是在动物园里拖着步子不停转圈的困兽，那就去位于尼泊尔丛林里的奇特旺国家公园（Chitwan National Park）吧，在这里看到野生虎的可能性高达75%。为了帮助你一窥这种夜行动物的习性，公园也组织夜间团队游。但即使你没有看到老虎，还有大量其他野生动物，这里依然是能唤醒你内心深处毛格利（Mowgli，即动画人物森林王子）的完美所在。在这趟旅行里，你将骑大象、划独木舟、坐吉普车，还要步行。

Responsible Travel Tiger Safaris（www.responsibletravel.com）会派一位动物学家和本地的博物学向导们陪伴你。这里也提供吉普车团队游和徒步游。11月底至次年5月初是最好的游览季节。

305 印度尼西亚，在ALAS PURWO冲浪

冲浪者对于在丛林中开辟出一条小路以寻找最好的浪点并不陌生，而爪哇的绿色大地（G-Land）——靠近印度尼西亚最大的国家公园Alas Purwo——就是这样被发现的。这里是仅适合专业选手的左手浪冲浪圣地，于20世纪70年代被冲浪者发现。它得名于附近的一片似乎总是绿油油的雨林。除了冲浪者和白沙沙滩，这个公园里还有几座印度教寺庙和冥想洞穴，以及海龟、豹子、野猪、叶猴和一些独特的竹子品种。

从巴厘岛包船前往冲浪地点是最方便的（大约需要半天）。3月至11月是最佳冲浪季节。G-Land Surf Camp（www.surfadventuretours.com/g-land-surf-camp.php）距离海浪仅100米远。

306 几内亚，富塔贾隆部落团队游

凭借美丽的瀑布群、繁茂的丛林和罕见的热带干燥林，富塔贾隆（Fouta Djallon）为你提供了在西非能找到的最好的徒步线路，而且此处没有大群的游客。但它并不适合普通的徒步者——大多数徒步之旅平均每天要走6小时，途中经过的地形颇为复杂：从连绵起伏的甘美草地到仅容一人通行的林间小路和藤索桥。这里还有迷宫般的嶙峋峡谷，其中一个被称为“印第安纳琼斯的世界”。与庄严的大自然相伴的是一些与世隔绝的村子，村里搭着传统的富塔小木屋，是友善的富尔贝人（Fulbe）的家园。

Fouta Trekking（www.foutatrekking.org）与富尔贝人合作，将资金回馈到一些本地项目（如养殖项目等）上。1月至10月是最佳游览季节。

307 中非共和国，在德赞噶-桑哈特别保护区追踪大猩猩

如果一次需要搭乘飞机、吉普车和独木舟的旅行，预示着这将是一次“漫长而不适之旅”的话，那么最好在旅行的终点有一个超级亮点。就德赞噶-桑哈特别保护区（Dzanga-Sangha Special Reserve）而言，它当然有这个亮点——这里是少数能让旅行者追踪那些威风凛凛但又极度濒危的西部低地大猩猩（western lowland gorilla）的地点之一。据估计，造访过这片绮丽丛林地区的人还不到2000名，这里也是非洲森林象（forest elephant）、水牛、鳄鱼、非洲野猪（red river hog）以及原住民Ba' Aka俾格米部落的家园。他们会帮助你追踪大猩猩。

追踪大猩猩需要3到8小时，然后你就可以与这群大猩猩一起移动，或者在它们梳毛时就近坐着观察它们。详情见www.worldprimatesafaris.com。

308 哥斯达黎加阿雷纳尔火山徒步

Mirador El Silencio保护区是一片丰饶的原始雨林，其中包括很多古老的树木，如木棉（Ceiba）、伞树（trumpet tree）和聚蚁树（Guarumo）等。它距离哥斯达黎加最年轻也最活跃的火山阿雷纳尔（Arenal）只有5公里远，后者位于一个高危区域内，禁止修建任何新建筑。不过，尽管阿雷纳尔火山自2010年起就进入了“休眠期”，但是当你徒步穿过茂密的丛林时，它赫然耸立的身影似乎在提醒你，它会随时喷发，就像1968年那样——那一次，它从大地上抹去了3个村子。徒步结束后，可在附近的温泉里放松一下筋骨。

Anywhere Costa Rica（www.anywherecostarica.com）经营每天两趟、每趟2小时的团队游：由博物学向导带领旅行者顺着这个自然保护区的步道进行徒步游。

309 厄瓜多尔，亚马孙盆地激浪漂流

如果漏掉了最大的亚马孙雨林，任何丛林名单都是不完整的。而要真正欣赏这座郁郁葱葱的巨大森林，最好的办法是乘坐一叶小舟从它的腹地穿过。就从河流上游那些激流中的一次激浪漂流开始吧，然后转移到更稳妥的机动独木舟上，顺流而下，逐渐深入雨林。你还可以在一个康复中心近距离地观看那些你仅仅耳闻的雨林动物，如猴子和蛇，还有那些你闻所未闻的动物，如貘（tapir）和豹猫（ocelot）。

1月至3月以及7月至12月，Untamed Path（www.untamedpath.com）会经营这样的团队游，该行程从厄瓜多尔的基多（Quito）出发。

310 危地马拉，蒂卡尔玛雅神庙徒步

玛雅人对天启的看法或许是错的，但从他们以前的首都蒂卡尔（Tikal）来看，他们对如何修建宏伟的神庙的确略知一二。这些寺庙自丛林树冠中脱颖而出，从神庙附近眺望，那种惊心动魄的景色足以让你震撼。问问乔治·卢卡斯（George Lucas）就知道了。在当年拍摄最早的一部《星球大战》（*Star Wars*）时，卢卡斯就选择这里作为叛军根据地的外景。蒂卡尔早在1979年便被列入世界遗产名录，这个身份不仅保护了那些建筑遗址，也保护了以这片热带雨林生态系统为家园的独特动植物，其中包括蜘蛛猴、美洲虎、鳄鱼、犀鸟和鹦鹉。

Martsam Travel（www.jungletoursguatemala.com）在这个考古学遗址附近组织徒步旅行，由原住民担任向导。该行程与前往El Zotz的蝙蝠洞的徒步结合起来进行。

直冲下山

你是知道那句老话的：有上就有下。
绑好安全带，做一次（或者三次）深呼吸，然后纵身一跳吧。

311 在莱索托玩绳降

186米高的马莱楚尼亚内瀑布（Maletsunyane Falls）位于莱索托（Lesotho）偏僻的Semonkong村中，是非洲落差最大的单层瀑布之一。实际上，“Semonkong”的意思是“生烟之地”，得名于流水直落而下时产生的水雾。你可以绳降204米，钻入这片著名的水雾中，这也是世界上最长的商业单次绳降。如果你意犹未尽，那就骑匹巴索托（Basotho）矮种马四处逛逛，或者骑山地自行车从附近的一座小山俯冲而下。

Semonkong Lodge（www.placeofsmoke.co.ls）可安排绳降和其他活动。12月至次年3月（夏季和雨季）这道瀑布的水流量最大。

312 澳大利亚在东海岸玩跳伞

如果你打算到全球任意一处地方享受一下终极快感，那么澳大利亚的东海岸——使命海滩（Mission Beach）或凯恩斯（Cairns）——就是凌空一跃的完美地点：你可以借此俯瞰大堡礁、雨林或金色沙滩的全景。初学者会由一位教练陪伴，进行双人跳伞：从大约14,000英尺的高空跳下来，然后是60多秒钟的自由落体运动。在此期间，你会实现自由落体（220公里的时速，很爽！）。降落伞将在大约5000英尺的高度打开，此后你就会像一只鹰那样飞翔，最后在指定的降落区着陆。你会亲吻大地，希望再来一次。

有好几家跳伞公司在澳大利亚东海岸经营跳伞运动。详情见Skydive Australia（www.australiaskydive.com.au）。

313 在新西兰蹦极

为什么人们会把自己绑在一根巨大的弹性带子上从高处飞跃而下？蹦极来源于瓦努阿图（Vanuatu）的一个传统，于数世纪之后作为一种商业极限运动在新西兰被发扬光大。在偏僻的内维斯河谷（Nevis Valley），“内维斯蹦极”（Nevis Bungee）的出发台耸立在内维斯河上方134米的高处。在驾车半小时、经过宁静优美的偏僻乡村后，你就会被送到一个专门修建的钢索缆车上。浏览一遍安全注意事项后，你就无所事事了，哦，除了让自己从一个高台上凌空飞下外。在8.5秒的时间里体验扑向地面的感觉、恐惧和无比的刺激。

AJ Hackett在新西兰各地提供各种蹦极，详情见www.bungy.co.nz。

DOUG PEARSON/ GETTY IMAGES ©

唔……我改变主意了！蹦极是一种新奇古怪的新西兰体验。

KLAUS BRANDSTAETTER/GETTY IMAGES ©

从纳米比亚的山坡上俯冲下滑，可是这里看不到一片雪花啊。

314 在纳米比亚玩滑沙

想象一下在沙地上玩滑雪板，它或许不如在雪地或冰上那么“极限”，但你至少不会觉得寒冷，也不会把身上弄湿，而且还能有个更为柔和的软着陆。纳米比亚是玩滑沙的完美之地，这里高高的天然沙丘构成了完美的斜坡。就像玩滑雪板一样，你将双脚绑在底部打蜡、用丽光板或耐美力纤维板做的滑板上。你可以在下滑时达到50多公里的时速（真正痴迷于速度的疯子可以脑袋朝前滑下去）。沙丘车往往被用来将你运上山坡，否则，你可要费力爬很久才能上去。记住：要睁大眼睛（为了欣赏纳米比亚沙丘的壮丽风景），但要紧闭嘴巴。

详情见Alter Action（www.alter-action.info/web），它是首家将滑沙引入纳米比亚的公司。

315 玻利维亚骑山地自行车

崎岖、艰苦而又刺激。我们所说的是依靠两块滚动的橡胶——也就是一辆山地自行车——从“世界上最危险的公路”上飞驰而下。这趟旅行的起点是La Cumbre海拔4700米、狂风吹袭的顶峰，它距离拉巴斯（La Paz）40公里远。沿着满是泥浆、石子和灰尘的路线（也就是玻利维亚人所说的公路）骑行66公里后，你会一头冲进亚热带城市科罗伊科（Coroico）。想想落差超过1000米的峭壁、发卡似的急转弯和纪念亡者的十字架。的确，不幸的是，一些当地人和旅行者在冲出道路边缘后死去——不管他们的交通工具是自行车、巴士还是卡车。

最安全也最受欢迎的团队游公司是Gravity Assisted（www.gravitybolivia.com）。

316 英国 在多塞特郡玩太空球

世界在转动。嗯，那是当然的。不过，现在它转动得更快了：你被绑在一个透明的塑料球里面，滚下一个绿草如茵的山坡……那真是爽呆了。欢迎来玩太空球（zorbing）。这项运动是在新西兰被发明出来的，但已经传遍了全世界。在过去的10年中，这项运动在多塞特郡（Dorset）找到一个幸福的家园。这里的乡村美如图画，不过，当你在路人的欢呼中，任凭太空球弹跳着穿过这田园牧歌般的风景时，你却几乎没有时间欣赏这幅美景。

在天气最好的7月或8月到此游览。Zorbing South公司距离多塞特郡仅5分钟的出租车车程。它拥有完美的安全纪录，提供安全带太空球（harness zorbing）和加水太空球（hydro zorbing）两种玩法，详情见www.zorbsouth.co.uk。

317 法国 在托朗谷坐平底雪橇

托朗谷（Val Thorens）的平底雪橇（toboggan）滑道定义了什么叫“滑溜溜的山坡”。它长达6公里，是欧洲最长的商业滑道，可从海拔3000米直降到700米。记住：在你的屁股和被压得紧紧的雪地之间只有几厘米厚的塑料，塑料上面带有两个充当制动器的控制杆——天呀！滑行过程会非常惊险，想象一道道的悬崖、偶尔出现在滑道上的大雪球和冰吧，更别提其他失控的玩家了，他们会像弹球一样噼里啪啦地滚到滑道边上。业余玩家需要多达45分钟才能抵达滑道的底部，而熟练的老手能在10分钟内滑完全程。

在雪季，旅行者每天从主缆车站Funitel de Péclet开始平底雪橇之旅。费用包含平底雪橇和头盔的租金。在这里，晚上也可以玩平底雪橇。

318 在巴西 极限滑行

滑行？还是极限滑行？好吧，这么说那里没有鳄鱼、急转弯或降落伞绳索需要担忧了，但它的名字“Insano”——也就是葡萄牙语里的“疯狂”一词——却说明了一切。高高的滑道位于一座海滨游乐园内，落差达41米，只需5秒钟就可直冲而下。这意味着你将以超过100公里的时速滑下滑道。滑道的末端有个水池，组织者声称它可让参与者来一次“放松地跳水”（事实上可没那么放松）。哎呀，这简直就像无助地从14层楼高的地方掉下来，只是在这里你会掉进水里罢了。

海滩公园（Beach Park）位于巴西东北部塞阿拉（Ceará）的Porto das Dunas海滩上。详情见www.beachpark.com.br/site/en/complex/ceara-brazil.asp。

319 在意大利 驾车

要将一条公路列入司机的遗愿清单，它需要具备哪些要素？60个急转弯（其中的48个是连续急转）：打钩。阿尔卑斯山中海拔高度名列第二的柏油路（2757米）：打钩。陡斜的坡度：还是打钩。令人惊叹的斯泰尔维奥山路（Stelvio Pass）公路位于意大利的东阿尔卑斯山上，将梅拉诺（Merano）和阿迪杰河谷（Adige Valley）上游跟瓦尔泰利纳（Valtellina）连接起来，是世界上最具挑战性的公路之一。传奇赛车手斯特林·莫斯（Stirling Moss）就曾在一次经典的比赛中从它边上冲了出去。向导建议你从西北侧上山，经过斯泰尔维奥国家公园（Stelvio National Park）蔚为壮观的高山森林，然后再从另一侧（慢慢）下山。

这条公路变得繁忙起来，尤其是在山口顶部，因此请保持耐心，这可不是开快车的地方。

320 在阿布扎比 坐过山车

好吧，虽然这玩意儿只是个噱头，但它高高地耸立在那儿，等待着喜欢高速行驶的人。“Formula Rossa”的最高时速达240公里，是目前全球最快的过山车。这也难怪，它在一个以法拉利为主题、名叫——没错，你猜对了——“法拉利世界”（Ferrari World）的游乐园里。这是世界上最大的室内游乐园之一。从轨道上注视着下方，准备将隐藏在自己内心深处的费尔南多·阿隆索（Fernando Alonso，西班牙著名赛车手，最年轻的F1世界冠军）释放出来。只是，你的脚下找不到刹车。绑好安全带，飞快地做一次祈祷，然后想象着一面挥舞的终点方格旗——全程仅需1分钟。

更多信息，见www.ferrariworldabudhabi.com。若想体验坡度最陡的过山车（121°），那就去日本的富士-Q高地（Fuji-Q Highland）。

最棒的探险节庆

去见见你心目中的英雄，喝喝啤酒，
再和新结交的朋友聚一聚，
探险运动节可是邂逅同道的好去处。

321 挪威 极限运动节

在挪威西部，沃斯（Voss）的嶙峋峡湾和瀑布是举行极限运动节（Ekstremsportveko）的场地。这是最刺激肾上腺素分泌的聚会。在这个野性十足的美丽环境中，玩激浪皮划艇和漂流的人与玩滑板和山地自行车的人穿梭往来，普通跳伞者与定点跳伞者的降落伞竞逐蓝天，而那些身着翼装的飞人们所表现出的精湛技艺，则让所有人都惊讶得合不拢嘴。沃斯据说是北半球的探险之都，也是户外运动爱好者不可不去的地方。注意：你并不是非得让自己像个为汽水而癫狂的旅鼠那样跳下悬崖。

这个极限运动节在6月举行，时间超过1周，详见www.ekstremsportveko.com。沃斯位于卑尔根—奥斯陆（Bergen–Oslo）铁路线上，是举世闻名的“挪威缩影”（Norway in a Nutshell）之旅上的一站。制订旅行计划，请访问www.visitnorway.com。

322 法国或瑞士 BRITS

英国的双板和单板滑雪者以对欧洲的阿尔卑斯山滑雪场怀着享乐主义态度而闻名，这是因为他们自己的国家并没有能够与之匹敌的山地滑雪场。但英国人却为冬季运动会设计了两个大型的节日盛会，会上有音乐、冰雪，当然还有享乐主义。首先是BRITS，这个长达1周的运动节以英国单板滑雪和双板自由滑雪锦标赛（British Snowboard and Freeski Championships）为特色。在举办了四分之一个世纪之后，它已经发展为举办时间最长的冬季音乐运动节。Snowbombing运动节在奥地利的迈尔霍芬（Mayrhofen）举行，该节日会吸引规模更大的活动和更可笑的装扮。

BRITS（www.the-BRITS.com）于3月举行，通常是在法国或瑞士的一个度假区里。Snowbombing在4月举行（www.snowbombing.com）。

323 加拿大班夫山地电影和图书节

全球最好的山地电影节以阿尔伯塔省（Alberta）的班夫（Banff）作为总部。这里位于加拿大首个国家公园——被列为联合国教科文组织世界遗产的班夫国家公园——深处，四周被落基山脉环绕。落基山脉那些被冰川侵蚀的山峰环绕着一个个高山湖泊和一片片森林，从中不难看出组织者选址于此的理由。这个文化盛会展示当年最好的探险电影和文学作品，有户外运动界明星的访谈，还有各种研讨会、课程和展览，覆盖了形形色色的山地文化。如果你无法赶到班夫，那也不必担忧——没准你会在自家门口参与这场盛会，因为它每年会在36个国家的240个地方举办巡回展。

这个文化节于每年秋天举行，详情见www.banffcentre.ca/mountainfestival。

324 瑞士 坎德施泰德攀冰节

带上冰爪和冰镐，打点行装，到宁静的瑞士小镇坎德施泰德（Kandersteg）参加攀冰节（Ice Climbing Festival）。它庆祝一切与冰有关的东西。这项活动就像这个小镇一样低调，让新手有机会与老资格的攀冰健将交流，并在各种研讨会上打磨自己的技巧。除了专门为这场盛会打造的冰冻岩壁外，在Bernese Oberland有更多冬季探险活动，包括在超过50公里（30英里）预先准备的小径上进行的越野滑雪，另外还有雪鞋徒步和平底雪橇活动。

攀冰节在1月的一个周末举行，详情见www.ready2climb.com/kandersteg。关于该地区的信息见www.myswitzerland.com。离这里最近的主要机场在伯尔尼（Bern）。

325 美国 阿尔伯克基气球节

除非你吞下一剂佩奥特碱迷幻药，否则你就只有在全球最大的气球节上才能看见下面这一幕：一个巨大的充气猫王穿着自己的水晶钻套装，飘浮在新墨西哥的沙漠上空。气球节在阿尔伯克基（Albuquerque）举行，这个令人愉快的地方除此之外就没有什么别的明显特色了。10月份到这里来吧，那时阿尔伯克基万里无云的天空中会飘浮着500只热气球。就这种基于氦气的奇观而言，这是全球最壮观的。Dawn Patrol会让你看见气球在黑暗中升空。而在其他时间，阿尔伯克基则是乘坐热气球的最佳地点。你放心，它周围有很多可供气球着陆的开阔地带。

欲了解更多详情，请继续飘往www.balloonfiesta.com和www.itsatrip.org。

326 美国、英国和澳大利亚，探险旅行电影节

这是一场三合一的盛会，其创始者奥斯汀·文斯（Austin Vince）和洛伊丝·普赖斯（Lois Pryce）强调的是旅行而非极限运动。他们并没有将举办地点局限于一个地方，而是把这个节日带到了英国、美国和澳大利亚。而且，他们更喜欢露营（要么就像在英国那样，在一所女校举办），因此可以想见，这个电影节会比其他一些节日更接地气。展映的电影也同样包罗甚广，在最近的这些年里，其内容包括驾驶滑翔伞飞越加拿大、在刚果河划着皮划艇顺流而下，以及一次单人摩托车环球探险之旅。

虽然主办这个电影节的城市不尽相同，但其中包括美国的弗拉格斯塔夫（Flagstaff）和澳大利亚维多利亚州的山城布赖特（Bright）。若想了解相关新闻，请将www.adventuretravelfilmfestival.com加入收藏夹。

327 美国 海獭经典自行车节

一年中的大部分时间，在加州蒙特雷（Monterey）附近的海域，你都能看见海獭躺在海面上。它们在自己的肚子上敲贝壳。但在4月的4天时间里，这里游客的注意力却会被转移到一个在Laguna Seca举行的用海獭命名的自行车节上。这是北美洲的顶级自行车运动盛会，有50,000名粉丝、9000名参赛者和400个参展商参加。这个节日既有为穿着莱卡骑行服的选手们举行的公路自行车赛，也有在土路上举行的山地自行车赛。另外还有夜间骑行、儿童营地以及Sierra Nevada Brewing Company举行的大型烤肉野餐会。

请在www.seaotterclassic.com报名参赛。若想从旧金山南下探索加州海岸中段的其余地方，可访问www.seemonterey.com。

328 美国 山地运动节

这是一件简单的事情：3天的音乐、体育和啤酒盛会，在北卡罗来纳州的阿什维尔（Asheville）举行。周围的群山属于阿巴拉契亚山脉中的蓝岭（Blue Ridge）。每年运动项目的顺序都会不同，但都会包含三项全能运动、越野赛跑、登山、排球、瑜伽、顶级飞盘和公路自行车越野赛。参加运动节的游客达15,000人，而组织者强调的是乐趣、家庭和参与意识，因此每年的闪避球（dodgeball）比赛都是一个亮点。当你在观看那些活动之余，还可以去欣赏现场音乐。那么啤酒呢？节日期间会有大量来自本地酿酒商的啤酒，比如Pisgah Brewery公司的产品。

这场长达3天的盛会在5月举行，那时天气会有点热。更多详情见www.mountainsportsfestival.com。预订住宿，请到www.exploreasheville.com。

329 苏格兰 威廉堡山地节

2月的大不列颠乏善可陈——除了这个位置最靠北的探险节。比尔堡（Fort Bill）是自封的英国户外运动之都，其附近的本尼维斯山（Ben Nevis）是苏格兰冬季登山运动的圣地。在这个长达4天的山地节上，游客们可以参加冬季户外运动技巧研讨会。如果不喜欢观看精选出的展映电影或不喜欢听演讲的话，还可跟着向导去徒步。

请在www.mountainfestival.co.uk报名。可驾车或乘坐火车经格拉斯哥（Glasgow）或爱丁堡（Edinburgh）前往威廉堡（Fort William）。详情见www.visitscotland.com。

330 意大利 加尔达自行车节

欧洲最大的山地自行车节于每年的5月在加尔达湖滨市（Riva del Garda）举行。这个镇子位于意大利北部加尔达湖（Lake Garda）附近的山上，很久以来就是山地自行车和风帆爱好者的最爱。登山者需更加深入内陆一些，前往多洛米蒂山（Dolomites）。而在自行车节期间，这个被阳光亲吻的地方会有20,000名自行车爱好者蜂拥而至，但除了鲜艳的骑行服和对意大利面的喜爱外，他们不会带来更有威胁性的东西。多亏了那些遍布周围群山（包括Monte Brione在内）、四通八达的崎岖小径，这里多年来一直让骑手们流连忘返。不过，在每年一度的自行车节期间，他们都不得不和铁杆山地自行车迷一起，参加大规模的夜间骑行和越野马拉松赛。

最新消息见www.bike-festival.de。制订旅行计划，请访问www.gardatrentino.it。米兰有距离这里最近的机场。

史诗般的骑行路线

带上一份野餐和一套补胎工具，沿着这些史诗般的骑行路线，跨越一块块大陆、一个个国家。

PRISMA BILDAGENTUR AG/ALAMY ©

331 美国太平洋海岸自行车路线

葡萄酒、鲸鱼和参天大树——不，这些并非某个古怪梦境的片段，而是一条穿越华盛顿州、俄勒冈州和加利福尼亚州的自行车道路旁的场景。兄弟，探险骑行协会（Adventure Cycling Association）的这条3000公里长的太平洋海岸自行车路线（Pacific Coast Bicycle Route），就是当地人所说的“小菜一碟”。它从世界上最迷人的城市之一温哥华开始，经过另一个同样迷人的城市（旧金山），进入美国西海岸最美的部分，其中包括加州北部的红杉林、圣巴巴拉（Santa Barbara）的葡萄酒厂和拍打着沙滩的海浪。然后朝着圣地亚哥（San Diego）一路南行。如果把旅行时间安排在12月至次年3月，海岸沿线可能还会有迁徙的灰鲸陪伴你。

在www.adventurecycling.org上可找到地图。这条路线全年都可骑行，但在北半段要带上防雨装备。

332 美国南部山区自行车路线

长达4900公里的南部山区自行车路线（Southern Tier Bicycle Route）将美国东西海岸连接起来。它在探险骑行协会那些穿越美国广阔国土的骑行路线中是最短的：这一点，要么会勾起你对6800公里跨美洲小径（TransAmerica Trail）的兴趣，要么会让你永远放弃长途骑行。它从圣地亚哥开始，在佛罗里达州那座拥有400年历史的古老城市圣奥古斯汀（St Augustine）结束，是一条拥有双重优势的路线。你将加州南部的沙漠抛在身后，并翻越新墨西哥州一个海拔2400米高的山口，通常只由朝圣者才能体会到的那种痛苦也会早早降临。你可以忽略中西部玉米种植带（Midwest Corn Belt）的单调，但需要穿越德克萨斯州的圣经带（Bible Belt）。等你抵达奥斯汀时，真正的上坡路才会结束。接着，你就开始穿过受法国文化影响的路易斯安那州，享受它那令人陶醉的法式美食和音乐，直到抵达大西洋海岸。

在www.adventurecycling.org可找到地图。要避开春季的龙卷风期以及西部沙漠的夏季。

333 意大利 阳光骑道

从挪威到马耳他的“阳光骑道”（Cycleway of the Sun）还有个不太诱人的名称——7号泛欧自行车道（Eurovelo 7）。其中，阳光最明媚的是那段位于意大利和奥地利之间、从布伦纳山口（Brenner Pass）通往西西里（Sicily）的1600公里长的路段。路标在这里根本不存在，也别指望它们会在近期内出现。相反，你那两个转动得飞快的车轮应该在一座座带有城墙的中世纪城镇之间寻找自己的路线。带上一个指南针、一张地图和一部智能手机，紧贴着乡村公路走，享受la bella vita（美丽人生）吧。

春秋两季的天气是最好的。网站www.bicitalia.org和www.eurovelo.org会给你一点小小的帮助。

顺着阳光骑道一路走，在意大利体验两轮车上的幸福生活。

334 越南 1号国道

在这个国土狭长的国家，1号国道（National Highway 1）就如同它的脊柱，顺着海岸延伸。沿途风景秀美，尤其是从海拔496米的海云山口（Hai Van Pass）开始的那段。不妨将这条公路两侧形似脊椎骨的岔道（小路）当作在越南乡村探险的节点。大多数骑手都会顺着盛行风从北（河内）向南（胡志明市）骑。你可以在两周内骑完全程，但也可从容地骑到宁平（Ninh Binh），去探索那附近繁密的河网。你还可以去具有法国殖民地风格的城市会安（Hoi An）看看。

可考虑参加有组织的团队游（Exodus；www.exodus.co.uk），或租一辆由会说英语的本地司机驾驶的带篷货车。

336 英国 南方丘陵之路

这是英国乡村盛夏季节的傍晚，落日余晖笼罩着一片片绿色的田野和那条画着白垩粉的小道。鸟儿在树上啁啾，期待着一年中最短的夜晚早点儿到来。160公里长的南方丘陵之路（South Downs Way）顺着英国最新的国家公园起伏的山丘延伸。它的起点是盎格鲁-撒克逊人从前的古都温彻斯特（Winchester），而终点则是位于海滨的度假区伊斯特本（Eastbourne），途中会经过一些围成环状的巨石阵和铁器时代的要塞。身体强壮的骑手能够在两天之内骑完全程，但在夏至那天，你会渴望在一天之内一气呵成……不过这一次，你将在清晨伴着云雀的歌声和大海的粼粼波光醒来。

详情见www.nationaltrail.co.uk和www.southdowns.gov.uk。大多数骑手在奥尔弗里斯顿（Alfriston）过夜。

335 法国 旺图山

环法自行车赛（Tour de France）最具标志性的山峰旺图山（Mt Ventoux）既不属于阿尔卑斯山脉也不属于比利牛斯山脉，它甚至也不是法国最长或最陡的上坡路。这座死火山引诱着骑手们进入普罗旺斯的薰衣草田，不过，在这里骑车并不轻松。1967年，英国骑手汤姆·辛普森（Tom Simpson）在攀行它那条被太阳炙烤的石灰岩山坡时死去。号称“普罗旺斯巨人”的旺图山拥有1912米的海拔。最常见的路线经过贝端（Bédoin），从这里到旺图山山顶的距离只有21公里多一点，最后的6公里是顺着它圆形的山峰边缘绕行的。

盛夏的旺图山酷热难当。5月、6月、9月和10月更适合骑行。阿维尼翁（Avignon）是距离这里最近的城市。详情见www.visitprovence.com和www.etape-ventoux.com。

337 澳大利亚 林间小道

西澳大利亚的东西要比别处大——这个州的面积与西欧相当，人口却只有200万。这里的自行车线路自然也比别处长。Munda Biddi小径在原住民Noongar的语言中是“林间小道”的意思，它绵延1000公里，穿过一片片桉树林、灌木丛与一座座河谷，从Mundaring通往位于南方海岸上的城市奥尔巴尼（Albany）。整条小径于2013年开放。能策划出这样一条自然路线的地方，在西澳大利亚已经所剩无几了，但这条小径不管是从骑行难度还是从后勤保障上来说都不是很有挑战性。每隔50公里就有一个漂亮的乡村小镇或露营地。

Mundaring距离西澳大利亚州首府珀斯（Perth）40公里。可在www.mundabiddi.org.au和www.westernaustralia.com上制订旅行计划。

338 法国吕雄至巴约讷骑行路线

你已经踩着自行车登上了你的第一座比利牛斯山（Pyrenean）山峰，现在来对付陡峭的下坡路。你得依赖两片拇指大小的橡胶片来让自己在崎岖、狭窄的车道上保持平衡。环法自行车赛在1910年的比赛中首次经过比利牛斯山。从巴涅尔-德吕雄（Bagnères-de-Luchon）前往大西洋海岸上的巴约讷（Bayonne），是长达326公里的艰难路程，这其中要翻越阿斯平山口（Col d’Aspin）、图尔马莱山口（Col du Tourmalet）、奥比斯克山口（Col d’Aubisque）和Peyresourde。最后的获胜者奥克塔夫·拉皮兹（Octave Lapize）向比赛组织者说出了一个词——“凶手”。虽然从半山间看这段路的侧影像是下坡路，但它其实是由一连串消耗体力的小山组成的。

详情见www.tourisme.haute-garonne.fr。距离这里最近的机场位于图卢兹（Toulouse）。

起伏不平的南方丘陵之路提供了一种体验“绿色快乐之地”的方式。

339 南非开普省史诗自行车赛

竞争力强的骑手可以挑战全球规模最大的山地自行车分段赛。2013年，人们庆祝这场赛事举办十周年。其创立者凯文·福马克（Kevin Vermaak）受到另一项艰巨的山地自行车马拉松比赛——横跨哥斯达黎加的“征服者路线”（Ruta de los Conquistadores）的启发，他允许1200名参赛者在8天之内，骑完环绕西开普省的800公里路程。具体路线每年都会有所改变，但一只移动帐篷车队会为选手们提供全套服务。这一赛事可以让人体验到在南非骑山地自行车的感受。该赛程从庄严的史泰伦博斯（Stellenbosch）一直到尚德利耶野生动物保护区（Chandelier Game Reserve）不可思议的断背山（Breakback Mountain）。史诗般的征程，的确如此。

比赛在3月或4月举行，到www.cape-epic.com报名参赛。

340 英国兰兹角至约翰奥格罗茨骑行路线

兰兹角至约翰奥格罗茨骑行路线（Land's End to John O' Groats，简称LEJOG）是条典型的连接陆地两端的骑行路线——从位于兰兹角的英格兰康沃尔郡（Cornish）“脚趾”通往位于苏格兰“头顶”的约翰奥格罗茨。这条1300公里长的骑行路线需要1周的时间才能完成，但你也可以精选其中最有趣的路段，例如从格拉斯哥（Glasgow）通往因弗内斯（Inverness）的7号国道（National Route 7）。这段路线长344公里，经过凯恩戈姆山（Cairn Gorms）和特罗萨克斯隘口（Trossachs），风景辉煌壮丽，如电影场景一般。LEJOG并没有确定的路线，因此你可以根据自己对沿途风光和骑行速度方面的想法，设计出一条自己的路线组合。小诀窍：主要公路绕山而行，次要公路（车辆较少）则翻山而过……

从Sustrans（www.sustrans.org.uk）获取详细资料。

最棒的城市攀岩探险

并非只有野外的巨大石壁才可攀爬—— 抓起你的装备，去攀登那些城市里的峭壁吧。

341 苏格兰敦巴顿岩石的“一线天”

一提到苏格兰，脑子里就会出现冻雨滂沱的铁灰色天空。但等到敦巴顿岩石（Dumbarton Rock）周围雨过天晴之时，这里就会露出英国强韧的传统攀岩核心区。即使你无法鼓起勇气去挑战那些标志性的“死亡路线”——如Requiem或Dave Macleod' s Rhapsody——这里也仍然有足够多的地方供你攀登。“一线天”（Chemin de Fer）劈开那块68米

对于顽强的铁杆攀岩者来说，这是到里约热内卢宝塔糖山上欣赏风景的唯一方式。

高的红灰色悬崖，是苏格兰最好的缝隙攀岩地点之一。这块玄武岩本身就难以应付——要求攀登者能够巧妙地沿复杂的路线攀爬，但这番辛苦值得你登上这处位于克莱德河（Clyde）与利文河（Leven）交汇处的荒芜风景。

敦巴顿岩石具有重要的历史意义，它作为计划中的历史遗址项目而受到保护——别爬进城堡的庭院。

CHRISTOPHER PILLITZ/IN PICTURES/CORBIS ©

342 美国纽约中央公园鼠岩的波兰横道

这里的人或许比地球上其他任何地方的人都更强烈地需要远离尘嚣。纽约的嘈杂与斑斓色彩让人难以忍受，它们不择手段地袭击着人的感官。因此，中央公园能在这座不夜城的市中心提供一个天然的缓冲之地，这简直就是上天的恩赐。多年来，纽约的攀岩者在避开那些在哥伦布环线（Columbus Circle）上慢跑的人们之后，只需穿上专用鞋子，挂上粉袋，就可以抓紧那块名字令人怀旧的"鼠岩"（Rat Rock）并向上攀登了。鼠岩只是中央公园里众多粗糙的片岩巨石之一，却能让这些困在城市之中的攀岩者入定。

纽约的水泥森林会在夏季变得潮湿，而在冬季又冷得吓人。若想最大限度地在中央公园享受攀岩之乐，最好在春秋两季前往。

343 意大利阿尔科科尔德里山的FESSURA DEL BONJO

你狼吞虎咽地吃掉最后一片比萨，一口灌下自己的意式浓咖啡，穿过阿尔科（Arco）的市中心。走过那些林立着户外装备商店的街道，酒吧里正在播放着攀岩的视频。30秒钟之后，你就来到了科尔德里山（Monte Colodri）的脚下。一块300米高的墙壁耸入你上方的渺渺云间。当你开始攀登时，咖啡因流淌进你的血管，随之引来喷涌的肾上腺素。这块巨石散发着暖意，攀援路线如有魔力，脚下的风景也令人难以忘怀。当你在雄伟的阿尔科城堡（Arco Castle）结束攀登时，你扫视着周围的山谷，可以一直看到加尔达湖。

把你的旅行时间安排在攀岩大师节（Rock Masters Festival）期间，然后观看强手中的强手在世界上举办得最久的攀岩比赛中一争高下。

344 里约热内卢宝塔糖山的意大利路线

耳畔仍然回响着昨晚狂欢节派对上桑巴舞曲的节奏，你费力地穿过丛林，来到"Pão de Açúcar"（又名Sugarloaf，即宝塔糖山）的脚下。这块396米高的悬崖如哨兵一般耸立在瓜纳巴拉湾（Guanabara Bay）的上方，守护着里约热内卢。抬头仰望它高塔般的身躯，你搜寻着那条让你攀上巨石前方鼻状突出部位的路线，该部位就在旅游缆车的车道下方。在岩石上，片页岩的纹理穿过花岗岩，形成一些你从未见识过的抓握处。能与这次攀岩享受相媲美的只有周围的风景。攀上顶峰后，你可以点一份啤酒以示庆祝，同时与酒吧招待聊聊天，等着后爬上来的人加入你的行列。

作为辛苦攀登的额外奖赏，攀岩者可以免费乘坐票价高昂的缆车下山并回到派对上。

345 香港卑利街的 SOHO CRAG

香港是人口稠密的大都市，在其上方的巉岩上攀登，颇有几分超现实主义色彩。登上高高的峭壁，望着下方那些60层高的大厦，这足以扭曲任何人的真实感。作为世界金融中心之一的香港，就在你的下方发出嘈杂的声音，但在高处的这里，石壁非常坚固，攀岩体验堪称一流，周围的环境无与伦比。在轻快地登上卑利街（Peel Street）上方的Soho Crag后，坐着电动扶梯下山的你，也仍然会沉浸在自豪的余韵之中。接着，你会挤进Soho的一家餐馆，享受你这辈子吃过的最美味的面条和饺子。

避免在3月至8月来这里，那时的雨季会带来潮湿、闷热的天气，甚至有可能出现台风。

347 开普敦桌山 非洲壁架的ARROW FINAL

你在开普敦。站在市中心，有一处风景博得了你的注意，那就是桌山（Table Mountain）。这座惹人注目的平顶山散发出强烈的魅力，先是吸引了你的眼睛，而后吸引了你的脚步。还有什么地方能比非洲更适合让大自然的狂野衬托都市文明呢？当你终于攀上Arrow Final的顶端，你就将那些人数越来越少的游客群抛在身后了。除了鸟儿的歌声，你的耳边只有安全绳锁扣的声音和你的心跳声。这次攀登轻松迷人、安全但又有点儿可怕，而这个位置……简直无与伦比。

南非的安全局势总在变化，桌山周围确实会发生暴力抢劫事件。如果不是一大群人结伴而行，则一定要特别小心。

346 法国拉蒂尔比耶拉卢比埃的 L' OLIVIER

摩纳哥以其浮华、迷人和壮美的海岸线而闻名，但在这个欧洲百万富翁云集的游戏场上方，还有一个与之截然不同的游戏场——一座壁立千仞的石灰岩正在向攀岩者们发出召唤。你口袋里的美元或许没有成群结队的有钱人那么多，他们挤满了摩纳哥的街头，港口里也泊满了他们的游艇。然而，当你用手指抓着石缝、悬挂在经典的L' Olivier峭壁上时，钱包的厚薄根本就无关紧要。站在拉卢比埃（La Loubière）的顶峰，望着摩纳哥的建筑在夕阳中逐渐被染成金色，这足以让任何人感觉自己像个超级明星。

建议住在古城拉蒂尔比耶（La Turbie），这座中世纪的村庄有一条条铺砌着石头与砖块的狭窄街巷。

348 柏林的"碉堡"

柏林大概是世界上最具活力的城市之一，但它平坦、杂乱的城区里根本没有岩石的踪影。这里有的只是历史，虽然这些历史并非全都能温暖人心，但却充满力量。而这或许也是对攀登Humboldthain Flakturm（又名Bunker，即碉堡）的最好描述。它是纳粹时代曾分布于这座城市各处防空高塔中仅存的典范，这些高塔曾是柏林防御工事的关键部分。如今，你可以顺着这里的70条路线攀登，有些可供抓握的地方已经被攀岩者弄碎，而另外一些则带有战时炮火的伤痕。

尽管"碉堡"是人造的，但其攀登路线却局促且需要技巧——你一定要全力以赴。

349 英国布里斯托尔埃文峡谷的粉红岩

在城市里攀岩不过就是图个方便，这典型地体现在埃文峡谷（Avon Gorge）上：它距离布里斯托尔（Bristol）仅有5分钟的步程。按照英国的传统，在攀登之前，到这块悬崖脚下的一家店铺里啜饮一杯浓茶，然后挑战那条将这块粉红色与白色相间的石灰岩一分为二、从而构成粉红岩（Think Pink）的中央路线。别被它的便利位置愚弄了：这是一场真正的攀岩，一不小心就会造成严重后果。经由Krapp' s Last Tape到达粉红岩，你会获得Ol' Blighty提供的最棒、最险峻的攀岩体验。登上山顶后来一份冰激凌——这是对自己一番辛苦的犒赏。

埃文峡谷在夏天会非常炎热，但白天很长，能让你尽情攀登，直到凉爽傍晚的到来。

忘掉缆车，如果你一路攀爬登顶桌山，看到的风景将更令人陶醉。

350 悉尼邦代海崖的 PLUMBER'S MATE

悉尼海崖（Sydney Sea Cliffs）：一堆堆可怕的碎石头，上面扔满了悉尼的垃圾和锈迹斑斑的岩屑。请不要相信这样的大肆宣传。在这个靠海的郊区，隐藏着一些难得的攀岩地点。这其中，澳大利亚最著名的邦代（Bondi）沙滩是最好的。就在这片沙滩的北边——越过那些穿着比基尼的英国人，以及比高峰时段的皮特街（Pitt Street）还要拥挤的海浪——矗立着一块货真价实的峭壁。要到达此处，可从高尔夫球场穿过，注意避开呼啸的高尔夫球，然后顺着“Black Filth Couloir”附近的下坡路往下走去。作为回报，你将能够获得这座罪恶之城所能够提供的最好的攀岩机会。好棒！

为了更好地体验攀援之乐，请在绳降时拂去抓握处的沙子——这块砂岩就像磁铁一样，很容易吸附这些东西。

惊心动魄的公路之旅

绑好安全带，踏上全球最令人心悸的公路之旅——从冰冻的公路到一次豪迈的洲际旅程。

351 巴基斯坦 喀喇昆仑公路

数千年来，人类一直沿着兴都库什山(Hindu Kush)的河谷一寸寸地前进，利用这段狭长的丝绸之路，在东西方之间传播商品与意识形态。天知道这是为了什么——要穿过这样的地形，真是难于上青天。但他们仍然成功地从这里穿越。最终，在1986年，某项大师级的工程将这条路线现代化了：1200公里长的喀喇昆仑公路建成通车，它途经喀喇昆仑山、喜马拉雅山和兴都库什山等山脉，将伊斯兰堡与中国的喀什连接起来。这是一条令人目瞪口呆的公路。路上坑坑洼洼，还有塌方和垂直落差。装扮得如同圣诞节彩车般的老卡车在不停喘息着，它挤挤挪挪地沿着道路行驶。路上还有路障和拦路打劫的强盗。但这将是一次让你终生难忘的驾车之旅。

从伊斯兰堡驾车到吉尔吉特(Gilgit)需12至18小时，每天有两趟航班将伊斯兰堡和吉尔吉特连接起来(具体取决于天气)，全程大约需要70分钟。

352 俄罗斯 跨西伯利亚公路

从官方的角度来说，到底哪个国家拥有世界上最长的公路仍然有争议：澳大利亚人认定是他们的1号公路(Highway 1)，加拿大人把票投向他们的跨加拿大公路。但俄国人也有充分的理由来争夺这一头衔：跨西伯利亚公路长达11,000公里，连接了波罗的海沿岸的圣彼得堡和日本海沿岸的符拉迪沃斯托克(海参崴)。即使它不是最长的，也肯定是最令人望而生畏的。有些土路路段会在夏天变成沼泽，而在冬天则会结上厚厚的冰。在部分地区，定居点很少且彼此相距非常遥远。不过，你进入全世界最大的国家不就是为了这个吗？一座座雄伟的城市，然后是它们之间那一大片空无一物的荒野。

单独驾车者必须做好充分的准备。他们应该带上一桶汽油作为备用燃料，还需带上一只备胎、充足的食物、饮用水和一顶帐篷。

ACCENT ALASKA.COM/ALAMY ©

353 美国阿拉斯加道尔顿公路

在阿拉斯加北部那条冰封的公路上，穿梭来往的卡车司机绝非懦弱之辈。但即使是他们，也不得不承认道尔顿公路（Dalton Highway）是一条危险的车行路线。这条665公里长的公路从费尔班克斯（Fairbanks）的北边通往紧靠北冰洋的小镇戴德霍斯（Deadhorse），全程需要不停地驾驶13个小时。公路两侧排列着若干野生动物保护区（当心驼鹿、驯鹿和灰熊，它们的数量远远超过人类）和令人惊叹的风景，尤其是芬格山（Finger Mountain，98英里处）和Gobbler' s Knob（132英里处）附近。途经的地区极端偏远，不适合人类居住。这里没有电话，没有医院，几乎没有人烟。这里有的，只是史诗般的冒险。

大多数租车公司都不允许顾客在道尔顿公路上驾驶他们的汽车。在为这趟旅行做准备时，你可以到www.blm.gov/ak/dalton上了解一些小贴士。

道尔顿公路的冰封路面蜿蜒地穿过阿拉斯加的荒野，从费尔班克斯通往位于北冰洋附近的戴德霍斯。

Frans Lanting/getty images ©

别把目光从公路上挪开，特罗尔公路的下坡路需要你集中注意力。

354 阿拉斯加—阿根廷 泛美公路

两个大陆，18个国家，大约47,000公里——这不是一趟公路之旅，而是终生的使命。这个公路网被统称为泛美公路（Pan-American Highway），从位于最北端的阿拉斯加通往阿根廷的乌斯怀亚（Ushuaia，世界上最靠南的城市）。它一路前进，经过北极苔原、落基山脉、新墨西哥州沙漠、玛雅丛林、亚马孙河、安第斯山脉以及巴塔哥尼亚的群峰。不过，它有一个缺口——北美洲的路段在巴拿马那个无法穿越的达连湾（Darién Gap）戛然而止，而南美洲的路段从此处以南160公里处的哥伦比亚重新开始。但跟这趟无比漫长的驾车之旅相比，这只是一条短短的缝隙。

泛美公路的大部分路段都有长途汽车，目前从巴拿马到哥伦比亚没有渡轮服务。

355 西澳大利亚州 吉布河公路

在这里，牧场有一个小国那么大，鳄鱼在死水潭里晒着太阳，原住民社区点缀在丛林中，颠簸得几乎能让你骨头散架的公路简直是把轮胎当作早餐吃——吉布河公路（Gibb River Road）是澳大利亚内陆（Australian Outback）原始与经典的极致。这条660公里长的公路以德比（Derby）为起点，横穿金伯利（Kimberley），通向附近的库努纳拉（Kununurra）。顺着它一路走来，虽然必须小心翼翼，但对于普通的四驱车新手而言，也是能够跑完全程的。途中需要涉过一些河流，还需要避开车队，但也有一些隐蔽的峡谷，可让你跳进去泡个凉快的澡。此外还有大袋鼠和小袋鼠一路与你相伴，而那些热情好客的小牧场主则会提供你迫切需要的燃料、床铺和冰凉的啤酒。

11月至次年3月，这条公路无法通车。建议驾驶四驱车，至少要带上两个备胎。

356 挪威 特罗尔公路

仿佛你在加速冲向北欧诸神居住的仙宫，这就是特罗尔公路峡谷（Trollstigen Valley）的魔力。特罗尔公路（Troll's Road）穿过幽冥般的崎岖花岗岩和童话般的瀑布，这条柏油路曲折蜿蜒，拥有9%的坡度和11个发卡似的急转弯，是人类世界最壮丽的公路。在冬季，它无法通行，通常仅在5月至10月才会向机动车开放，这具体取决于山区的降雪情况。或许，也要取决于诸神的心情……

从奥斯陆驾车前往特罗尔公路需6小时，从特隆赫姆（Trondheim）前往需4小时。沿途风景如画的劳马铁路（Rauma Railway）通往附近的小镇翁达尔斯内斯（Åndalsnes）。

357 南非/莱索托 萨尼山口

这是一次真正让人头发直竖的公路之旅。这条9公里长的石子路曲折多弯，共有27个弯道。它从南非的德拉肯斯堡山（Drakensberg Mountains）向北延伸，通向小小的莱索托（Lesotho）王国。有关方面现已计划将它进行升级改造。这无疑会提高道路的质量，缓解过境的压力，但一条路况良好、平整而乏善可陈的柏油路，能具备老路那样的冒险魅力吗？不过，路边通往下面山谷的陡坡仍然蔚为壮观，而非洲最高的酒馆（海拔2874米）也仍将在山顶上等待顾客的光临。

萨尼山口（Sani Pass）位于德班（Durban）机场东南80公里处，目前需要驾驶四驱车才能翻越这个山口。

358 玻利维亚 永加斯公路

永加斯公路（Yungas Road）有很多绰号，但其中最令人胆战心惊的是——“死亡公路”（El Camino de la Muerte）。确实，它是世界上最危险的公路，而这主要是因为它那几乎不可能穿越的地形：永加斯全程不过60公里，却将首都拉巴斯（La Paz，海拔3660米）与科罗伊科（Coroico，海拔1200米）连接起来，途中还要经过拉昆布雷山口（La Cumbre Pass，海拔4650米）。更糟糕的是，这段很容易发生事故、令人高度紧张的下坡路，还是在很容易起雾的东科迪勒拉山脉（Cordillera Oriental）上劈砍而成的，路面通常只有3.5米宽——一侧是高耸而陡峭的岩石，另一侧则是嶙峋的深谷。不管是乘坐长途汽车还是骑着更热门的自行车，挑战这条公路都是极其危险的。

从拉巴斯骑车前往科罗伊科或约洛萨（Yolosa）需要4至5个小时（90%的路段都是下坡路），而驾车回到拉巴斯则需要三四个小时。

359 中国河南 郭亮隧道公路

郭亮公路是一条致命的生命线。1972年，在与世隔绝的郭亮村，村民们决定在太行山上挖出一条隧道，将村庄与外面的世界连接起来。悲哀的是，有几个人在修路过程中失去了自己的生命。但村民们继续努力，到1977年，这条1.2公里长、4米宽、5米高的隧道终于挖通了。这堪称一项伟大功绩，隧道内的30个“窗户”就是明证。透过它们，你可以看到由下方那个张开大嘴的沟壑构成的一幅令人目眩的风景。不过，不管是驾车还是徒步上山，都很值得一试。郭亮村本身就清秀如画，由一座座石桥、街巷组成，那些一度无法进入的小山上还有一些景色壮观的小道。

郭亮位于郑州以北120公里处，离它最近的火车站是新乡站，这里有长途汽车开往辉县，到达辉县后可前往郭亮。

360 拉达克地区 列城—马纳利公路

列城—马纳利（Leh-Manali）公路的平均海拔竟然超过了4000米，而在Taglang La，柏油碎石路的海拔达到5328米。实际上，这是世界上海拔最高的机动车道路。这是因为，要将喜马偕尔邦（Himachal Pradesh）郁郁葱葱、悠闲轻松的山中避暑胜地与拉达克（Ladakh）的沙漠枢纽列城（Leh）连接起来，就必须在一座座雪山之间迂回穿梭，翻越高高的山口。在这里，车行缓慢——估计要不停地奔波20个小时。但你又何必匆忙，好好欣赏车窗外的风景吧：一座座佛塔、飘扬的风马旗和途中碰到的各种人。

列城—马纳利公路仅在5月（或6月）至10月开放，有长途汽车和供出租的吉普车在这条路线上提供服务。

第二高峰（但绝不只是第二美丽）

别低估这颗行星上那些作为配角的山脉——攀登很多这样的第二高峰都比攀登它们那些傲慢的老大哥更好玩，而且也没那么拥挤。

361 英国 本麦克杜伊山

在晴朗的日子里，你能从本麦克杜伊山（Ben Macdui）的山顶上看见英国的最高峰——本尼维斯山（Ben Nevis）。但你并不会因为自己没在最高峰而遗憾，这是因为本麦克杜伊山在高度上的不足（它只有1309米，而本尼维斯山的海拔为1344米），被它的与世隔绝弥补了。虽然苏格兰高地的枢纽城市威廉堡（Fort William）依偎着最高的本尼维斯山，但本麦克杜伊山却坐落在凯恩戈姆国家公园（Cairngorms National Park），使得人们在此徒步的感觉更加狂野。这里有一些通往山上的可爱路线，虽然有点远，但沿途会穿过一个个石楠丛生的幽谷、一片片松树林和近北极的苔原。如果天气发生变化，可别低估这座山的潜在危险。

有公共汽车从阿维莫尔（Aviemore）开往凯恩戈姆滑雪中心的小道起点。到了冬季，冰爪和冰镐是必不可少的装备。

362 肯尼亚 埃尔贡山

横跨边境线的埃尔贡山（Mt Elgon）被马赛人（Maasai）称为“Ol Doinyo Ilgoon”（野兽山），是肯尼亚的第二高峰。唔，其实这座山峰的最高处——海拔4321米的瓦加加伊峰（Wagagai）——位于乌干达境内，但它仍然是一座大部分属于肯尼亚的山。这座死火山有世界上最大的完整火山口，它的山坡上覆盖着柚木、雪松以及生长着巨大半边莲属植物的沼泽地。瀑布从它的山坡上跌落，温泉（你可以在里面泡一泡）在火山口里冒着气泡。山上还布满了熔岩洞，其中的Kitum洞穴最受大象喜爱，它们会在夜晚来到这里，舔舐洞壁上的盐分。

到这里徒步的最佳时间是12月中至次年3月的旱季以及6月和7月。登上顶峰需3至4天。

363 日本 北岳

富士山如明信片般的优美形象无所不在，这可能会让你以为日本再没有其他的山峰了，事实绝非如此。虽然这个海拔3776米的超级明星是该国的最高峰，但海拔3193米的北岳（Kita-dake）——所谓的“南阿尔卑斯山的首领”——却是一个可敬的配角。从东京到此游览只需一个周末的时间，但在这里却很少能看到拥挤的人群。北岳上有大量嵌入山体的绳索和梯子，使得任何难以逾越的地方都更容易通过。另外，这里的风景辉煌壮丽：小径边缘是顺着山坡延伸的森林，更高处则是一些高山植物。在天气晴朗的日子，从这里还可以看到那座标志性的富士山。

从位于广河原（Hirogawara）的步道起点登上顶峰需6至8小时，下山需3至5小时。途中有两座山区小木屋。

364 哥斯达黎加 文蒂克罗斯峰

7米——也就是足球球门的宽度，却是哥斯达黎加的最高峰奇里波峰（Cerro Chirripó，海拔3819米）与第二高峰文蒂克罗斯峰（Cerro Ventisqueros，海拔3812米）之间的高度差异。但高度至关重要，它将大多数徒步者吸引到前者。如果你能够接受少那么几米的高度，那么就值得做个交换。攀登文蒂克罗斯峰很轻松，需要2至3天的时间。在它的低处山坡上，是栖息着丰富野生动植物的雨林，再往上则是点缀着钴蓝色湖泊、具有安第斯山风格的高山稀树草地以及一览无余的风景。如果你非去爬一趟奇里波峰不可，只需从这里稍微绕道就可前往。

在San Isidro de El General（距圣何塞3小时车程）有长途汽车开往San Gerardo de Rivas，途中会在PN奇里波公园护林站停靠。

365 摩洛哥 姆贡峰

海拔4167米的托布卡尔山（Jebel Toubkal）不仅是摩洛哥最高峰，也是北非最高峰。它很壮观，让大多数为满足心愿而登山的人远离了姆贡峰（M'goun Massif），后者同样位于大阿特拉斯山（High Atlas），仅比前者低100米，但到此登山的体验却毫不逊色。姆贡峰的徒步者不仅仅拥有更安静的山坡，长达5天的徒步还可能包括以下内容：横穿Ait Bougmez Valley的果园，在欧里利姆峡谷（Oulilimt Gorge）守候秃鹫，以及在风景优美的塔科迪高地（Tarkeddit Plateau）露营。虽然这里游客稀少，但却总能找到一些柏柏尔人（Berber）的村子，那里有热气腾腾的塔吉锅羊肉（tagines）等待着饥肠辘辘的徒步者。

姆贡峰位于艾济拉勒省（Azilal Province），距马拉喀什（Marrakesh）约250公里。登山的最好季节是5月至9月，这段时间天气不错。

366 瑞士 多姆山

该把冰爪取出来了……多姆山（Dom）是瑞士登山界的大佬。它既不是该国最高的山峰——那项荣誉属于罗莎峰（Monte Rosa，4634米），也不是该国最难攀登的山[艾格尔峰（Eiger）的北坡才是，有人反对吗？]，但它却拥有整个阿尔卑斯山脉最大的垂直落差。虽然其他山中有很多缆车和齿轮火车，可将登山者送到低处的山坡上，但在多姆山上却没有这些设施。这意味着，从最近的小路起点前往它4545米高的壮丽顶峰，需要艰难跋涉3100米。

7月至9月是攀登多姆山的最佳季节。一般的登山路线以兰达（Randa）村作为起点，可从采尔马特（Zermatt）乘坐火车前往这里。

367 巴基斯坦 乔戈里峰

它或许是低了那么几百米（海拔8611米，相比之下珠穆朗玛峰有8850米），它或许连个像样的英文名字都没有，但乔戈里峰（K2）绝对不容低估。作为世界第二高峰，它如哨兵一般矗立在巴基斯坦与中国的边境上，变幻莫测。人们把它称为“残暴之山”（Savage Mountain），因为攀登这座山的人大约有四分之一无法活着下山。既然只有经验最为丰富的人才敢尝试攀登乔戈里峰，那换一种探险方式又有何妨。徒步到冰川交汇的康科迪亚（Concordia）——在全球14座海拔超过8000米的高峰中，有4座位于这周围——站在靠近乔戈里峰但又安全的距离欣赏一下吧。

到康科迪亚的徒步行程约需21天，其中包括从伊斯兰堡转机到位于斯卡都（Skardu）附近小径起点的行程。6月至9月是最好的徒步季节。

368 坦桑尼亚 梅鲁山

可怜的梅鲁山（Mt Meru），老大乞力马扎罗山就在它东边70公里处，凭着5895米的海拔和非洲最高峰的名号，抢走了所有风头。但梅鲁山——它4565米的海拔也并不是那么不堪——却拥有自己的独特魅力。它位于阿鲁沙国家公园（Arusha National Park）内，因此攀登这座山就能获得观赏野生动物的不错机会。在这里，鸟类和猴子最常见，但土狼和花豹也在这里逡巡。而且，这座山有多种多样的徒步路线，途中会越过火山口底部，穿过山地森林和沼泽地，然后绕过一条危险的山脊（可以看到下面的火山锥）。

攀登梅鲁山需3至4天。6月至次年2月是最好的登山季节，12月至次年2月是观赏乞力马扎罗山的最佳季节。

369 厄瓜多尔 科托帕克西峰

海拔5897米的科托帕克西峰（Cotopaxi）虽然是厄瓜多尔的第二高峰——仅次于海拔6268米的钦博拉索山（Chimborazo），但它却显然是该国最热门的登山地点。这或许是因为它太过完美：闪烁着雪光的火山锥呈完美的对称形状，跟孩子们画笔下的火山一模一样，而且攀登它的难度系数也相对较低。尽管在越过冰冻的地形时确实需要一些技术装备，而且这里的海拔也高得让人喘不过气来，可是登山路线却相当简单。当然，科托帕克西峰作为一座仍然活跃的火山（在山顶上可见证那些喷着硫黄蒸汽的喷气孔），也为这次登山探险额外增添了几分魅力。

科托帕克西峰位于基多（Quito）以南55公里处。从何塞-里瓦斯（Jose Ribas）庇护所（4800米）出发，大约7个小时后就可登顶。

370 牙买加 蓝山峰

伊斯帕尼奥拉（Hispaniola）岛位于海地与多米尼加共和国之间，拥有加勒比海地区大多数海拔较高的山峰。不过，该地区海拔高度名列第二的岛屿却在牙买加。以海滩和冷静的鲍勃·马利（Bob Marley，牙买加著名歌手，将雷鬼音乐介绍给全世界）思想而闻名的牙买加，似乎并不是吃力地攀登2256米海拔高度的自然选择，但蓝山峰（Blue Mountain Peak）却值得你付出这番辛苦。早点出发，穿过幽暗的森林，登上山顶观看日出。然后下山穿过树蕨、桉树和杜鹃花丛，停下来喝一杯蓝山咖啡。这种咖啡就是用这些山坡上出产的咖啡豆制成的。

22公里长的巅峰小道（Peak Trail）大约需要7小时才能走完全程。12月至次年4月的旱季是最好的登山季节。

山地自行车圣地

出发吧，一路风尘仆仆，
到世界上最崎岖的山地自行车热点朝圣。

371 英国苏格兰边境地带

Seven Stanes（“Stanes”是苏格兰盖尔语中的“stones”，即“石头”）是林业委员会土地上的7个山地自行车中心，它们如同一条项链，在苏格兰的边境地带穿成串。从俯瞰爱尔兰海的基尔鲁特雷(Kirroughtree)，经过格伦特鲁尔(Glentrool)、梅比(Mabie)、达尔比蒂(Dalbeattie)、Ae和新卡尔斯顿(Newcastleton)，通往爱丁堡南边的格伦特雷斯(Glentress)和因纳利森(Innerleithen)，Seven Stanes因其人工修建的高品质全天候小径而赢得世界声誉。该小径就像滑雪道一样，用绿色、蓝色、红色和黑色标记其难度等级。在你适应了这里的天气和口音之后，就前往高地，最大限度地利用苏格兰开明的土地使用权法吧。

格拉斯哥（Glasgow）和爱丁堡位于苏格兰边境地带的两端。在这条小径的大多数中心都可以租到自行车，详情见www.7stanes.gov.uk。若想预订适合骑手的住宿地点，可访问www.visitscotland.com。夏季要当心有些地方的蠓（一种个头虽小却很贪婪的昆虫）。

372 新西兰北岛

洁净而环保的新西兰很早就接受了山地自行车。对于户外运动狂的国家而言，这是意料之中的事情。在北岛（North Island），为了满足骑手们对具有挑战性的骑道的需求，有关方面建设了若干自行车公园。距离惠灵顿市中心只有几分钟车程的马卡拉峰（Makara Peak）每年都要接待10万名骑手。继续向北，在罗托鲁阿（Rotorua）的温泉附近，Whakarewarewa Forest中有70公里长的小径——穿过松树、桉树和树蕨。在南岛，他们喜欢玩更大的：直升机会把自行车和骑手送到位于Remarkables的科罗尼特峰（Coronet Peak）滑雪区。

冬季（6月至8月），高海拔地区寒冷而多雪，9月至次年5月是骑行旺季。国际航班在奥克兰（Auckland）降落。关于住宿信息，请访问www.newzealand.com。更多骑行信息，见www.riderotorua.com和www.makarapeak.org。

MIKECRANEPHOTOGRAPHY.COM/ALAMY ©

373 加拿大不列颠哥伦比亚省惠斯勒

惠斯勒自行车公园(Whistler Bike Park)的山地自行车季节从5月开始。那时,滑雪板被束之高阁,而自行车的轮胎则被打足了气。不列颠哥伦比亚省最大的滑雪场首先在1999年向骑手们开放其椅式缆车。如今,这里有超过200公里的小道,它们迂回下山,其垂直落差为1500米。如果你厌倦了在A线或在Freight Train这样的路线上被十来岁的小娃娃赶上,那就不妨冒险顺着越野路线骑行,如“大河恋”(A River Runs Through It)。不列颠哥伦比亚省的“太阳峰”(Sun Peaks)、“银星”(Silver Star)和其他滑雪场也欢迎山地自行车骑手们。

从温哥华顺着海天公路(Sea to Sky Highway)前往惠斯勒的车程为2小时。可在www.bikeparksbc.com上制订旅行计划。

随着冰雪消融,滑雪板被束之高阁,自行车便接管了惠斯勒自行车公园。

RON NIEBRUGGE/ALAMY ©

骑着山地自行车，穿过克雷斯特德比特空气稀薄的崎岖地形——真的让人透不过气来。

374 美国科罗拉多州落基山

在科罗拉多州（Colorado）境内的落基山（Rocky Mountains）骑山地自行车，会让你喘不过气来。该州的首府丹佛（Denver）被称为“一英里高城”（Mile-High City），这可不是浪得虚名。然而，尽管来自低海拔地区的山地自行车骑手需要好几天才能适应这里稀薄的空气，但却几乎没有游客能够对该州西部雄奇的风景失去敬畏感。在杜兰戈（Durango）、克雷斯特德比特（Crested Butte）、莱德维尔（Leadville）、特聊赖德（Telluride）、弗鲁塔（Fruita）和博尔德（Boulder）等城镇，当地人并不怎么把山地自行车骑手当作外人——科罗拉多州的酿酒商New Belgium甚至有一种“单车琥珀麦酒”（Fat Tire Ale）。一条条骑行小径——例如从克雷斯特德比特出发的401号小径——蜿蜒地穿过偏远的高山草地和峡谷，路途漫长。这是一个需要“有备而来”的地方。

关于住宿选择，请访问www.colorado.com。上面提到的城镇可向骑手提供地图、向导和自行车出租服务。春末（如果冰雪已经消融）至秋初是骑行旺季。

375 尼泊尔喜马拉雅山

徒步者或许最先抵达了这里，但山地自行车骑手才是这座山脉舞台上的最终玩家。与其跟随牦牛队和夏尔巴人跋山涉水地走向那些山峰，不如跳上一辆自行车，在加德满都山谷（Kathmandu Valley）的丘陵地带让你的车胎沾上泥土，然后环绕博克拉（Pokhara），前往首都的西北方。山地自行车一直都是一张探险通行证，但在这里，它也是一台时间机器。独辟蹊径，你就会在一个个隐秘的村庄里找到佛塔和转经筒。

在尼泊尔，神灵仍然多过山地自行车向导，但你可以在www.himalayansingletrack.com上预约一位加德满都市中心最出色的本地向导。10月和11月是旱季开始的月份。

376 意大利 菲纳莱利古雷

对山地自行车骑手而言，完美的假日应该拥有阳光、大海和尘土飞扬的单线骑行车道。所有的这一切，你都可以在菲纳莱利古雷（Finale Ligure）找到。它是意大利里维埃拉（Riviera）地区的一座小镇，位于尼斯（Nice）和热那亚（Genoa）的半中间。最早沿着该地区的轮廓在丘陵和海岬上踏出一条条小径的，是采收栗子的本地人。如今，内行的山地自行车骑手会在生长在泥土和石灰岩上的林木间穿梭。在车座上度过漫长的时光后，你将获得的奖赏是：在俯瞰地中海的地方享用一份午餐，包括意大利干酪、新鲜的西红柿和本地的橄榄油。

尼斯和热那亚的机场距此都是约1小时的车程。夏季炎热，春季和秋季是最适宜骑行的时间，这些小径在冬季也经常开放。请通过Just Ride Finale（www.justridefinale.com）预约一位本地向导。

377 法国 阿尔卑斯山

夏季，上萨瓦（Haute-Savoie）的滑雪场会向山地自行车骑手开放他们的椅式和厢式缆车，这座欧洲最大山脉的山坡便成了戴着全护式头盔、全副武装的骑手们的天下。由于他们明智地使用了缆车，因此可以在这里的山岭区下坡骑行几个小时，而不是几分钟就匆匆了事。在广阔的太阳门（Portes du Soleil）地区，Les Gets这样的滑雪场会开放专门的自行车公园，里面设有供骑手们跳跃、下降和在墙上骑车的地方，而在韦比耶（Verbier），骑手们还可以和当地向导一起探索陡峭的单线骑行车道。

6月至8月是旺季，到了9月，缆车就不向自行车骑手开放了。在海拔最高的地区，终年都有可能下雪。日内瓦和格勒诺布尔（Grenoble）是通往群山的门户。详情见www.lesgets.com和www.bikeverbier.com。

378 美国加利福尼亚州 马林县

到现代山地自行车的诞生地朝圣。那是20世纪70年代中期，在马林县（Marin County）塔玛佩斯山（Mt Tamalpais）的泥路上，一群留着长发、身穿法兰绒衬衣的人首先骑着装有防滑轮胎的越野自行车飞驰下山。遗憾的是，当局对这项运动并不热心，还为巡逻队配备了测速枪。因此，在塔玛佩斯山上转过一圈后，你可以返回，越过金门大桥（Golden Gate），前往加州淘金区（Gold Country）的唐尼维尔（Downieville）。正是在这里，那些“20世纪70年代前辈们”的发明发挥了最大的潜力。

旧金山是门户。住宿选择见www.visitcalifornia.com。可在4月至10月到此游览，但在高海拔地区要当心下雪。

379 加拿大不列颠哥伦比亚省温哥华北滩

“跟着我。”你的向导说。“你拿得准吗？”你回答。是的，温哥华北滩（North Shore）的那些小径是挑战骑车技巧与平衡极限的地方。海岸山脉（Coastal Mountains）位于温哥华市中心以北，驱车几分钟即到。在这里，当地骑手将沼泽用原木和木梯连接起来，他们骑车翻过而非绕过那些巨石。自东向西，几座最重要的山峰是西摩岭（Mt Seymour）、弗罗姆山（Mt Fromme）和赛普里斯峰（Cypress）。穿过山间铁杉林和柏树林的小径又短又陡，强度很高，其中很多都要求骑手登高骑行，但有些小径，例如西摩岭上的Pangor小径和弗罗姆山上的Lower Oil Can小径，却适合那些一般水平的骑手。

把温哥华作为你的基地（www.tourismvancouver.com）。可从北滩山地自行车协会（North Shore Mountain Bike Association; www.nsmba.ca）购买地图。

380 美国犹他州 哈里肯

在犹他州的东部，围绕莫阿布（Moab）的赭色石海或许最吸引人群和广告，但如果想寻找该州新兴山地自行车的前沿地带，那就西行前往哈里肯（Hurricane）镇、维京（Virgin）镇周围的台地（高原）和长满北美艾蒿的平地。在醋栗台地（Gooseberry Mesa），单线骑行车道环绕峭壁边缘，穿过一片如火星一般布满巨石的土地（你需要一张地图和良好的方向感才能找到这些小径的起点）。再向北一点点，维京镇是山地自行车最极端的比赛——极限单车红牛坠山赛（Red Bull Rampage）的举办地。

距离该地区最近的主要机场是圣乔治（St George）。住宿选择见www.visitutah.com。哈里肯周围的自行车店可提供地图并出租自行车。

世界之最

在探索全球之最的旅程中，挑战你自己的极限。

381 全球最大盐沼：玻利维亚乌尤尼盐沼

玻利维亚乌尤尼盐沼（Salar de Uyuni）的面积达12,000平方公里，它一眼望不到边，仅有几个小小的"岛屿"——上面生长着一些树龄高达1000年的古老仙人掌——打破这一大片单调的白色。在旱季（5月至8月），这些盐有一层像椰子饯或蛋白酥一样的松软外壳。而到了雨季（12月至次年4月），闪烁的水面会将这片盐沼变成一面天然的镜子——真的可以从太空中看见它。

通过乌尤尼（Uyuni）的旅行社预订各项服务，可以考虑入住盐宫酒店（Palacio de Sal hotel; www.palaciodesal.com.bo/en-us），这里的墙壁、地板和家具都是盐做的。

382 全球最干旱的沙漠：智利的阿塔卡玛沙漠

智利的阿塔卡玛（Atacama）沙漠是地球上最干旱的地方，该地区的一些气象站从未有过下雨的记载。凭借火烈鸟、波光粼粼的咸水湖以及冒着蒸汽的大片地热活动区，它也是这颗行星上最具有外星色彩的地方之一。夕阳西下时，徒步穿过月亮谷（Valle de la Luna），白雪似的盐铺满了这个崎岖的山谷，在阿塔卡玛黄昏时分空灵的微光中闪闪发光。你也可以跳上一辆山地自行车，前往赛亚尔湖（Laguna Cejar）。这个天然的咸水湖富含矿物质，是泡澡的完美地点。

这里全年都可游览，把你的基地设在圣佩德罗-德阿塔卡玛（San Pedro de Atacama）的砖坯房子中。若想参加团队游游览阿塔卡玛那些罕有人至的区域，可查询www.knowchiletour.com。

383 全球最高的山：珠穆朗玛峰

每年都有越来越多的高山探险者尝试攀登这座危险的世界最高峰，但更现实（无疑也更安全）的方式则是徒步前往珠峰大本营。将"一窥珠峰真面目"在你的人生清单中勾掉，在前往颇具挑战性的、海拔5545米的大本营途中，周围的高山风景也包含了阿玛达布朗（Ama Dablam）、普莫里（Pumori）和努子峰

GABRIEL SUZUKI/GETTY IMAGES ©

（Nuptse）等。大多数徒步之旅都会经过被列入世界遗产名录的萨加玛塔国家公园（Sagarmatha National Park）。夏尔巴人的村庄和佛寺会给这些自然美景和野生动物提供一种文化上的补偿。留意寻找麝、小熊猫和喜马拉雅塔尔羊的踪影。

把前往珠峰大本营的时间安排在10月至12月，为这趟从卢卡拉（Lukla）出发的探险留出两三周的时间。

384 全球最偏远的首都：惠灵顿

2011年，Lonely Planet给惠灵顿（Wellington）取了个绰号，叫“全球最酷的袖珍首都”。因此，到新西兰的南方短暂逗留是绝对值得考虑的事情。从新西兰国家博物馆（Te Papa）开始你对这座城市的探索。凭借完美的海滨位置，新西兰的这座博物馆以现代的互动方式展示了有关该国的一切。博物馆自己的marae（会议厅）收集了大量毛利人的文物。如果你是影迷，那就去游览米拉马（Miramar）的“威塔洞穴”（Weta Cave）。这是一个紧凑的博物馆，介绍了为《魔戒》（*The Lord of the Rings*）和《阿凡达》（*Avatar*）等影片制作特效的公司。

把游览时间安排在2月，就可赶上新西兰国际七人制橄榄球锦标赛（New Zealand International Rugby Sevens; www.sevens.co.nz）。提醒一句：观众必须着盛装观赛。

在出发前往智利的阿塔卡玛沙漠时，你不需要在行李中带上雨伞。

跳进死海——更准确地说，是漂浮在死海上——是一种具有治疗奇效的做法。

385 全球最低的地方：死海

死海（Dead Sea）位于约旦和巴勒斯坦交界的地方，历史悠久。数世纪以来，它一直吸引着那些寻求休养与放松的游客。传说，这里是克里奥佩特拉（Cleopatra，埃及托勒密王朝的最后一位女王）的庇护所，而大希律王（Herod the Great，罗马帝国在耶路撒冷的代理统治者）曾在此建立了世界上最早的疗养地之一。在21世纪，寻求治疗的游客仍然蜂拥来到这个位于海平面以下400米（1312英尺）处的湖泊。它富含矿物质的湖水——咸度约为海水的10倍——据说具有各种治疗效果，包括缓解风湿病、呼吸系统疾病和关节炎。死海的淤泥据说也可治病，拍一张裹着淤泥的照片是必不可少的。

这里每年大约有330个晴天，冬季（11月至次年3月）的气温是最舒服的。

386 全球最大的岛屿：格陵兰岛

是的，我们知道，澳大利亚更大一些，但这片位于南半球的土地通常被视为一个大陆。因此，格陵兰岛（Greenland）便成为这颗行星上最大的岛屿了。它被维京探险家“红发埃里克”（Erik the Red）乐观地命名为“Greenland”（绿色大地）——这显然是为了引诱冰岛的人们到此定居。这个面积达216万平方公里的自治地区如今是丹麦王国的一部分。夏季，峡湾里的海冰消融后退，使得旅行者与当地因纽特渔人一起坐船出海成为可能。春天是乘坐狗拉雪橇的理想季节，而在没有日光照射的冬季极夜（11月至次年2月），北极光会在夜空中翩翩起舞。

夏季（5月至8月）提供了一些徒步和驾驶帆船的机会，春季（3月至4月）则有北欧滑雪和雪鞋徒步。

387 全球最冷的地方：南极洲

除非你是个雄心勃勃的极地探险家，或是在南极洲的一个政府机构工作，否则，要探索这个星球上最大、最靠南的大陆，坐船就是唯一的方式。如果你拥有抵抗晕动症的强壮体格，那么报名登上一艘小船并进入南极洲那些比较小的海湾，就是很容易的事情。大多数探险者都从智利的乌斯怀亚（Ushuaia）开始，穿过冰山漂浮的德雷克海峡（Drake Passage），去观看南设得兰群岛（South Shetland Islands）和南极半岛（Antarctic Peninsula）周围的野生动物。常规的登陆海滩上允许旅行者近距离观察企鹅、海豹和鲸。

旅行者只能在11月至次年3月海冰融化的季节进入这块全球最冷、最干的大陆。

388 全球最热的地方：埃塞俄比亚的达罗尔

达罗尔（Dallol）靠近埃塞俄比亚（Ethiopia）与厄立特里亚（Eritrea）的边境，位于达纳吉尔凹地（Danakil Depression）崎岖而危险的地形中，集盐沼、活火山和地震为一体，堪称寸草不生。这里是公认的最热的人类居住区。它的年平均气温在35℃（94° F）左右徘徊，但在夏季，温度计的水银柱可升高至64℃（148° F）。再加上阿法尔（Afar）分裂主义叛军长久以来的威胁，难怪那些在这片偏僻且严酷之地居住的、坚韧得令人难以置信的居民，会将这座城市称为“地狱之门”。

从亚的斯亚贝巴（Addis Ababa）驱车北上5小时，然后换骑骆驼，穿越一片无情的沙漠，完成最后一段旅程。

389 全球最小的国家：梵蒂冈

梵蒂冈（Vatican City，人口830人）拥有悠久的历史、圣彼得大教堂（St Peter’s Basilica）高耸的建筑和动人的艺术作品——如米开朗基罗的那件令人心碎的《圣母怜子图》（*Pietà*）。如果你渴望一睹教皇在周三早上演讲时的圣容，那就从梵蒂冈网站（www.vatican.va）下载一份免费入场的申请，并在当天穿上保守的服装。梵蒂冈博物馆（Vatican Museums）将米开朗基罗的天才之处展现出来，这个面积达5.5公顷的巨大展馆收藏了一些世界一流的艺术品。如果在每月的最后一个星期日造访这里，你还能免费感受西斯廷教堂（Sistine Chapel）的辉煌荣光。

虽然全年都可向教皇致敬，但你也可以考虑参加“罗马夏日”（Estate Romana）文化节（6月至9月）。

390 全球最长的河：尼罗河

长达6650公里（4130英里）的尼罗河（Nile）流经10个国家。不过，略过这条河流一直都有争议的源头——布隆迪、卢旺达、乌干达和维多利亚湖，到底是哪个？——北上前往埃及，去感受浩浩荡荡的尼罗河是怎样塑造历史并支撑起一个个帝国的吧。经由密如蛛网、肥沃的尼罗河流域探访埃及，从卢克索（Luxor）到阿斯旺（Aswan）之间的尼罗河谷（Nile Valley）附近是体验这条河流的最好地方。大多数将这两座城市连接起来的河流巡航都需要4至6天的时间。在卢克索周围，底比斯（Thebes）的迷人墓地沿这条河的西岸展开，而在南边的阿斯旺，挂着白帆的felucca（三桅小帆船）则行驶在埃及轻柔的微风中。

在10月至次年3月相对凉爽的平季到此游览，避开旺季的旅游高峰。

猿猴魔法：最棒的树上探险

模仿一只猴子，参与这些树上探险，了解世界上最大的森林。

391 老挝的“长臂猿体验”

老挝北部的博胶自然保护区（Bokeo Nature Reserve）旨在保护当地受到威胁的生态系统。你可以参加“长臂猿体验”（Gibbon Experience），快速掠过这里的混生林。你将沿着黑冠长臂猿的活动路径和空中的索道穿过树冠层，并睡在森林深处那些与长臂猿所在高度相当的树屋里。如果徒步到这里的话，需要好几个小时（但根本无路可走）。虽然你需要拥有一双鹰一样锐利的眼睛才能发现野生动物，不过，当你在距地面40米高的树上晃晃悠悠地进入梦乡时，丛林中的各种声响会让你平静下来。没有看到长臂猿？那就到坦桑尼亚的贡贝溪国家公园（Gombe Stream National Park）寻找另一个邂逅猿猴的机会。珍·古道尔（Jane Goodall；www.tanzaniaparks.com/gombe）曾经在此研究和保护黑猩猩。

会晒（Huay Xai）是距离这里最近的城镇，可乘船或坐公共汽车抵达这里。这里的旱季从11月持续到次年3月，详情见www.gibbonexperience.org。

392 在澳大利亚爬树

如果你想在澳大利亚的丛林中修建一座山火瞭望塔，那你很可能会利用大自然提供的方便。20世纪40年代，位于西澳大利亚州西南角的彭伯顿（Pemberton），当地人就是这么想的。在当地的红桉（karri tree，其高度在全球名列第三）中，有8棵被钉上了木板。如今，这些高耸入云、笔直挺拔的树中有3棵——“钻石”（Diamond；51米）、“格洛斯特”（Gloucester；61米）和“戴夫·伊文斯二百年”（Dave Evans Bicentennial；75米）——是可以攀爬的，后者作为最高的一棵，也最受人欢迎。因此，为了避开拥挤的人群，你不妨去爬“钻石”或“格洛斯特”。“钻石”的顶上有座木屋，“格洛斯特”位于格洛斯特国家公园（Gloucester National Park）的红桉森林里。所有的树距离彭伯顿都不超过15分钟车程。

不能有恐高症。彭伯顿位于珀斯（Perth）以南330公里处。详情见www.pembertonvisitor.com.au。

393 斯堪的纳维亚的树屋

在瑞典的拉普兰（Lapland），你可以和松鼠一起睡在布丽塔和肯特·林德瓦尔树木酒店（Britta and Kent Lindvall’s Treehotel）里。酒店就悬挂在瑞典与芬兰边境附近的哈拉德村（Harads）村外的针叶树上，是几个由建筑师专门设计的小吊舱。“镜魔方”（Mirrorcube）的反射墙壁让它在树冠层中伪装得不错——只有通往门口的索桥才暴露了它的踪影。“小木屋”（Cabin）可住下2个人，附带一个供你观赏北极光的平台。而“鸟窝”（Bird’s Nest）可住下4个人，需通过一架可收缩的电动楼梯进入。当你不在自己的巢穴中时，当地向导还可带你去骑马或玩皮划艇。

预订请到www.treehotel.se。若想探索瑞典北部的群岛，可访问www.visitlulea.se。

394 澳大利亚的林间漫步

研究表明，当我们置身于大自然中时，分泌的压力荷尔蒙皮质醇就更少，而这种物质的变少则会提高我们中枢神经的灵敏度并降低血压。因此，离开城市，在树林里漫步，对我们的大脑和身体都有益处。墨尔本人不需要多少鼓励就会前往大洋公路（Great Ocean Road），在紧靠阿波罗湾（Apollo Bay）西侧的奥特韦山脉（Otway Ranges）停下来，去体验“奥特韦翱翔树巅探险”（Otway Fly Treetop Adventure）。这是一条600米长的树冠步道，位于南青冈树（beech myrtle）森林中距地面30米高的树巅。在这趟旅行的最后，你会沿着一条空中索道滑回地面。

这条树冠步道（www.otwayfly.com）距墨尔本大约200公里。你可以住在阿波罗湾，详情见www.visitvictoria.com。

MICHAEL HALL/GETTY IMAGES ©

贝壳杉海岸雨林是毛利传说的王国，也是坚固的树木永远矗立的地方。

395 在美国学做一名伐木工人

把一件法兰绒衬衣装进行李，报名参加阿迪朗达克伐木工学校（Adirondack Woodsmen's School）夏季学期的课程。在为初学者开设的为期两周的入门课上，你需要学习滚原木、生火、用横割锯切割、抡斧头劈砍和维护链锯——哦，还有一次过夜的独木舟战船探险。你的教室就是下瑞吉湖（Lower St Regis Lake）的湖滩，它高高地位于纽约州的阿迪朗达克山（Adirondacks）中。这门课由保罗·史密斯学院（Paul Smith College）提供，尽管你不需要成为该学院的学生，但你确实需要达到上大学的年龄。阿迪朗达克伐木工学校是少数仍在教授伐木工人技巧的学校之一。

在www.adirondackwoodsmensschool.com报名。

396 新西兰的贝壳杉海岸

50米高的贝壳杉或许不是世界上最高的树木，但却属于最“胖”的树木之列。有些19世纪贝壳杉的直径超过25米（需要16.5个人才能合抱——恐怖的数字）。有很多巨大的贝壳杉幸存至今，其中包括北岛树龄达1200年的Tane Mahuta。关于它，毛利人流传着一个创世神话。这棵古老的常绿树矗立在达加维尔（Dargaville）以北的怀波阿森林（Waipoua Forest）里。还可在附近的杜松贝壳杉公园（Trounson Kauri Park），参加一次夜间徒步导览游，穿行森林，邂逅这里的夜行性住客——奇异鸟（kiwi）和斑布克鹰鸮（morepork owl）。

杜松贝壳杉公园和怀波阿森林位于达加维尔以北的12号国道（State Highway 12）上。在www.newzealand.com上制订一次沿贝壳杉海岸（Kauri Coast）旅行的计划。关于怀波阿森林的更多详情，见www.doc.govt.nz。

去吧，去抱抱一棵树，感受一下巨大红杉的爱和它那庞大的身躯。

397 骑行穿过美国的红杉森林

当来自太平洋海岸的凉爽雾气翻滚着进入加州北部的群山时，那些巨大的红杉——又名“巨杉”（sequoia）——就会生长。这些树生长在一个个巨大的台地上，可以长到30层楼那么高。进入其中一片台地，你或许会体验到自己与自然界的永恒脉搏建立起了精神联系。当然，要先假想树周并没有围着游客。或者，你也会想，这能生产出多少木地板啊。不管感受如何，探索红杉国家公园（Redwood National Park）的最好方式都是骑着马儿、摩托车或自行车从林中穿过。自行车道被限制在主要路线、安静的公路和机动车道上——小心“大脚怪”。

你可以在www.nps.gov和www.visitcalifornia.com访问红杉国家公园的网页。这些森林夏季干燥而冬季潮湿。

398 在英国与大树相拥

莫蒂斯方修道院（Mottisfont Abbey）从前是位于英国南部汉普郡（Hampshire）的一座中世纪小隐修院，拥有英国最大的悬铃木之一。这棵巨大的乔木树围达12米。一个成年人张开双臂可达1.5米左右，这就使得莫蒂斯方的这棵大树成为需要8人合抱的奇观。林地基金会（Woodland Trust）希望人们通过拥抱英国国家公园里的树木，来帮助找到该国最古老的树。你可以参考一下：古老的橡树——平均树龄为400年，但有些可追溯到1000年前的“仓促王埃塞尔雷德”（Aethelred the Unready）统治时期——需要3人合抱，一棵大欧洲栗（sweet chestnut）需要4人合抱，而一棵古老的山毛榉、白蜡树或苏格兰松树需要2人合抱。

关于莫蒂斯方修道院，详情见www.nationaltrust.org.uk和www.visit-hampshire.co.uk。关于树木拥抱研究，详情见www.ancient-tree-hunt.org.uk。

399 在美国上爬树课

从你的孩提时代到现在，爬树活动发生了巨大的变化。它不再是以下情况：从6英尺高的树上掉下来，弄得满身尘土，然后拼命地跑回家喝茶。如今，你需要绳索、安全带和头盔才能爬树。在俄勒冈州波特兰（或美国其他地方）附近的“爬树星球”（Tree Climbing Planet），跟着蒂姆·科瓦尔（Tim Kovar）上一堂基础的爬树课，你就会学到如何打结以及将自己拖上树巅的安全技巧。他还提供3天的“树枝之上”（Beyond the Branches）课程，让人们使用最少的装备爬树。而在佐治亚州的亚特兰大，“国际爬树者”（Tree Climbers International）还为孩子们开设了爬树的入门课程：每月的其中两个周日开课，全年不歇。

请在www.treeclimbingplanet.com或www.treeclimbing.com上预订一门课程。

400 哥斯达黎加的树冠之旅

到处是翩翩飞舞的蝴蝶，空中还回响着上千只鸟儿的鸣唱。此刻你正置身于全世界生物多样性程度最高、栖息物种最密集的一个生态系统里，这就是哥斯达黎加蒙特维尔德（Monteverde）的雾林保护区（Cloud Forest Reserve）。在2个小时的树冠之旅中，你也将成为这个鸟类世界的一部分。这趟旅行包括一段短程徒步、一些空中索道游览和一次降到林中地面上的绳降。回到地面后，尽可能在林间步道上多待一会儿，寻找罕见的两栖动物以及兰科和凤梨科植物。你不大可能看见美洲虎和貘……但它们倒是有可能在盯着你。

圣埃伦娜（Santa Elena）是离蒙特维尔德雾林保护区最近的城镇。雨季（5月至11月中），通往山上的公路可能会在雨后无法通行，建议租辆四驱车。更多详情，见http://canopytour.com/monteverde。

我心狂野：最佳动物探险

世界各地最狂野的动物探险会让你心跳加速。

401 墨西哥玛雅海岸 与海豚同游

神秘、聪明、顽皮——没错，海豚具备这一切优点，而且还很温和，尤其是当你围着一只海豚游来游去时。墨西哥玛雅海岸（Riviera Maya）有个魔法公式：阳光+水=幸福。在墨西哥的加勒比海海豚中心，你将在专业指导下与海豚自由地接触、玩耍和游泳，还可以表演几个水上杂技。海豚会让你抓住它们的背鳍，然后用鼻子推你，直到将你顶到空中再扑通一声跌落。

只能在清洁、拥有可靠经验并能友好对待动物的海豚中心和海豚游泳。最好的中心，比如海豚乐园公园（Dolphinaris Park；www.dolphinaris.com），禁止将珠宝首饰和防晒霜带入海豚池。

402 中国西安 近距离接触大熊猫

这些黑白美人正濒临灭绝，不过你可以通过如下方式帮助它们：每天在楼观台村为它们喂食并打扫栖息地。同时，与它们友好地近距离接触。这座村庄距西安（著名的兵马俑所在地）1.5小时车程。惹人喜爱的温顺大熊猫大嚼着竹子。这可爱的情景会弥补你为它们清理圈舍而产生的劳累——让它们舒适很重要，因为快乐的熊猫才更有可能繁殖后代。另外，你可以了解当地的文化，还能一路吃到美味的面食。

楼观台野生动物保护区不接待散客，只接收志愿者。通过网站www.realgap.com/china-giant-panda-conservation，可以参加团队游。

403 坦桑尼亚 追踪黑猩猩

创建了贡贝溪国家公园（Gombe Stream National Park）的珍·古道尔（Jane Goodall）是个具有开创思想的研究者，她将当地黑猩猩的行为按照时间顺序记录下来，并因此吸引了全世界的目光。当你坐在丛林之中观看这些动物互相梳理毛发并用工具取食时，会产生令人惊讶的认同感——这里有人类的一些近亲。尽管每天与这些动物相处的时间必定不长，但这种体验将会让你回味一生。

贡贝的许多公司都组织追踪黑猩猩的旅行。6月至10月是最佳（最干燥）的来访时间，详情请参见网站tanzaniaparks.com/gombe.html。从基戈马（Kigoma）乘船可以抵达公园。

404 英国英格兰德文郡达特穆尔国家公园 放鹰捕猎

猎鹰是世界上速度最快的动物：它们俯冲扑向猎物的速度可达每小时320公里。那么，让这种威风凛凛的鸟重重地落在你的胳膊上，直视着你的眼睛，震撼性地将你与它及可追溯至4000多年前的传统联系在一起，这真是令人心生敬意。莎士比亚擅长驯鹰，而你也可以置身于以古老的青山和英式庄园为背景的达特穆尔国家公园（Dartmoor National Park）。想放飞猎鹰，只要将其往后推再往前拉就可以了。

狩猎期间（10月至次年1月），你照着训导员的样子做，亲眼看着猎鹰疾速捕获它们的天然猎物——兔子，场面会随之变得更加紧张刺激。参见网站www.dartmoorhawking.co.uk。

405 瑞典斯堪的纳维亚 北极圈乘坐狗拉雪橇

坐在或站在雪橇上，由毛茸茸的西伯利亚爱斯基摩犬拉着前行，这是萨米人（Sami）穿越瑞典针叶林带的雪野和冰封湖泊的传统方式。这里苍茫一片，你很难将大雪掩埋的松树从皑皑的雪山中分辨出来。跳上雪橇，冷冽的空气让人神清气爽。你可以和萨米人待在一起，体验他们放牧驯鹿的传统生活，还可以见识一下更可爱的幼犬如何接受训练。如果你想在12月至次年2月感受这里漫长的冬夜，没准还能看见北极光。

乘坐狗拉雪橇、住小木屋、观赏北极光，通过网站www.naturetravels.co.uk/category-dog-sledding.htm，即可实现。

406 澳大利亚 喂鲨鱼和黄貂鱼

别紧张，这些不是电影里的那种大白鲨，而是更温顺的鲨鱼品种和黄貂鱼。在这座海洋中心里，你可以喂食和抚摩这些动物，任由它们在你腿边游来蹭去。它们的食物有：章鱼、小鱼、软体动物和甲壳动物。安全不是问题，就连小朋友都能下到齐腰深的水中，和周围游弋的豹纹鲨、引人注目的黄貂鱼和平相处。你也可以在池边投喂这些海洋动物，但远不如亲手抚摩鲨鱼有趣。

新南威尔士州（New South Wales）和维多利亚州（Victoria）都有澳大利亚鲨鱼和鳐鱼中心（Australian Shark & Ray Centre），详情请访问网站www.ozsharkandray.com.au。

407 泰国 照料大象

不，不是骑大象，而是照料曾作为马戏团动物而被虐待的大象。每天，你都得上门服务，跋涉进入大象与猴子、热带鸟类一起生活的丛林。这里不只是大象医院或动物园，还是这种高贵动物生活的自然环境。凝望一头亚洲象的眼睛，你会感到某种情感联系。在它被放归野外的时候，这种感情会让你很难对它说再见。你还可以接触当地的社区，学习他们的语言，并教他们你的母语。

Global Vision International运营收费的或由奖学金赞助的志愿者项目。参见网站www.gviusa.com/programs/volunteer-elephants-thailand。

408 新西兰凯库拉 观赏鲸鱼

你坐在双体船上，一边是山顶覆盖着冰雪的巍峨群山，另一边是延伸至天际的蔚蓝大海。鸟儿在头上雀跃，远处海浪滔滔。与此同时，一头抹香鲸浮出水面并将巨大的鼻子伸向空中，然后喷出水柱，溅起噼里啪啦的水花，之后又重重地落回深水，摇摆着Y形的大尾巴离去。鲸鱼在广阔的海面上不断地潜入跃出，相形之下，你会因自己的渺小而感到有趣。

凯库拉（Kaikoura）位于基督城（Christchurch）以北180公里处，驾车或搭乘长途公共汽车需要2.5小时。城里有很多组织观鲸团队游的机构。

409 中国新疆 丝绸之路上骑骆驼

当你手里握着缰绳，舒服地坐在骆驼上穿越塔克拉玛干沙漠起伏的金黄色沙丘时，风吹干了你的汗水，带走了驼铃的声响。数千年以来，将阿拉伯半岛、欧洲与中国连接起来的，正是这"沙漠之舟"。骆驼行走的路线被称为丝绸之路，这条路输送的不仅仅是丝绸和香料，还有技术、宗教和看不见的黑死病。骑骆驼团队游可以带你穿越中国的沙漠，前往古老的佛塔等景点。每天要骑行几个小时。

在丝绸之路的终点，比如喀什与和田，联系骆驼团队游。通过网站www.uighurtour.com，可以参加6至24天的团队游。

410 肯尼亚 观蛇旅行

在肯尼亚的荒野中旅行，寻找非洲最危险的几种蛇。如果这个主意对你来说是福音而不是噩耗，那么这次探险正适合你。驾车穿过公园，在丛林中步行，当你的专业向导向你介绍眼镜蛇、蝰蛇、蟒蛇等各种蛇的时候，你得非常谨慎。虽然你会看到很多种不可思议的蛇，但你不会无动于衷，甚至就在最后一天，当你看到巨硕的绿曼巴蛇（Green Mamba）蜿蜒地爬至附近的树上时，很可能会觉得毛骨悚然。

Bio-Ken Snake Farms组织3至12天的观蛇旅行，费用包括全部交通和食宿。参见网站http://bio-ken.com/index.php/snake-safari。探险地区是东察沃国家公园（Tsavo East National Park）及其周边。

史诗般的海上皮划艇之旅

想真正见识海岸线，你需要划起小船。
想真正见识最美的海岸线，你需要划起皮划艇。

411 瑞典布胡斯群岛 开始你的海盗生涯

瑞典并不缺少在海上划皮划艇的机会——单单斯德哥尔摩（Stockholm）群岛，就是个拥有3万座岛屿的荡舟乐园——但是，距离西海岸不远的布胡斯群岛（Bohuslän Archipelago）却赢得了世界最佳划船胜地的美誉。拥有超过5000座花岗岩和片麻岩岛屿，群岛的外部有高而险峻的悬崖，保护着内陆水域，还有岛屿环绕而成的潟湖以及岛上的小渔村——

模仿达尔马提亚人，在悠闲的克罗地亚海岸划船。

比如古尔霍尔门(Gullholmen)和卡林贡(Käringön)。你可以划桨前往，上岸享用牡蛎和香槟。大多数岛屿都无人居住，只需划船上去扎帐篷即可，非常简单。这片群岛非常适合初学独木舟的人。

群岛位于哥德堡(Gothenburg)以北约80公里处，乌德瓦拉(Uddevalla)和吕瑟希尔(Lysekil)是不错的出发地点。想找自助团队游，不妨试试Nature Travels(www.naturetravels.co.uk)。

STIPE SURAC/4CORNERS ©

412 斐济亚萨瓦群岛 荡舟天堂

如同散落在太平洋上的踏脚石，亚萨瓦群岛(Yasawa Islands)——维提岛(Viti Levu)以北长达80公里的岛链——或许是某位想找个地方划船的天神创造出来的。这里岛屿分布密集，彼此之间距离很近，珊瑚礁为它们挡住了涡流，因此登上海滩是很容易的事情。在热带的高温下想凉快凉快，只需翻身下船，跳入波光粼粼的海里。海滩众多，群岛上还有荒凉岛屿的完美景致和不随时光变迁的乡村生活。如果你觉得自己正荡舟穿过电影《青春珊瑚岛》(*The Blue Lagoon*)里的背景，没错，的确如此。

Yasawa Flyer(www.awesomefiji.com)的双体船轮渡可搭载乘客从丹娜努(Denarau)前往亚萨瓦。Southern Sea Ventures(www.southernseaventures.com)组织穿越群岛的皮划艇游。

413 加拿大，皮划艇界的皇后：夏洛特皇后群岛

拥有154座岛屿的楔形群岛——加拿大的夏洛特皇后群岛(Queen Charlotte Islands)——位于不列颠哥伦比亚省北海岸以西80公里处。这里原始粗犷、荒无人烟，是世界上最好的一处划船胜地。古老的森林里有很多秃鹰及其他鸟类，这里有时也被称作是加拿大的加拉帕戈斯群岛(Galapagos)。划船旅行无疑集中于群岛南端的格怀伊哈纳斯国家公园保护区(Gwaii Haanas National Park Reserve)，这里海湾纵横，有近640公里真正荒无人烟的海岸线。在古老的海达人(Haida)考古遗址、温泉和数十座岛屿之间泛舟，接连好几天，你都看不到一个人影。

只能乘坐飞机或船到达公园。需要提前周密计划——预订划船导览游更为方便，可以试试Queen Charlotte Adventures(www.queencharlotteadventures.com)。

414 克罗地亚的克罗地亚群岛 拥抱阳光、大海、天空和幽静

亚得里亚海(Adriatic Sea)里散落着1200座岛屿，其中95%无人居住。在这里划皮划艇，你真的没有来错。这块水陆地区似乎是专门为划船定制的，大多数岛屿紧靠海岸，而且彼此之间的距离也很近，常常容易通过划船来往。选择一片群岛[比如克瓦内尔群岛(Kvarner Islands)北部]，环绕一座较大的岛屿或者只是沿岛链向任意方向划行。尽量看着地图，千万不要被去达尔马提亚(Dalmatia)划船的念头诱惑：划船前往那里需要经过布拉奇(Brač)、赫瓦尔(Hvar)、科尔丘拉(Korčula)和姆列特(Mljet)，一路从斯普利特(Split)划到杜布罗夫尼克(Dubrovnik)。

Huck Finn Adventure Travel(www.huckfinncroatia.com)是一家声誉良好的老牌皮划艇活动的经营机构。

DAVID WALL PHOTO/GETTY IMAGES ©

在风景如画的阿贝尔·塔斯曼国家公园附近划船。

415 新西兰阿贝尔·塔斯曼国家公园 体验一流的新西兰皮划艇

这是一场由来已久的争论：观赏阿贝尔·塔斯曼国家公园（Abel Tasman National Park）到底是步行好还是划皮划艇好？该地区有新西兰最受欢迎的徒步旅行线路——阿贝尔·塔斯曼小道（Abel Tasman Track），这里也是该国最好的海上皮划艇地区。从小村庄马拉霍（Marahua）出发，你将看到风景如画的大海、迷人的海滩以及成群的海豚和海豹。你不会在水面上感到孤单，不过，若是划过昂内塔胡提海滩（Onetahuti Beach）到达托塔拉努伊（Totaranui）的话，皮划艇的数量就会显著减少。在托塔拉努伊，你可以步行3或4天并返回马拉霍，亲身参与徒步与划皮划艇之争——多数皮划艇出租机构都提供皮划艇和步行两者兼顾的选择。

Abel Tasman Coachlines（www.abeltasmantravel.co.nz）运营从纳尔逊（Nelson）至马拉霍的公共汽车。马拉霍有很多皮划艇出租机构。

416 美国 冰川湾破冰

在阿拉斯加名副其实的冰川湾（Glacier Bay），你划艇游弋于漂浮的冰山之间。这里有10条从山上延伸至大海的冰川。从巴特利特湾（Bartlett Cove）向外划行一小段路（3至4天），到达拥有海滩和野生动植物的比尔兹利群岛（Beardslee Islands），不过要绕开冰山，前往缪尔臂湾（Muir Arm）或西臂湾（West Arm，大约需要划行1周），后者拥有冰川湾最波澜壮阔的冰山美景。你可以搭乘一日游船出发，让游船将你和你的皮划艇带到海湾深处，这样可以缩短从巴特利特湾出发的漫长划桨路程。

国家公园网站（www.nps.gov/glba）有很多皮划艇信息。巴特利特湾的Glacier Bay Sea Kayaks（www.glacierbayseakayaks.com）可出租皮划艇。

417 格陵兰岛 峡湾漂浮

对那些以划皮划艇为信念的人来说，格陵兰岛就如同一切的起源。据说“kayak”（皮划艇）一词正是来自这里的“qajaq”。这种船最初用于狩猎，不过如今，它已经成了一种欣赏格陵兰岛内部峡湾超凡美景的工具。一般来说，岛屿南部更适合初学者。纳萨克（Narsaq）是探索遍布冰山的南部峡湾的好起点，而东海岸的迪斯科湾（Disko Bay）则像一处开冰山大会的场所——据说雅各布港冰川（Jakobshavn Glacier）每天会向峡湾地区崩解出近2000万吨的冰。

想去纳萨克，需乘飞机至纳萨尔苏瓦克（Narsarsuaq）机场。想去迪斯科湾，需飞抵康克鲁斯瓦格（Kangerlussuaq）机场。

418 挪威罗弗敦群岛 告别旱鸭子

这里拥有地处北极圈的位置、温暖的墨西哥湾暖流、紧挨着陆地卷曲地带的渔村、在风中哗啦作响的鱼干，还有矗立在海上1000多米高的山峰：你到了欧洲最令人赞叹的岛屿之一。罗弗敦群岛（Lofoten Islands）峡湾般的水湾为皮划艇提供了庇护，经验更为丰富的皮划艇手可以挑战岛屿之间的水流，其中的一条水流——莫斯肯旋涡（Moskstraumen），正是那个可怕的词语“maelstrom”（大旋涡）的由来。这里最壮观的部分是朝南的雷讷（Reine）和莫斯克内斯（Moskenes）。

从博德（Bødo）至罗弗敦有渡船往来，卡伯尔沃格（Kabelvåg）的Lofoten Kajakk（www.lofoten-kajakk.no）向有经验的皮划艇手出租皮划艇并组织导览游。

419 澳大利亚欣钦布鲁克岛，度过热带时光

在昆士兰州（Queensland）的1900多座岛屿中，欣钦布鲁克岛（Hinchinbrook Island）巍然挺立。这里是澳大利亚最大的岛屿国家公园，荒凉而迷人。鳄鱼在河道里逡巡，矗立于珊瑚海（Coral Sea）上的峻峰几乎高达1100米。想划皮划艇的话，外海岸沿线有绝佳的短途海滩游（多数都远离鳄鱼），途中可以向内陆方向步行至瀑布和低矮的尼娜峰（Nina Peak）。从峰顶可以看到海岸对面的景色。从岛屿的北端出发，你可以进行短途跳岛游——古尔德（Goold）、哈得孙（Hudson）、库姆（Coombe）和邓克（Dunk）——最终到达本土的使命海滩（Mission Beach）。

总部在当地的Coral Sea Kayaking（www.coralseakayaking.com）组织欣钦布鲁克岛沿岸的旅行。

420 澳大利亚塔斯马尼亚西南，探索古老的荒野

从地图上看，巴瑟斯特海港（Bathurst Harbour）和戴维港（Port Davey）距离霍巴特（Hobart）仅有100公里。但实际上，你可以沿着被列入世界遗产的海岸划行1周，而且一路上都不会遇到一个人影。在这个偏僻得出奇的地方划皮划艇，仅仅是两只船桨的故事：受保护的巴瑟斯特海峡（Bathurst Narrows）、环抱的群山，以及戴维港和布雷克西群岛（Breaksea Islands）周边大浪滔滔的涡流。在戴维港南部的西班牙湾（Spain Bay），有一片美丽的海滩和一条通向斯蒂芬湾（Stephens Bay）大型原住民社区的步行道。港口北端则通向戴维河（Davey River），你可以从那里划桨溯流而上——看上去是如此难行——进入狭窄的戴维峡谷（Davey Gorge）。

当地公司Roaring 40° S（www.roaring40skayaking.com.au）组织去往塔斯马尼亚（Tasmania）西南的皮划艇游。

引人注目的大气狂想曲

挺身面对温暖、寒冷、潮湿、恶劣和狂暴，不要等待天气的降临——反过来尝试追逐它吧！

421 俄罗斯 贝加尔湖的怪天气

俄罗斯的气候让人疯狂，几股狂暴的气流就会带来翻天覆地的变化。在城市听天气预报一点儿都没用，即便是在像伊尔库茨克（Irkutsk）这样如此接近贝加尔湖（Lake Baikal，距城市70公里）的城市里——城市与湖区的温度经常相差15℃~20℃。夏天，你可以在这座世界上最大的淡水湖里游泳。冬天，你可以在冰面上滑冰。湖泊的冰冻期要持续至4月，此时冰层断裂，落入波光粼粼的蓝色湖水中，伴随而来的还有雷雨、突然而至的彩虹和头顶上千变万化的强烈春光。

如同从漫长沉睡中苏醒的巨人，贝加尔湖正向探险旅游展开怀抱：就在大约1800公里长的湖岸边，一条环湖徒步小径正在修建中。

422 卢旺达 西方省的闪电

卢旺达正在摆脱1994年种族屠杀的黑暗历史。目前，生态旅游的机会正日益出现。然而，这里现在依然不乏狂风暴雨，该国出现闪电的机会远远多于其他国家：这里观测闪电景观的机会是美国闪电之都佛罗里达（Florida）的2.5倍以上。几大社区一直在竞争打雷榜首的团体荣誉，往年都是西方省（Western Province）的卡门贝（Kamembe）拔得头筹。可在季风季开始时（3月至5月、10月至11月）来此游览，追逐蓝天上频繁出现的一道道强电。

非洲保存最完好的山地雨林——卢旺达西南的纽格威森林（Nyungwe Forest）是很多猴类最后的家园，这里的气候适合它们生存。

423 智利，阿塔卡玛沙漠的天文观测

世界上哪里最干燥且拥有最佳的天空景色……不，这不是谜语，只是个简单的事实——位于阿塔卡玛（Atacama）的一片广袤荒凉的沙漠，就是这样。沙漠的僻静吸引了成群的游客前来观赏地质奇观，比如乌尤尼盐沼（Salar de Uyuni），但却少有人能注意到夜晚出现在他们头上的动人景色。晴朗无云又没有人造光的污染，这意味着观测天空将成为一项超凡脱俗的体验。因此，科学家们选择将阿塔卡玛作为天文观测的主要基地，并在此设置了世界领先的天体观测装置，其中就包括史上最昂贵的天文望远镜。

在圣佩德罗-德阿塔卡玛（San Pedro de Atacama）附近，一位曾在天文台工作的天文学家借助几架非常强大的天文望远镜，在自家提供观星课程（www.spaceobs.com）。

FRANCES LITMAN/GETTY IMAGES ©

暴风雨来临——每年冬天，险恶的滚滚乌云会笼罩温哥华岛的西海岸。

424 日本 石川的蛙雨

只有两个地方正式下过蛙雨，而石川县（Ishikawa Prefecture）就是其中之一。2009年，这种两栖动物伴随着蝌蚪和鱼从天而降，落在这里。这场雨持续了好几周的时间。七尾（Nanao）和白山（Hakusan）是落下了最多蝌蚪的地区。气象学家备感困惑，因为唯一似乎可信的解释——偶尔会吸起小鱼并将它们倾泻在陆地上的水龙卷风——在附近地区从未有过记录。

在小松（Komatsu）的Hoshi Ryokan躲避雨水里的孑孓：这里是世界上最古老且仍在经营的酒店之一（从公元717年开业至今），拥有一切必要的物质享受。

425 加拿大 温哥华岛的暴风雨

不是所有人都能把冬季的恶劣天气化作游览的动机，不过温哥华岛（Vancouver Island）西海岸一些头脑灵活的人恰恰做到了。近年来，旅行者被吸引到这里的村庄，比如托菲诺（Tofino）和尤克卢利特（Ucluelet），做着当地人从古至今都在做的事情：在11月至次年3月，眺望远方惊心动魄的暴风雨。该岛年降雨量的大部分都发生在这段时间——雨水多沿水平方向流动——旺季时，平均每隔一天，想观看暴风雨的人就可以遇上一次狂风暴雨大作的壮观天气。

不必被打湿：在舒适的临海小旅馆Wickaninnish Inn（www.wickinn.com）观看暴风雨，那里有海浪翻卷的开阔视野。

426 挪威 特罗姆瑟的北极光

每年冬天，北半球一小圈土地上占尽天时地利的居民们都会举办派对，庆祝地球上最壮观的光电秀：北极光（阳光进入地球的磁场时，带电颗粒形成了这种奇异的多彩冷光）。挪威无疑是这种自然现象最有身价的观赏地点。据传说，那是神话人物瓦尔基里（Valkyries，北欧神话中奥丁神的婢女之一）的盔甲反射的光芒。特罗姆瑟（Tromsø）在北极光观赏方面大名鼎鼎。你正好在地磁北极（Magnetic North Pole）附近的圈子里。在这里，划过夜空的优雅彩色光芒最令人难忘。

1月，在特罗姆瑟北极光节（Tromsø's Northern Lights Festival; nordlysfestivalen.no）期间参加这场电磁盛会，届时会有传统音乐和爵士音乐表演。

427 美国 俄克拉何马州的冰雹

在谷歌上搜索视频片段，敲入"swimming pool vs hailstones"（游泳池对冰雹）的字样，就可以看到稀奇古怪的冰球从俄克拉何马州（Oklahoma）的天空反常地持续落下——它们真大。早在官方开始记录报道之前，俄克拉何马州的居民就告诉你，这里曾经落下的最大一次冰雹是这么回事：那是一群直径超过20厘米的"怪物们"。冰球常常在该州肆虐，尤其是春季。如果不下冰雹，就经常刮龙卷风——据该州记录显示，这里产生龙卷风的次数排名全国第三。

跟着俄克拉何马州的机构Cloud 9组织的团队游（www.cloud9tours.com），去追逐风暴，在"龙卷风走廊"（Tornado Alley，是指位于北美大平原得克萨斯州西部和明尼苏达州之间的一条狭长地带，这片定义模糊的区域因发生在这里的大量龙卷风而得名）的州内地区旅行，以获得观赏乐趣。

428 阿曼 塞拉莱的季风

如果你喜欢夹杂着乳香（来自塞拉莱周边茂密的树丛）气味的潮湿空气，就在6月和7月的季风（khareef）季节来塞拉莱（Salalah）这个酷热的沙漠城市。届时，干旱的景色也鲜活起来，变得青翠欲滴。当地人举办塞拉莱旅游节（Salalah Tourism Festival），作为一次迎接季风的庆典——一场穷尽你想象的盛大购物节（从家畜到香水，应有尽有）——而湿润狂暴的天气也吸引了该地区各处的气象学爱好者。

让风把你带到塞拉莱郊外的穆格赛海滩（Mughsayl Beach）吧，那里的海浪在季风的驱动下汹涌地穿过悬崖上的气孔，气势宏大。

不仅仅是昙花一现，每年1月，北极光都是挪威夜晚的自然光表演。

429 美国 夏威夷的绿闪光

一眨眼，就可能错过。太阳在从地平线升起、落下的时候，会发出肉眼几乎看不见的绿光。但是，有时候条件——最重要的是完全不受限的、开阔的地平线视野——正好适合，就会在日落前出现少许绿闪光（green-flash）。夏威夷就符合条件：天气晴朗的时候，任何一个朝西的海滩都能看到绿闪光。虽然它总是很难捕捉，不过别丧失信心：无论如何，这里的温度和湿度保证能让你在日落时看一场夏威夷变幻万千的色彩秀。

Star of Honolulu（www.starofhonolulu.com）组织一些在夏威夷最受喜爱的落日晚餐巡游。

430 摩洛哥 谢比沙漠的沙尘暴

这里壮观的金红色沙丘被肆虐的狂风塑造成形，而你不太可能见识到如此大规模的景象（至少，在你还想活下去的情况下），风很快就在这片沙漠的各处完成了相当古怪的作品。12月至次年2月，大西洋狂风来袭，6月至7月也经常出现强风。巨大的沙尘暴轻易地就能把你埋起来，然而，患有各种疾病的摩洛哥人会主动来到谢比沙漠（Erg Chebbi），把自己埋在沙下，只露出脑袋，以求获得治疗。所以，如果你见到一个人“沙埋半截”，那并不一定就是糟糕的情况。

在这里，一定要和经验丰富的当地向导在一起，他能比大多数人更准确地预测沙尘暴。

antony spencer/Getty Images ©

最佳城市徒步

不必离开世界上最大的一些城市，
你也可以徒步几小时或者几天。

431 里约热内卢 蒂茹卡森林

欢迎来到丛林。巴西的第一座国家公园，世界上最大的城市森林，正位于里约热内卢（Rio de Janeiro）的中心：这就是蒂茹卡森林（Tijuca Forest）。在19世纪后半叶，这片森林被重新开垦并种上大西洋雨林，成为一片有着瀑布、高大树木和险峻高峰的绿地。一系列徒步小径蜿蜒穿过公园。陡峭的蒂茹卡峰（Tijuca Peak，1022米/3353英尺）是公园内最高的山，山上有一条小径，直通最后一段的上山石阶，石阶上还安装有铁链扶手。想看看真实的里约，那就徒步前往公园内科尔科瓦多（Corcovado）的峰顶及其标志性的里约热内卢基督像（Christ the Redeemer）。

许多里约团队游公司都组织前往蒂茹卡峰和科尔科瓦多的导览徒步游。国家公园的网站是www.parquedatijuca.com.br。

432 伦敦 泰晤士小路

泰晤士小路（Thames Path）沿英国最著名的河流延伸294公里，不过，无须离开伦敦你就可以在其中景色最优美的路段上徒步。从泰晤士河畔的金斯顿（Kingston-on-Thames）出发，步行整整两天，到达伦敦塔桥（Tower Bridge）或位于格林尼治（Greenwich）的泰晤士水门（Thames Barrier）的小路终点。这场徒步就像一部伦敦亮点影片，经过邱园（Kew Gardens）、巴特西公园（Battersea Park）以及发电厂、威斯敏斯特（Westminster）和大本钟（Big Ben）、千禧之轮（Millennium Eye）、莎士比亚环球剧场（Shakespeare's Globe），等等。你可以期待惊人的对比：穿过里士满（Richmond）和邱园的河岸枝繁叶茂、空旷无人，而南岸则一片喧嚣，似乎能在这里找到世界各处的景象。

在www.nationaltrail.co.uk/thamespath了解更多有关小路的信息。从伦敦中心至小路沿途的很多地点都有便利的交通。

433 悉尼 美妙的海岸步行

澳大利亚最大的城市拥有世界上最壮观的城市海岸线之一。如果你有1周的时间，就有可能走完全程94公里的海岸线。从悉尼北部海滩顶端的巴伦乔伊（Barrenjoey）出发，经过一条沙滩路线，前往曼利（Manly），然后进入内陆，到达海港大桥（Harbour Bridge）和悉尼港（Sydney Harbour）的南岸。步行的终点在克罗纳拉（Cronulla）的南部边缘。不过若是还未尽兴，你可以乘渡船至班迪纳（Bundeena），在悬崖顶端很受欢迎的海滨步道（Coast Track）上再走26公里，穿越皇家国家公园（Royal National Park）。

海岸边有不错的住宿选择，还有每天进城的便利交通线路。更多详细信息，参见www.walkingcoastalsydney.com.au。

悉尼、翡翠城、海港城，随便你怎么称呼它。这里有很多徒步机会。

在温哥华斯坦利公园附近9公里长的防波堤小径上徒步。

434 开普敦 桌山小径

以好望角(Cape of Good Hope)偏南的开普角(Cape Point)为起点，这条75公里(47英里)的小径穿越桌山(Table Mountain)，终止于开普敦(Cape Town)市中心上方的高架索道处。在这条路上，可以深度领略勾勒出开普敦天际线的山峦，将城市风景尽收眼底。桌山小径(Hoerikwaggo Trail)由开普半岛(Cape Peninsula)镇区的失业工人修建而成，设计的步行时间为5天，沿途有4个露营地。营地里有厨房和卫生间，不过你得自己带上所有的食物。小径没有路标，所以一定要有张像样的地图，或者雇一名向导。

小径的详细信息，包括预订住宿和向导的方式，都可以在南非国家公园(South African National Parks)的网站(www.sanparks.org)上获得。

435 柏林 柏林墙小径

在骑行者中最为著名，这条柏林墙小径(Berlin Wall Trail)沿着那堵曾经隔绝了西柏林和东柏林的柏林墙原址一路延伸。1989年，柏林墙被打破并被推倒。在那次著名事件的17年后，这里成了柏林墙小径：一条160公里(99英里)长的徒步和骑行路径。小径标志清楚，有讲解板——详细介绍了有关这堵墙和德国分裂28年的故事，其中还包括对那些试图翻墙逃离的人的记录。这条小径可以让你了解这段现代历史，也能让你保持健康。它被分为14段，每段的长度介于7公里至21公里(4英里至13英里)之间，乘坐公共交通工具很容易到达。

想了解完整情况，参见www.berlin.de/mauer/mauerweg/index/index.en.php。

436 温哥华防波堤

如果你想见识温哥华最美的一面，只需沿22公里长的防波堤随意走走。以会议中心为起点，防波堤环绕斯坦利公园（Stanley Park）。该公园最初是军事保护区，如今是世界上位置最好的城市公园。出了公园，小径继续环绕福溪（False Creek）延伸，经过科学世界（Science World）的大玻璃泡球形建筑和很时髦的格兰维尔岛（Granville Island），最后到达终点基斯兰奴海滩（Kitsilano Beach）——如果计算好时间，到达这里的时候刚好可以看到完美的日落。若是需要短途徒步，可以考虑斯坦利公园周边的9公里路段——那里的日落与站在第三海滩（Third Beach）的原木上看到的一样美丽。

温哥华城市网站有一份防波堤地图，网址是www.vancouver.ca/parks-recreation-culture/seawall.aspx。

439 爱丁堡亚瑟王座

亚瑟王座（Arthur's Seat）很难被人忽视。这座粗糙的火山岩块——爱丁堡的最高点——在城市后方赫然矗立，与峭壁支撑起的爱丁堡城堡（Edinburgh Castle）交相辉映。花些时间去探索曾经的皇家公园——即位于亚瑟王座附近的十字架公园（Holyrood Park）——虽然只需步行8公里，但你可能会在这一小段路上花费好几个小时，因为要看的风景很多。在观景台上可以俯瞰苏格兰首府和索尔兹伯里崖（Salisbury Crags，一排连绵陡峭的悬崖）一带的景色。

在Queen's Dr的十字架公园停车场开始徒步，停车场位于苏格兰议会大楼的后面。

437 菲尼克斯南山公园

作为美国最大的市内公园，菲尼克斯（Phoenix）的南山公园（South Mountain Park，有人说是世界上最大的城市公园）占地将近66平方公里（41平方英里）。这并不让人感到惊讶，但它应该拥有很多不错的步行道才对。到了这里，别指望看到典型城市公园里的步行道和修剪整齐的落叶树，这里是索诺兰沙漠（Sonoran Desert）。所以，你看到的将是仙人掌和石炭酸灌木。公园有80多公里（50英里）长的小径，向徒步者、骑马者和骑山地自行车的人开放。最引人入胜的小路沿山体攀升，直到多宾斯观景台（Dobbins Lookout）。观景台位于菲尼克斯上方300多米处，可以尽享最优美的城市风光。

南山公园距离菲尼克斯市中心10公里（6英里）。phoenix.gov/parks上有地图和信息，查看“Trails & Desert Preserves”链接。

438 奥克兰海岸到海岸步行道

世界上的许多地方都有海岸到海岸的步行道，但也许只有在奥克兰，你才能从海岸步行到海岸，并且不必离开这座城市。新西兰最大的城市跨过一条地峡——该国最狭窄的部分——形成一条海岸到海岸的步行道（Coast to Coast Walk）。在这条步行道上，只需行进16公里（10英里），就可以从一片大洋走到另一片大海：太平洋和塔斯曼海（Tasman Sea）。步行道的起点是市中心旁边的高架桥海港（Viaduct Harbour），该路线穿过城市、郊区街道和绿地，经过5座古老的火山，最终到达位于马努考港（Manukau Harbour）的奥内洪加（Onehunga）。

奥克兰市议会（Auckland Council）的网站（www.aucklandcouncil.govt.nz）上有步行道的信息和地图，查看“Parks & Facilities”链接。

440 香港港岛径

港岛径（Hong Kong Trail）是这座城市的4条长途徒步路径之一——对于世界上人口密度数一数二的地方来说，这并不算糟糕。这条路径环香港岛蜿蜒延伸50公里，从太平山顶（Victoria Peak）及维多利亚港（Victoria Harbour）的美丽景色，直至东岸漂亮的冲浪海滩大浪湾（Tai Long Wan）——实际上，你是从这座岛屿的最高点步行至最低点。路径被划分为8段，将其中几段连起来，就可以进行一次3或4天的徒步。

乘坐山顶缆车（Peak Tram）抵达太平山顶的起点，在大浪湾乘坐公共汽车和港铁地铁返回。

邂逅濒危动物

“有本事就抓住它们。”对一些世界上最受喜爱的生物来说，这是个不幸的故事。进行探险之旅并对保护它们的行为加以更多激励。

441 与大鱼同游

在笼中潜水，与大白鲨同游，这一体验或许能名列惊险潜水体验的榜首。不过，我们很乐意把这种刺激换成与鲸鲨浮潜的极致体验。2月至4月，这种濒危的深水大块头会在菲律宾的栋索尔（Donsol）浮出水面，数量惊人。为了近距离接触这些世界上最大的鱼，戴上面罩和呼吸管，跳进深蓝色的大海吧。在我们看来，在开放水域见识公共汽车那么大的鱼，这种惊心动魄绝不亚于从防鲨笼的栅栏后面观赏其尖牙利齿同类时的刺激。

黎牙实比（Legaspi）镇有定期开往栋索尔的吉普尼（Jeepneys，菲律宾的小型专线公共汽车），还有来自马尼拉（Manila）的定期航班和长途汽车。旺季是2月至5月，那时的浮游生物能为饥饿的鲨鱼提供足够的食物。

442 与银背大猩猩一起放松休息

伟大的戴维·阿滕伯勒爵士（Sir David Attenborough）将遇见山地大猩猩列入了他与野生动物邂逅的最佳体验，因此你该知道那有多么特殊了吧。这些高贵的猿类现在仅存880头，它们栖息在乌干达、卢旺达和刚果民主共和国的森林里。向导们步行穿越丛林，追踪它们的族群。在大猩猩的世界里，你只是个来访者，而非主人。一旦向导在雨林中发现一群大猩猩的行踪，每个人都要停下来，而此后的邂逅就由大猩猩来主导吧。你或许只能瞥上一眼，或者幸运一些，能与这些浑身长毛的家伙近距离地对视。

进行大猩猩探险之旅需要特别许可，当地机构可以安排一切——将你的目标设定在乌干达比温蒂禁猎区国家公园（Bwindi Impenetrable National Park）内难以穿越的森林吧。

443 与老虎厮混

活跃在印度、中国和东南亚的丛林中的老虎正越来越少。与仅存的野生老虎中的一头对视将成为世界上最令人难忘的野生动物体验之一，而理想的做法是骑在一头动作迟缓的大象背上。印度中央邦（Madhya Pradesh）的保护区会为你提供邂逅老虎（bagha）的最佳机会——4月至5月前往班达迦国家公园（Bandhavgarh National Park）或甘哈国家公园（Kanha National Park），这段时间丛林内炎热干燥，动物们更有可能出现。

班达迦或甘哈国家公园均组织大象游猎。将旅行安排在清晨或下午的晚些时候，最有可能看到老虎。

444 雪豹——比没有豹子要好得多

雪豹比大熊猫更加难觅其踪，即使是那些与雪豹同住在一片山地的人也极少能看到它们。雪豹是“山间的幽灵”——一个沉默的杀手，它们潜入牲畜圈，除了雪中的爪印之外，什么都不会留下。最有可能瞥见雪豹的地方是蒙古、拉达克地区（Ladakh）、中国西藏和中亚的一些最偏僻的地区。即使只能找到这种动物的足迹，你却还能欣赏到世界上几处最激动人心的风景，聊以安慰。

多数探寻雪豹的活动都包括进行雪豹保护或科学研究的要素。Biosphere Expeditions（www.biosphere-expeditions.org）组织6月和7月去阿尔泰山脉（Altai Mountains）的旅行。

445 失去森林的老人

红毛猩猩，也称“森林老人”，也许是濒危动物名单上逐渐减少却最有魅力的动物。伐木、偷猎和非法的宠物交易导致这种姜黄色巨人赖以生存的丛林逐渐消失。它们习惯荡在树冠的高处，所以在野外很难看到它们。最有可能在野外邂逅它们的机会是参加婆罗洲（Borneo）沙巴（Sabah）的京那巴当岸河（Kinabatangan River）探险之旅。想近距离地看到红毛猩猩，可绕道去附近的西必洛人猿保护中心（Sepilok Orang-Utan Rehabilitation Centre）。

想在野外邂逅红毛猩猩，前往马来西亚婆罗洲京那巴当岸野生动物保护区（Kinabatangan Wildlife Sanctuary），参加Uncle Tan's Jungle Camp（www.uncletan.com）的河流探险之旅。

446 鲸鱼时光

为了油脂和鱼骨束腰而将世界上最大的动物猎杀至濒临灭绝，这真是毫无道理。在1966年的禁猎令颁布之前，世界海洋中的蓝鲸几近灭绝。即使是现在，遇见这种超级鲸类的机会也极为稀罕。不妨在位于加利福尼亚州海岸不远处的蒙特雷海底峡谷（Monterey Submarine Canyon）碰碰运气。8月至9月，当磷虾数量激增之时，蓝鲸将聚集在这条峡谷里，和它们在一起的还有座头鲸、小须鲸、虎鲸，以及海豚、鼠海豚等其他小型鲸类动物。这真是名副其实的动物展览。

观鲸巡游从蒙特雷湾（Monterey Bay）出发，Monterey Bay Whale Watch（www.montereybaywhalewatch.com）组织由见多识广的向导导览的定期出航。

447 如今那是只大鹦鹉……

就像毛里求斯（Mauritius）的渡渡鸟一样，在带着满船猫狗和老鼠的饥饿的欧洲人发现新西兰之后，这里的鸮鹦鹉（kakapos）就为自己的不能飞行付出了代价。见到这些重达4公斤的鸮鹦鹉中的一只，是既有趣又心酸的一次际遇——这种曾经在新西兰随处可见的动物，如今只有125只幸存下来。想看鸮鹦鹉，要争取一个野生动物人员助手的志愿者职位，他们的工作是保护科德菲什（Codfish）、安克（Anchor）和小巴里尔岛（Little Barrier Island）免遭非自然的敌害。

想在野外见到鸮鹦鹉，参加Kakapo Recovery Programme（www.kakaporecovery.org.nz）的志愿工作。11月至次年3月会有鸟巢看守人、喂食人员和营地厨师的空缺职位。

448 与犀牛发生冲突

在安全的吉普车里见到犀牛是一回事，步行的时候邂逅犀牛是另外一回事。遭遇这种重达3吨的暴躁有蹄动物时，人们的本能是逃跑以寻找藏身处。幸运的是，尼泊尔奇特旺国家公园（Chitwan National Park）的徒步向导在躲避冲撞的犀牛方面经验丰富。在高高的象草之间寻找这种独角怪物既需要技巧，也需要运气——要想争取最大的机遇，就要花几天时间进入自然公园探险，可以步行、骑大象、乘筏子或皮划艇。

索拉哈（Sauraha）村是参加奇特旺国家公园探险之旅的主要基地。邂逅犀牛的黄金时间是10月至次年2月。

449 发现大熊猫

即使你每一件事都做对了，也远不能保证会在野外见到大熊猫。仅存的1800多只野生大熊猫分布在四川和中国中部的崇山峻岭之间，它们在难以穿越的竹林中活动。竹子同时也是这些可爱的黑白动物的食物。想要在大熊猫的地盘内见到它们，你得参加探险队，即便如此，成功的机会也极小。但不管怎样，你或许能享受一次邂逅野生动物的体验，而拥有这种体验的人全世界也只有几个——在我们看来，这比在中国的熊猫乐园里参观圈养的熊猫要好得多。

野生熊猫分布最多的地区是佛坪自然保护区。可登录其官方网站（www.fpxmg.com）查看更多信息。

450 此处有龙

如果想看到长有双翼并会喷火的龙，也许你会失望。作为替代，大自然里有的只是科莫多龙（Komodo dragon）：一种3米长、口气可能是全世界最难闻的怪物。它是我们知道的最接近活恐龙的动物。栖息地的丧失大大缩小了这种巨型蜥蜴的活动范围。如今，想看到科莫多龙，可游览印度尼西亚中部的科莫多自然公园（Komodo National Park）。除了科莫多龙之外，还可以留意一下它最喜爱的“点心”——鹿、猴子和奇异的鸟。

去往科莫多自然公园（www.komodonationalpark.org）的船从巴厘岛（Bali）的拉布安巴焦（Labuan Bajo）和比马（Bima）出发。一旦上岸，公园向导就会在面对怪物蜥蜴时保护你的安全。

启航或者破产

对于纯粹的航海主义者来说，
摩托艇只是没有轮子的汽车，
帆船才是体验七大洋激情的唯一方式。

451 内陆船宿

虽然一个没有海岸线的国家似乎不太可能成为航海旅行的目的地，但马拉维（Malawi）却充满惊喜。拥有比其他所有淡水湖更多的鱼类品种，马拉维湖（Lake Malawi）是一个潜水圣地。从那里登船，吃住在船上，进行几日的航行潜水之旅。在水中度过几天，追踪迄今未被发现的丽鱼科物种，然后在星光点点的夜空下入眠。大多数探险之旅都附带自然徒步导览游，可参观村庄、狩猎小屋、湖滩度假地和岸边的历史古迹。

在马拉维湖驾船旅行用时4天至两周，这取决于你想探索的范围。经营双体船巡游的Danforth Yachting（www.danforthyachting.com）口碑良好。

452 乘夜船顺尼罗河而下

尼罗河（Nile）上的豪华巡游具有一种赫尔克里·波洛（Hercule Poirot，小说家阿加莎·克里斯蒂笔下的著名人物“大侦探波洛”）式的吸引力，但我们却更愿意花钱乘坐传统的三桅小帆船（felucca），沿埃及的大动脉顺流而下。不过，就别想着艳遇的把戏了—— 你将与船员们住在一起，所有人都睡在甲板的垫子上。一般来说，巡游的起点是阿斯旺（Aswan）或卢克索（Luxor），用2天或3天的时间漂向下游，餐食是在甲板上制作的，而卫生间就是最近的河岸，回报则是河上旅行的迷人浪漫以及见证尼罗河上日常生活的机会。

一旦到达阿斯旺或卢克索的河岸，船老板就会向你推销各种行程，要确认这些行程包含的具体内容和分担费用的人数。

PETER STASTNY/GETTY IMAGES ©

453 不，我说这些船是中式帆船……

薄雾笼罩的岩石如同神秘的怪物一般赫然矗立在海面上，下龙湾（Ha Long Bay）就是那种海盗藏宝图会标记的地方。乘坐中式帆船（junk）旅行是探索这个超脱尘世的海上景观的完美方式。乘中式帆船在下龙湾周边巡游已经成了大生意，不过，你还可以选择更豪华的游览方式。超级帆船上有所有你能想象到的享受，而小型帆船上的空间却仅能搭乘几个乘客。不在船头眺望海湾的时候，你可以浮潜、游泳，还可以划皮划艇，去海上洞穴和隐蔽的小海湾。

多数人会在河内（Hanoi）安排中式帆船巡游，一定要选择多日游，以躲避Bai Chay码头和吉婆岛（Cat Ba Island）附近的拥挤水域。

中式帆船之旅：下龙湾的海上探险适合所有收入水平的人。

疾驰过塞舌尔诱人的海景——搭乘货运纵帆船。

454 塞舌尔附近的纵帆船

在塞舌尔（Seychelles）航海是个梦想，它通常只适合那些身着金线睡衣睡在丝绸床单上的人。好消息是，不必成为亿万富翁，也可以掠过印度洋。海豚就在你船头的波涛中冲浪，一队老式的纵帆船（schooner）在马埃岛（Mahé）、普拉兰岛（Praslin）和拉迪格岛（La Digue）之间来回穿梭，运输成堆的货物和寥寥数位爱冒险的跳岛游旅行者。只要不介意躺在货箱堆旁边的甲板上，你就可以追随过去的海盗和香料走私者，航行在这条航海线路上了。

天气情况允许的话，马埃岛、普拉兰岛和拉迪格岛之间每天都有纵帆船航行。在马埃岛的岛际码头询问出航时间。

455 适合海滩爱好者的光船旅行

在1770年的圣灵降临节，库克船长（Captain Cook）发现了距离艾尔利海滩（Airlie Beach）不远的沙地群岛。从那以后，水手们一直巡游在这块小小的福地之上。现在，在圣灵群岛（Whitsundays）进行光船旅行是沿澳大利亚东海岸旅行必不可少的一部分。不过，因为有74座岛屿可供选择，你很容易就能发现一处可以躲避日光浴人群的地方。光船巡游相当于出租船只，自己驾驶——正式地说，不需要具备经验。但如果你想在别人的指导下绕过礁石和沙洲，船长们就在侧旁。

艾尔利海滩的航海机构很多，Sunsail（www.sunsail.com.au）久负盛誉。它在豪华的哈密尔顿岛（Hamilton Island）上有一个大本营。

456 寻找金色沙滩

伊阿宋(Jason)和勇敢的阿尔戈英雄们(Argonauts)曾去寻找金羊毛。从那时开始,希腊群岛(Greek Islands)一直在向水手们发出召唤。如今,大多数人来此寻找的是金色的沙滩。远离躁动的人群,如画的完美景色还未被脚印破坏,这样的地方更合人意。这里的租船业高度发达——你可以租带全部船员的船、超级豪华的船、裸船,甚或是船架。只需选择出与你的航海经验相配并能满足你对现代化生活设备要求的船就好。

想要像奥德修斯(Odysseus)那样出海,却不想遇到那么多海妖、女巫和旋涡,请在www.greecetravel.com/sailing和www.sailingissues.com/greek.html上查看列表、文章和建议。

457 为巡游加点料

从前,单桅三角帆船(dhows)装载着香料和奴隶,但是现在,在这种于桑给巴尔(Zanzibar)周边水域来来往往的优雅帆船上,更有可能装载的是那些寻找《一千零一夜》(*Arabian Nights*)浪漫情怀的旅行者。桑给巴尔的三角帆船至今仍是在农圭角(Nungwi)村由手工制作的,不过有的船只具备舒适的条件,可以在长达一周的时间里在各个海滩间巡游,一路有海龟和海豚相伴。喜欢冒险的人可以与当地渔民谈谈,安排一次定制的旅行:夜晚在甲板上睡觉,享用新鲜捕获的王鱼。

不想太冒险的话,可以通过石头城(Stone Town)里的酒店或机构安排巡游。想在定制包船上碰碰运气的话,就直接去找农圭角的渔船船员。

458 回到船长学校

每次包船的时候,都要受到比你更懂航海的船长的约束。你对此感到厌倦了吗?为什么不训练自己,让情况反转过来呢?世界各地都有航海中心,能让你成为日间船长(Day Skipper)甚或是海洋帆船船长(Yachtmaster Ocean)——相当于航海绝地大师(Jedi Master,《星球大战》中的虚幻角色,表示具有高超技能的人)。最好的课程将岸上训练与大海上的亲身实践相结合。最好是在某个遍布岛屿和水下障碍的地方,在那里,你就能有效利用自己新学的方法和驾驶三角帆船的技术了。

Flying Fish(www.flyingfishonline.com)提供各种各样的航海认证课程,培训地点在怀特岛(Isle of Wight)、希腊群岛附近和澳大利亚海岸沿线。

459 你能应付多少岛屿?

你想升起主帆,从一个沙滩环绕的岛屿漂流到下一个。这一点在散落着7107座岛屿的菲律宾就可以做到。这里有密林、众多的珊瑚礁、被遗忘的沉船和土著部落。但是,如果你的航海理想就是穿着带船锚纽扣的上衣,无所事事地待在码头附近,那么这里可能不适合你——影响航行能否一帆风顺的因素有暗礁、台风和现代的海盗。加莱拉港(Puerto Galera)和博罗凯岛(Boracay)是寻找船只和包船的最佳地点。除了游艇和双体船外,你还可以在这里找到配备竹桅杆和舷外支架的传统风帆船(paraw)。

锚地在博罗凯岛附近的"Misty Morning"号(www.boracay-activities.com)是一艘传统风帆船,采用德国技术改造过。

460 发现巴里海

不用迷恋歌舞剧[指的是根据《南太平洋的故事》改编的百老汇歌舞剧,巴里海(Bali Ha'i)是书中虚构的小岛],也可以感受在南太平洋航海的魅力。谁不喜欢降下主帆,俯瞰一小片属于自己的天堂?法属波利尼西亚(French Polynesia)毫无疑问是南太平洋的航海之都。自己包一艘船——带或不带船长——绕社会群岛(Society Islands)的环礁漂流,中途在沙滩停留,并驶入码头,为制作果汁朗姆冰酒(piña coladas)储备大量的朗姆酒和菠萝汁。想将体验提升到更高的层次,就研究一下:如何驾驶有舷外支架的传统波利尼西亚独木舟。

租船公司集中在赖阿特阿岛(Raiatea)、塔希提岛(Tahiti)和莫雷阿岛(Moorea)的主码头上。从赖阿特阿岛到背风群岛(Leeward Islands)是一条令人赞叹的新手航线。

最佳 四条腿探险

驾驭动物世界里强壮、
优雅而友善的四条腿伙伴，
从山区到丛林、海滩和沙漠。

BRIDGET BESAW/AURORA PHOTOS/CORBIS ©

461 瑞典 乘坐驯鹿雪橇

在遥远的北方，光线纯粹而澄澈，照亮了周围风景中完全单色的美丽。在圣诞老人的四条腿助手拉着你穿越瑞典北部风景时，由冰雪覆盖的冷杉和松树组成的冬天迷宫正急速退后。雪橇旅行由当地的萨米人（Saami）社区引领，过夜住宿包括入住萨米风格的圆帐篷（lavvu）和质朴的森林小木屋。多数雪橇游的人数都不多，只有5人左右，所以在几天特意安排的行程里一起驰骋后，牢固的人际关系就在紧张而愉悦的体验中建立起来了。

1月至3月，与斯堪的纳维亚极北部土生土长的萨米人一同旅行，此时也是你见到北极光的好时机。

462 斯里兰卡 和大象一起工作

在Millennium Elephant Foundation近距离接触这种温顺的庞然大物。这里的动物都曾经担任过繁重的林业工作或者被拴在寺庙外，受尽苦难。如今，它们被带到这里进行康复。日间访客可以在河水中刷洗大象，基金会也始终欢迎长期的志愿者。职位时间从3周至6周不等，每个志愿者都要与一头大象及大象的护理员（mahout）成为伙伴。除了每天照顾这些随和的“巨人”之外，志愿者们还会花些时间辅导当地小学生的英语。

8月初来此参观，可以参加一年一度的佛牙节（Esala Perahera），届时将有很多装饰华丽的大象在附近康提（Kandy）的街道上巡游。参见www.millenniumelephantfoundation.com。

463 巴塔哥尼亚与加乌乔人一同骑马旅行

贝雷帽、围巾和皮套裤可能顺应了叛逆的时尚潮流，于是巴塔哥尼亚的加乌乔人（gaucho）或许会成为你所见过最酷的家伙——想想20世纪60年代马背上的基思·理查兹（Keith Richards）吧。他们悠闲自在、沉默寡言。当你在骑马穿越智利托雷斯-德尔帕伊内国家公园（Torres del Paine National Park）里未被破坏的湖泊和高山景致时，他们会是你的完美向导。如果足够幸运，当你们小心翼翼地在山道上骑行时，小雪会从天而降。当你看见香喷喷的烤羊时，就会明白加乌乔人的腰带里为什么总是别着一把刀了。

10月至次年4月，向南前往智利的巴塔哥尼亚，入住宏伟的Hotel Chico（www.explora.com），该酒店坐落于拉哥裴赫湖（Lago Pehoé）的小湾中。

在加乌乔人的指引下，戴上你的贝雷帽，穿上你的皮套裤，骑马体验巴塔哥尼亚的奇景。

RICHARD I'ANSON/GETTY IMAGES ©

坐在“沙漠之舟”上，拉贾斯坦邦的沙丘和落日一览无余。

464 印度拉贾斯坦邦骑骆驼旅行

通过骆驼探险的方式体验塔尔沙漠（Thar Desert），探索这片次大陆上最大的国家，这种机会一生难得。很多探索之旅都从杰伊瑟尔梅尔（Jaisalmer）、比卡内尔（Bikaner）或焦特布尔（Jodhpur）等城市出发。若想获得最正宗的体验，就找一家公司，让它安排你前往巴基斯坦边境附近的城镇胡里（Khuri）或萨姆（Sam）。起伏的沙丘和沙漠落日，让这里的风景尤为激动人心。在拉贾斯坦邦（Rajasthan）的月光下入眠，应该能满足你对沙漠旅行的最浪漫的期待。

将旅行时间安排在11月，还可以参与在Kartik Purnima（印度农历8月）满月时举行的布什格尔骆驼节（Pushkar Camel Fair）。

465 阿拉斯加乘坐狗拉雪橇

从朱诺（Juneau）到群山环绕、冰雪覆盖的棉田豪冰川（Mendelhall Glacier），需要乘坐直升飞机才能开启这趟激动人心的旅程。在见到冰川狗营地里的400多只狗之前，你可能会先在草地和河岸上看见熊。交响乐一般的齐吠表明这些灵敏的犬科工作者喜爱它们的工作。乘上雪橇，开始狂野之旅，狗狗们满怀期待地冲过冰川。其中的几只狗曾经参加过一年一度著名的艾迪塔罗德（Iditarod）狗拉雪橇比赛，所以在棉田豪冰川上疾驰这么短的一段路似乎只是小菜一碟，怪不得它们那么开心。

将探险安排在3月，以便能在著名的艾迪塔罗德比赛终点线处迎接完成比赛的参赛选手们。参见www.alaskaadventures.net和www.akdogtour.com。

466 新西兰，驾驶自己的双轮马车

作为观众看一场快步马赛：低矮的双轮马车、马匹和堪称优雅的骑手。但当你自己被绑在双轮马车上，在距离地面仅一米的高度上以每小时50公里的速度行驶时，这真是一次扣人心弦的刺激体验，毕竟这是新西兰风格的惊险活动。参与者会与经验丰富的骑手及货真价实的冠军马匹搭档，经过一次喂马和赛前备马的培训后，就到了绕着专门赛道冲刺的时候了。它们已经开跑了！

参见www.horsepower.co.nz。1月中至1月末来访，你还能在基督城绝妙的世界街头艺人节（World Buskers Festival；www.worldbuskersfestival.com）上给艺人们捧场。

467 法国骑驴旅行

骑驴穿过梅康图尔国家公园（Mercantour National Park）的壮美高山，这一绝妙的行程证明了欧洲西部仍然保留着真正的荒野地带。这项体验以普罗旺斯（Provençe）沉寂的村庄为起点，经过8天的时间，穿越草地，到达欧洲最大的冰川湖。住宿既有蒙古风格的小屋，也有民宿（gîte，法式风格的床位加早餐）和山间庇护所。你还可以期待与有经验的驴队同行并接受临时指导。它们每位徒步者都会被分配到一头驴，它们来为他们驮行李，而每头脚步稳健的动物常常还会有些古怪的小脾气。

在6月中至9月徒步，崎岖的欧洲荒野之间天气不错。联系Itinerance（www.itinerance.net），该组织推动了法国阿尔卑斯山脉（French Alps）的独立徒步游。

468 怀俄明州参加马车队探险

想去西部荒野进行一次难忘的探险，那就备上马，跟着当地大牧场的向导，加入马车队，穿越黄石国家公园（Yellowstone National Park）和大蒂顿国家公园（Grand Teton National Park）周围的绝美景色。夜晚，在火堆上架起一口传统的荷兰锅，坐在燃烧的火苗旁就餐，然后你会酒足饭饱、心满意足地睡下。旅行通常被安排为3天4夜，你将有很多的时间骑马、划独木舟、徒步，以及学习控制绳索的诀窍。谁不愿意在自己的履历上加上“套索技术”一项呢？

充分利用怀俄明州6月中至8月中的夏季时间。通过Teton Wagon Train and Horse Adventure（www.tetonwagontrain.com）预订。

469 埃及骑驴进入帝王谷

为参观帝王谷（Valley of the Kings）而挑选驴子的时候，祝你好运，因为这些埃及最好的四腿动物是一群有趣的家伙。即便是最稳重的驴也很容易分心，也就是说，它们可能会为了搜寻能吃的灌木而载着你在尘土飞扬的狭窄悬崖和小路边不停地突然停下又起步，然后，为了赶上大部队，它们还颠颠地跑了起来。缰绳和鞍座通常被视作不值一提的没用东西，你得拼命地和狡猾的驴子主人讨价还价，以达成合算的租赁价格。施展出你高超的谈判技巧吧。

在10月或次年3月游览，这时天气仍然比较凉爽，而且还能避开12月至次年2月的旅游旺季。

470 西澳大利亚骑骆驼

在布鲁姆（Broome）这个珍珠产业中心探索多种文化并忙碌了一天之后，准备体验在澳大利亚最奇特的经历吧。在太阳从印度洋碧蓝色的水面上升的时候，骆驼队就踏上了布鲁姆凯布尔海滩（Cable Beach）广阔沙地旁的一条荒凉小径。从这里开始直到西边将近8000公里（5000英里）之外的马达加斯加（Madagascar），一路上什么都没有。19世纪，骆驼首次被引入西澳大利亚并用于运输，现在，估计有超过100万峰骆驼游荡在澳大利亚的红土沙漠中。像Solomon和Saharna这样慵懒地大步行走着的布鲁姆骆驼，就是第一批骆驼的后代。

5月，在雨季过后、大批游客尚未到来的间歇期游览布鲁姆。通过Broome Camel Safaris（www.broomecamelsafaris.com.au）预订。

高难度！——最佳高楼赛跑

在世界上最高、最具标志性的建筑上来一场高楼赛跑，看看你到底能跑到多高。

471 马来西亚吉隆坡 吉隆坡塔

高耸的吉隆坡塔（Kuala Lumpur Tower）是一座通信塔，它仿佛灯火通明的权杖，一根421米的天线矗立于主楼的顶部。在一年一度的吉隆坡塔国际马拉松登塔赛上，你快步跑上楼梯，此时你的肺会痛苦地嘶喊，你的大腿会火辣地疼痛，你的双脚会在每登上2058级台阶中的一级时不堪重负。这是一场意志力的比拼——脑子里一个微弱的声音说“停下来，没关系”，但另一个声音会激励你攀登到塔顶，赢得荣耀。大声说——就快到了！

吉隆坡塔国际马拉松登塔赛（KL Tower International Towerthon Challenge）是一场白天和夜间都会进行的比赛。注意：3月份报名。

472 中国台北 台北101大厦

看起来像是宝塔和巨型竹子的混合体，这个台北市的蓝绿色玻璃巨人有101层，高耸入云。你可以乘坐电梯，以每分钟1010米的速度飙升。每年的登高赛（Run Up）可能更有挑战性，用时也肯定会更长：没人能在10分钟以内攀登2046级台阶。台北101大厦将每8层楼设计为一个结构单元，共有8个单元，因为“8”在中国是幸运数字，代表富裕。当然，参赛者在冲向顶层的时候，也需要富裕的肾上腺素。

访问台北101大厦的官方网站（www.taipei-101.com.tw），了解更多设计细节以及关于如何参加登高赛的信息。

473 美国芝加哥 威利斯大厦

当地人会用这座大厦以前的名字——西尔斯大厦（Sears Tower）——来称呼它。不管怎么称呼，它都是美国最高的建筑。威利斯大厦（Willis Tower）活像是将9根筒子捆在一起的建筑，不过，你在摩天大楼登高比赛（SkyRise race）中使用的那根正是其最高的一根（104层）。这项比赛是世界上最长的连续室内楼梯跑步比赛。回报是在观景台上眺望密歇根湖（Lake Michigan）对岸的印第安纳州（Indiana）和密歇根州（Michigan）。与1999年法国的“蜘蛛人”阿兰·罗伯特（Alain Robert）从楼的外面徒手爬上最顶端相比，跑上2109级特别陡峭的台阶要简单得多。

威利斯大厦的地址是：伊利诺伊州（Illinois），芝加哥，South Wacker Drive，233号。

474 加拿大多伦多 加拿大国家电视塔

在2007年以前，这座建筑曾连续34年称霸世界上最高的独立结构。如今，它依然是真正的奔跑挑战。你得努力训练，才能在为联合劝募会（United Way）设置的年度加拿大国家电视塔登塔赛（Enbridge CN Tower Climb）上击败其他数以千计的选手。在你和荣誉之间只有区区1776级台阶——你只需要想着到达塔顶的满足、轻松和荣耀，然后努力攀爬就好。这项比赛已经持续了35年以上，因此你将加入一个大俱乐部。这些人拒绝用时58秒的舒适电梯，他们用步行登顶的方式为当地社区募捐。

更多有关攀登的信息，参见www.unitedwaytoronto.com/climbforunitedway/main.php。

475 哥伦比亚波哥大 科尔帕特里亚大厦

哥伦比亚最高的建筑科尔帕特里亚大厦（Colpatria Tower）是很多银行的总部。它是哥伦比亚繁荣的象征（对一些人来说），于夜晚闪耀着哥伦比亚国旗颜色（红色、蓝色和黄色）的灯光。巨额资金在50层的楼内流动。不过，在每年的12月8日，你可以加入每隔30秒就有一队出发的10人小组，沿着980级台阶奔跑，最终冲上顶端。大厦只有196米高——你一定能冲上顶层并打破5分11秒的纪录。到达楼顶，不断扩张中的波哥大（Bogotá）的景色令人赞叹。

如果错过了比赛，你也可以在周末和假日乘电梯前往位于49层的观景咖啡馆。

476 美国纽约市 帝国大厦

帝国大厦（Empire State Building）不只是一座摩天大楼，这座102层的装饰艺术标志性建筑位于曼哈顿（Manhattan）的第五大道（Fifth Avenue）上，是纽约最高的"明星"。参加一年一度的登高赛，振作精神，全速攀登1576级台阶。在其他时间，这些楼梯可不向公众开放。最快到达顶端的选手大约用时10分钟。在观景台缓一口气，金刚（King Kong）眼里纽约市的景色会再次让你忘记呼吸。事先观看《西雅图夜未眠》（*Sleepless in Seattle*，还有很多以这座明星高楼为主要场景的其他电影），然后一睹观景台，以寻找灵感。

一年一度的帝国大厦登高赛（Empire State Building Run-Up）的报名时间是12月份，比赛时间是次年2月份。可以通过抽签或由慈善团体担保（需要交费）的方式参赛。

477 英国伦敦 42 号大厦

为了伦敦的一段历史，来征服这座建筑吧。42号大厦（Tower 42）是伦敦市区的第一座摩天大楼，直到2009年，在长达30年的时间里，它一直保持着伦敦最高建筑的地位。42号大厦曾受到过爱尔兰共和军（IRA）的卡车炸弹袭击，而它47层的大楼却依然傲然挺立着。在一年一度的Vertical Rush比赛中，费劲地攀登920级台阶，这段历史将会浮现在你的脑海里。顶层的香槟款待可能也会鼓舞你加快脚步。虽然42号大厦位于金融区，但参赛的费用和你募集来的钱都将用于慈善机构Shelter，以帮助无家可归的人。

观看BBC制作的电视剧《神探夏洛克》（*Sherlock*），一探42号大厦的风采。剧中有这座大楼的场景。

478 澳大利亚墨尔本 尤里卡大厦

跑上一栋城市大楼的时候，不去想每一级水泥台阶，而去想想这栋划破城市天际的建筑所具有的意义，也许会更好。尤里卡大厦（Eureka Tower，又称发现大厦）是墨尔本南岸区闪亮的中心标志，它也纪念着当地的一段历史插曲。大楼以尤里卡（Eureka，希腊语，意为"发现"）起义命名，那是在1854年维多利亚淘金热时期发生的一次矿工起义。尤里卡大厦用它的金冠和红色的"血状"条纹纪念那些在起义中丧生的人。在你为了登顶金冠而攀登3680级台阶的时候，就会想起从前的挖矿者们留下的遗产。

有关如何参赛的更多信息，访问www.eurekaclimb.com.au。

479 德国柏林 理想摩天大楼

只要攀上理想摩天大楼（IDEAL-Hochhaus），就可以永远吹嘘自己曾跑上过德国最大的住宅建筑。先在德国首都跑几圈热身，然后冲过465级台阶，攀上29层楼。比赛时间是每年的1月份，此时柏林的空气寒冷清爽，最适合在跑完之后咬一口又热又新鲜的椒盐脆饼干。不过，真的要热血十足才可能打破4分钟以内的纪录。

比赛的所在地是德国首都的Gropiusstadt社区，报名费用不到10欧元。

480 越南胡志明市 金融塔

如果你从未去过西贡（Saigon，胡志明市的旧称），那么当你第一眼看到即将跑上去的50层大楼时，一定会连下巴都合不上。如果希望打破纪录，你必须在5分钟以内爬上金融塔（Bitexco Financial Tower）的顶层。这座大楼是国际合作的产物，由纽约市的公司按照越南的文化标志——莲花瓣的形状——而设计。金融塔垂直马拉松赛（Bitexco Vertical Run）从2011年才开始举办，因此，成为胜利者机会十足。

想到这里的话，前往胡志明市的1区（District 1），可打听大楼的任意一个名字：Tháp Tài Chính或金融塔。

休闲自行车手的经典骑行线路

没有树干一样粗壮的大腿，照样可以享受自行车骑行。试试这些适合休闲自行车手的轻松线路。

481 俄勒冈州 廊桥观景自行车道

悠闲的廊桥观景自行车道（Covered Bridges Scenic Bikeway）一路平坦，令人愉悦。它位于俄勒冈州（Oregon）的尤金（Eugene）以南。尤金是美国另类生活方式的中心之一，而俄勒冈州也许是美国最适合骑自行车的州。从位于科蒂奇格罗夫（Cottage Grove）的起点出发，你将环多里纳湖（Dorena Lake）骑行一周，然后经过几座美丽的桥——也就是这条自行车道的得名之处。沿着划船河小径（Row

得益于奥塔戈中部铁路自行车道，昔日的火车轨道成了引人入胜的自行车道。

River Trail）在无机动车行驶的自行车道上前行，这条60公里的线路非常适合家庭，不过在炎热的夏季要带上足够的水。在骑回科蒂奇格罗夫后，可以用冰激凌犒劳自己。既然已经来了，不妨探访一下威拉米特河谷（Willamette Valley）的酒庄。

从www.rideoregonride.com上下载详细的路线指南，那里有俄勒冈州所有自行车道的列表。还可以在www.oregon.gov访问公园与娱乐局（Parks and Recreation Department）的页面。

ANDREW BAIN/GETTY IMAGES ©

482 丹麦 博恩霍尔姆

还有比欧洲这块袖珍（而平坦）的地方更适合骑自行车的地方吗？应该没有。哥本哈根（Copenhagen）理所当然地是世界上最时髦的自行车之都，从那里向四面八方延伸出无机动车通行的自行车线路。不过，在通向波罗的海（Baltic Sea）上的丹麦小岛博恩霍尔姆（Bornholm）方向稍远处，你也能发现200多公里长的、大多为无机动车行驶的自行车道，沿途还点缀着白色的沙滩、松林和朴素的小教堂。环绕博恩霍尔姆一整圈为105公里，这就是斯堪的纳维亚一日游。

访问www.visitdenmark.com。从瑞典的于斯塔德（Ystad）乘坐渡船，或者，借助航程30分钟、从哥本哈根飞往西海岸伦讷（Ronne）的航班，到达博恩霍尔姆。春末、夏季和初秋，适宜来访。

483 英格兰 卡默尔小路

铁路从卡默尔河口（Camel Estuary）进入康沃尔郡（Cornwall），将康沃尔采石场的黏土、石板以及帕德斯托（Padstow）码头的鱼运至市场。20世纪80年代，铁轨被毁坏。如今，自行车手从波利桥（Poley's Bridge）出发，沿着卡默尔河谷（Camel Valley），经过一条25公里的无机动车铁路小径，穿越林地，沿着有众多野生动物聚集的水道，最终到达帕德斯托。塔尔卡小径（Tarka Trail）也是一条受欢迎的铁路骑行小径，跨越了德文郡（Devon）的边界。

小路全年开放，不过在夏天旺季时，度假的家庭蜂拥而至。参见www.sustrans.org.uk。当地自行车店出租自行车，还出租可供小孩子们使用的童车或拖车。

484 新西兰 奥塔戈中部铁路自行车道

铁路小径是指将废弃的铁道改造成适合自行车爱好者的相对平坦和无机动车的小径（理解了吧？），其中最好的一条就是新西兰南端的奥塔戈中部铁路自行车道（Central Otago Rail Trail）。这条从克莱德（Clyde）到米德尔马奇（Middlemarch，该方向最后三分之二的路段是下坡路）的小径全长150公里，每年有12,000人在这里骑车。这条小径是新西兰18条大自行车线路（Great Rides）中的一条，也是总投资5000万新西兰元的国家自行车道项目的一部分。如果租一辆自行车，你就可以快速地在起点与终点之间往返，或者，沿历史悠久的泰里河谷铁路（Taieri Gorge Railway）继续前往达尼丁（Dunedin）：一座保存完好的维多利亚时期的城市，有活泼热烈的音乐氛围。中途可在怀皮亚塔（Waipiata）休整一下。

详情可见www.otagocentralrailtrail.co.nz。4月是最佳（最热闹的）骑行时间，秋季则是一番层林尽染的景象。

485 德国 易北河自行车道

莱茵河（Rhine River）和多瑙河（Danube River）能激发音乐灵感，然而，虽然没有向德国的第二长河易北河（Elbe River）致敬的交响曲，但它却享有全国最受欢迎的河畔自行车路线。这条自行车道（德语为“Elberadweg”）的起点是布拉格（Prague），它跨越捷克与德国的边境，穿越德累斯顿（Dresden）和汉堡（Hamburg），最后到达易北河汇入北海的地方。毫无疑问，这条路线的部分吸引力是这样的：从德累斯顿开始，沿途多是下坡。

线路全程840公里，不过你可以一次只骑行一段。可在www.germany.travel和www.elbe-cycle-route.com计划行程。

RICHARD NEBESKY/GETTY IMAGES ©

486 南澳大利亚 克莱尔谷雷司令小径

过了（温暖而平坦的）巴罗萨（Barossa），骑自行车探索植被更为茂密、桉树成荫、位于阿德莱德（Adelaide）以北130公里处的克莱尔谷葡萄酒区。推动你前行的额外动力是：这座山谷出产南半球最好的几种雷司令葡萄酒，Skillogalee等酒窖还会提供可品尝的酒品以及用当地食材制成的午餐，这吸引着路过的车手们。克莱尔谷雷司令小径（Clare Valley Riesling Trail）绵延35公里，不过你也可以选择骑行较短的环形线路。这条自行车道曾经是铁路线，要是不把蜥蜴和美冠鹦鹉算在内的话，绝不会堵车。

登录www.southaustralia.com和www.railtrails.org.au计划你的旅行。在奥本（Auburn）和克莱尔（Clare）等城镇可以租自行车。秋季、冬季和春季（4月至11月）最适合骑自行车，夏季太热。

487 斯里兰卡 锡吉里耶至汉班托特

在斯里兰卡的文化重镇锡吉里耶（Sigiriya）和波隆纳鲁沃（Polonnaruwa）参观具有1000年历史的遗址，然后到南海岸汉班托特（Hambantota）棕榈树林立的岸边观看蓝鲸，这是一条大约600公里的自行车路线，需要骑10天左右。一路上要么非常热，要么非常潮湿，而且山地较多——你得骑过坑坑洼洼的道路，去往康提（Kandy），而且还要穿越高山茶园——尽管如此，得益于当地人友好和悠闲的天性，你会初步了解这座迷人的岛屿。骑着自行车，而不是被封闭在长途汽车的车窗后面，你会融入当地人的日常生活，即使要多流一点汗。

斯里兰卡有4条国家自行车线路（National Cycle Routes），不过休闲自行车手最好参加有当地向导协助的团队游，比如Exodus（www.exodus.co.uk）组织的那些项目。

488 法国 卢瓦尔河谷

索米尔（Saumur）、桑塞尔（Sancerre）和普宜（Pouilly）都是让喜爱葡萄酒的自行车手们向往的名字：幻想一下，午后的阳光下，满满一杯新鲜冰凉的白葡萄酒，还有波澜不惊的河水。2012年完工的卢瓦尔河谷（Loire à Velo）自行车道长800公里，激发了人们对上路的渴望。这条车道的三分之二是卢瓦尔河（Loire River）沿岸宁静的小路。不必骑完800公里的全程，在图尔（Tours）的任意一端坚持100公里，就能欣赏到卢瓦尔最美丽的城堡和葡萄园。多数大城镇都有火车站，所以，除了摇摇晃晃地骑车回家之外，你还可以乘坐火车返回起点。

易北河自行车道或许没有激发任何音乐灵感，但却有很多自行车手。

访问www.loireavelo.fr，计划你的骑自行车品酒周末游。

489 加拿大 爱德华王子岛

爱德华王子岛（Prince Edward Island，为了方便起见，称之为PEI）位于距离新不伦瑞克省（New Brunswick）东北海岸不远的地方。1989年，在岛上的铁路被关闭之后，这条线路被改造成273公里长的东西向联邦小径（Confederation Trail），从蒂格尼什（Tignish）直到安大略省（Ontario）的埃尔迈拉（Elmira）。虽然听起来很长，但是这条小径被分成了几个40公里的路段，车手们还可以经常补充无与伦比的海鲜——贻贝、牡蛎、蛤蜊、龙虾，或者只是咸鱼和薯条——这使得对付这条路时轻松了不少。总的来说，共有400公里长的砾石自行车道在这座岛屿上纵横交错。

5月至10月是旺季，详细信息见www.tourismpei.com。冬季，小径会变身为雪上摩托车的领地。

490 法国 奥德赛线路

大海和松针的气味充溢于你的鼻孔，唯一的声音就是大西洋海水击打着海滩的“哗哗”韵律。在这里骑自行车是一场全感官的盛宴。法国海岸沿线1200公里的奥德赛线路（La Vélodyssée，线路的80%是自行车专用道）于2012年开放，将布列塔尼（Brittany）和巴斯克（Basque）乡村连接起来。确实，这是一条漫长的道路，不过，凭直觉走可至滨海夏朗德省（Charente-Maritime）地区、海滩小镇鲁瓦扬（Royan）和拉罗谢尔（La Rochelle）等地。你可以在海浪中凉快一下，甚至还可以绕道去安宁而古朴的雷岛（Île de Ré），那里是巴黎家庭和自行车手的天堂。

在www.lavelodyssee.com研究线路，在www.france-atlantic.com预订住宿。

最刺激的摩托车探险

性感的轮廓和曲线、把人颠到散架的小径和令人激动的山口——发动你的引擎，准备一场人生骑行。

491 在阿拉斯加的迪纳利公路上行驶

在高速公路上"高速地"行驶吧。帕克森(Paxson)和坎特韦尔(Cantwell)之间的阿拉斯加8号公路(Alaska Route 8)之所以成为热门路线，并不是因为它的长度仅有217公里，也不是因为它的路面——它除了在起点和终点有小段的铺装路面外，中间路段全都是高低不平或泥泞不堪的路，就看你是在什么时间驶过了。但它回报你的却是荒野远景——高耸的山峰连绵不绝——3500米以上的山峰就有巍峨耸立的兰格尔山(Wrangell Range)、楚加奇山(Chugach Range)、阿拉斯加山脉，以及在终点前赫然映入眼帘的海拔6194米的麦金利山(Mt McKinley，美国的最高山)。

路况良好的时候，在这条线路上也可以骑行普通的公路自行车，不过最好还是倚仗适合冒险游的摩托车吧。

492 从开罗到开普敦，纵贯非洲

虽然有起点和终点，但在两地中间，一切皆有可能。这里有诱惑你去攀登的山脉(乞力马扎罗山和肯尼亚山)。当你在纳米比亚的索苏斯(Sossusvlei)沙丘行进时，在穿越努比亚沙漠(Nubian Desert)凝视苏丹的麦罗埃文金字塔时，沙子会灌进你的靴子。你可能会在赞比亚的南卢安瓜(South Luangwa)遭遇豹子和河马，在博茨瓦纳(Botswana)的奥卡万戈三角洲(Okavango Delta)遇见大象，在乌干达邂逅山地大猩猩。当然，你将骑摩托车纵贯这个星球上最多样化、最富有挑战性和最令人满足的12,000公里。

从北向南(开罗至开普敦)的骑行线路会比反向的线路更容易让你看到途中的景色。

493 在印度南部咬住"子弹"

如果有一种奇妙的装置，能够概括这片次大陆的迷人魅力和令人沮丧的矛盾，那就是皇家恩菲尔德子弹型摩托车(Royal Enfield Bullet)了。该车型的外观永远漂亮，具有野兽的美感——让车手的心为之悸动80年——但又长期伴随着愚钝的操作和技术毛病，大抵就是这样了。现在的子弹500车型(Bullet 500)，是配备了四冲程、27马力发动机的经典款式，是纯粹主义者用来应对拉达

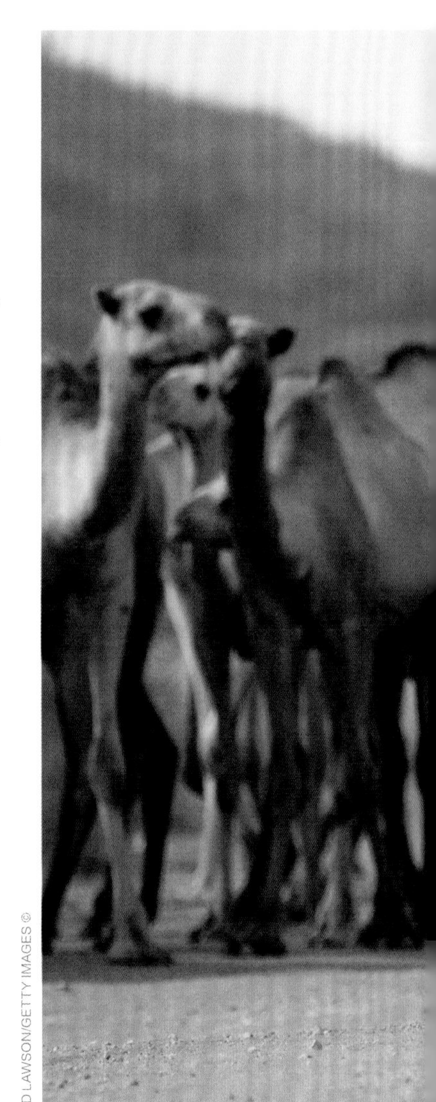

TODD LAWSON/GETTY IMAGES ©

克（Ladakh）的喜玛拉雅山脉公路的选择。相反，我们也可以从果阿邦（Goa）向南，穿越西高止山脉（Western Ghats），经过山间的避暑胜地和茶园、老虎保护区和柚木林，到达喀拉拉邦（Kerala）的海边。老天保佑一路顺利。

可以在当地租到“子弹”摩托车，也可以从印度各地的经销商处（royalenfield.com）购买。凉爽干燥的冬季（11月至次年3月）是最适合骑摩托车的季节。

494 应对挪威的特罗尔公路

陡峭的特罗尔公路（Trollstigen，又写为Troll Road）简直会让你的摩托车变了形。如果美景还不能让你目眩神迷，那么11个急转弯一定能。这片质朴得难以置信的峡湾风景被1000米高的悬崖守护着，这是挪威神话中的场景——人们很容易因此想到巨人、小矮人，没错，还有在被水淹没的冰川峡谷中大战的食人妖。骑车从卑尔根（Bergen）向北环行，完成一场2天或3天史诗般的奇幻历险：于世界上最长的峡湾——203公里长的松恩峡湾（Sognefjorden）驻足，在满眼绿意的盖朗厄尔峡湾（Geirangerfjord）喘息，有时还会有气势磅礴的瀑布倾泻到峡湾里。然后继续应对“Z”字形的特罗尔公路和鹰公路（Eagle Road）。

4月中至9月中，Hurtigruten的渡船（www.hurtigruten.com）航行于盖朗厄尔（Geiranger）和卑尔根之间，它提供单程班次，然后你需要骑车返回，反之亦然。

在开罗至开普敦之间，沿途有穿越其间的骆驼，没准还有斑马横亘在路中间。

此"水牛"非彼水牛：骑"水牛"牌摩托车在越南各处飞奔。

495 在俄罗斯的亡骨之路上行驶

尽管你无数次扶起了倒地的摩托车，在一次又一次的摔倒后，战战兢兢地感到自己要骨折了，但是要提醒自己的是：亡骨之路（Road of Bones）可不是根据摩托车手坟场的名声而命名的，它的命名是为了纪念斯大林时期为修建这条路而丧命的无数古拉格劳改营囚犯——他们就被埋葬在路下和路边。这条崎岖的路线——正式名称是M56或科雷马公路（Kolyma Highway）——蜿蜒成一条2000公里的弧形，从雅库茨克（Yakutsk）至马加丹（Magadan），中间穿越西伯利亚的崇山峻岭。伊万·麦格雷戈（Ewan McGregor）在他的纪录片《漫漫长路》（*Long Way Round*）里也记录了他在这条路上所尝的败绩——这难道还不是车手们的终极挑战？

根本不必考虑在夏季（7月和8月）以外的时间驶上亡骨之路。谨防暴雨冲垮路段。

496 从智利的南方公路前往世界的尽头

一条路、一个数字、一个传奇：南方公路（Carretera Austral）从蒙特港（Puerto Montt）向南延伸，穿越巴塔哥尼亚最偏僻和最壮观的景色，到达拥有奇异绰号的Villa O'Higgins。智利的7号公路（Ruta 7）——这个名字平淡无奇（更有名的名称是南方公路，字面意思是"南方的公路"）——蜿蜒约1240公里，经过温带雨林、安第斯山峰、峡湾和冰川。不过，沿途可没有修车店……南美地区的这条狭长地带人烟稀少，"公路"崎岖（柏油路面极少，路上更多的是沙砾）。此处各种设施极少，但是自然奇观众多，这里适合纯粹主义者骑摩托车探险。

带上应急燃油、大量现金、备件，以及中途修车的技术——自动柜员机和加油站极少。

497 骑水牛牌摩托车遍历越南北部

偏僻的越南北部地区邻近中国，非常适合骑摩托车。在这里，高耸的石灰岩山脉遍布着竹子、云雾林和水稻梯田，苗族（Hmong）、瑶族（Dao）、岱依族（Tay）和红瑶族（Dzao）村庄点缀其间，族人们穿着黑色、红色和白色的缤纷服饰。更为骑摩托车加分的是山间穿插着的无数条小径，它们吸引着勇敢的车手。骑行铁骑的选择一直是Belarusian Minsk 125cc，当地人称之为“con trau gia”（老水牛）。轰轰作响又冒着烟的发动机和毫不娇气的结构，正适合河江（Ha Giang）周边崎岖的道路。

河内的几家机构出租或出售Minsk 125s，出租的价格大约从每天10美元起。为应对故障，有必要学学基本的修车技术。

498 参加马恩岛的摩托车赛

确切地说，在一个世纪以前，就有勇敢的——有的人或许会说是鲁莽的——车手首次面对这条山地环道（Mountain Circuit），并骑过了盘旋于马恩岛（Isle of Man）这座半自治岛屿上60公里长的环路。这里如今已具有传奇色彩。1913年，H.O.伍德（HO Wood）跑出了时速52.12英里（略快于每小时80公里）的成绩，而且在那时，这条路仅仅是一条乡间小路。快进（非常快）至现在，马恩岛摩托车赛（Isle of Man TT）上最快的车手已经达到了每小时200公里的速度，该项比赛可以说是世界上最著名的公路赛。不必成为乔伊·邓洛普（Joey Dunlop，著名车手）就可以抚摩这里的坡道和角落，一年中的大部分时间这里都向所有的来访者开放。

在6月份的摩托车赛和8月份的传统摩托车赛（Classic TT）之间来访，飞驰经过赛道路标，获得标志性的体验。

499 行驶于美国的“龙尾”之上

“龙尾”（Dragon's Tail）并不太像是一条道路，更像是一种仪式。它位于斯莫基山脉（Smoky Mountains），全长18公里，是延展于田纳西州（Tennessee）和北卡罗来纳州（North Carolina）之间的129号公路（Route 129）的一段，现在已经成了美国最有名的骑车路线之一。这段复杂如风琴褶皱般的道路在不到10公里的直线距离里挤进了318道弯。如果急转弯还不够，这里还有倒落的大树、熊、火鸡，更不要说卡车和其他很多不怕死的司机了。简而言之，启动发动机之前，先好好检查一下你的刹车系统吧。

你有“龙尾”所在的190公里环路，再加上最受车手喜爱的另一条切罗哈拉公路（Cherohala Skyway），这一天的驾驶体验便臻于完美了。

500 沿意大利的阿马尔菲海岸骑黄蜂牌小摩托车

有人说，如果开汽车就像看电影，那么骑摩托车就是演电影。想拥有真正的电影明星气质，环绕那不勒斯（Naples）以南地中海的曲折峭壁公路是最佳选择，没有哪个地方能超越它。这也许是欧洲景色最完美的路段，50公里的道路经过华丽时髦的摩尔色调城镇波西塔诺（Positano）、普莱亚诺（Praiano）和阿马尔菲（Amalfi），自始至终都沿着海滩、海湾和令人晕眩的悬崖上升、盘旋和下降。想找到费里尼（Fellini，意大利著名导演）电影里的感觉，就租一辆传统的黄蜂牌（Vespa）小摩托车，一边呼吸着海水味的空气，一边悠然骑行，脑海里是迪恩·马丁（Dean Martin，美国著名歌手）和克劳迪娅·卡汀娜（Claudia Cardinale，意大利女演员）。

盛夏时分，这条海岸公路会挤满车辆和一日游的旅行者。想顺利骑行，请在旺季之外的时间前来。

最佳冒险电影

这些电影能激励那些缺乏实际经验的冒险家们摆脱沙发的引力，开启真正的冒险，而不是再去冰箱拿一瓶冰镇饮料。

501 无尽之夏（ENDLESS SUMMER，1966年）

这部布鲁斯·布朗（Bruce Brown）于20世纪60年代拍摄的有关冲浪的经典之作，至今仍能让观者在看完之后涌出拿起复古式长板、驰骋大海的冲动。影片聚焦于一心想寻找心目中完美海浪的美国冲浪手罗伯特·奥古斯特（Robert August）、迈克·汉森（Mike Hynson）和他们的好伙伴们。这群精力充沛且酷劲儿十足的年轻人环绕全球、追逐夏日的激情，足迹遍布世界顶级的冲浪胜地——从哥斯达黎加太平洋海岸的女巫礁（Witches Rock）和Ollie's Point，到南非的圣弗朗西斯角（Cape St Francis），最后到达夏威夷的威美亚（Waimea）。在那个古董车畅行、冲浪紧身裤随处可见、轻松惬意的年代，如此纯粹的浪尖之旅的确令人陶醉。布鲁斯·布朗后来还执导了有史以来关于摩托车赛的最出色电影之一——《摩托车冒险之旅》（*On Any Sunday*，1971年）。

详见www.brucebrownfilms.com。

502 王者之路（KING LINES，2007年）

关于攀登的电影不外乎两种套路：或者是集一众攀登者和若干攀登挑战地于一体的杂烩[例如《攀登大师》（*Masters of Stones*）系列]，或者是只聚焦于一名攀登者及其内心执着的信念[如*E11*中戴夫·麦克劳德（Dave MacLeod）和他冲击的“狂想曲”（Rhapsody）线路]。不过，《王者之路》却兼具这两种特色。影片被评为班夫山地电影节最佳攀登电影，并获得了艾美奖最佳摄影奖。该片的镜头追随攀登者克里斯·夏玛（Chris Sharma），从法国的凡尔登大峡谷（Verdon Gorge）到希腊的海崖，再到委内瑞拉的巨砾。最令人难忘的一幕当属夏玛在马略卡（Mallorca）一道名为蓬塔（Es Pontas）的拱形岩石进行深水攀登（即在下面有深水的岩壁上，在没有绳索保护的情况下进行攀登）的场景：他寻找到高处的支点，单手腾跃两米……“我就是想挑战最难、最美丽同时又最富创意的线路。”夏玛坦言。

登录www.senderfilms.com购买DVD。

503 标志（SIGNATURES，2009年）

20世纪50年代和60年代，沃伦·米勒（Warren Miller）拍摄了一系列的早期滑雪电影。自那之后，关于雪上运动的电影就拥有越来越多令人目眩的特技表演以及更为震撼的配乐效果。但由Sweetgrass Productions公司出品的《标志》却选择了更为内敛含蓄的表达方式——颇具禅意，带你深入日本北海道荒野滑雪区域，领略滑雪、单板滑雪、屈膝旋转式滑雪的运动之美。在这部影片中，你看不到从50米高的悬崖腾空跃起的惊险，看不到大成本的直升机，能看到的只有匠心独具的剪辑制作、优美的动作以及当地具有传奇色彩的滑雪高手兼设计师玉井太郎（Taro Tamai）所创立的公司。最为重要的是，它让滑雪运动显得如此轻松写意，即便是普通的滑雪爱好者也会因此而渴望在北海道齐腰深的粉末雪中驰骋一番。

登录www.sweetgrass-productions.com购买DVD。

504 冰峰168小时（TOUCHING THE VOID，2003年）

导演凯文·麦克唐纳（Kevin Macdonald）擅长实景再现：他先是在《9月的一天》（*One Day in September*）里还原了慕尼黑奥运会的人质事件，接着就在《冰峰168小时》里重现了一次险阻重重的登山之旅。虽然两部影片的主题截然不同，但它们精益求精、追求细微之处的手法却又是相似的。你或许已经知道了这个故事：来自英国的两名登山者乔·辛普森（Joe Simpson）和西蒙·耶茨（Simon Yates）首次尝试攀登秘鲁安第斯山脉的大锡乌拉峰（Siula Grande）。辛普森在途中不慎滑落陡坡，摔断了腿，底下就是万丈深渊，维系他生命的就只有一根绳子。辛普森伤势无法恢复，耶茨也没法救起伙伴。无奈之下，年仅21岁的耶茨割断了绳子。接下去又会发生什么呢？你会在影片中找到答案。

505 四季（SEASONS，2008年）

如果说以山地自行车为主题的电影旨在鼓励你到户外畅享骑行的乐趣，那么《四季》就是一部成功之作。这部极限运动片是由总部设在加拿大的“the Collective”电影团队制作完成的，他们是高空飞索拍摄技术领域的先锋，并掌握了其他革新技术。《四季》对7位山地车手进行了整整1年的跟拍，其中包括来自温哥华北岸、人缘极好的老将安德鲁·桑德罗（Andrew Shandro）以及英国的速降冠军史蒂夫·皮特（Steve Peat）。不过，影片中真正的明星是随四季变化的加拿大风光。仅惠斯勒自行车公园（Whistler Bike Park）在镜头面前所展开的美景，就会让你迫不及待地想要跳上飞往温哥华的航班。

登录www.thecollectivefilm.com购买DVD。

506 破浪巨人（RIDING GIANTS，2004年）

如果《无尽之夏》（*Endless Summer*）激发了你对冲浪的渴望，那么《破浪巨人》则能给你带来更大的满足感。斯泰西·佩拉塔（Stacy Peralta）将镜头对准了巨浪冲浪的狂热爱好者们，这些神勇的弄潮精英能挑战12米至25米（39英尺至82英尺）高的巨浪，与大海一较高下。佩拉塔先记录下了勇气卓绝的格雷格·诺尔（Greg Noll；活跃于20世纪50年代和60年代的冲浪先锋）对夏威夷威美亚（Waimea）长达25年的“爱恋”。接着，他又见到了莱里德·汉密尔顿（Laird Hamilton）。当这位身高1米91的金发冲浪好手从塔希提岛（Tahiti）泰阿胡波（Teahupo'o）巨浪汹涌的拍打中再次现身时，他重新诠释了对巨浪的征服。自那之后，拖曳冲浪越来越普及，但《破浪巨人》的真正魅力在于，聆听这些先锋讲述这项运动在当初是如何发展起来的。

507 北壁（NORDWAND，2008年）

没有哪一部登山题材电影——当然不包括《勇闯雷霆峰》（*The Eiger Sanction*）、《绝岭雄风》（*Cliffhanger*）或《垂直极限》（*Vertical Limit*）等影片——能像德国片《北壁》那样，让观众如此真切地感受到冰雪和岩石的冷酷无情。1936年，德国登山者安德烈斯·辛特托瑟（Andreas Hinterstoisser）和托尼·库兹（Toni Kurz）尝试挑战艾格峰（Eiger）北壁。影片就是根据这一真实故事改编的，其中的大部分场景都拍摄于瑞士的阿尔卑斯山脉。在与一对奥地利登山组合竞争的过程中，这对德国双人组遭遇恶劣天气和岩石滑坡。当他们决定下撤，与大自然展开生死搏斗时，后方的记者和游客们却坐在奢华旅馆里，品着鸡尾酒看戏。在这些旁观者的眼中，任何介于胜利和失败之间的表现都是索然无味的。

508 地狱星期天（A SUNDAY IN HELL，1975年）

如同《一代拳王》（*When We Were Kings*）之于拳击运动一样，《地狱星期天》在竞速自行车界也被奉为经典之作。这部令人痴迷的纪录片以1974年的巴黎-鲁贝赛（Paris-Roubaix）为主题。这项赛事是一年一度的春季古典赛之一，标志着自行车赛季的开启。勇敢坚毅的佛兰德车手成为这些高难度赛事中的佼佼者，罗杰·德·弗拉明克（Roger de Vlaeminck）和艾迪·莫克斯（Eddy Merckx）这两位史上最伟大的车手在此展开了精彩绝伦的对抗。巴黎-鲁贝赛赛程总长250公里，享有“北方地狱”（Hell of the North）的别名。选手们骑行穿越法国的北部，在狭窄的鹅卵石路上穿过幽暗的密林和狂风肆虐的农田，他们不是蓬头垢面就是沾满泥浆——这要取决于当地4月的天气状况。影片开头，有人正用刷子一丝不苟地清理着一辆精致的赛车——很多自行车手都会有这样的强迫行为，似乎他们与打退堂鼓仅剩一步之遥。

509 127小时（127 HOURS，2010年）

2003年4月，艾伦·拉斯顿（Aron Ralston）徒步进入犹他州峡谷地国家公园（Canyonlands National Park）的缝隙峡谷。就在攀爬的过程中，他正挑战的一块重达360公斤的巨石滚动了起来，将他的右臂夹在巨石和山岩之间，令他动弹不得，而旅程也被痛苦中断。拉斯顿十分清楚两件事：首先，他不可能搬动巨石。其次，没有人会来找他，尤其是在这样人迹罕至的狭缝里。导演丹尼·鲍尔（Danny Boyle）的这部关于拉斯顿经历的《127小时》张弛有度，情节环环相扣，让人感同身受——对于一部以无法动弹的人为主角的动作片而言，它确实相当成功。在被困5天之后，严重脱水、濒临死亡的拉斯顿折断了他前臂的两根骨头。然后，又经过一个小时的钝刀切割，他终于得以断臂脱身。

510 地球脉动（PLANET EARTH，2006年）

《地球脉动》虽然不是电影，却是BBC公司首部采用高清技术拍摄的大型自然历史纪录片，其制作水准精良，与商业电影相当。这一具有里程碑意义的电视片由大卫·阿腾伯勒（David Attenborough）掌舵，摄制组辗转62个国家的204个外景拍摄地，历时4年才制作完成。不容错过的场景？镜头从高处俯瞰，非洲野犬在逡巡捕猎，如同小型公共汽车一般的大白鲨正在捕杀开普软毛海豹（Cape Fur seal）。不过更关键的问题是，谁能成为阿腾伯勒的接班人？没有哪个博物学家能像他这样，在全世界如此多的国家里拥有如此多的观众。

十大最适合探险的国家

提及探险，并非所有国家都会令人心驰神往——但有几个却肯定能激发你的肾上腺素。

511 澳大利亚

只是说出“outback”（意为澳洲内陆）这个词，浓郁的探险气息就已扑面而来。你可以沿223公里的拉勒平塔路径（Larapinta Trail）徒步进入澳洲内陆的沙漠腹地，也可以去塔斯马尼亚（Tasmania）著名的陆上通道（Overland Track）体验截然不同的气候风情。后面一种体验将带你穿越茂密的雨林，在澳大利亚最壮丽的山脉间蜿蜒前行。对于攀岩爱好者而言，阿拉皮尔山（Mt Arapiles）就是一座石质圣杯——或许这座孤立的

在新西兰的探险之都皇后镇体验在海上风驰电掣的快感。

小山不甚起眼，但它却拥有2000多条攀岩线路，从简单的到高难度的，一应俱全。深入悉尼边缘的蓝山（Blue Mountains）享受蹦谷的刺激。遁世峡谷（Claustral Canyon）和缘分峡谷（Serendipity Canyon）这样的狭窄峡谷，集鲜为人知的历险体验和无与伦比的绝美景致于一体。在大堡礁（Great Barrier Reef）潜水，在坎宁牧道（Canning Stock Route）上畅享驾驶的乐趣……这里为你提供了无穷无尽的选择。

登录www.australia.com，了解更多探险项目。

JOHN HAY/GETTY IMAGES ©

512 挪威

论及原始粗犷之美，很少有国家能与挪威相媲美。峡湾深切海岸，群山拔地而起。你甚至不需要离开奥斯陆（Oslo），就能开启一段挪威式的探险征程。冬天，这座首都拥有超过2500公里的完善的越野滑雪道，到了夜晚，有大约100公里的滑雪道配备了照明。巨人之家国家公园（Jotunheimen National Park）是这个国家最适合徒步的目的地，汇集了挪威境内所有海拔超过2300米的山峰（以及275座海拔超过2000米的高山）。进入北极圈，你可以在海上泛舟，惊叹于罗弗敦群岛（Lofoten Islands）上壮观的天际线。也可以去斯瓦尔巴特群岛（Svalbard Islands），在那儿，任何形式的旅行都是探险：这里有惬意闲逛的北极熊、驯鹿和海象，以及这个世界上独一无二的冰封旅馆船。

登录www.visitnorway.com，深入了解挪威。

513 南非

从狮子到大白鲨，虽然南非有一些会令你胆战心惊的动物，但不要因此而影响你在克鲁格国家公园（Kruger National Park）的荒原步道上观赏野生动物的心情。在杭斯拜（Gansbaai）潜笼中与鲨同游时，也是一样。德拉肯斯（Drakensberg）是南非最高的山脉，其山巅如同迷宫一般，是美妙的徒步之选。冲浪爱好者则被杰弗里湾（Jeffreys Bay，即著名的J-Bay）所吸引，那里曾被描绘为拥有“世界上最完美的海浪”的海湾。体验蹦谷（kloofing）运动，深入地球的腹地寻觅世外桃源。位于西开普（Western Cape）的自杀峡谷（Suicide Gorge）是蹦谷探险的热门地点。

登录www.southafrica.net，了解更多细节。

514 新西兰

在新西兰，人们永远不会满足于一成不变的探险形式。1988年，蹦极诞生于皇后镇（Queenstown）的卡瓦劳悬架桥（Kawarau Suspension Bridge）上，之后一度发展为从直升机上纵身跃下的极限运动。简单的洞穴探险在怀托莫（Waitomo）溶洞内就演变成了更为刺激的绳降和漂流。激浪木筏在凯图纳河（Kaituna River）7米高的瀑布上俯冲而下，或者，它也可以瘦身为激浪板——一块颜色鲜艳的冲浪趴板，仅供单人漂流使用。太空球（人待在塑料大球里，从山坡往下滚）也诞生于此。米尔福德步道（Milford Track）不负“世界最美徒步线路”的美誉，不过也有很多人认为附近的路特本步道（Routeburn Track）更迷人。

登录www.newzealand.com，可以看到更全面的冒险之旅。

515 斯洛文尼亚

斯洛文尼亚是欧洲最佳探险旅行目的地之一。博韦茨(Bovec)镇完全可以宣称自己是欧洲的探险热点。尤利安阿尔卑斯山脉(Julian Alps)巍峨耸立,索查河(Soča River)流经山脚,特里格拉夫国家公园(Triglav National Park)环绕四周,你可以在这里待上一周的时间,徒步、划皮划艇、骑山地自行车。到了冬天,还能登上卡宁山(Mt Kanin)滑雪。除了博韦茨,你还可以深入波斯托伊纳(Postojna)长达20公里的溶洞一探究竟,正是这一奇观让全世界知道了“喀斯特”一词。海拔2864米的特里格拉夫山(Triglav)是斯洛文尼亚境内最高的山峰,也是徒步爱好者的向往之地。

斯洛文尼亚旅游局(Slovenian Tourist Board; www.slovenia.info)。

516 阿根廷

从野生动植物资源丰富的海岸线到世界上最壮观的瀑布之一,再到喜马拉雅山脉之外最高的山脉,阿根廷拥有无可挑剔的探险资源。阿空加瓜山(Aconcagua)海拔6960米,作为南美的最高峰,它对于那些有决心、有毅力的徒步者而言,也并非高不可攀。往南走,滑雪胜地巴里洛切(Bariloche)每到夏天就会为徒步爱好者提供数条南美大陆最美的徒步线路,人们沿此攀越山脊、领略纳韦尔瓦皮国家公园(Parque Nacional Nahuel Huapi)的自然之美。在巴塔哥尼亚海岸,你将有望亲眼看见虎鲸冲上瓦尔德斯半岛(Peninsula Valdes)的北角(Punta Norte)海滩。

私营网站www.welcomeargentina.com上列有很多探险活动。

517 哥斯达黎加

据说哥斯达黎加是地球上动物密度最高的国家。鸟类——五彩金刚鹦鹉、翅蜂鸟——是该国的典型特色。哥斯达黎加是空中索道——悬挂在缆绳上,在树冠中滑行——的起源地。如今,这项运动风靡全世界,这个国家更是无所不在。Río Pacuare河被认为是世界上最适合漂流的河流之一,它奔腾流经一系列藏匿于原始雨林中的壮观峡谷。徒步者为蕴藏丰富野生动植物资源的科尔科瓦多国家公园(Parque Nacional Corcovado)深深吸引,而勇气十足的徒步者不妨挑战一下从加勒比海到太平洋、长达70公里的横穿哥斯达黎加的线路。

哥斯达黎加旅游局网站(www.visitcostarica.com)上有探险活动的链接。

518 加拿大

加拿大孕育了丰富多彩的探险机遇——你甚至可以沿着正在逐步完善、总长达23,000公里的横穿加拿大之路(Trans Canada Trail),真正地从一个海岸徒步或骑车到另一个海岸。你能在温哥华岛西海岸步道(West Coast Trail)的沿途领略粗犷的自然之美,也可以悠闲地骑行在470公里长的联邦步道(Confederation Trail)上,穿越爱德华王子岛(Prince Edward Island)。这两条步道分列于加拿大西部和东部的两端。落基山脉(Rocky Mountains)云集了各色活动,冬季去班夫(Banff)周围滑雪、攀冰,夏季去弗尼镇(Fernie)感受世界级水准的山地自行车骑行。往北行,冬季的育空(Yukon)有狗拉雪橇项目。顺着南纳翰尼河(South Nahanni River)而下,体验世界上最偏远且最惊心动魄的皮划艇探险之一——你会渴望一睹气势磅礴、落差达125米的大瀑布。

www.canada.travel提供诸多探险建议。

519 尼泊尔

大多数来到尼泊尔的游客最终都会选择去珠穆朗玛峰或安纳布尔纳峰(Annapurna)附近徒步,但这个国家还有更多的探险选择。不惧怕翻越喜马拉雅山的骑行爱好者会顺着从拉萨出发的中尼友好公路,一直骑到加德满都(Kathmandu)。也可以尝试安纳布尔纳环线的山地骑行。在博克拉(Pokhara),接受过专门训练的老鹰会和滑翔伞者一起飞上高空,引领后者进入暖气流,这就是独特的滑翔伞驯鹰运动(parahawking)。喜马拉雅山冰雪融水汇聚而成的河流翻滚奔腾,似乎是在邀请漂流爱好者前去挑战。漂流行程可以是短短几个小时的颠簸刺激,也可以是长达数天的穿越卡利甘达基峡谷(Kali Gandaki;世界上最深的峡谷)之旅,或是进入充满原始气息、偏远的塔穆尔河(Tamur River)的长途跋涉。

登录welcomenepal.com,了解更多信息。

河流和雨林，徒步和野生动植物，鸟类和海滩，哥斯达黎加呼唤着热衷探险的旅行者们。

520 法国

多姿多彩的法国能满足所有人的需求——美食爱好者、恋人、社会名流以及富有探险精神的人们——的需求。阿尔卑斯山脉和比利牛斯山脉（Pyrenean）的众多山口令公路骑行爱好者难以抗拒，而骑单车旅行的人们则穿梭于全国的各式面包甜品店之间。法国是滑翔伞运动的发源地，至今也依然是此项运动最为活跃的心脏地带，据说这里的滑翔场地在数量上超过了其他任何国家。从著名的勃朗峰环游（Tour du Mont Blanc）到比利牛斯山脉横贯之旅，再到贯穿科西嘉岛（Corsica）的GR20徒步线路——被普遍认为是欧洲最具挑战性的长距离徒步线路：法国的徒步选择之丰富足以宠坏徒步爱好者们。枫丹白露森林（Fontainebleau forest）内散布的岩石素来是阿尔卑斯攀登者的训练基地，3万余块岩石构成了大约1万条抱石（低难度，攀登不需要绳索）线路。

法国旅游局的官方网站是www.franceguide.com。

一起玩板吧！

脚上绑好滑板，来点重力加速度或者风力，嘿！你正在体验一项全新的探险运动。

521 在全世界极限熨衣

1997年的某个夜晚，菲尔·肖（Phil Shaw）想去攀岩，可他还有一大堆等着熨烫的衣服。肖灵机一动，决定一边攀岩一边熨衣服，极限熨衣运动就此诞生。用肖的话来说，极限熨衣集极限运动的刺激和“熨平一件衬衣所带来的满足感”于一体。自那之后，珠穆朗玛峰、拉什莫尔山（Mt Rushmore）以及英国的M1高速公路都见证了极限熨衣的疯狂。2012年，另一位来自英国的极限熨衣玩家保罗·罗

滑板州：加利福尼亚州所拥有的滑板公园数量之多，胜过其他任何地方。

伯茨（Paul Roberts）带着他的熨衣板和熨斗参加了为期6天、总距离长达243公里的撒哈拉沙漠马拉松赛，并最终在860位参赛选手中排名第364位。在抵达终点线时，他还得花时间来完成熨衣服这个环节。这项运动借鉴了攀登、水肺潜水和跳伞等极限运动，但你还需要一块轻便可折叠的熨衣板——要大到可以铺平一条裤子或者一件长袖衬衫。

登录www.facebook.com/ExtremeIroningOfficial，展现你的新绝活。

GETTY IMAGES ©

522 在夏威夷玩趴板冲浪

并非20世纪70年代发明的所有东西都已沦为过时的代名词：在夏威夷的海浪中，现代化的趴板冲浪——使用1米长的宽板——成功转型，变得前所未有地受欢迎。不同于普通冲浪，趴板冲浪需要你平趴在趴板上。在一些普通冲浪者看来，趴板在稳定性方面有所欠缺，不过，得益于它所需的宽大脚蹼，趴板在灵活性方面占优势。玩酷要绝招，在海浪中翻滚驰骋，乐趣无限。面向专业选手的趴板冲浪世界巡回赛辗转于南非、巴西和澳大利亚。但在夏威夷的瓦胡岛（O'ahu），怀基基（Waikiki）1~2米高的海浪是新手们练习这项古老绝技的完美之选。

火奴鲁鲁国际机场距离怀基基12公里。在www.gohawaii.com上可预订住宿。很多商店都提供趴板租赁服务，按小时收费。你也可以在当地小卖部买到便宜的趴板。

523 在迪拜滑沙

当居住在迪拜的外籍人士寻求打发周末时光的好办法时，显而易见的选择就是，徒步登上这座城市周边200~300米高的沙丘顶部，把脚固定在滑雪板上，接下去的一切就交给重力吧。现如今，你可以买一块“滑沙板”，旅行社会安排四轮驱动车载你去连绵起伏、巍然壮观的黄褐色沙丘。大红丘（Big Red；当地人称之为Al Hamar）名声在外，不过导游也能带你去一些人流相对较少的沙丘。当然，在阿拉伯联合酋长国，财富之充裕就如同无穷尽的沙丘一般，以至于这座城市打造了专门远离日晒的休闲场所：一座位于大型购物中心内的室内滑雪场——不过，那是另外一回事了。

当地旅行社Arabian Adventures（www.arabian-adventures.com）组织滑沙活动。

524 在加利福尼亚州玩滑板

对于滑板爱好者而言，世界各地皆有适合这项运动的城市。但只有托尼·霍克（Tony Hawk，美国滑板巨星，数十次完成“900”——即空中旋转两周半）的家乡拥有如此多专门为滑板运动建造的公园。位于圣何塞（San Jose）的坎宁安湖地区滑板公园（Lake Cunningham Regional Skate Park）是其中规模最大的公园之一，拥有6个碗状滑坡槽以及无数个管形场地。它经常举办滑板以及BMX（小轮单车）训练营。街式场地的尽头，人们用混凝土重现了加州最为汹涌的岸边浪的情景，与众不同。公园是由一家名为加州滑板公园（California Skateparks）的公司设计的——该公司的另一件混凝土大作就位于霍克先生家中的后院内，但不向公众开放。

带上你的滑板，去www.sanjoseca.gov和www.visitcalifornia.com推荐的公园和娱乐场地。

RENIW-IMAGERY/GETTY IMAGES ©

平静如镜的北美五大湖是体验桨板冲浪的完美地点。

525 在威斯康星州玩桨板冲浪

什么是SUP？即Stand-Up Paddleboarding（桨板冲浪，又名站立式单桨冲浪）的简称。随着拉尔德·汉密尔顿（Laird Hamilton）等冲浪偶像的出现，这项始于波利尼西亚的水上运动重新焕发出光彩，于21世纪成为主流。那么，你需要去夏威夷或者加利福尼亚才能练习桨板冲浪技巧吗？答案是否定的，威斯康星州就能满足你的要求。以奶酪和啤酒闻名的威斯康星州比邻五大湖，该州内位于麦迪逊（Madison）大学城附近的莫诺纳（Monona）等湖泊平静如镜，风光旖旎。新手需要一块长且宽的冲浪板以及一根比自己的身高再长约20厘米（7.8英寸）的桨。更进一步，尝试热门的SUP瑜伽。如果你觉得这些都还不够过瘾，那么在一天行将结束时，喝上几杯密尔沃基（Milwaukee）产的精酿啤酒吧。

根据www.visitmadison.com计划你全新的休闲娱乐活动，该网站还列出了提供桨板租赁服务的公司。春季到秋季是在威斯康星州体验SUP的最佳时节。

526 在澳大利亚玩尾波滑水

想尝试这项板上运动，你不仅需要一块尾波板——大小类似一块小熨衣板（但不能用熨衣板替代），还需要一位驾驶汽艇的朋友和一条足够长的缆绳。接下去该怎么做，已是一目了然。你的朋友驾驶汽艇在前，而你在借由动力牵引滑行的同时，在尾波板上完成各式技巧动作。如果是在专门为尾波滑水（wakeboarding）设计的场地，就能尽享其乐趣，所以你应该鼓足勇气，从悉尼向北前进，到达阳光明媚的新南威尔士州的斯托尼公园（Stoney Park）。去那里吧，尽情呼吸新鲜的空气！

通过www.stoneypark.com.au可以预订滑水课程和住宿。在汽艇上安排一位"观察员"是明智之举，这样驾驶员就可以专注地开汽艇了。

527 在英国玩风帆

英国或许没有令人叹为观止的岸边浪，但脚踩帆板、扬起风帆，会有更多乐趣。就风帆运动（windsurfing）而言，西威特林（West Wittering）的南海岸拥有速度最快的水流之一，这里是位于奇切斯特港（Chichester Harbour）港口的一片海滩，风沿着索伦特（Solent）航道吹来。平缓的卵石海岸意味着无论天气状况如何，这片水浅且平的水域里都将风平浪静，吸引着来自英国各地、穿着潜水服的速度爱好者们。滚石乐队的吉他手基斯·理查兹（Keith Richards）长期居住于此，至于他是否换上过潜水服去感受海浪的拍打，无人得知——但可能性不大。

西威特林位于西苏塞克斯（West Sussex），在奇切斯特以南12公里处。登录www.visitchichester.org，了解更多相关信息。

528 在西班牙玩风筝冲浪

相较于风帆运动，风筝冲浪（kiteboarding或kitesurfing）就像是后起之秀。它在过去的十年里，抢走了前者的不少风头——尤其是因为风筝冲浪对风力的依赖性不高。这项运动不仅时髦，而且更具挑战性：在波涛起伏的大海上，借助阵阵微风打开风筝可不是新手能够完成的。大多数风筝冲浪爱好者会操控较小的风筝在陆地上进行入门练习。想要体验风筝冲浪，不妨前往位于西班牙南部、距离马拉加（Málaga）2小时车程的塔里法（Tarifa）。风就从隔开欧洲大陆与北非的直布罗陀海峡（Straits of Gibraltar）穿过。

夏季风力最强，不过全年的气候情况都很不错。镇上设有数家风筝冲浪学校。可以根据www.spain.info计划行程。

529 在英国滑山

需要是发明之母，面对着层峦起伏的山丘绿地和短缺的降雪，英国的刺激寻求者们于20世纪90年代初期将坚固耐用的轮子安在了长板上，发明了滑山运动。最初的滑山板由noSno公司生产，采用了滑雪板固定器，还安装了手动刹车。如今，滑山板融入了更多高科技元素。它有大约1米长，轮子直径为20厘米。英国有15个可供你学习这项运动的滑山中心，其中最好的一家位于保留了乡村原始风貌的赫里福德郡（Herefordshire），Ironsides Court Farm是其所在地。

登录www.atbauk.org和www.ironsidescourtfarm.co.uk查询更多相关信息。

530 在日本玩分板滑雪

在醒来的那一刻，甚至还没打开百叶窗，你就能感觉到雪花的气息：外面已是积雪盈尺。1月至3月，在日本最大岛本州岛（Honshu）最北端的八甲田山（Hakkoda-san）滑雪胜地，如此美景稀松平常。迫不及待地想和粉雪来次亲密接触？立马带上你的分板滑雪板（splitboard）吧。没错，这种滑雪板可以从中间分开。单板一分为二，就能凑成一副普通滑雪板了。在板底安好止滑带，你就可以在八甲田山广袤的积雪中越野滑行。将单板组合起来，你就又能去人迹罕至的雪坡开展速滑了。过足滑雪瘾后，那就泡泡温泉，品上一杯暖暖的清酒，结束这美妙的一天。

1月和2月要留意暴风雪。距离此处最近的城镇是青森市（Aomori）。根据www.jnto.go.jp计划你的行程，可以通过www.hakkodapowder.com预约向导。

勇者无畏——寻宝之旅

隐匿于崇山峻岭间的黄金，沉睡在大海深处的船骸，
矿井中深藏不露的欧珀石——即便最终两手空空，
你至少也经历了无与伦比的刺激探险，绝对不虚此行。

在斯卡帕湾刺骨的海水中，寻找遇难水手的魂魄和宝藏。

531 维尔京群岛（英）诺曼岛，真正的金银岛

据说，罗伯特·路易斯·斯蒂文森（Robert Louis Stevenson）笔下经典的探险故事《金银岛》就是以诺曼岛（Norman Island）为原型创作的。诸如“金钱湾”（Money Bay）和“私掠湾”（Privateer Bay）这样的地名，表明了这座隶属维尔京群岛（英）的、如今无人居住的小岛曾与海盗有着千丝万缕的联系。诺曼岛以峻峭的“The Bight”岬角周边的海蚀洞浮潜闻名。真正的海盗弗朗西斯·德雷克爵士（Sir Francis Drake）和约翰·霍金斯爵士（Sir John Hawkins）曾在The Bight的避风锚地停留。或许，是时候沿这些海岸线打捞一遍，并证明那些传言中依然沉在海底的宝藏是真实存在的了。

结束探险后就去岛上的Pirate’s Bight餐馆（http://piratesbight.com）品尝经典的西印度风味菜肴，恢复体力。

532 古巴青年岛隐秘的海盗宝藏

如今这座岛被称为“青年岛”（Isla de la Juventud），但它在历史上却是海盗的聚集地。弗朗西斯·德雷克爵士、亨利·摩根（Henry Morgan）和爱德华·蒂奇（Edward Teach）均到访过此地。广泛流传的故事是：他们将掠夺来的财物秘密藏在碧蓝海岸沿线的洞穴内。更为惊悚的是，在16世纪至18世纪，这里甚至被称作金银岛（Treasure Island）。岛上也曾挖出过古钱币以及其他值钱的宝物。至于余下的大量宝藏，或许是因为搜寻难度太高，至今仍未出现在人们的视野中——而众多的、具有挑战性的潜水场所，成为小岛吸引爱好者源源不断前往的重要因素。

提前数周预订从哈瓦那（Havana）前往青年岛的航班，否则你就只能在古巴的巴塔瓦诺市客运港（Surgidero de Batabanó）乘坐速度缓慢的双体船了。

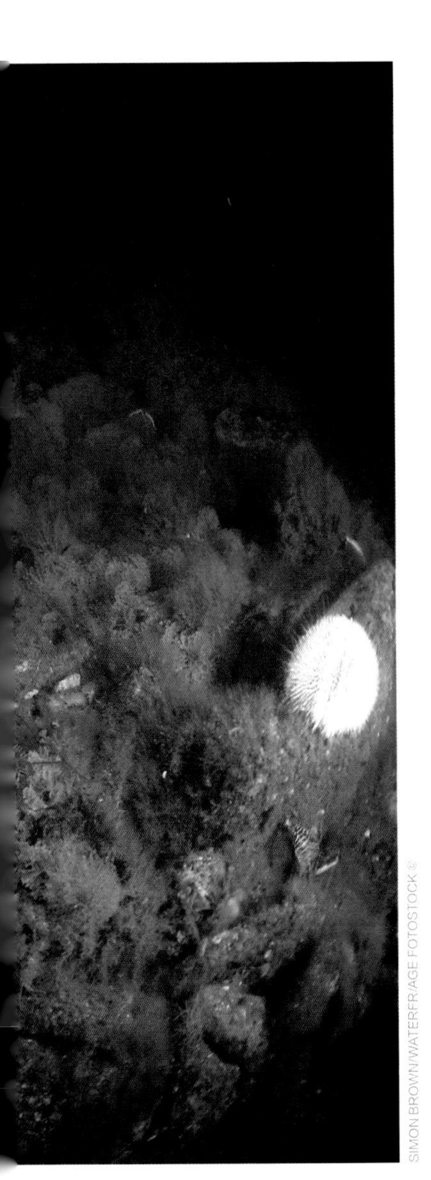

SIMON BROWN/WATERFR/AGE FOTOSTOCK ©

533 苏格兰奥克尼群岛沉船潜水

别被海平面上常年的大风大雨欺骗了，奥克尼群岛（Orkney Islands）位于苏格兰的北海岸，其水质竟是清澈见底。但在历史上，这一地区始终蕴藏着巨大危险。近海海底散落着大量的沉船残骸，天然海港斯卡帕湾（Scapa Flow）附近不光有在第一次世界大战中为防御德国而沉的船舶，还有德海军上将冯·鲁伊特（Von Reuter）下令集体自沉的50多艘德国军舰。尽管后来有少量军舰被打捞上来，但其中很多仍沉在海底，至于这些沉船至今还有多少价值，那就见仁见智了。但其历史意义毋庸置疑。这些残骸船型复杂，以驱逐舰、巡洋舰和鱼雷快艇居多。

Scapa Scuba（www.scapascuba.co.uk）位于风景如画的渔村斯特罗姆斯（Stromness），可以安排沉船潜水。

K S CHEW/GETTY IMAGES ©

戈壁沙漠在恐龙的进化过程中扮演了极为重要的角色，同时它也是令现代古生物学家魂牵梦萦的地方。

534 蒙古戈壁沙漠 探寻化石

古生物学家们普遍认为：尽管戈壁沙漠看似荒凉冷寂，但世界上最大规模的白垩纪生物化石群就藏在这片不毛之地内。作为恐龙进化史上最繁盛的时期，似乎8000万年前的一切都汇聚于这片戈壁沙漠，从大型的恐龙到较低级的小蜥蜴，应有尽有。在最新的发现中，单爪龙（Mononykus）被认为是恐龙和现代鸟类之间的过渡物种。切记：严禁将骨骼化石带回家——享受探索过程中的兴奋就好了。

可以选择乌哈托喀（Ukhaa Tolgod；科学家们的选择）这样的热门区，或者是更容易到达的巴彦扎格烈火危崖（Flaming Cliffs of Bayanzag），然后开启你的探寻化石之旅。

535 澳大利亚库伯佩地 寻找欧珀石

别一味沉浸在欧珀石的五彩缤纷之中：不妨弯下腰，亲自体验一下挖掘这种美丽宝石的乐趣！从阿德莱德（Adelaide）出发，往北经过一段漫长的行程，便能抵达澳大利亚内陆（以及整个星球）的欧珀石盛产地——库伯佩地（Coober Pedy）。此地周边所拥有的矿井数量几乎与其永久居民的数量相当。虽然这些都是仍在运转的矿井，但其中有很多都欢迎随意的参观者。通常情况下，你只需戴上安全帽，和专业矿工一起进入地下，就能体验“noodling”（即“捡漏”，寻找可能遗漏的宝石），这是当地人对“探矿”的一种说法。

进入诸如Tom’s Working Opal Mine（www.tomsworkingopalmine.com.au）这样的矿井，你会知道，一盎司顶级欧珀石的售价可达数千澳元。

536 加拿大不列颠哥伦比亚省淘金

在育空淘金热潮(Yukon Gold Rush)时期，人们从这里开始寻找金矿之旅。现在，你也可以来此淘金，试试手气。不列颠哥伦比亚省有不少面向游客、服务热情友好的淘金场所，可以让人轻松体验淘金乐趣，而不用像昔日的淘金者那样背负沉重压力。弗雷泽河(Fraser River)位于具有重要历史意义的淘金之路(Gold Rush trail)上，非常适合休闲性质的淘金活动，你也可以参加不列颠哥伦比亚省每年5月在切利维尔(Cherryville)举行的淘金锦标赛，来证明自己的淘金能力。

Yukon Dan(www.yukondan.com)是职业淘金者，他能提供丰富的背景信息，还组织适合家庭的穿越不列颠哥伦比亚省的淘金之旅。

537 缅甸摩谷红宝石

从曼德勒(Mandalay)出发，往东北方向前行(如果当局允许的话)，经过7小时的颠簸，就能到达缅甸具有田园风情的心脏地带和人口稠密的山谷，摩谷(Mogok)就在这里。近一千年来，摩谷一直是世界上主要的红宝石产地。镇上，宝石店随处可见，大多数居民都私下珍藏着红宝石以及这一地区盛产的另一种宝石——蓝宝石。你可以购买挖掘宝石的设备，但不建议独自前往附近的矿井。去摩谷的宝石市场是更好的选择，当地人在那里买卖宝石。这印证了那句老话：发光的并不都是金子。

留意被称为kanase的当地传统：当地人会在矿井外筛选废矿石，以期找到专业过滤系统所遗漏的宝石……而他们往往能得到不错的回报。

538 玻利维亚波托西银矿

在西班牙语中，“valer un Potosi”的意思是“非常值钱”。几个世纪之前，这些位于南美洲海拔最高的城市附近的银矿曾一度到达鼎盛期，从这里挖掘出来的白银使得曾经不可一世的西班牙帝国建造起无数富丽堂皇的建筑。虽然现如今这里主要在提炼铅和锌，但它的银矿资源并未被开采殆尽。目前的矿井之旅会组织参观仍然运转的竖井，可近来有调查报告显示，内部矿井四通八达的里科山(Cerro Rico，即富山)已被挖成采空区，并有坍塌的危险。

在参观途中会遇到矿工，务必带上些送给他们的礼物——古柯叶能够提神，还可以减缓在高原的晕眩症状，因此最受欢迎。

539 美国菲利普斯堡宝石山

“这是你能享受到的最脏的淘洗乐趣”，这座位于蒙大拿州(Montana)的矿井如此宣传道。在一大桶沙砾中摸索、寻找蓝宝石原石时，乐趣主要源于手中闪过一道光泽的瞬间，很多人都会有所收获。只需要一双勤劳的手和坚定的决心——这里提供淘洗设备，你甚至不用去黑漆漆的矿井寻找石头——自动倾卸的卡车会将石头运到你面前。宝石山(Gem Mountain)距离米苏拉(Missoula)仅有1小时车程，或许这会更加激发你对宝石的渴望。

5月中至10月中，宝石山(www.gemmountainmt.com)会对外开放宝石搜寻活动。其余的时间，你只能去菲利普斯堡的宝石商店淘宝了。

540 巴西阿克里州发现黄金城

关于传说中印加黄金城(El Dorado)的真实所在地，从来不乏猜测，但与秘鲁和玻利维亚接壤、地处亚马孙热带雨林腹地的巴西阿克里州(Acre)是最具竞争力的候选之一。原因？卫星影像发现阿克里河(Acre River)沿岸有大量土垒，这些迹象表明前哥伦布时期的先进文化确实存在，这符合西班牙征服者的描述，即在热带丛林中隐匿着极为繁荣富裕的城市。尽管到目前为止，人们还未发现任何宝藏，但是，嘿，专家们也不过是最近才承认如此大规模的定居点是完全可能存在的。

连接巴西海岸和秘鲁海岸的国际公路(Inter-oceanic Hignway)有利于你在这片区域展开探险。现在，包括Oasis Overland(www.oasisoverland.co.uk)在内的旅游公司能够组织横跨这条公路的旅行线路。

最适合与犬同行的活动

汪！汪！汪！
这些刺激的探险活动会让狗狗们兴奋不已。

541 加利福尼亚 亨廷顿海滩冲浪

持续的完美海浪吸引着晒成古铜色的俊男靓女。他们踏上冲浪板，与浪涛亲密接触。如果有些冲浪手看上去身材矮小且身上有毛，别怀疑，你没有出现幻觉。斗牛犬、约克郡犬和哈巴犬成为美国冲浪之都（Surf City USA）——亨廷顿海滩（Huntington Beach，它已经注册了这一头衔）——的一道别样的风景线。它们穿着救生衣和夏威夷风情的沙滩裤，四肢稳稳地踩住冲浪板，还能做出"十指驾驭"的动作。当地的冲浪学校会为狗狗以及它们两条腿的好伙伴们提供冲浪培训课程。各种狗狗冲浪大赛的举办地点沿海岸线一路绵延至洛杉矶。荣誉归属那只西施犬，它面对4英尺高的海浪依然无所畏惧、迎面直上，最后从翻卷的白色浪花中冲出来。

4月到9月是冲浪旺季。SoCal Surf Dogs（www.socalsurfdogs.com）列出了相关活动，并设有专门面向狗狗的项目，还提供与教学训练相关的建议。

542 加利福尼亚，索诺玛郡葡萄酒庄之旅

山丘上遍布着葡萄园，氤氲的雾气和谷仓点缀其中，一派质朴风光——索诺玛（Sonoma）吸引着来自世界各地的品酒行家。在这里的300余家葡萄酒庄中，有许多都欢迎四条腿的顾客。当你在摇晃、闻酒并与酿酒师讨论某种带烟熏气息的梅洛红葡萄酒的优点时，你的爱犬也在和酿酒师的狗狗嗅着宠物零食呢。除了设有欢迎宠物狗的品酒室外，有些酒庄为狗狗准备特别的"欢乐时光"，有些欢迎你带幼犬一同参观葡萄园，还有很多酒庄允许你和你那毛茸茸的伙伴在葡萄园里野餐并开瓶好酒尽兴。

索诺玛位于旧金山以北1小时车程处。6月至10月是最适合参观的季节。想了解面向宠物犬开放的葡萄酒庄，可以登录www.sonomacounty.com。

543 加拿大 在育空乘坐狗拉雪橇

什么是skijoring？即给1条（或者3条）精力充沛的狗套上纤绳，让它们拉着雪橇进行越野滑雪。在狗狗向前奔跑的同时，你的双腿也在用力蹬，如此一来，你就能以两倍的滑行速度穿越冷杉林了。River Runner 100为世界上距离最长的狗拉雪橇比赛，壮观的育空（Yukon）荒野就是比赛场地。在怀特霍斯（Whitehorse）和门登霍尔（Mendenhall）之间是105公里（65英里）长的冰封路段，当你沿着育空河和塔基尼河（Takhini river）滑行时，一路上都能听到滑雪杖敲击冰面以及狗爪踩入积雪中发出的嘎吱声。你和狗的脸上都会挂上冰碴。不过，如果气温降至零下30℃以下，主办方会取消比赛。

River Runner 100（www.dpsay.wordpress.com）于2月末举办。Tourism Yukon（www.travelyukon.com）上列有允许狗狗入住的住宿点。

544 科罗拉多州 阿斯彭滑雪

如果你的狗抱怨拉雪橇太累，或许它更乐意去阿斯彭（Aspen）当阔气的宠物。全美的富豪名人都聚集在这里宏伟壮观的雪坡上。狗可以在几条北欧滑道上撒欢儿玩雪。滑完雪后才是最为热闹的时光：壁炉边上，哈士奇正在对着晃着尾巴的雪纳瑞吹嘘其取得的丰功伟绩。即便是像Little Nell这样的奢华酒吧，也对狗敞开大门。银质饮水碗和狗狗菜单皆为必备。那只正在品尝烤三文鱼的可爱的马尔济斯犬？它可是姓Trump的。

12月至次年4月为阿斯彭的滑雪季。想了解更多面向犬类开放的线路，登录aspennordic.com；适合犬类参加的活动项目，详见www.aspenchamber.org。

545 英国英格兰 奔宁道徒步

英国最古老的奔宁道（Pennine Way）沿组成英格兰北部脊梁的山脉蜿蜒前行，从峰区（Peak District）穿过约克郡山谷（Yorkshire Dales），直到苏格兰边境。在狗狗的陪伴下，你可以尽情领略这片土地上的荒野之美，你还能顺着哈德良长城（Hadrian's Wall）遗迹，重温罗马时代的辉煌。这条徒步线路顺着乡村小径和羊道，下行通入质朴的村庄。当你的靴子（和狗狗的爪子）沾满泥浆时，总会有古老的、用石头搭建的旅店或酒吧及时出现。

这条徒步道长435公里（270多英里），以德比郡（Derbyshire）的埃代尔（Edale）为起点，终点是苏格兰的柯克耶特姆（Kirk Yetholm）。最适宜徒步的时间是5月中旬至9月。想了解更多相关信息，登录www.nationaltrail.co.uk/pennineway。

546 加拿大安大略省 阿尔冈金省立公园 划独木舟

当你在船尾划舟时，狗狗将它的爪子搭在船头，嗅着清新的空气，如此景致使得狗狗划桨有了全新的意义。阿尔冈金省立公园（Algonquin Provincial Park）是安大略省最大的公园，散发着质朴的气息，拥有茂密松林、悬崖峭壁、为青苔所覆盖的泥塘和数以千计由清流连接起来的湖泊。狗狗能肆无忌惮地在沙滩游泳，冲着当地的驼鹿吠叫致意。当它对着月亮仰天长嚎时，狼族伙伴们也大声回应，这无疑是这段旅程最大的亮点。

5月、8月和9月，最适宜划舟。网站（www.algonquinpark.on.ca）提供相关信息。Dog Paddling Adventures（www.dogpaddlingadventures.com）组织相关旅行项目。

547 美国 伊利诺伊州露营

划独木舟，还是徒步？餐厅聚会，还是围坐在篝火边？嗅到了腊肠犬的气息，还是大丹犬的？Camp Dogwood把典型的儿童营地改建成为狗狗（和你）准备的趣味度假营。卷毛狗和金毛寻回犬一同睡在小木屋里，相安无事。活动期间，田园犬在爱斯基摩狗的石膏爪印旁边留下自己的爪印。但最具吸引力的还是玩耍环节——穿过被阳光照得斑斑驳驳的田地，沿着树木繁茂的小径，在码头末端跃入水塘，嬉水欢闹。当狗狗们累了，就进入看电影、露天烧烤、手工艺课程等露营备选环节。当然，一定少不了才艺表演。

Camp Dogwood（www.campdogwood.com）每年举办3次活动，地点就在芝加哥西北部80公里（50英里）处的英格塞德（Ingleside）。大约有100只狗以及它们的人类伙伴一起参与。

548 俄勒冈州 佳能海滩嬉戏

在任何一片古老的沙滩，狗都会追逐海鸥、嗅漂流木、刨螃蟹、追赶海浪的泡沫。但唯有在佳能海滩（Cannon Beach），它才能在以雷霆万钧般的海浪和雾气中逐渐显现的、令人叹为观止的海蚀柱为绝佳背景的空间中嬉戏。海滩绵延宽广，最适合与爱犬一同玩耍。白天扔棍子、抛飞盘，夜幕降临后，围坐在篝火前，你与狗狗之间会建立起更深的友谊。而且，附近小镇上松木瓦片盖顶的商店和咖啡馆亦对狗狗开放。

佳能海滩距离波特兰130公里（80英里）。7月和8月有最棒的阳光。12月至次年4月，灰鲸在附近游弋。详情参见www.cannonbeach.org。

549 意大利/瑞士/法国 徒步阿尔卑斯地区

星星点点的牛群点缀着青山，山中回荡着清脆的钟声。雪绒花在翠绿的草坪上盛放。山庄里供应着可口的奶酪和香肠。狗已经在舔它那美味的骨头，并思量着该走哪条线路（Via Alpina由5条线路组成，贯穿8个国家）。选择蓝线（Blue Trail）吧，该线路最为简单。这还多亏了一群爱狗人士，他们制订的这条线路绕过了几处国家公园——沿途少有的禁止狗入内的地方。既然没有了顾虑，你就可以专注享用gruyère（瑞士顶级奶酪）和pâté（一种以肉、鱼或蔬菜为基本配料加工而成的法式食物）了。

蓝线位于意大利的里亚莱（Riale）和法国的索斯佩勒（Sospel）之间，共有61个阶段。徒步者通常会一天完成一个阶段。6月至10月是最适合徒步的时节。更多细节，参见www.via-alpina.org。

550 新西兰 内皮尔狗拉自行车

给狗套上挽具，再通过纤绳与自行车把手相连。你蹬踏板，狗往前奔，你和它齐心协力顺着小径前进。位于新西兰北岛一片松林内的埃克斯代尔山地车公园（Eskdale Mountain Bike Park）是最酷的骑行场所之一。翻山越岭、艰苦跋涉之后能欣赏到霍克斯湾（Hawkes Bay）的迷人景象：葡萄藤环绕四周。返程途中，可以绕道，让狗狗玩得更加尽兴：嗅嗅树，在溪流间玩闹。畅玩之后，可以去具有艺术装饰风格的内皮尔（Napier）歇脚，还能品尝上等佳酿。

Hawkes Bay Mountain Bike Club（www.hawkesbaymtb.co.nz）负责全年的公园事务运营。新西兰的夏天（12月至次年2月）气候宜人，非常适合这项运动。

标志性的欧洲历险

欧洲大陆平均每平方公里所拥有的国家数量超过了其他任何大陆，因此这里无疑拥有更多的探险选择。

JEAN-LUC ARMAND/GETTY IMAGES ©

551 英国威尔士，在雪墩山国家公园攀登

威尔士海拔最高的山区可谓仅次于珠穆朗玛峰的登山之选。包括埃德蒙·希拉里（Edmund Hillary）和丹增·诺盖（Tenzing Norgay）在内，1953年的那支英国珠峰远征队就是在这里进行训练并最终创造了人类首登珠峰的壮举。此外，1955年首支成功登上干城章嘉峰（Kanchenjunga）的登山队亦选择在这里训练。Pen-y-Gwryd Hotel地处攀登中心，就在雪墩山（Snowdonia；威尔士最高峰）和格莱德斯（Glyders）两座崖峰之间的隘道上。1953年远征队曾将这里作为训练基地——旅馆至今仍然珍藏着远征队的相关纪念品，聚集着攀登者的酒吧的天花板上还有远征队员的签名。

雪墩山不缺向导。Pen-y-Gwryd（www.pyg.co.uk）位于环绕雪墩山脚的Sherpa公交网络范围内。

552 法国/瑞士/意大利 徒步环勃朗峰

毋庸置疑，Tour du Mont Blanc是欧洲最出名的徒步路线——环绕阿尔卑斯山脉最高的勃朗峰（Mont Blanc；4810米），穿越3个国家。对于大多数徒步者而言，167公里长的行程需要耗费10天到14天，而参加环勃朗峰极限耐力赛（UltraTrail du Mont Blanc）的选手们只需要1天左右就能完成。自18世纪以来，这条路线就广受欢迎。沿途风光美不胜收，从为羽扇豆属植物所遮蔽的溪流到岩石裸露、险峻陡峭的大若拉斯山（Grandes Jorasses），美景令人目不暇接。这条路线被大多数步行于此的人称为TMB，其选择颇多，既有高海拔路线，也有低海拔路线，但即便是最容易的路线，攀登的总长也达8000米左右。

大多数徒步者从夏慕尼（Chamonix）附近的Les Houches小镇出发。沿逆时针方向走，能看到更震慑人心的美景。

553 法国 在夏慕尼体验滑翔伞

20世纪70年代，滑翔伞运动诞生于法国村庄米约西（Mieussy）。40年后，这项运动的心脏地带沿着公路向南转移了50公里，迁至夏慕尼（Chamonix）。在夏慕尼山谷，天空中总是飘着朵朵伞花。先从最简单的双人滑翔开始，然后循序渐进，体验夏慕尼由易到难的滑翔伞挑战。从很受欢迎的Brévent峰起飞，再乘坐缆车去3842米的南针峰（Aiguille du Midi）顶起飞（从缆车平台到滑翔起点还需爬一段山路）。你甚至可以将阿尔卑斯山脉最高峰勃朗峰的顶部作为滑翔起点。

夏慕尼旅游局（Chamonix Tourist Office; www.chamonix.com）官网有滑翔伞公司列表。

滑翔伞爱好者准备如鹰一般在阿尔卑斯上空翱翔，这是饱览勃朗峰壮观景色的最佳办法。

像007一样，从韦尔扎斯大坝上纵身一跃——不需要"杀人执照"……

554 瑞士 韦尔扎斯大坝蹦极

既然能满足007的要求，必然会让你心满意足。在电影《黄金眼》中，邦德从这一位于提契诺（Ticino）的220米高的大坝边缘纵身而下，从容不迫，轻松写意——这个场景一度被评选为电影史上最好的特技表演。此外，《黄金眼》也让世界上最高的蹦极点之一——韦尔扎斯大坝蹦极（Verzasca Dam Bungee Jump）——一夜成名。一波又一波的人来到此地，尝试他们此前肯定从未想过的挑战：从大坝坝墙上一跃而起，跳入深不见底的嶙峋峡谷。这8秒钟的难忘经历，会成为你在今后数年内边喝马提尼酒边向他人夸耀的资本。

韦尔扎斯大坝毗邻马焦雷湖（Lago Maggiore）的北端。洛迦诺（Locarno）是一个不错的基地选择。可以在www.trekking.ch了解蹦极相关信息。

555 西班牙 与公牛一起奔跑

潘普洛纳（Pamplona）的奔牛节（Sanfermines festival；又名圣费尔明节）早已成了大家耳熟能详的标志性节日。它让你有机会在凶悍公牛的追逐下，狂奔着穿城而过。从7月7日到7月14日，每天早上，都会有6头公牛被从市中心放出来。它们在825米长的鹅卵石路上狂奔，最后进入世界上第三大的斗牛场。狂牛前面是一大群全力冲刺的人，他们唯一的目标是：从爆竹点燃升空那一刻开始（这宣告愤怒的公牛被放出来了），3分钟内不被受到惊吓的动物踩踏或者顶伤。

要想成为狂奔人群中的一员，你必须在清晨7点半之前进入指定路线［出发地点为圣多明戈广场（Plaza de Santo Domingo）］，并占好位置。公牛会在8点左右被放出来。

556 荷兰 徒步渡海

他们是一群满身泥泞的疯子，沿荷兰的北海岸游荡。退潮后，他们顺着裸露的滩涂徒步前行。这些滩涂从海岸一路延伸出去，穿越瓦登海（Wadden Sea），直到弗里西亚群岛（Frisian Islands）。这一独特的当地活动被称为wadlopen（徒步渡海），即在泥泞的滩涂上行走。徒步前往Schiermonnikoog岛是最受欢迎的路线之一，沿途会经过数个潮汐水道。你必须穿高筒靴，否则你的鞋子一定会被淤泥粘下来。

与格罗宁根（Groningen）相距27公里的Pieterburen镇是徒步渡海的主要基地。Wadloopcentrum Fryslând（www.wadlopen.net）组织徒步渡海之旅。

557 挪威，在泰勒马克体验屈膝旋转式滑雪

挪威自认是滑雪的发源地。最起码，它可以宣称自己彻底改变了这项运动。19世纪，在泰勒马克（Telemark）的莫尔格达尔（Morgedal）镇，桑卓·诺汉姆（Sondre Norheim）发现中间偏窄且安装有固定器的滑雪板可以让脚踝更加自由地移动。屈膝旋转式滑雪（Telemark）就此诞生。如今，位于奥斯陆南边的泰勒马克已成为挪威最大的滑雪区。Lifjell拥有最棒的适合屈膝旋转式滑雪的场地，而Rauland和Haukeli有大约200公里完善的越野滑雪道。你可以去莫尔格达尔的滑雪探险博物馆（Ski Adventure Museum）向诺汉姆表达敬意，那里立有他的雕像，并且还原了他昔日居所的场景。

可以登录www.visittelemark.com了解泰勒马克地区的旅行及滑雪信息。

558 德国 在慕尼黑运河冲浪

提及欧洲的冲浪活动，比亚里茨（Biarritz）、纽基（Newquay）、蒙达卡（Mundaka）等名字就会在脑海中浮现出来。奇怪的是，处于内陆地区的慕尼黑竟然也位列其中。这里的冲浪场景让人觉得耳目一新：一条流经英国公园（Englischer Garten）的人工运河拥有完美的驻波，每天都吸引大约100名冲浪爱好者跳进刺骨的河水中——冲浪者在河岸上排起的长龙足以证明这项活动的受欢迎程度。在超过30年的时间里，运河冲浪都属于非法的行为，直到2010年，这项活动才终于得到法律认可。只有经验丰富的冲浪手才能驾驭这里的驻波，但新手们可以去市中心以南的Thalkirchen营地附近，那里的驻波相对和缓。

运河驻波位于英国公园南端，靠近摄政王街（Prinzregentenstrasse）。

559 法国 高山骑行

几乎每一个与环法自行车赛相关的传奇故事都与高山有着千丝万缕的联系，高山上的高难度赛段骑行是检验无畏勇者的标准。险峻巍峨的山势不仅成就了自行车界的巨星骑手，还使得其自身声名远播。正是在这些山口，业余骑手们聚在一起，征服拥有21个急转弯、海拔为1860米的Alpe d'Huez，挑战2115米的图尔马莱山口（Col du Tourmalet；1910年环法赛首次攀登该路段），在1912米高的旺图山（Mont Ventoux）与怒号的狂风作斗争，攀上2645米高的加利比耶山口（Col du Galibier）——这是环法赛有史以来海拔最高的赛段终点。

很多旅游公司都组织环法自行车赛高山路段的自行车之旅。

560 德国／奥地利／斯洛伐克，沿多瑙河骑行车道骑车

多瑙河骑行车道（Danube Path）沿欧洲第二长的河流蜿蜒前行，据说是这片大陆最受热捧的骑行旅游路线。你可以全程追随多瑙河，从它的发源地德国的黑森林（Black Forest）开始，穿过10个国家，直到它在罗马尼亚注入黑海为止。不过，多瑙河骑行车道的主要部分始于德国的帕绍（Passau），之后迂回曲折，延伸365公里，直到斯洛伐克的布拉迪斯拉发（Bratislava）。车道基础设施完备，多数路段地势平坦，非常适合首次骑行的旅行者——很多人至多骑到维也纳，另一些人则将路程延伸至布达佩斯。筹建中的EV6骑行路线长达3600公里，将在从德国的图特林根（Tuttlingen）到黑海一段沿多瑙河前进。

埃斯特鲍尔（Esterbauer）的*Danube Bike Trail*（第二册和第三册）详细介绍了从帕绍到布达佩斯的多瑙河骑行车道。

挥霍留给孩子的遗产的最佳方法

贷款已经还清而银行账户里依然有足够的资金，既然钱财乃身外之物，又不想被儿女挥霍一空——倒不如投身冒险之旅，尽情享受晚年时光。

MICHAEL NOLAN/CORBIS ©

561 昆士兰州，预订五星级豪华游艇潜水游

珊瑚海（Coral Sea）的海水并非冰冷刺骨，但甲板上预备的温暖毛巾依然会令你心里暖暖的。你刚刚结束了一天内的第三次潜水，通常情况下，你会觉得筋疲力尽，但高氧恢复能让你在短时间内重新焕发活力。不妨懒洋洋地躺在甲板上，寻找小须鲸，然后与船上的海洋生物学家聊聊晚上潜水时能看到的惊喜。从昆士兰州的鳕鱼洞（Cod Hole）出航，向北前往偏僻的Tijou、Wishbone和Yule礁石，探寻沉船遗骸，欣赏海洋生物：从小小的海蛞蝓到大青鲨和魔鬼鱼，令人目不暇接。3天后，你将从霍恩岛（Horn Island）搭乘小型飞机飞越大堡礁（Great Barrier Reef），返回凯恩斯（Cairns）。

Mike Ball Expeditions组织前往澳大利亚北部大堡礁的10天豪华游艇游，费用为4745~7030澳元。

562 培养新的爱好……例如云中漫步

“那些穿着翼装的家伙太疯狂了，”当你越过起伏的高山草甸并平稳升空时，心里会这样念叨，“还是我要体验的这种飞翔方式文明得多。”你一直以来都在寻找一种全新的挑战——虽然需要接受一定的训练，但云中漫步（Cloudhopping）不失为完美的选择。这项运动和乘坐热气球飞行有些相似，只是没有吊篮。一名飞行员通过配有鼓风扇的背带操控热气球。整套设备可用汽车装载，因此，你可以选择在任何地方开启最长时间为90分钟的飞行。云中漫步者灵活敏捷，能在很小的区域内实现降落。你还可以让气球继续保持膨胀，在步行离开降落区的过程中尝试月球式跳跃，跃过树篱和其他障碍。

一套云中漫步设备的费用大约在15,000美元至20,000美元之间。有些机构要求飞行员拥有美国联邦航空管理局（简称FAA）颁发的许可证。

563 培养在南极划海上皮划艇的兴趣

皮划艇附近原本如镜的水面突然泛起波澜。那究竟是什么?你期待着与一只鲸鱼不期而遇，不过恐怕没有那么容易。没关系，只是一群好奇的企鹅罢了。不过是一群帝企鹅：一周之前，你根本无法想象自己竟然会对此情此景如此淡定。眼下，你正划着皮划艇，穿梭于冰山之间，前往南极某个企鹅栖息地。在这宁静的冰天雪地之中，只有船桨划水的声音，你不禁开始同情那些乘坐喧闹橡皮艇（Zodiac）游览的可怜家伙了。

你可以通过很多旅游公司预订包括海上皮划艇项目在内的南极游，费用在2500英镑（3725美元）至13,500英镑（20,120美元）之间，时间为10天至30天不等。

夏季来南极划皮划艇，这非常适合老年人。

加拿大的偏远荒野风景如画，很容易让人分心，你甚至都感觉不到鳟鱼已经上钩了。

564 加拿大荒野 乘坐水上飞机体验飞钓

DeHaviland Otter水上飞机弹了一下，然后缓缓降落在垂钓小屋的对面。你将在这一设施完善的小木屋里独自度过整整一周的时间。如果你想探索其他地方，可以通过无线电呼叫一架丛林飞机。仅安大略省北部的日落市（Sunset Country）就有超过70,000个湖泊，要从中挑选一个心仪的飞行目的地并非易事。但至少你肯定能享受一段独处的时光。无论如何，水中会有很多伙伴：湖红点鲑、美洲红点鲑、玻璃梭鲈、鲈鱼、白斑狗鱼和北美狗鱼，它们会让你的钓竿忙个不停。

不少旅行公司组织Wabakimi省立公园（Wabakimi Provincial Park）以及安大略省其他地方的飞钓之旅（fly-in fishing），每周的价格为1500加元左右。

565 阿拉斯加州，艾迪塔罗德狗拉雪橇比赛

雪橇犬后爪上的雪飞溅到你的脸上。天很冷，温度可以降到零下73℃，但此刻你才真的感觉不枉此生。有些人将毕生的积蓄花在跑车上，而你却想要体验艾迪塔罗德狗拉雪橇（Iditarod Sled Dog Race）这项被誉为“最后的伟大竞赛”的比赛。训练费用、狗的运输费用和报名费，比买一辆跑车还要贵。但这样的经历才能成为你日后向孙辈们夸耀的资本。当然，前提是你需要熬过如此艰苦的比赛。参赛者和他们的爱犬要完成从安克雷奇（Anchorage）到诺姆（Nome）的、总长1850公里（1150英里）的严酷赛段，一路冰封雪锁，渺无人烟。

艾迪塔罗德狗拉雪橇比赛（www.iditarod.com）每年3月初举行。参赛费用约为20,000美元至30,000美元。

566 德国 包乘齐柏林飞艇

你正越过飞行员的肩膀凝视前方的风景，而你的朋友们惬意地坐在宽敞舒适的客舱里。飞艇在300米的低空安静地前行。地面上的一切都尽收眼底，包括仰起的面孔上流露出来的羡慕表情。齐柏林飞艇（zeppelin）于数年前就重返弗里德里希港（Friedrichshafen）上空，而你正想体验愉悦的飞行，于是灵光一闪——为什么不包下整艘齐柏林飞艇，规划属于自己的冒险征程呢？空域不是问题，如果你愿意承担相应的费用，还可以让飞艇飞往任何你想去的地方：从1小时的俯瞰康斯坦茨湖（Lake Constance）之旅，到前往土耳其卡帕多基亚（Cappadocia）的多天游，任由你选。

包乘齐柏林飞艇的价格是每天30,000欧元。详见www.zeppelinflug.de。

567 变身潜水艇员，探访泰坦尼克号

透过MRI I潜水艇的舷窗，你能清晰地看到马克尼室（Marconi Room）。沿着船骸侧翼继续往前，泰坦尼克巨大的螺旋桨会映入你的眼帘，相比之下，其余地方残留下来的、渺小的私人物品正提醒着你：这是一场令人痛心的人间悲剧——这艘沉没的巨轮带走了1500条生命。你搭乘RV Keldysh母船，航行350海里来到泰坦尼克号的失事地点。整个潜水过程最长可达12小时，与你一同潜入深海的还有另外19人，外加一名值得信任的驾驶员，这样的经历会让你深感触动。导演詹姆斯·卡梅隆（James Cameron）对泰坦尼克号如此情有独钟便不难理解了。

可以通过Bluefish（www.thebluefish.com/visit-the-titanic）预订泰坦尼克潜水之旅，每人59,680美元。

568 格陵兰岛 在康加米尤特对一流的直升机滑雪上瘾

你的双腿在颤抖，你的心跳个不停，可你仍然意犹未尽，不希望这种速降体验就此打住。在厚厚的积雪中下降了2000米，正当你觉得这一切不会停止时，眼前突然出现了蔚蓝的大海，这宣告滑雪体验的结束。康加米尤特岛（Kangaamiut）上没有缆车，登顶的唯一方法就是乘坐直升机。这里的数百条冰川汇入3个峡湾，能提供最高且最陡峭的峰顶直抵海边的直升机滑雪（heli-skiing）体验。每名向导带1个4人小组，向导会教你所有动作要领，甚至专门为第一次来此地滑雪的人准备了讲座。

康加米尤特直升机滑雪之旅（经哥本哈根）的费用约为8500英镑。详见www.bigmountain-trips.com。

569 “劫持”火车，踏上从铁路至小径的奥德赛之旅

服务生们更习惯避开高尔夫用具和猎枪，而不是曲折穿过散落在车厢里的山地车。而作为骑手的你们，正在调整双避震“座驾”，讨论着即将到来的行程。你们一同包下了从南非比勒陀利亚（Pretoria）开往开普敦（Cape Town）的火车，此行的目的并非去高尔夫场地挥杆或者猎鸟（很常见），而是去自行车道。下一站是斯泰伦博斯（Stellenbosch），你将在那里下车，开启18公里的单车道骑行，蜿蜒穿越德瓦拉（Delvera）。

Rovos Rail可以提供南非任意火车线路的包车服务，并可按照你的需求制订行程。价格不一，但起步费用为每晚380,000南非兰特，21个包厢至多可搭乘41名乘客。详见www.rovos.com。

570 太空漫游

虽然目前Lonely Planet还没有出版过有关这一前沿地带的指南，但现在进入太空已不再是遥不可及的梦想，只要你身家足够丰厚。在撰写本书期间，维京银河（Virgin Galactic）的“先锋宇航员”（Pioneer Astronaut）项目仍有空位。一旦太空漫游计划可行，你就能在第一艘飞船上占有一席之地。这趟旅程将带你进入350,000英尺（100多公里）以外、国际公认的太空边缘，这一高度足够让你看到环绕地球的大气层，窥见即便是在白天亦黑漆漆的宇宙。你会以3.5倍音速飞行，体验失重的感觉，但不会进入运行轨道——这趟飞行就是最简单的直上直下，持续2小时（外加3天的训练）。

“先锋宇航员”项目票价：20万美元。宇宙飞船包船（Spaceship Charter；专门为你和5位朋友开启的太空飞行）价格为100万美元。详情可登录www.virgingalactic.com。

最佳极限赛跑比赛

系紧鞋带，做好迎接挑战、面对困境和美景……还有脚上起水泡的准备。从巍峨高山到荒芜沙漠，我们为你带来十大最佳极限赛跑比赛。

571 澳大利亚塔斯马尼亚，摇篮山跑山赛

你正沿着摇篮山（Cradle Mountain）的山脊向顶部跑去，凛冽的寒风拍打着你的面颊。太阳从东边升起，云朵将影子投落在山谷中。在你的下方，一众跑者正沿着跑步路线串成一路纵队，而在他们的下方，则是幽深如镜的鸽子湖（Dove Lake）。一年中有这么一天，人们横穿塔斯马尼亚（Tasmania）最为壮丽的荒原，82公里长的陆上通道（Overland Track）变成了跑道。这条泥泞的道路布满了纵横交错的车辙，引领你从高耸的粗玄岩山峰下方穿过，经过高山湖泊，穿越如冈瓦纳古陆（Gondwana）般古老的一片片森林，最终来到清澈的圣克莱尔湖（Lake St Clair）的岸边。过程很艰辛，但你会爱上这项赛事的。

摇篮山跑山赛（Cradle Run）的名额仅有60~70个，参赛选手需要提供此前参加耐力赛并且完赛的证明（主办方不提供常见的补给资助）。参赛名额很抢手，数分钟内就会被抢空。

572 美国犹他州，瓦萨奇100英里越野赛

犹他州是摩门教的大本营，这里举办的瓦萨奇100英里（Wasatch 100）越野赛是世界上最艰苦的极限赛之一。其难度之高，以至于有一年没有任何一名参赛选手能最终完赛。瓦萨奇赛以陡坡闻名，当你没完没了地穿越黄松林和晃动的山杨树、横穿瓦萨奇山前区（Wasatch Front）陡峭的峡谷和山峰时，你的双腿会真切地感受到这一点。让参赛选手生畏的不仅是上坡路，有上坡就意味着要下坡，将近8000米的上坡路段预示着：当你拖着沉重的脚步抵达位于霍姆斯特德（Homestead）的终点线时，酸痛的不仅是大腿股四头肌——你的膝盖也快报废了。

瓦萨奇100英里越野赛于9月初举办。选手必须先完成一整天（连续8小时）的操场跑道测试，主办方才会接受其报名。

573 加拿大死亡竞速

对于跑者而言，没有比“死亡”（death）这个词更令其感到紧张的了。如果比赛的名字（Deathrace）还没把你吓住，那么包括地狱峡谷（Hell's Canyon）在内的一些途经地应该可以吓住你了。在地狱峡谷，你要涉过名副其实的硫黄河（Sulphur River）和烟雾河（Smoky River）。死亡竞速全程总长125公里，穿过加拿大落基山脉的3座高山（意味着3个艰苦的爬坡路段），但这项赛事更“臭名昭著”的是其下坡路段——不仅异常陡峭，而且土质很松，一旦摔倒，后果相当严重。如果碰上下雨，还得做好应对“十分湿滑，到处都是泥塘”的准备。

这项8月举办的赛事允许单人报名，也可以组成接力团队（至多5名成员）。参赛选手必须在24小时内完赛。

574 墨西哥 CABALLO BLANCO 极限马拉松赛

Caballo Blanco极限马拉松赛横穿大名鼎鼎的Rarámuri（字面意思即“脚步轻盈的人”）原住民所生活的土地——墨西哥Urique印第安村庄崎岖不平的峡谷地。Rarámuri人素以超乎寻常的耐力而闻名。有时候，他们可以穿着用橡胶和毛皮碎片做成的凉鞋连续跑数百公里。当你完成这一80公里（50英里）长的艰苦赛程（包括近3000米的上坡路段）时，你会庆幸自己穿的是跑鞋而不是凉鞋，不过与此同时，你也赢得了“脚步轻盈者”的美誉。

比赛于2月举办，最近刚刚更名：以赛事创办者麦卡·特鲁的名字（Micah True，绰号“Caballo Blanco”，意为白马）命名。在这之前，赛事名为铜峡谷极限马拉松（Copper Canyon Ultramarathon）。

575 英国，鲍勃·格拉汉姆环圈赛

英国人对传统的热爱不亚于他们对王室丑闻的热衷，而再没有比鲍勃·格拉汉姆环圈赛（Bob Graham Round）更为传统的赛事了。本质上，这并不是赛跑。环圈赛参赛者的目标是在24小时内攀登英格兰湖区（Lake District）的42座山峰，这一壮举最初由鲍勃·格拉汉姆在1932年完成。根据所攀爬山峰顺序的不同，选手跑的总赛程长度也不尽相同，但至少会超过100公里，其中包括8000多米的上下坡路段。最终完赛的选手将成为鲍勃·格拉汉姆俱乐部的成员。

鲍勃·格拉汉姆环圈赛是一项个人赛事，可以在任何时候完成。虽然这项赛事的标准线路覆盖了42座山峰，但其最高纪录却是在24小时内攀登了77座山峰。

576 法国 环勃朗峰超级越野赛

有人说，生命是痛苦的。在向费雷山口（Grand Col Ferret；2500米）之巅奔跑时——你的肺和大腿都在燃烧，在这之前，你已经跑过5段要命的爬坡路段了。此时此刻，或许你会倾向于同意这一观点。但比任何身体上的酸痛都更让你感到糟糕的是，前方还有69公里的另外5段大上坡在等着你。欢迎参加被公认为世界上最残酷极限赛的环勃朗峰超级越野赛（Ultra-Trail du Mont Blanc，简称UTMB）。仅凭数据就能证明：168公里的赛段环绕勃朗峰，其中有9500米是上坡路段，只有不到五成的参赛选手能到达终点线。但当你蹒跚通过设在夏慕尼（Chamonix）的终点时，你会记住痛苦是短暂的，完成UTMB才是永恒的。

选手们必须先通过资格赛才能报名参加UTMB，然后主办方通过抽签确定最终2000人的参赛阵容。

577 新西兰 开普勒步道赛跑

沿开普勒步道（Kepler Track）攀爬，站在高高的山脊之上，面对下方湛蓝的蒂阿瑙湖（Lake Te Anau），或许你会有一种感觉：我就是《魔戒》中的阿拉贡，我正在追逐半兽人。当倾盆大雨浇下来时，你或许还会产生应该带上浮潜呼吸管的念头。60公里长的开普勒步道（Kepler Track）位于南岛的峡湾地区（Fiordland），这里以每年超过6米的降雨量而出名。但无论是大雨滂沱，还是阳光灿烂，在有着“长白云之乡”（Land of the Long White Cloud）美誉的新西兰，再没有比开普勒更迷人的风景了。

开普勒步道赛跑通常在12月举行，最优秀的跑者能在4小时左右完赛。

578 美国 西部100英里耐力赛

这听起来或许很疯狂，但在极限赛的世界中，100英里是个象征荣耀的距离——是所有真正热爱跑步的人渴望取得的成就——恐怕再没有比西部100英里耐力赛（Western States 100）更有名的100英里（160公里）挑战了。这项赛事从斯阔谷（Squaw Valley）度假小镇开始，经由一段具有历史意义的线路，终于加利福尼亚州的内华达山脉（Sierra Nevada）。漫长而艰难的赛程有一半要在黑暗中完成，气温既可以降至零下6℃，也可以蹿升至30℃以上。在78英里标志处，跑者要涉过美国河（American River），更别提5.5公里的上坡路段和7公里的下坡路段了。

这项赛事于6月的最后一个周末举行。由于参赛名额只有400个左右，因此报名竞争非常激烈。

579 尼泊尔 马纳斯卢峰越野赛

马纳斯卢峰越野赛（Manaslu Trail Race）始于世界第八高峰——马纳斯卢峰——的山脚下。从稻田爬升到高山隘道，赛道顺着最经典的喜马拉雅徒步路径之一环绕马纳斯卢峰（8156米）的绝大部分。令人望而生畏的爬坡路段、稀薄的空气、严酷的240公里的总长度，你会为此感到害怕——不过比赛共分7个赛段，可在10天内完成。再说，又有多少比赛能让你有机会经过肃穆的佛塔、沿着壮观冰川的边缘奔跑，或者在古老的寺院借宿呢？

马纳斯卢峰越野赛在11月举行。主办方表示，如果你的身体状况可以完成马拉松赛，那么也能参加这项赛事。

580 纳米比亚 鱼河峡谷极限赛

鱼河（Fish River）深切入纳米比亚南部的沙漠地带，蜿蜒穿过世界上最大规模的峡谷之一。航拍照片显示，鱼河如同一条巨大的蟒蛇横亘在大地之上，而鱼河峡谷极限赛（Fish River Canyon Ultra）就是沿着迂回曲折的河流拐弯处展开的，总赛程97公里。沿着河跑的好处在于，你将清楚地知道这一路基本上是下坡。糟糕之处在于，你也知道沿途会崎岖不平，多石或多沙，或者兼而有之。鱼河流域向来不缺巨大的砾石和沙地。不过，迎接你的并非全是坏消息——比赛终点就设在温泉度假胜地Ai-Ais。

鱼河峡谷极限赛在6月中举办。从2013年开始，还增设了稍短的65公里项目。

终极朝圣之旅

当你踏上世界上最受推崇的祈祷之路并成为神圣人群中的一员时，请保持虔诚肃穆。

带我去圣河——大壶节是地球上规模最大的人类集会之一。

581 巴西 拿撒勒圣像节

拿撒勒圣像节（Círio de Nazaré）的规模仅次于里约的狂欢节，于10月的第二个周末举行。两个多世纪以来，它一直吸引着朝圣者们从巴西各地聚集到贝伦市（Belém）。圣像节的主角是一小尊拿撒勒圣母（Nossa Senhora de Nazaré）的雕像。据说圣像在拿撒勒雕刻而成，在中世纪的葡萄牙创造了神迹，后来又出现在了巴西。在拿撒勒圣像节期间，这尊圣像会被抬着，在数百艘船只的陪伴下，从Icoaraci沿亚马孙河来到贝伦城里。第二天早上，一辆四轮马车会载着圣像前往圣殿，与此同时，数百万人拥挤在街道两旁，只为一睹圣像的风采。马车周边还有赤脚的虔诚者，他们拼命地触摸用来拉车的绳子。

拿撒勒圣像节官网为www.ciriodenazare.com.br，是葡萄牙语网站。

582 西班牙 圣地亚哥朝圣之路

圣地亚哥朝圣之路（Camino de Santiago）是当代基督教世界中最著名的朝圣道路，它穿过西班牙的北部，通向位于圣地亚哥-德孔波斯特拉（Santiago de Compostela）古城的大教堂。众所周知，耶稣门徒圣雅各的遗体就葬于此地。公元44年，他成为首位殉道的使徒（被斩首）。虽然前往圣地亚哥的线路有很多，但其中最受热捧的是法国之路（Camino France）：从位于法国边境、比利牛斯山脉上的朗塞瓦尔（Roncesvalles）开始，途经里奥哈（Rioja）葡萄酒产区，翻越干燥、尘土飞扬的高原，穿过加利西亚（Galicia）的如黛青山，全长783公里。大多数朝圣者会遵照传统，携带一枚扇贝壳（圣雅各的象征），用1个月左右的时间走完全程。朝圣者也被允许骑自行车或者骑马来完成这条线路。

朝圣者办事处官网为http://peregrinossantiago.es。

LUCID IMAGES/AGEFOTOSTOCK ©

583 印度 大壶节

这是世界上规模最大的宗教集会，聚集了数以千万计的印度朝圣者。他们会前往神圣的恒河（Ganges）、西普拉河（Shipra River）或哥达瓦里河（Godavari River）进行沐浴净身仪式。大壶节（Kumbh Mela）以12年为一个轮回，其间举办4次：轮流在阿拉哈巴德（Allahabad）、哈里瓦（Haridwar）、乌疆（Ujjain）和纳锡（Nasik）举办。相传，印度教神明和群魔在争夺一个装有长生不老药的大壶时，不慎将水溅到了这几座城市里。非印度教徒曾一度被禁止在大壶节期间进入这几条河流沐浴，不过现在他们也被允许下水了。你也可以在河岸边一望无际的帐篷营地里搭建帐篷。

下一次大壶节将于2015年8月或9月在纳锡举办。

KAZUYOSHI NOMACHI/CORBIS ©

场面壮观的穆斯林朝觐者。每年大约有300万人前往麦加和麦地那朝觐。

584 沙特阿拉伯 朝觐

世界上规模最大的年度朝圣吸引着来自全球各地的穆斯林朝觐者。他们纷纷来到神圣的麦加城。“朝觐”(hajj)就是以天房(Kaaba)为中心——当穆斯林做礼拜时，面向的就是这座伊斯兰教最为神圣的建筑。据估计，每年有300万朝觐者，其中近200万来自海外。朝觐签证采取配额制，即同一个国家每1000名穆斯林中只能签发一张签证。签证是免费的，但只能用于前往吉达(Jeddah)、麦加、麦地那(Medina)以及连接这几个城市的道路。非穆斯林不得进入麦加。

朝觐于伊斯兰教历最后一个月的第8天至第12天举行。

585 中国西藏 冈仁波齐峰

冈仁波齐峰(Mt Kailash)是佛教、印度教、耆那教和西藏苯教中的神山，是亚洲最神圣的朝圣地之一。藏族佛教徒深信，绕这座6714米高的神山转山1周能够免除罪孽，如果绕108周则能令人此生就登入极乐世界。最虔诚的朝圣者会以磕长头的方式(俯卧地面、站起，走到刚才俯卧时手指触及的地方，再次俯卧)完成52公里的转山。其他人则在一天内完成朝圣。转山路线经过5630米高的隘口，所以徒步者不应过于匆忙，把路程延至4天走完或许更稳妥些。

要前往冈仁波齐峰，通常从拉萨出发。

586 爱尔兰 克罗帕特里克山

关于圣帕特里克（St Patrick），大多数人知道两件事：绿色啤酒和对蛇要的把戏。但除此之外，还有克罗帕特里克山（Croagh Patrick）。这座位于梅奥郡（County Mayo）、海拔746米的神山也与这位圣人有着千丝万缕的联系。每年7月的最后一个周日——被称为Reek Sunday——数千名朝圣者会登上克罗帕特里克山的顶峰，以纪念这位5世纪时的圣人。据传，圣帕特里克像耶稣一样，在这座山上绝食了40个日日夜夜。在绝食的最后时刻，他将爱尔兰全境的蛇都驱逐了出去。攀登至峰顶需耗时2~3个小时，最后，以在山顶的小教堂里祷告——每个Reek Sunday都会举行弥撒——为此次朝圣之旅画上句号。

山脚下的Murrisk镇就是登山的起点。

587 波斯尼亚和黑塞哥维那，默主歌耶

1981年6月末，在距离莫斯塔尔（Mostar）25公里的默主歌耶（Medjugorje），6位当地的孩子声称在镇子附近的山上看到了圣母玛丽亚显灵。此后的数年里，这些孩子一直都能看到圣母——据说现在其中的几个仍然能与圣母见面——一个天主教朝圣地就此诞生。6月末不出意外地成了朝圣高峰期，但在全年的其他时间里也都有人来这里。在这座被称为“显灵山”（Hill of Apparitions）的山上，立有两个十字架，标示着圣母显灵的位置。虽然天主教并不认可这一现象，但这并不影响人们的朝圣之心。

关于默主歌耶的网站有很多，信息量最大的是www.medjugorje.ws和www.medjugorje.net。

588 斯里兰卡 亚当峰

真是机缘巧合，一个奇特的地质现象——山顶一块岩石上有一个巨大的“足印”——让2243米高的亚当峰（Adam's Peak，又被称为Sri Pada）从一座普通的山峰变成了神山。很多宗教都宣称脚印与其有关。基督徒和穆斯林认为这是亚当在地球上留下的第一个印迹。佛教徒觉得这是佛祖离开尘世、升天时留下的神圣脚印。印度教徒则表示这是湿婆的足印。还有人认为这是圣托马斯留下的。毫无疑问，正是这一奇观，吸引了络绎不绝的朝圣者。12月至次年5月为朝圣季，大多数人会在黎明到来之前登顶——沿途会亮灯——以便观看山顶日出。

最受欢迎的朝圣线路从位于哈顿（Hatton）西南33公里处的达尔豪西（Dalhousie）出发。

589 日本88座寺庙的朝圣巡礼

据说，日本最著名的朝圣线路是由日本最受尊敬的圣人弘法大师在9世纪规划的。要完成这趟环线旅程，朝圣者需要参拜四国岛上的88座寺庙——88代表了佛教教义中所定义的人类容易犯下的罪孽的数量——总路程约为1500公里。依照传统，朝圣者需要徒步走完这些寺庙（耗时约两个月），不过乘坐旅游大巴完成巡礼正变得越来越常见。朝圣者穿白衣、戴斗笠。大约半数寺庙会提供住宿。

朝圣巡礼从四国的德岛（Tokushima）出发，惯例是按顺时针方向走。

590 埃及 西奈山

再没有比燃烧着的灌木丛和十诫信条更能引起朝圣者兴趣的了。据传，正是在这座位于西奈半岛（Sinai Peninsula）腹地、为沙漠所包围的山峰上，摩西接受了关于人生信仰和戒律的十诫（Ten Commandments）。如今，无数朝圣者纷至沓来，攀上这座2285米高的山峰，亲睹《旧约全书》中不朽故事的发生地，或者纯粹是为了在这贫瘠嶙峋的山脉和干旱却多彩的沙漠上跃然升起的壮美太阳。有两条道路通向山顶：骆驼步道，或者拥有3750级台阶的忏悔之路。如果你觉得有必要诚心悔过的话，那就选择后者。

通向西奈山顶的步道始于圣凯瑟琳修道院（St Katherine's Monastery），你可以乘坐半岛环岛公共汽车前往，也可以从开罗（Cairo）搭乘长途汽车前往。

徒步世界之巅

想登高望远，获得一览众山小的极致体验？
这些徒步路线将引领你穿越世界的最高点，领略最雄壮的景观。

591 阿根廷 阿空加瓜山

阿空加瓜山（Aconcagua）是安第斯山脉（Andes）——世界最长的山脉，同时也是除喜马拉雅山脉之外最高的山脉——的最高峰。这座6960米高的巨人高耸于阿根廷城市门多萨（Mendoza）的上方，并不仅仅是登山运动员的专利。对于徒步爱好者而言，阿空加瓜山代表了他们所能征服的最高点。适应高原环境是个缓慢而艰难的过程，登顶需要大约2周时间。在通往山巅的3条主要路线中，穿越奥尔科内斯山谷（Horcones Valley）的Normal Route是面向普通徒步者的，而Polish Glacier和South Face两条路线则需要挑战者具备攀登技能。

攀登阿空加瓜山需持入山许可证，并且只能在门多萨申办。关于公园相关信息，详见www.aconcagua.mendoza.gov.ar（西班牙语）。

592 尼泊尔 卡拉帕塔

在徒步词典中，珠峰大本营这五个字的魅力最令人难以抗拒，它们代表了徒步和高海拔登山之间那条模糊的分界线。即便你只是来这里徒步，也很有可能与伟大的登山家擦肩而过。经大本营登上海拔5545米高的卡拉帕塔（Kala Pattar）——相较于周围的群山，这座山峰要显得矮小一些（当然，这里的一切都是相对而言的）——就能眺望不远处巍峨神圣的珠穆朗玛峰了。顺着通向普莫里峰（Pumori）的山脊往北走一小段路，你将能欣赏到群峰环绕珠峰的波澜壮阔，目力可达南坳（South Col）。与之同时映入眼帘的还有众多巍峨的高山，这些山若是在其他地方，就一定会成为主角。

珠峰大本营徒步的传统线路始于卢卡拉（Lukla），到卡拉帕塔需要约11天时间。

593 厄瓜多尔 钦博拉索山

曾经，厄瓜多尔最高的山峰——钦博拉索山（Chimborazo）——被认为是世界之巅，至少从某种意义上说，确实如此。因为地球赤道的半径最大，这座海拔6310米的高峰顶部（有5座峰峦）是距离地心最远的点——比珠穆朗玛峰顶部到地心的距离多出了2公里多。最热门的登顶路线是El Castillo Route，人们通常在午夜出发，需要步行12~14个小时。要求参与者具备登山经验。

从里奥班巴（Riobamba）出发的公共汽车会在距离山上Refugio Carrel约8公里处的岔道口停靠，也可以从里奥班巴乘坐出租车前往此地。

594 尼泊尔 徒步山峰

尼泊尔将徒步和高海拔登山之间模糊的灰色地带称为“徒步山峰”（Trekking Peaks）。这33座山峰的海拔高度在5500米至6500米之间，相较于专业登山队所征服的山峰，它们的限制要少一些，但在许多情况下，它们的名字又具有欺骗性。大多数的徒步山峰都是极为艰难的登山挑战——比如昆布（Khumbu）地区的康格鲁山（Kusum Kangru）和佐拉策峰（Cholatse），都要求技术含量极高的攀登能力。而6189米的岛峰（Imja Tse）和6476米的美拉峰（Mera Peak）的攀爬难度则要低得多，因此也更受徒步旅游公司的欢迎。

登山许可证由尼泊尔登山协会（Nepal Mountaineering Association; www.nepalmountaineering.org）签发。具体费用和登山规则，参见其网站。

595 坦桑尼亚 乞力马扎罗山

另一个大洲的制高点，也就是非洲的最高峰——海拔5896米的乞力马扎罗山（Kilimanjaro），亦向徒步爱好者敞开怀抱。这座顶部为冰川所覆盖的山峰在热带草原上拔地而起，共有6条登顶路线。最简单、最热门的路线被称为“可口可乐路线”（Coca-Cola Route），即马兰古路线（Marangu Route），它引领着徒步者前往5685米高的、位于火山口边缘的吉尔曼攀登点（Gilman's Point）。尽管距离真正的非洲之巅——自由峰（Uhuru Peak）——还有2个小时的路程，但很多徒步者都选择在这里止步。如果你想领略乞力马扎罗山最迷人的一面，可以考虑沿着风景秀丽、少有人走的Machame Route前进。魅力无穷的乞力马扎罗山会让你情不自禁地加快脚步，但高海拔也隐藏着一定的风险，所以不妨制订一个5天的登顶计划。

乞力马扎罗山不允许单独攀登：必须有向导，可以在莫希（Moshi）或者马兰古安排。

ERICH SCHLEGEL/CORBIS

出发去赤道附近的冰川——攀登乞力马扎罗山的魅力之一。

596 美国 惠特尼山

作为加利福尼亚州内华达山脉的最高峰，4417米高的惠特尼山（Mt Whitney）同时也是美国本土的最高峰。据说，这座山峰是美国被攀登次数最多的山峰之一，人气极高的登顶路线从惠特尼入山口（Whitney Portal）开始，约17公里的路段上升的高度超过了1800米。大多数徒步者会花3天时间来完成任务，但有些身体强健、目标明确的人会一鼓作气，1天就登上山巅。布满岩石的山顶高原很开阔（相对于登顶的人数而言），美景一览无遗。

4月至10月攀登惠特尼山需持许可证，许可证的签发采取预先抽签制，2月1日至3月15日接受许可证申请。详见www.fs.usda.gov/inyo。

597 尼泊尔 戈焦峰

海拔5350米高的戈焦峰（Gokyo Ri）作为珠峰大本营的小妹妹，是个更为安静的选择，无疑也拥有更为壮美的风景。尽管比卡拉帕塔矮了约200米，但戈焦峰却拥有距离上的优势——只需要穿越一个山谷，珠穆朗玛峰就会映入你的眼帘。通往戈焦峰的小道在珠峰大本营路线刚过纳姆泽巴扎尔（Namche Bazaar）后就开始分岔。在戈焦峰峰顶，你能看到（在多变天气允许的情况下）世界上最高的6座山峰中的4座——珠穆朗玛峰、洛子峰（Lhotse）、马卡鲁峰（Makalu）和卓奥友峰（Cho Oyu）。

徒步前往戈焦峰的路线往往始于卢卡拉（Lukla），可从加德满都（Kathmandu）乘坐飞机抵达。卢卡拉的山区飞机跑道真是令人胆战心惊。

598 拉达克 斯托克岗日峰

在位于拉达克（Ladakhi）地区的列城（Leh），你很难不注意到斯托克岗日峰（Stok Kangri），原因有二：首先，它高耸入云，陡峭的山顶为积雪所覆盖，从高处俯瞰着这座城市；其次，你在此地停留时，人们一直在建议你去这座山峰体验徒步之旅。斯托克岗日峰的吸引力显而易见——6153米的海拔高度通常是登山运动员挑战的目标，可它却被认为是在印度可以徒步攀登的最高峰。旅游公司会组织4天至5天的徒步游，不过假如你安排7天或者9天的行程，更好地适应高原环境，那么成功登顶的可能性会更大。攀登斯托克岗日峰不需要专业技能。

徒步行通常以斯托克村（拉达克王室的家乡）为起点，它距离列城大约1小时路程。

Galen Rowell/Corbis ©

599 俄罗斯 厄尔布鲁士山

5642米高的厄尔布鲁士山（Mt Elbrus）跨坐在欧亚地理分界线上，比高加索山脊（Caucasus Ridge）的主段还要高出1000米左右，是欧洲最容易被无视的最高峰。虽然厄尔布鲁士山的高处为冰川覆盖——据说冰层厚达200米，但登上山顶并不要求徒步者具备专业技能。缆车和升降机会将你送到3800米左右的高度。可以将大本营设在此处的Garabashi Huts，也可以继续往上走90分钟，在Diesel Hut驻扎。至少应该在这些小木屋里待上一天，以适应高海拔环境，这很有必要。

最近的机场在矿水城（Mineralnye Vody）。徒步行始于Azau村，前往此处约4小时车程。

600 巴基斯坦 岗多贡罗峰

在岗多贡罗峰（Gondogoro La）的附近，你就已经能欣赏到世界上顶级的风景了。徒步于巴尔托洛冰川（Baltoro Glacier），你会经过特隆塔峰（Trango Towers）和加舒尔布鲁木（Gasherbrum），到达康考迪亚（Concordi）——这是挑战乔戈里峰的登山运动员大本营。大多数徒步团队会选择原路返回，但你还可以往南走，穿过5940米高的岗多贡罗峰。50度的斜坡让这个任务变得极具挑战性，这需要一定的技能，得用上绳索，但呈现在你眼前的却是一派宏伟雄浑的景象：喀喇昆仑山脉所有8000米的高峰都近在咫尺。

徒步行起点为Thungol镇，需要登山许可证和有执照的高山向导。

穿过布满岩石的惠特尼山顶部高原是到达美国本土最高点的前奏曲。

追寻名人足迹

如今，无论去哪里，你都很难成为踏上那片土地的第一人，既然如此，为什么不追寻那些开辟新道路的先驱，重温他们走过的史诗般的行程呢？

601 没猜错的话，你就是利文斯通博士吧？

你不是第一个追随大卫·利文斯通博士（Dr David Livingstone）的行者——亨利·史丹利（Henry Stanley）曾经跟着这位伟大探险家的行踪，一路追到坦噶尼喀湖（Lake Tanganyika）。在见到利文斯通后，史丹利说出了那句著名的俏皮话——“没猜错的话，你就是利文斯通博士吧”？比起利文斯通所处的那个年代，现如今，前往非洲的这个角落要便捷多了（你不需要奴隶贩子的帮忙就能完成这趟旅程），不过你也可以前往其他一些位于东非、景色最为壮观的地方，例如桑给巴尔（Zanzibar）和声如雷鸣的维多利亚瀑布（Victoria Falls）。沿途，你可以在莫桑比克（Mozambique）拜访玛丽·利文斯通（Mary Livingstone）孤零零的安息之地。她在与丈夫大卫一同探索赞比西河时，不幸死于疟疾。

要精准地跟随利文斯通当年的足迹，就得从莫桑比克的克利马内（Quelimane）启程，横穿大陆，到达安哥拉的罗安达（Luanda）。也可以优选精华地点：桑给巴尔、坦噶尼喀湖和维多利亚瀑布，这样你的行程会更轻松。

602 像伯克和威尔斯一样远征

如果你打算效仿罗伯特·伯克（Robert Burke）和威廉姆斯·威尔斯（Williams Wills），重走那史诗般的探险之旅，务必带上足够的补给。19世纪60年代，探险家们尝试跨越澳洲大陆，但这条荒芜严酷的路线却导致伯克和威尔斯最终在返程途中不幸遇难。如今，这条路线的难度也只有些许降低。从墨尔本出发，穿过灌木丛生的路段，顺着四轮驱动车留下的崎岖不平的车辙前往库珀溪（Cooper Creek）岸边的因纳明卡（Innamincka），再经过伯兹维尔（Birdsville）、克隆克里（Cloncurry），最终抵达位于卡奔塔利亚湾（Gulf of Carpentaria）的诺曼顿（Normanton）。在带有悲剧色彩的“救援树”（Dig Tree）下驻足，然后表达敬意，这是很有必要的：伯克就是在这里死于饥饿，而此处距离远征队的补给储藏处仅有几米之遥。

独自上路固然有伯克和威尔斯当年出征的感觉，但加入远征团队或许是更为稳妥的选择。可以去四驱论坛寻找相关团队信息，也可以联系Great Divide Tours（www.greatdividetours.com.au）。

603 跟随希拉里去远足

重现埃德蒙·希拉里（Edmund Hillary）登顶世界之巅的每一步，这个要求实在过于苛刻。抛开其他因素，你得登上世界最高峰。但在珠穆朗玛峰攀登路线的中段，任何穿上结实的登山靴且能忍受高山牦牛肉干味道的人都可以尝试。徒步之旅从卢卡拉开始，途经都得科西河（Dudh Kosi）河谷，沿着昆布冰川（Khumbu Glacier）向北前往珠峰大本营。虽然不能亲手将国旗插在珠峰顶部，但退而求其次，从附近的卡拉帕塔凝神远眺最高峰南坡，同样令人敬畏。

在加德满都安排珠峰大本营徒步很是便捷，你也可以在尼泊尔徒步旅游业协会（Trekking Agencies Association of Nepal; www.taan.org.np）办理徒步许可证，然后孤身上路。

604 达尔文和加拉帕戈斯群岛

查尔斯·达尔文并非第一个造访加拉帕戈斯群岛（Galapagos）的人，在他之前，西班牙探险家、海盗、捕鲸者和皮毛商人都曾在此停留，他们曾捕杀当地众多的野生动物。但正是这位博物学家让这一群岛声名远扬。多亏了积极的保护措施，所以游客们今天依然能看到曾经激发达尔文灵感、让他提出著名的“进化论”的那些动物。常规行程的第一步是从厄瓜多尔的基多（Quito）或者瓜亚基尔（Guayaquil）搭乘飞机，然后乘船穿梭于各个岛屿之间，拜访此处的“原住民”，如巨型陆龟和海鬣蜥，这才是旅途中真正令人激动的部分。

在阿约拉港（Puerto Ayora）预约乘船环游加拉帕戈斯群岛很方便，也可以在抵达前就在瓜亚基尔或者基多进行安排。确保费用包含公园门票以及INGALA Tourist Control Card。

605 跟随印第安纳·琼斯的脚步

好吧，印第安纳·琼斯（Indiana Jones）在真实世界中并不存在，但只要机票在手，探寻印第安纳·琼斯走过的冒险地就并非难事。从威尼斯开始你的征途，再度体验《夺宝奇兵》（*The Last Crusade*）中惊心动魄的阴谋环节，然后跟随斯皮尔伯格的圣杯来到约旦的佩特拉古城（*Petra*）。你的下一站将是突尼斯，《法柜奇兵》（*Raiders of the Lost Ark*）中的古埃及就是这里。还要继续前行，来到斯里兰卡，这是《魔域奇兵》（*The Temple of Doom*）中的印度。要跟上印第安纳·琼斯最新的足迹，那就在夏威夷的大岛（Big Island）为整个行程画上圆满句号吧——这里是《水晶头骨》（*The Crystal Skull*）中的秘鲁。

建议一步一步安排行程，预订最便宜的航班，这样更容易。

606 和马可·波罗同行

马可·波罗（Marco Polo）是否真的到访了他宣称的每一个地方，至今仍然众说纷纭。不过大多数历史学家都认可，他确实和忽必烈一起喝过茶，完成了从威尼斯到北京的横贯欧亚大陆的壮举。在这趟艰苦的旅程中，他坐过船，也徒步行走过，还骑过"沙漠之舟"骆驼。如今，一些勇敢的自行车手会效仿马可·波罗当年走过的北部路线，顺着崎岖起伏的帕米尔公路（Pamir Highway），从塔吉克斯坦到吉尔吉斯斯坦。只有无畏的勇士会考虑继续前行：穿过塔克拉玛干沙漠和戈壁，一路到北京。

沿着丝绸之路独自骑行是最关键的。想获得实用贴士，可以访问www.pamirs.org/cycling.htm。

607 追随刘易斯和克拉克远征

当刘易斯（Lewis）和克拉克（Clark）作为西部远征先锋踏上探险之路时，今天美国地图上的绝大部分地方仍是一片空白。要想体验刘易斯、克拉克和莎卡嘉薇亚（其实她在远征过程中承担了绝大部分的探索工作）当年的征程，在圣路易斯给你的马车（或是露营房车）装满补给，让密苏里河（Missouri River）担任你的向导，前往北达科他州沃什伯恩（Washburn）附近的曼丹堡（Frot Mandan），然后顺着翻腾的哥伦比亚河（Columbia River）穿越落基山脉，到达太平洋西北部的阿斯托里亚（Astoria）。

想要像刘易斯和克拉克那样横穿美国大陆，你只需要一份好的公路地图。浏览www.lewisclark.net和www.lewis-clark.org，了解这些伟大的探险家当年是怎么成功的。

608 与玛雅人漫步

便利的签证规定和众多的陆路边检站，让中美洲成为横跨大陆探险的完美选择。历史上，也确实有一位伟大的探险家扮演了先驱。约翰·劳埃德·斯蒂芬斯（John Lloyd Stephens）躲过交火的军队，才发现了荒废多年的古玛雅人城市遗址。他在1841年撰写了《中美洲、恰帕斯和尤卡坦纪闻》（*Incidents of Travel in Central America, Chiapas and Yucatan*）一书。现在，你可以乘坐摇摇晃晃的公共汽车探索热带丛林，将洪都拉斯的科潘（Copán）、墨西哥的乌斯马尔（Uxmal）及帕伦克（Palenque）的壮观雕刻与斯蒂芬斯远征时临摹的精美版画相比较。

斯蒂芬斯的《纪闻》一书至今仍能找到，记得带上一本，然后飞去坎昆（Cancun），开启征程。

609 和库克船长一起远行

我们不推荐你去体验库克船长（Captain Cook）做过的每一件事。在夏威夷，库克船长遇刺身亡。最好是顺着库克更为成功的第一次航行路线，沿澳大利亚东海岸前行。从植物学湾（Botany Bay）开始你的旅程，库克当年就是在这里初次踏上澳洲大陆的。一路上，重要的停留地包括使命海滩（Mission Beach）附近的家族群岛（Family Islands）、1770小镇（town of 1770）、热带雨林苦难角（Cape Tribulation）和库克镇（Cooktown）。皇家海军奋进号（HMS Endeavour）不幸撞上大堡礁受损后，就是在库克镇修复的。

沿澳大利亚东海岸旅行，可以乘坐当地长途汽车或者租借露营车，行走于各个目的地之间。苦难角和库克镇之间的布鲁姆菲尔德之路（Bloomfield Track）则需要四驱车。

610 追随斯科特去南极

罗伯特·法尔肯·斯科特（Robert Falcon Scott，"南极斯科特"）并不是首个到达南极点的人，罗尔德·阿蒙森（Roald Amundsen）比他早5周，但斯科特这次以失败告终的南极探险更能激起人们的好奇心。南极远征从智利的蓬塔阿雷纳斯（Punta Arenas）出发，通过船只、飞机、滑雪和狗拉雪橇这些方式才能到达最终目的地。如此艰苦跋涉的回报就是，在美国阿蒙森-斯科特南极科考站（United States Amundsen-Scott South Pole Station）见证你的指南针失灵。

有多家旅游机构组织南极之旅，但Aventuras Patagonicas（www.patagonicas.com）的安排最为艰苦，不提供食品储藏或者外界支持——你够勇敢吗？

呼啸而过：最棒的空中索道体验

像飞鸟一样展翅，在空中掠过，感受世界上最妙不可言的空中索道探险。

611 新西兰 重力+速度+乐趣

要相信新西兰人可以打造世界上速度最快的空中索道。当你离开出发平台，等待你的是一段令人眩晕的170米落差速降，你会以每小时160公里的速度俯冲下去，溜过峡谷，最终降到朗伊蒂基河（Rangitikei River）河畔，这就是1公里长的莫凯重力谷飞狐（Mokai Gravity Canyon Flying Fox）空中索道，极其刺

感受飞驰而过的快感——仅靠一根缆绳，飕飕穿过清迈的森林。

激。顾不上品味沿途美景？当你第一次完成峡谷穿越之后，会被缓缓地拉回出发平台，这样你就可以好好欣赏下方的绮丽风光了。

莫凯重力谷（www.gravitycanyon.co.nz）也是新西兰最高桥梁蹦极和巨型秋千自由落体两项极限运动的所在地。要是还追求肾上腺素进一步增加的快感，不妨尝试一下。

GREG VAUGHN/ALAMY ©

612 意大利 溜过多洛米蒂山

想见证多洛米蒂山的惊艳美景？乘坐空中索道这种方式堪称完美。从圣维吉利奥（San Vigilio）空中索道最高的平台俯冲而下，悬荡在茂密葱郁的松柏林上方100米处，巍峨雄伟的雪峰会占满你的视线。长达3公里的空中索道网覆盖山坡，在你向山谷滑行的400米中，能欣赏到欧洲最棒的风景。部分较长路线的滑行速度最快可达每小时80公里，其他路线的滑行速度更为缓慢，可以让你细细品味高山的神奇壮阔。

圣维吉利奥位于意大利南蒂罗尔（South Tyrol）区，可以乘坐汽车和其他公共交通工具前往，非常便捷。想了解空中索道随季节变化的时间安排，登录www.adrenalineadventures.it。

613 哥伦比亚 独享空中索道

何不远离尖叫的人群，独自一人享受空中索道？论及空中索道探险，哥斯达黎加名声在外，但很多其他拉美国家也有这个项目，哥伦比亚在这方面就尚不为世人所熟知。这里没有喧嚣的游客群——除了你自己因为兴奋而发出的尖叫声外，这意味着你能安静地享受飞索的全部乐趣。Finca Mi Universo空中索道就位于距离卡利（Cali）不远的一处农场内，提供1.5公里的全速飞翔历险，你将下降200米，穿越美丽的峡谷，最高时速可达75公里。

Finca Mi Universo距离“18公里”镇（Kilmetro 18）2公里，后者得名于它与卡利相距18公里（意料之中）的距离。步行可达Finca Mi Universo，它就在通往布埃纳文图拉（Buenaventura）的路上。

614 泰国 体验“长臂猿的飞翔”

“长臂猿的飞翔”（Flight of the Gibbons）是一项滑索探险项目，就位于清迈外围。在泰国葱翠的北部丛林内，网状分布的空中索道让参与者近距离欣赏令人叹为观止的雨林美景，你将在茂密的丛林树冠中飘荡5公里。整个过程更多的是观光游览，而不是追求速度与激情。最棒的是，在33个位于树梢的平台上，会有导游为你深入介绍环绕四周的自然景观。从以森林为家的生物的角度出发，去体会泰国森林的壮观，这种方式堪称完美。“长臂猿的飞翔”项目还将10%的利润捐献给长臂猿保护机构。

“长臂猿的飞翔”（www.treetopasia.com）组织从清迈出发的一日游，105美元的费用包含交通、午餐、空中索道体验和一次短途丛林徒步游。

RANDY FARIS/CORBIS ©

在夏威夷头发竖立：空中索道飞越哈里亚卡拉火山，不需要用手抓索道。

615 夏威夷 变身人猿泰山

别再懒洋洋地躺在沙滩上了。哈里亚卡拉火山（Haleakala volcano）荒芜、嶙峋的峰顶耸立于夏威夷的毛伊岛（Maui）上。要想欣赏这座岛屿的内陆魅力，还有比顺着火山坡一滑到底更好的方法吗？坐拥夏威夷得天独厚的优势，Haleakala Skyline Zip提供的空中索道项目设有5条相互交错的索道，让你像人猿泰山那样荡过树冠，穿越覆盖在火山低坡的亚热带森林。这样的探险经历为你展现了夏威夷腹地壮丽雄奇之美，这一点往往被钟情于沙滩、大海和阳光的人们忽略。

Haleakala Zip-Line是Skyline在夏威夷设立的3家机构之一，可以登录www.zipline.com查询全部机构。

616 美国拉斯维加斯 弗里蒙特街空中索道

赌场让你两手空空，想继续欣赏拉斯维加斯秀，可你已经没有挥霍的资本了。在这座充斥诱惑和罪恶的城市，弗里蒙特街空中索道（Fremont Street Zip-Line）或许为你提供了一张在夜晚体验快感的廉价门票——你甚至不用去摸老虎机的把手。在弗里蒙特街上空飞翔，与著名的Viva Vision电子天幕亲密接触，让色彩斑斓的灯光映射到你的视网膜上。当然了，这里最快的速度也不过每小时25公里，但在这个媚俗艳丽的地方，让人印象深刻的不就是那令人头晕目眩的闪光灯和霓虹灯吗？嘿，这就是“Vegas”！

晚上6点之后，弗里蒙特街空中索道体验费用为每次20美元。周日至周四持续到午夜，周五至周六则到次日凌晨2点。

617 哥斯达黎加 在树梢上飞翔

呈现在你眼前的是一片青翠欲滴的丛林树冠。低头看脚下，深呼吸，然后从平台跃下，在这片绿色的植物海洋上方急速滑翔。哥斯达黎加不愧为空中索道之乡，与生俱来的自然美景是空中探险的完美补充。阿雷纳尔保护区（Arenal Reserve）内的飞索起降高度达到令人心惊的200米，提供了最佳的鸟瞰角度。在通向出发平台的缆车上，也能欣赏到无与伦比的全景，这是细细品味你在空中呼啸飞行时错过的风景的好机会。

Sky Adventures（www.skyadventures.travel）组织在阿雷纳尔和蒙特沃德（Monteverde）的空中索道游。两地的费用都是73美元，包含缆车和飞索。

618 加拿大卡尔加里 化身奥林匹克运动员

在你的双脚即将离开卡尔加里（Calgary）奥林匹克公园滑雪跳台时，不妨在片刻间回味孩提时代对金牌荣耀的憧憬。对于绝大多数平凡的人，在空中索道的最高处下降是我们最接近跳台滑雪项目的惊心动魄的体验。在短暂而又刺激的下降过程中，你的速度可以达到每小时120至140公里，垂直落差达100米——这是北美最快的空中索道路线，足以激发你的内心对速度的渴求。唤上你的忠实拥趸，让他们挥舞着国旗，在你完成滑翔后，来一次专门为你举办的颁奖仪式。

夏季，卡尔加里奥林匹克公园每天都安排空中索道项目，冬季则只在周末开放。更多具体信息，参见www.winsportcanada.ca。

619 南非，尝试世界上最长的空中索道

那是一只鸟还是一架飞机？错了，那是在南非草原上空当超人的你。这两分钟将是你人生中最为热血沸腾的时刻。南非的太阳城（Sun City）拥有地球上最长的空中索道，可为你提供这种极速体验。你将会真真切切地从高空俯冲下来，就如同那位穿着斗篷的英雄一样。好好享受2公里纯粹的速度与激情吧。下方辽阔的草原无疑令人震撼，但当你以每小时120公里的速度猛冲下来时，肯定无暇顾及其他。

Unreal Zip Line 2000（www.zip2000.co.za）距离太阳城只有5分钟车程，周二至周日从9:00至15:00，每2小时安排飞索游。

620 瓦努阿图 丛林岛国探险

在瓦努阿图，田园牧歌式的岛国生活又增加了一丝刺激与活力。就在维拉港（Port Vila）附近，瓦努阿图丛林空中索道（Vanuatu Jungle Zip-Line）会穿越茂密的热带丛林和险峻的峡谷。索道全长800米，共有6段。当你掠过葱郁的树冠，微风轻拂，宜人的岛屿风光扑面而来，不过你很快就会沉浸在一片绿色之中，为浓密的热带丛林所包围。到了最后一段，你将直降80米，深入峡谷，对于那些此前体验过丛林空中索道的人而言，这才是真正的精华所在，足以让这段美妙的行程有个精彩的收尾。

瓦努阿图丛林空中索道（www.vanuatujunglezipline.com）每天2趟，每趟行程用时40分钟至1.5小时。

标志性的
中东探险游

背上你的行囊，开启中东探险之旅，
远离喧嚣，沉淀心灵。

要横穿黄沙遍地、崎岖起伏的西奈群山，唯一的方法当然就是骑骆驼。

621 黎巴嫩 山间步道徒步

虽然领土面积不大，但在徒步运动方面，黎巴嫩却是志向高远。黎巴嫩山间步道（Lebanon Mountain Trail）横贯这个国家，总长440公里，穿越国土腹地的小村庄、旖旎多姿的国家公园以及壮丽的山景。沿着古老的乡村小径前行，从高原、松林和冷杉覆盖的偏远山麓到破败不堪的古堡和修道院废墟，从陡峭的山谷到历史悠久的红瓦小镇，都将尽收眼底。在公路建成前，正是这些四通八达的小径将整个黎巴嫩连接起来。

黎巴嫩山间步道由26条相互连接的徒步道组成。走完全程大约需要4周的时间。想了解更多信息，登录www.lebanontrail.org。

622 以色列及巴勒斯坦地区，徒步亚伯拉罕之路

亚伯拉罕之路（Abraham Path）能让你看到圣城（Holy Land）鲜为人知的一面，这趟旅程更像是一次文化体验，而不是单纯耗费体力的徒步游。在世界上这个炮火不断的角落，沿途的民宿能加深你对当地生活的了解。穿过橄榄树林，翻越山坡和干旱的高原，乡间小道将你带向古老遗迹和历史城镇。但一路的风景只是这条徒步路线魅力的一部分。体会简朴的乡村生活，与当地人沟通交流，在你抵达徒步终点后的很长一段时间内，这些经历都会深深刻在你记忆中。

徒步穿越以色列和巴勒斯坦地区有多种行程可供选择，想了解更多相关信息，登录www.abrahampath.org。

PHILLIP HAYSON/GETTY IMAGES ©

623 埃及 骑骆驼穿越西奈

围坐在篝火边，你目睹你的贝都因（Bedouin）向导将生面团埋在仍然滚烫的沙子下，开始烘烤沙漠面包。西奈的圣山（High Mountains）构成一道雄伟的轮廓线，俯瞰着露营地，点点繁星点缀着头顶的天空，灿烂无比。你能听到骆驼在不远处的鼻息。在西奈辽阔空旷的荒漠上，这是贝都因人传统的安营方法。白天，你将在贫瘠山峰的注视下，骑着骆驼穿越这片荒凉的沙漠地带。夜晚，你将与沙共枕，营地四周一片黑暗，寂静无声。

想参加由贝都因人担任向导的骑骆驼穿越西奈半岛游，宰海卜（Dahab）和圣凯瑟琳（St Katherine）两地是最适合安排行程的地方。

624 伊朗 攀登德马峰

是时候向中东最高峰进发了。德马峰（Mt Damavand）海拔5671米，怒视着周围胆敢来挑战其权威的勇者们。登上南坡虽然不需要专业的攀登技能，但由于高度超过4000米，这里对登山者的体力和耐力都提出了严峻的挑战。从这座休眠火山顶部的火山口极目远眺，风光无限，令人陶醉，那就是你最好的回报。呼吸着稀薄的空气，凝视着周围的阿尔波兹山脉（Alborz Mountain Range）群峰，你会由衷感叹——所有付出都是值得的。

在6月到8月的夏季，成功攀登德马峰南坡的可能性更大。

626 卡塔尔 驾行沙丘前往内陆海

司机踩足油门，你们一鼓作气往近乎垂直的沙丘顶部冲去。在月牙状沙丘险峻的顶部，司机让车子停留片刻，突然，你感觉正在往下滑，而且速度越来越快，仿佛在乘坐沙地过山车。这些绵延起伏的沙丘是赛车爱好者的天堂，车辆在一波又一波的沙丘间上冲下撞，跌宕着穿越整片沙地。当你抵达“内陆海”（Khor al Adaid）时，终于可以长出一口气了。在这一巨大的潮汐湖可以欣赏日落，这里也是让你那因为惊险沙丘驾行（dune drive）而怦怦直跳的心脏恢复平静的完美之地。

可以通过卡塔尔的旅游机构预订前往内陆海保护区的沙丘驾行以及过夜露营活动。保护区距离多哈80公里。

625 也门 索科特拉岛潜水

索科特拉岛（Socotra）是世界上最不为人熟知的潜水胜地之一，这里的水下世界奇幻绮丽，除了能观赏形态万千的原生态珊瑚，还能体验无与伦比的沉船潜水。一旦潜入大海，迎接你的是成群结队、色彩斑斓的鱼儿，成片的硬珊瑚和软珊瑚，而且四周很少会有其他潜水团队。索科特拉岛的生态环境一反常态，这座位于印度洋上的小岛地处偏远，却拥有丰富的生物多样性。这里为旅行者提供的仅仅是基础设施，不过远离喧闹的潜水体验使得索科特拉岛更具吸引力。

想去索科特拉岛度假潜水，最佳时节为3月至4月，届时水下能见度最高。

627 阿曼，在WADI BANI AWF蹦谷

你抬头凝视着光亮的来源，上方的天空只剩下窄窄一线蓝色。在巨砾间跳跃，在岩石间攀爬，你身处巍峨的山谷中，正从令人窒息的高度往下降。Wadi Bani Awf山谷拥有阿曼最险峻秀丽的风景以及这个国家最陡峭、最吓人的路径，但寻求刺激的极限运动爱好者钟情的是声名远播的蛇谷（Snake Canyon）裂缝。一旦你摆脱山谷上方狭隘的走道，做好全身湿透的准备，就可跃入河中，寻找山谷的开阔地带，你将再一次沐浴在灿烂的阳光中。

几乎所有阿曼的旅游机构都会组织蛇谷游。蹦谷时间在1小时到3小时之间。

628 埃及 FURY SHOALS潜水

觉得埃及红海（Red Sea）所有的潜水地点都名不副实？重新考虑下。你的眼前浮现出隐藏在湛蓝大海深处的一处绚烂多彩的珊瑚峰和珊瑚墙聚集地。自在游弋的鹦哥鱼陪伴着你，海龟优雅地从你身边滑过。Fury Shoals位于赫尔加达（Hurghada）最南端，是埃及最迷人的水下荒原。Sha' ab Sataya是当地最有名的潜水场所之一，经常有海豚出没。此外，魅力无穷的洞穴和层叠式的巨砾珊瑚Sha' ab Claudia都将让你经历一次最为惊心动魄的水下体验。一旦你在这里潜一次水，就知道世界上没有几个地方能与之比肩。

你可以以船宿方式（live-aboard）前往Fury Shoals潜水地，非常便捷，也可以住在红海海岸南面的马萨阿拉姆镇（Marsa Alam）。

驾行卡塔尔沙丘，如过山车般惊险刺激，只是这里的沙子更多罢了。

629 约旦 徒步达纳生态保护区

对于你的膝盖而言，这是一段痛苦而漫长的下行征程。从东非大裂谷（Great Rift Valley）绵延的山脊开始，你将徒步下坡，前往达纳保护区（Dana Biosphere Reserve）。保护区顺着峰峦起伏的山脉而设，为雄伟壮观的砂石悬崖所环绕，直到你来到1000米之下的沙漠高原。尽管达纳保护区靠近游人如织的佩特拉（Petra）古城，但来这里的人很少。一定要选择徒步过来，整个行程都会笼罩在难得的宁静之中，绝大多数时候你都不见其他人的行踪。当你不经意间撞见一位吹奏自制长笛的牧羊人，会觉得达纳迷人的田园生活更具魅力。

瓦地达纳步道（Wadi Dana Trail）长14公里，从达纳村（Dana Village）到瓦地费南（Wadi Feynan），需要4～6小时。登录www.rscn.org.jo了解更多信息。

630 土耳其 克鲁河漂流

你已经全身湿透，脸上却洋溢着情不自禁的笑容。这里的激浪探险是世界上十大顶级激浪漂流之一，漂流等级多为5级，堪称惊心动魄，保证你会被浇得透心凉。沿途景色美不胜收：克鲁河（Çoruh River）蜿蜒流经偏僻的土耳其东北部，穿越众多幽深的山谷，两岸青山雄伟地矗立着。别再犹豫了，接下来几年将是你在这条河享受漂流乐趣的最后机会——大坝工程将会让这一漂流路线永远成为历史。

Alternatif Outdoor（www.alternatifoutdoor.com）组织克鲁河漂流游，备受好评。每年5月到6月初为漂流的最佳时节。

这个星球上最匪夷所思的竞速比赛

厌倦马拉松？这些在世界各地举办的古怪比赛能让你的跑步生涯变得更加多姿多彩。

631 台北101大厦登高赛

上到台北101大厦的第93层，早已是上气不接下气，你下意识地怀疑自己是不是患上了电梯恐惧症。不然的话，为什么要选择这种登高方式呢？这一切都源于美国纽约的帝国大厦登高赛，这项城市赛要求参赛选手登上1576级台阶，爬升高度达到320米，终点为第86层的观景台。你还听说过在越南胡志明市（Ho Chi Minh City）举办的Bitexco金融塔登高赛，虽然难度不如帝国大赛登高赛（金融塔为1002级台阶，178米，49层），不过你一直都很渴望去越南。下一站就是哥伦比亚波哥大（Bogotá）的科尔帕特里亚大厦（Torre Colpatria，980级台阶，50层），你将在这里参加登高世界杯赛。现在轮到台北101大厦了，它共有91层，2046级台阶。在阿联酋迪拜哈利法塔（Burj Khalifa）于2010年建成之前，台北101是世界上最高的大厦——我们很好奇，哈利法塔什么时候会举办登高赛……

世界各地的摩天大楼都会举办登高赛，详见www.towerrunning.com。

632 伦敦地下赛跑

一切都是堂而皇之的秘密行动：你和一个不认识的陌生人取得联系，对方会悄悄向你指点完成任务的方向，然后你接受挑战。地下赛跑（Underround）是一种可以在任何时候进行的“都市”挑战，跑者需按照顺时针方向绕行伦敦，依照指示前往42个地铁站。此外，跑者必须上下台阶，到达指定的站台，目标是完成42公里的城市马拉松。跑者可以在任何时候完成这一挑战，但最快时间会录入数据库，因此“比赛”会无休止地进行下去。这项比赛是由罗里·科尔曼（Rory Coleman）琢磨出来的，他是极限跑步爱好者，为伦敦缺乏落差起伏大的跑步环境感到遗憾，因此决定做点儿事儿改变这一局面。

发电子邮件给罗里（rory@rorycoleman.co.uk；www.rorycoleman.co.uk），支付10英镑，他会给你指明比赛方向。

633 科罗拉多人驴齐跑赛

尽管你得和驴子结为搭档，但你相当自信，认定一旦比赛开始，你就会像脱缰野马般骑着驴飞奔出去。在莱德维尔（Leadville）举行的人驴齐跑赛（Boom Days Pack Burro Race）旨在向昔日科罗拉多的矿工致敬：矿工们曾经牵着驮满物品的驴子走在这些山路上。然而，骑着驴子是绝对禁止的。相反，你得想方设法牵着驴一同跑过总长35公里、颇具技术难度的山路赛段。

人驴齐跑赛季为5月末至9月。目前这一地区有5项赛事，分别在5个山间城镇举行，详见www.packburroracing.com。

634 英国库珀山追奶酪赛

从库珀山顶望下去，斜坡更显陡峭，从某些角度看，甚至成了直角。但现在不是打退堂鼓的时候——你将不顾一切地狂奔，跌倒，甚至是连滚带爬，只为追逐从山顶滚落的奶酪（最快速度可达每小时110公里）。每年春天的法定假日期间，这里会聚集一帮勇士，他们在库珀山追逐一块轮状格洛斯特奶酪，第一个追到奶酪或者到达终点线的人就可以赢得奶酪。参赛选手受伤如同家常便饭，但无论是法律还是战争，都无法终结追奶酪赛（cheese-rolling race）这一传统（不过，在第二次世界大战期间，由于食物定量配给制，人们用木头代替奶酪）。2010年，赛事组织者因为保险问题退出后，当地人仍然坚持举办这一传统赛事。

库珀山位于科茨沃尔德（Cotswolds），靠近格洛斯特（Gloucester）。详见www.cheese-rolling.co.uk。

635 美国密苏里州 沙矿挑战赛

将跑步和洞穴探险相结合，会是什么样？在沙矿挑战赛（Sandmine Challenge）中，洞穴探险表示快速探洞。这项赛事每年都会在美国密苏里州水晶城（Crystal City）的地下进行，总长6.4公里，选手们要跑过一个年代久远的沙矿，途中会遭遇诸如低矮洞穴和流沙之类的障碍。组委会最近增加了比赛难度，引入了“极限四圈赛”，即终极洞穴快跑（选手要绕赛道四圈，总长25.6公里）。挑战赛结束后，将会举行盛大的派对，有现场音乐表演，还有啤酒供应。

水晶城位于美国圣路易斯以南约56公里处。关于赛事的更多信息，登录www.sandminechallenge.com。

636 法国 梅多克马拉松

你穿着沾满红酒渍的运动服，面红耳赤地缓缓跑过时，会听到路旁有人在喊“Allez!”（法语：加油）。你觉得有点儿头重脚轻，甚至不能肯定那声“Allez”是冲自己来的还是为了鼓励在你前面慢跑的那位阿富汗装扮的陌生人，但你照单全收。这是在波尔多（Bordeaux）举行的梅多克马拉松（Marathon du Médoc）的最后一段路，这种幸福感源于即将完赛的成就感，也可能是因为沿途所品尝的葡萄佳酿。法兰西万岁（Vive la Franc）！还有哪个国家会组织这样的42公里马拉松狂欢（途经30个酒庄，鼓励参赛选手品尝这一地区最棒的美酒佳肴）？

这项极具吸引力的饮酒狂欢赛（www.marathondumedoc.com）从波亚克（Pauillac）出发，用法式蜗牛代替能量胶，补充体力吧。

637 芬兰松卡耶尔维 背妻大赛

战术商定好了，背的方式敲定了（当然是爱沙尼亚背法，即倒挂式），同时严格的减肥计划也得到了有效的实施。事实上，也没有那么苛刻：第一个背“妻子”穿过障碍赛的人，将得到等同于其“妻子”体重的啤酒，所以“妻子”体重越重，就等于越有希望得到更多的啤酒。参赛的男选手要背一名女性参赛者跑完253.5米的赛道。比赛规定“妻子”年龄必须超过17岁，体重超过49公斤。这项运动起源于芬兰，不过包括香港、美国和印度在内的地区和国家，现在也在举办类似比赛。

松卡耶尔维（Sonkajärvi）位于芬兰东部。比赛（www.eukonkanto.fi）于7月举行。

638 澳大利亚 独轮手推车大赛

这项在热带北昆士兰（Queensland）举行的为期3天的独轮手推车大赛（Great Wheelbarrow Race）进入到了第2天。肌肉酸痛难忍，手脚都冒出了水泡，你可能永远都不想再碰园艺活了。一名队友跳下驶过来的大巴，她振奋精神，调整步子，拍拍你的肩膀，你顺利接力，交出手推车，然后跳上巴士。你感觉仿佛已经重复了一千遍这个动作，那是因为事实如此。而且，在抵达奇拉戈（Chillagoe）之前，你还得继续接力推那辆手推车。整个团队推一辆空的独轮车已经如此艰难，可以想象，19世纪那些推着全部家当沿着这条路线前往金矿区的矿工们有多么辛苦了。

长149公里的独轮手推车大赛（www.greatwheelbarrowrace.com）从马里巴（Mareeba）出发，终点设在奇拉戈，每年5月举行。

639 埃塞俄比亚 趣跑赛

当你气喘吁吁地穿过亚的斯亚贝巴（Addis Ababa）时，埃塞俄比亚首都的高海拔着实令你痛苦不堪。大埃塞俄比亚路跑赛（Great Ethiopian Run）绝对有趣。这是一项总长为10公里的全速跑，官方参赛名额为35,000人，但有很多人即便没有获得参赛号码，也会积极参与其中。组委会宣称这是“非洲规模最大且最喧闹的10公里赛事”，而当你随着喘气、高声喊叫、欢笑的人流上路时，也会感同身受。终点线人头攒动，当地人争先恐后，渴望与那一长串获胜名单中的传奇人物比肩。

大埃塞俄比亚路跑赛（http://ethiopianrun.org）于每年11月举行。

640 威尔士 人马赛跑

这项赛事源于一次酒吧争执。拉努蒂德韦尔斯（Llanwrtyd Wells）的Neuadd Arms的拥有者戈登·格林（Gordon Green）无意中听到有客人说，在长跑比赛中，优秀的跑手可以与马一较高下，于是格林立即提议设立一项赛程为22英里的比赛，选手要穿越崎岖地带，以检验这位客人说的是否是真的。整整25年之后，终于有人证明那位神秘客人说的没错，2004年的参赛选手休·罗布（Huw Lobb）用时2小时完赛，赢得了这场人马赛跑（human-versus-horse race），获得了高达25,000英镑的奖金。现在，自行车选手也被允许参赛，同时，赛事吸引了50位赛马选手，成为世界上规模最大的赛马比赛。

拉努蒂德韦尔斯位于威尔士中部的波厄斯（Powys）。比赛于每年6月举行，详见www.green-events.co.uk。

真正的
狂野之河

穿梭于这些河流和湿地中，期待大自然最美妙、最令人兴奋的水上野生动物邂逅。

SERGEY URYADNIKOV/AGEFOTOSTOCK ©

“你在看什么呢？”塞林达斯皮尔韦河的原住民之一——最好从远处窥之，切不可靠近。

641 美国佛罗里达 大沼泽地

这里和迪士尼乐园有着天壤之别——没有米老鼠装扮，也没有甜蜜温馨的故事结局。这里地处佛罗里达荒野，是一片辽阔的湿地，集锯齿草沼泽、硬木群落、红树林和柏树湿地这些生态系统于一体，适者生存。探索大沼泽地（Everglades）的最佳方法就是坐船游览——租一艘独木舟或者皮艇，近距离观察栖息其中的野生动物。除了众多陆地哺乳动物外，不妨留意一下可爱而又笨重的海牛、古老的美洲鳄以及短吻鳄（大沼泽地是它们唯一共存的地方），还有形态各异的青蛙和蟾蜍，整个沼泽地都沉浸在它们无休止的聒噪合唱中。

大沼泽地国家公园（Everglades National Park；www.nps.gov/ever）全年对外开放。干燥的冬季为旺季，潮湿的夏季期间，部分设施关闭。

642 赞比亚和津巴布韦 赞比西河

赞比西河（Zambezi River）有2700多公里长，并不是非洲最长的河流，但这条流经6个国家、最终注入印度洋的河无疑是非洲最狂野的河流，尤其是赞比亚—津巴布韦边境河段。先是顺着维多利亚瀑布飞流直下，在为期数天的漂流行程中不仅会遭遇难以驾驭的急流，还会邂逅脾气火爆的河马和鳄鱼。继续往下游漂流，赞比西河两侧分别是赞比西下游（Lower Zambezi，简称Zam）国家公园和马纳波尔（Mana Pools，简称Zim）国家公园。这两个非洲大陆数一数二的国家公园中有各种生物，从体型庞大的大象到优雅的白鹭，不一而足。形形色色的生物都会到河边喝水。

8月至11月河流水位高，有更多的急流可以探索，是体验赞比西河漂流的最佳时节。这里的漂流等级大多为4级。

643 美国阿拉斯加州 麦克尼尔河

6月至8月，阿拉斯加州的麦克尼尔河（McNeil River）便成为世界已知最大规模的饥饿棕熊聚集场所。这一偏僻的水域位于安克雷奇（Anchorage）西南400公里处，可以乘坐水上飞机前往。到了夏天，至多会有70头熊来到麦克尼尔河湍急的水流和岩石潭边，只为抓捕鲜美的鲑鱼——这个季节，大量鲑鱼洄游产卵。当无畏的鱼群逆流而上，高高跃起并越过障碍时，棕熊们张着大嘴，耐心等待唾手可得的美餐。被鲑鱼吸引的不仅是棕熊，斑海豹、白头海雕和其他鸟类也对庞大的鱼群虎视眈眈。

进入麦克尼尔河州立禁猎区和保护区（McNeil River State Game Sanctuary & Refuge）需要许可证。许可证通过抽签形式颁发。可以登录www.adfg.alaska.gov申请。

644 博茨瓦纳 塞林达斯皮尔韦河

塞林达斯皮尔韦河（Selinda Spillway）连接着博茨瓦纳的奥卡万戈三角洲（Okavango Delta）和林扬堤（Linyanti）、宽渡河（Kwando）水域，至少目前如此。但有时候却不是这样，这要取决于大自然母亲。有30年的时间，这条河流因干旱而断流，但2009年，洪水泛滥，河床再度涨满。现在这条100公里长的河流有一段可以泛舟。抓住机会，你不会失望的，不过可能会被吓得不敢动弹。河马随处可见，它们在河水充足的新家中怡然自得，而且不愿意与划桨的人类分享这块地盘。保持一定的距离，不惊扰河马就不会有问题了。

为期4天的塞林达独木舟路线（Selinda Canoe Trail）从塞林达营（Selinda Camp）开始，顺流而下45公里。4月至10月为旅行季，不过是否适合游览则取决于河水水位。详见www.greatplainsconservation.com。

645 孟加拉国 孙德尔本斯

孙德尔本斯（Sundarbans）是个险要之地。这是一片辽阔的三角洲沼泽地带，恒河与雅鲁藏布江在这里流入孟加拉湾（Bay of Bengal），这里布满大大小小不断改变的岛屿、潮湿闷热的湿地和不可穿越的红树林。这里不适合人类，却让动物们格外钟情。白斑鹿和恒河猴藏在密林深处；海龟、招潮蟹、大鳄鱼和印度鳄巡游水中；共有250只孟加拉虎占据着这片栖息地。这里的大型猫科动物最擅长两件事：游泳和吃人。乘船游览是最好且最安全的观光方式。

孟加拉国有3个季节：雨季（5月末至10月）、凉季（11月至次年2月）和热季（3月至5月）。凉季最为干燥，是旅行的最好季节。

646 巴西潘塔纳尔 库亚巴河

如果你真想一睹巴西野生动物的风采，而不是被茂密丛林所阻隔，那就去潘塔纳尔（Pantanal）吧。乘船游库亚巴河（Cuiabá River），或者其中一条鲜为人知的支流，就可以揭开亚马孙河无法呈现的一面：这个国家令人难以置信的生物多样性。河中溅起水花？可能是翠鸟俯冲捕鱼，或者是宽吻鳄正偷偷摸摸地潜游，抑或是体型巨大的水獭正做出古怪的杂耍姿势。有东西在翻滚？可能是水豚正在降温，或者口渴的貘来喝水。河岸一闪而过的身影？没错，是一头美洲豹，它正回头盯着你呢。

5月至9月是拜访潘塔纳尔的最好时节，届时野生动物都聚集到稀少的水源地，而且气温适宜。

MORALES/AGEFOTOSTOCK ©

647 加拿大魁北克 雅克-卡蒂亚河

据估计，加拿大有50万至100万头驼鹿。这个数量确实很惊人，不过加拿大不缺土地。这让你的有蹄类动物观赏之旅变得轻松写意。从加拿大最具历史氛围的心脏地带魁北克城（Québec City）出发，只需30分钟就能到达雅克-卡蒂亚国家公园（Jacques-Cartier National Park）。森林覆盖的山谷环绕着雅克-卡蒂亚河，灌木丛中点缀着舒适惬意的小木屋，游客中心的工作人员由热情的向导担任，而且你肯定能够看到驼鹿。乘坐传统的rabaska独木舟穿行于墨色的河上，你能看到这些从山里下到岸边来喝水的长腿动物。

游客中心提供独木舟租赁服务，还组织漂流游。绚烂的秋季在9月末至10月初达到极致，是游览的最好时光。

648 英格兰多塞特郡 斯托河

大约40年前，水獭这种动物在英格兰几乎灭绝了。农药以及逐渐增加的人口数量使得河流不再适宜生存——当时的情况十分糟糕。将时间快进到2011年，经过河道清理等多方面不懈努力，英国环境署（UK Environment Agency）高兴地对外宣布，水獭重新回到了全英的每一个郡。不过，想要亲眼看见这种身体呈流线形的哺乳动物，仍然不容易——它们很害羞，在清晨最为活跃。但布兰德福德[Blandford，斯托河（River Stour）旁的集镇]附近的水獭，似乎不遵循这种规律，大白天也会肆无忌惮地在河中出没，逗得过路者开心不已。

布兰德福德集会场（Blandford Forum）位于普尔（Poole）西北25公里、索尔兹伯里（Salisbury）西南35公里处，就在A350和A354公路交界的地方。

649 柬埔寨桔井 湄公河

伊洛瓦底江（Irrawaddy）江豚的生活环境不容乐观。虽然很多当地人视短吻海豚（*Orcaella brevirostris*）为神圣的物种，但在湄公河（Mekong River）中，这一可怜生物的数量已经减少到不足100头。污染，栖息地缺失，加上偶尔被渔网缠住，使得短吻海豚沦为不幸的牺牲品。世界自然基金会（World Wildlife Fund）正积极与柬埔寨政府及僧人合作，尝试帮助海豚，而且前景很乐观。但眼下，宁静的小镇桔井（Kratie）是最后有希望看到海豚的地方，乘坐舢板船逆流而上，

行踪飘忽不定的美洲豹就是潘塔纳尔惊人的生物多样性的范例之一。

就能享有与那些温柔、善解人意、短吻的极度濒危物种邂逅的荣幸。

桔井位于柬埔寨首都金边（Phnom Penh）东北350公里处，公路全程均为柏油路面。乘坐公共汽车需大约5小时。

650 挪威 图斯峡湾

挪威西海岸拥有数千个连绵不绝的壮观峡湾。数年前，一大群鲱鱼选择图斯峡湾（Tysfjord，就位于北极圈北边）作为过冬地。当地的虎鲸掌握鲱鱼的这一规律后，也决定将这里作为熬过漫长冬季的完美之地。现在，每当气温降低，数百头体型庞大的虎鲸就会聚集于此，将银色的鱼群分割成一个个饵球，然后用它们硕大的尾巴重重拍晕可怜的鲱鱼，接着开始大快朵颐。从峡湾底部的村庄出航，你或许能亲眼看见这样的鱼群盛宴。

11月至次年1月末，从周四到周六，峡湾底部的图斯峡湾旅游中心（Tysfjord Turistsenter）会组织乘船游。一趟行程通常持续4～6小时。详见www.tysfjord-turistsenter.no网站。

举世闻名的探险目的地

你能感受到这些早已声名远扬的地名所散发出来的探险气息——勇敢上路，探索偏远而神秘的风景吧。

MASSIMO RIPANI/SIME/4CORNERS ©

众说纷纭：没有人确切知道复活节岛上的巨型石像究竟象征什么。

651 乌兹别克斯坦 在撒马尔罕感受时光倒流

数百年来，暴君、流浪汉、商人和乞丐纷纷涌入这座位于丝绸之路上的绿洲城市。撒马尔罕在荒凉沙漠上赫然矗立，美轮美奂，拥有太多宝贵的古迹、金碧辉煌的清真寺、神学院，它们那蓝色瓷砖铺就的穹顶、高耸的宣礼塔，多年来一直是诗人和剧作家的灵感来源。城中最引人注目的当属列吉斯坦广场（Registan Square），广场上的神学院用锡釉陶和蓝色瓷砖镶嵌装饰，已经矗立了3个世纪之久。想感受丝绸之路的氛围，不妨去撒马尔罕的集市，你可以把自己想象成商人，迷失于深红色的挂毯、珠宝和手织地毯中。

春季（5月至6月）或秋季（9月至11月）来这里旅行，气候温和宜人。避开夏季的炎炎热浪和沙尘暴（7月至9月）。

652 沿亚马孙河顺流而下

坐在小小的划艇上，沿着世界上最大的河流前行，你很难不感觉自己是如此渺小。这里的一切较你日常所见都更大——睡莲叶子、鸟鸣声、青蛙的叫声、五彩金刚鹦鹉、狐尾猴奇特美丽的皮毛、身形巨大的水獭、如同大教堂般耸立的参天大树和水虎鱼的牙齿。河两岸是世界上最茂密的雨林，在那里，你能见到当地的土著部落，亚马孙充足的水源是他们的生存之本。亚马孙河汇集了巴西、秘鲁、哥伦比亚、厄瓜多尔、玻利维亚和委内瑞拉的河流。

7月至12月的旱季来此游河，降雨量少，蚊子也少，不过非常炎热。

653 廷巴克图

你听说过廷巴克图（Timbuktu），但它的确切位置究竟在哪儿？这座城镇位于马里的撒哈拉沙漠南缘，Timbuktu这个名字就是“遥远地方”的缩写。13世纪的马里帝国鼎盛期，骆驼商队满载黄金、象牙和盐，迈着沉重的步伐，穿越沙漠来到此地。如今这种盛景早已不复存在，骆驼运货的方式也逐渐没落，致使廷巴克图成为偏远和神秘的代名词……如今去那里甚至还有潜在的风险。廷巴克图充满魅力，虽没有光鲜亮丽的外观，但任何能够不远万里成功抵达那儿的人都将享有旅行者的至高荣耀。

马里政局不稳定，所以不建议你现在去那里旅行。在去这样一个有潜在危险的国家旅行前，一定要听取最新的相关建议。

654 中国西藏

提及西藏，首先映入脑海的便是风中飘扬的经幡和追求灵性的朝圣者——有这种反应是理所当然的。佛教寺庙，如位于雅鲁藏布大峡谷的昌珠寺，高高矗立在各地的山上。对于寻求内心之旅的探险者而言，徒步到其中一些神圣之地意味着对信仰和腿部力量的真正考验。在你前往远离所谓文明世界的清修之地的路上，随时都会见到穿着深红色和黄色袈裟的藏族喇嘛和尼姑。这里的牧民靠放养当地特有的牦牛为生。他们住在用这种牦牛的毛做成的帐篷里，用牛粪生火煮饭，到了冬季，还会用牛粪生火取暖。

你可以选择青藏铁路进藏，或者骑自行车走川藏线，当然，自驾和摩托车进藏也都是不错的方式。

655 复活节岛

这座位于太平洋上的小岛属于智利，也被称为拉帕努伊岛（Rapa Nui），以巨型大头“莫埃”（moai）石像闻名。抬头仰视石像，你会好奇，当时的人为什么要雕凿这些鼻子长、眉间宽阔的“莫埃”。刻石像的人后来怎么了？这些石像代表什么？刻像人是不是因为工程过于浩大，资源耗尽，被迫离开这座岛？这些带着难以捉摸神情的石像无法提供答案。岛上确实有居民居住，但这是世界上最与世隔绝的岛屿之一，所以你此行会非同寻常。

可以从智利的圣地亚哥（Santiago）或秘鲁的利马（Lima）乘坐飞机前往复活节岛。乘船前往很罕见，因为岛上只有一个很小的港口。

656 坦桑尼亚 探索田园诗般的桑给巴尔

在温暖惬意的夜晚，漫步于桑给巴尔石头城（Stone Town）的弯曲小巷间，你或许会畅想自己成为《一千零一夜》中某个故事的主人公。在半透明的印度洋上，这座位于坦桑尼亚海岸线附近的岛屿仿佛一颗明珠。从古希腊水手到黄金、象牙商人，再到阿曼苏丹、前来非洲的传奇探险家斯坦利和利文斯通，数个世纪以来，这里一直吸引着各色旅行者。这里的空气中夹杂着肉桂和丁香的气息，Fordohani Gardens的街头小贩们叫卖着新鲜的热带水果，在月光的映衬下，驶过海湾的单桅帆船划出一道鲨鱼鳍般的轮廓线。海的另一头则是雄伟的非洲大陆，它向所有探险爱好者抛出橄榄枝。

桑给巴尔虽然地处热带，但全年气候宜人，不过要避开11月和12月的小雨季（以短时阵雨为主）以及2月至5月的绵延雨季。

657 喜马拉雅山脉 "香格里拉"

"香格里拉"是喜马拉雅山脉中与世隔绝的乌托邦。居住其间的人们乐享长生不老的秘密？或者仅仅是詹姆斯·希尔顿（James Hilton）小说《消失的地平线》（*Lost Horizon*）虚构出来的神话？古代藏族经文中提及的地方可能就是香格里拉。它的藏语名字暗示这里是一道山隘——在喜马拉雅山脉，任何地方都可能是，这才是关键。有人说可能是云南的香格里拉，也有人觉得是在尼泊尔。或许香格里拉并不特指一个地方，它形容的是我们人人都梦想的地球天堂。

到了夏季（5月至9月），喜马拉雅山脉的气候最为温和舒适，草地最绿，但游客数量也是最多的，偶尔还会下雨。想更好地一睹珠穆朗玛峰的雄姿，就选择一年中的其余时候来。

658 阿根廷和智利 火地岛

如果任何地名的含义是"火焰之地"，都预示着这里有足够刺激的探险活动，火地岛（Tierra del Fuego）也不例外。麦哲伦（Ferdinand Magellan）无意中发现了这里。到了19世纪80年代，大批淘金者来到岛上。如今这一群岛为阿根廷和智利共有，吸引旅行者的不仅是此处"世界尽头"的名号，还有狂风大作的平原，为苔藓覆盖的莲茄树林以及比格尔海峡（Beagle Channel）上方积雪覆盖的山脉。在阿根廷管辖的这一侧，乌斯怀亚（Ushuaia）是世界最南端的城市，可以骑马、徒步、泛舟。而在属于智利的这边，威廉姆斯港（Puerto Williams）是欣赏别具一格的风光、通往纳瓦利诺之牙（Dientes de Navarino）参差不齐的山峰的门户。

11月至次年3月是徒步和乘船游的理想时节。7月至9月则非常适合滑雪和单板滑雪。

659 新西兰 中土世界

不同于其他因故事和传说而成名数十年甚至数个世纪的地方，新西兰算是后来者居上——因为《魔戒》和《霍比特人》系列电影而名声大噪。这些根据托尔金小说改编的电影展现了原始状态的自然景观，完美再现了托尔金小说中虚构的中土世界。低下头，弯着腰进入霍比屯（Hobbiton）的圆形门，沉浸在身材矮小

数个世纪以来，桑给巴尔这个富有诗意、令人浮想联翩的名字让旅行者难以抗拒。

却英勇无畏的霍比特人的世界中。在真实世界里，夏尔是怀卡托（Waikato）玛塔玛塔（Matamata）小镇周边茂盛奶牛场的一部分。但是闭上你的眼睛，你正身处中土世界。

徒步游览新西兰，除了中土世界外，还有很多迷人的地方，www.lonelyplanet.com/campaigns/explore-middle-earth列出了全部选择。

660 澳大利亚，发现卡卡杜的古老自然奇迹

乘船游览卡卡杜国家公园（Kakadu National Park），时光仿佛倒流数千年。水中眯着的眼睛属于鳄鱼——这种动物在地球上存在的时间超过恐龙。瀑布垂直飞泻，翻滚的水流注入水潭，空气中弥漫着水汽。植物在水中繁茂生长，翠绿无比，五彩斑斓的鸟儿栖居其中。环绕四周的是澳洲土著留下的艺术精品，岩壁和洞穴成了他们的画廊，他们古老的手印印在了有着20亿年历史的岩石上。

旱季（5月至9月）来访，5月到6月中最为完美，这个时节瀑布水量仍然充足。

仅限女士的探险

和闺蜜一起，
寻求只属于你们的刺激惊险。

663 美国 在新墨西哥州骑马

在好莱坞电影中，决斗场上的女牛仔可算是凤毛麟角，但在尘土飞扬的Double E Ranch（位于新墨西哥州的一座运营中的放牛牧场，以雄浑壮丽的峡谷为背景），女牛仔们尤为引人注目。女牛仔训练营（Cowgirl Camp）面向各个年龄段的能力各异的骑手开放，已经开办了近12个年头。牧场乖巧听话、训练有素的马能够确保提升你的骑术和信心。训练营禁止使用电话，也没有电视机或者极可意按摩浴缸，宗旨是“弄脏你的手，让你的屁股酸痛”——这里可不是舒适惬意的小马俱乐部。

Double E Ranch全年都会举办为期5天的女牛仔训练营（12月至次年1月除外）。详情登录www.doubleeranch.com/cowgirl_camp.html。

661 美国，在华盛顿州体验海上皮划艇

想远离现代文明，没有比划艇环游原始群岛更为僻静的选择了——还能一窥罕见的水獭、小须鲸或者白头海雕的身影。圣胡安群岛（San Juan Islands）位于华盛顿州西北角，拥有如画风景，Outdoor Odysseys设有女性海上皮划艇环岛游项目（WOW），新手和经验丰富的桨手都可以参加。你不需要拥有如角斗士那样健硕的手臂——皮划艇能容纳两个人，因此你可以时不时休息一下（尤其是当你的搭档没察觉时），而且皮划艇都很平稳。白天，你可以划艇游览，到了夜晚，则在海滨露营，围坐在篝火边，品尝美味佳肴。Outdoor Odysseys会提供皮划艇、相关设备及指导。

WOW环岛游在6月、7月和8月展开。详情登录www.outdoorodysseys.com/women-on-the-water-wow-kayak-tours/。

662 美国，在科罗拉多州OURAY攀冰

像蜘蛛女侠一样，踩着冰爪，沿着垂直、闪着寒光的蓝色冰墙努力往上爬，这不啻为艰巨挑战。成立于1999年的Chicks with Picks开设只针对女性的攀冰课程，地点就在科罗拉多的Ouray（此地以雄伟壮观、绵延陡峭的群山闻名，自诩为“美国的瑞士”），教练也都是女性。初学者和中等水平者可以在拥有超过200个冰坡的Quray冰公园（Ouray Ice Park）体验，一名教练负责4名学员，而高水平者可以前往圣胡安山脉（San Juan mountains）荒芜的冰崖面体验，一名教练带领两名学员。

每年1月和2月开设攀冰课程，包括2至4天的教练指导，提供在Ouray的住宿。公司将部分利润捐给当地的女性庇护所。登录www.chickswithpicks.net报名。

664 澳大利亚，在努萨尝试铁人三项

无论你的身体条件有多么出众，铁人三项仍然是个艰巨的挑战，因此找一个温暖且风景迷人的地方，在参与过程中让你分心，从而忘却身体的疼痛，是很明智的选择。位于昆士兰州阳光海岸（Sunshine Coast）的努萨（Noosa），就是一个这样的地方，或许正因为这样，到了夏季，全世界很多铁人三项运动员将这里作为训练基地。All Women's Tri Camp是为想要尝试这项运动的初学者和中等水平者准备的，你可以从教练（他们都是各自年龄段顶级铁人三项赛的冠军）那里获取宝贵建议。

为期两天半的训练营在8月（努萨铁人三项赛在11月举行）举办。登录www.mscsport.com.au/women-camp-2013.php报名。

665 法国，在阿沃里亚兹玩单板滑雪

学习单板滑雪的首要原则就是不要找朋友或者爱人当老师——如果你还想和他们保持关系的话。在Rudegirls单板滑雪周，你可以与同组志趣相投的女孩们一起切磋，学习或者改善你的滑雪技能。你可能会得到友善、耐心的Angel（这是她的真名）的指导，她曾夺得过单板U形场地滑雪世界冠军。阿沃里亚兹（Avoriaz）滑雪区拥有令人惊叹的滑雪道和非滑雪场地，适合各个水准的滑雪爱好者，此外还有大量公园供爱好者自由发挥，穿插于树林间的滑雪道使得氛围更为浓郁。

Rudegirls单板滑雪周于每年1月举行，费用包括学费、半食宿小屋住宿、缆车票、单板滑雪板租赁。登录www.rudechalets.com/winter-holidays/custom-weeks/rudegirls-week/查询。

666 加拿大，在雷夫尔斯托克体验直升机滑雪

雷夫尔斯托克（Revelstoke）或许是世界上最有名的滑雪胜地，拥有最平整的直升机降落地以及高于平均水准的充足降雪量（单季降雪量保持在9至14米之间）。这里飘落的雪都是最轻薄、松软的香槟粉雪。但要想在齐颚深的积雪中游刃有余地滑雪，可不是看起来那么轻松，而CMH直升机滑雪公司组织的Powder 101 Girls' School旨在将滑雪场老手培养成技能娴熟、擅长驾驭粉雪的高手。白天，你将随10人一组的女性团队滑雪；夜晚，你将观看录下你最佳动作的视频。

在雷夫尔斯托克，Powder 101 Girls' School通常在3月举行，1月会去布加布斯（Bugaboos），4月去哥特山（Gothics）。登录www.canadianmountainholidays.com/heli-skiing/trips/women。

667 西班牙在白色海岸攀岩

从技术层面分析，女性的攀岩动作往往不同于男性，她们较少依赖蛮力——想想《绝岭雄风》（*Cliffhanger*）中西尔维斯特·史泰龙颤抖的二头肌，而更多依靠姿势、方法和灵活性。Rock & Sun的鲁斯·泰勒（Ruth Taylor）深谙如何最大程度提升女性攀岩效率。在白色海岸（Costa Blanca）举办的只面向女性开放的攀岩周期间，她保证会和所有人分享诀窍。这个地方堪称完美，从石灰岩海崖、山脊到向阳的悬崖和峡谷小径，各式岩石随处可见，适合不同等级的攀岩挑战。此外，这里一年大约有325个阳光灿烂的日子，也有利于攀岩。

从5月至9月，Rock & Sun会在白色海岸举办女性攀岩周，这期间会提供5天有指导的攀岩体验、装备、共用住宿以及前往悬崖的交通。详情登录www.rockandsun.com查询。

668 在尼加拉瓜冲浪

20世纪70年代末到80年代，三五成群的冲浪先锋们避开游击队员的炮火，徒步穿过丛林，冲进尼加拉瓜如浴水一般的近岸激浪中。如今，当地的局势稳定多了，而开发程度仍然相对较低，缺乏冲浪学校，这意味着这里仍然保留了最初的冲浪精神。美国职业冲浪手霍莉·贝克（Holly Beck）创办的Surf with Amigas项目让参与者在太平洋北海岸度过一周与世隔绝的时光，温暖的海洋和多种类型的海浪使得这里成为学习或者进一步磨炼冲浪技巧的好地方。

除了8月和9月之外，训练营全面开放，费用包括冲浪指导、乘船游览、瑜伽以及探访活火山的机会。详见www.surfwithamigas.com。

669 在英格兰骑行新森林

像伊妮德·布莱顿（Enid Blyton）小说中的人物一样，骑上自行车，和朋友一起，四辆车并排而行，沉浸在令人惊叹的自然美景中。如果你觉得这个主意不错，那就报名参加Cycletta系列赛吧。这项每年在英国举办的自行车赛仅限女性参与，创立于2011年，比赛路线都是车辆不可通行或者安全有保障、僻静的乡村路段。不过，届时道路两旁无数热情的支持者会让你觉得是在参加奥运会。Cycletta新森林（Cycletta New Forest）的比赛在英格兰南部如画般的Beaulieu城堡及其周边展开。下坡的时候可别忘了大声欢呼。

新森林段的比赛通常在10月举行。新手应该选择40公里的路线，经验更丰富的参赛者或者团队参赛者可以参加40公里或者80公里路线的计时挑战赛。登录www.cycletta.co.uk查询。

670 苏格兰，在KIRROUGHTREE玩山地骑行

7stanes山地骑行中心全部位于苏格兰南部，每个中心都有一尊独一无二的雕像，代表当地的神话故事或者传说（stane在苏格兰语中意为石头）。Kirroughtree立的是粉色石英宝石，这预示着这条赛道是不为人知的珍宝。Kirroughtree拥有这个国家一些最具技术难度的单线赛段，它们沿着巨大石板和暴露隆起的花岗岩曲折前行。此外，这里还有一系列风光旖旎的蓝色和绿色级别赛段，它们围绕风光独好的Bargalt Glen和Doon Hill展开，适合那些不追求极限体验的普通山地骑行爱好者。

每年4月到9月，Bottle Green Biking组织只针对女性的有指导骑行，详情登录www.bottlegreenbiking.co.uk。

最适合漂流的河流

拉上潜水服拉链，戴好头盔，我们为你带来全世界最气势恢宏、最惊心动魄、最有趣好玩的适合漂流的河流——出于方便你体验的考虑，这些河流都设有商业性质的带向导漂流项目。

671 尼泊尔 孙科西河

波涛汹涌的孙科西河（Sun Kosi River，字面意思为“黄金河”）发源于中国西藏的希夏邦马峰附近，在喜马拉雅山脉奔腾而过。这条冰川孕育的河流最终奔入尼泊尔东部，一年中水位只有5个月有所降低、相对平缓，但对漂流这项运动而言，已经足够。这是怎样的旅程啊！从多拉嘉（Dolalghat）下水到Chatra峡谷上岸，总共273公里长的漂流之旅令人肾上腺素激增——湍急起伏的白色激浪，陡峭的山谷，偏僻的尼泊尔村庄，洁白沙滩上无与伦比的露营地，还有阳光明媚的白天和气温骤降的夜晚。到最后，你会发现，这样的经历比黄金更为宝贵。

9月到次年1月之间，孙科西河上会有商业漂流项目，在那之后，河流水位会暴涨3倍，不能漂流。整趟行程至多需要10天时间。

672 加拿大安大略省 喜鹊河

偏僻的喜鹊湖（Magpie Lake）被一望无际的松林和云杉林所环绕，当你乘坐的水上飞机缓缓降落在湖面上并溅起巨大的水花时，你就知道自己即将开始一段特殊的旅程。接下去的经历无比美妙，你将顺着喜鹊河持续翻腾的三级和四级激流穿过花岗岩堆叠的峡谷。夜晚，你将宿在崎岖不平的岩架或者沙滩上，抬头仰望，便能看到绚丽梦幻的北极光。在你划桨的同时，留意各种野生动物：黑熊、狼、鱼鹰和驼鹿。当旅程接近尾声时，你会来到喜鹊瀑布外围，接下去就是此行最后的高潮——达到五级标准的俯冲激流。

8月和9月是喜鹊河漂流的最佳月份。目前人们正力阻在河上建坝的行动，所以趁现在还有机会，赶紧去漂流吧。

PASCAL BOEGLI/GETTY IMAGES ©

673 津巴布韦/赞比亚 赞比西河

我们衷心希望你喜欢全身湿透的感觉。赞比西河是非洲第四长河，它流经壮观的维多利亚瀑布。瀑布下是黑色玄武岩峭壁林立的巴托卡峡谷（Batoka Gorge），很多人称这里是世界上最适合激浪漂流一日游的地方。从“沸点”（Boiling Point）开始，各种激流被冠以令人生畏的名字，起不到任何宽慰作用：“洗衣机”（Washing Machine）、“魔鬼的抽水马桶”（Devil's Toilet Bowl）、“不省人事”（Oblivion）……可能你的手正牢牢地抓着漂流筏，不敢有丝毫的放松。这里超过半数的激流活动都达到了五级难度（六级难度相当于无法漂流）。话说回来，我们提到过鳄鱼吧？

赞比西河漂流的最佳时节是低水位时期（7月至次年2月）。

气势磅礴的维多利亚瀑布下方，奔腾的赞比西河提供了最顶级的激浪漂流。

嬉戏富兰克林河——一路顺激流下山，被浇得透心凉。

674 美国／加拿大 阿尔塞克河

将筏子抛到阿尔塞克河（Alsek）上，你对冷的理解将被重新定义。阿尔塞克河源起世界上最大的非极地冰川流域，河水冰冷刺骨，平均温度为0.5℃，因此必须穿上干式轻潜水服。除了形成得天独厚、摄人心魄的高山美景之外，这些蔚为壮观的冰川还意味着大量水源的存在。250公里的极速漂流将带你领略克卢恩国家公园（Kluane National Park）原始质朴的自然风貌。白头海雕和灰熊随处可见——对了，我们说过灰熊出没的旺季和漂流旺季正好重叠吗？

在阿尔塞克河，一年中最适合漂流的时节是6月。有一部分河段非常凶险，需要乘坐直升机才能到达。

675 美国亚利桑那州 科罗拉多河

很多人都认为，没有比在科罗拉多河（Colorado）漂流更刺激的体验了。的确，还有哪条河流能够蜿蜒流过全世界最著名的裂缝——大峡谷（Grand Canyon）？或许数字更具说服力——每年有22,000人漂流穿越科罗拉多河的大峡谷河段。你可能无法享受与激浪独处的时光，但当你坐上漂流筏从利斯费里（Lees Ferry）出发时，等待你的将是42处惊心动魄的激流，令人敬畏、风光无可比拟、有着长达5亿年历史的地质构造，外加北美土著留下的废墟遗迹——你可以停下来，前去一睹其面貌。

5月至10月是漂流季节，从一日游到最长18天的漂流之旅，选择很多样。私人团队至多可能需要等上10年才能获得漂流许可证。

676 美国爱达荷州 萨蒙河支流中福克河

在挑战完3级和4级激流、被浇得浑身透湿之后，没有比在一天即将结束时泡温泉放松更美妙的了。萨蒙河（Salmon River）支流中福克河（Middle Fork）穿过美国本土最大的荒原地区，是美国本土48州中最长的未筑坝河流。中福克河能让你过足瘾：让你持续血脉贲张的汹涌翻滚的激流，多姿多彩的野生动物，独特的飞钓（据说是美国最好的），当然还有那些温泉——沿河有6处温泉。

通常情况下，中福克河的漂流季节是5月至9月。需要持许可证（不容易获得）才能进行漂流，还需带便携式便盆。

CATHY FINCH/GETTY IMAGES ©

677 澳大利亚塔斯马尼亚 富兰克林河

从进入因为单宁酸染色而呈现深色的富兰克林河（Franklin River）那一刻开始，你就完全为这条不断翻腾飞奔的河流所掌控，白天黑夜你都会沉浸在其充沛的活力中，即使梦中也不例外。你的心情会随着河流的变化而变化：当河水冰凉、阴雨绵绵时，你会觉得难以忍受；当河流水位上涨，激流开始翻涌，你的肾上腺素也会随之增加；而当阳光明媚时，你安静地随波漂流，旁边还有鸭嘴兽陪伴，一切又显得如此平静。抵达富兰克林河与戈登河（Gordon River）的汇流处时，你会怀着依依不舍的心情告别这段旅程。

夏季是最适合挑战富兰克林河的季节。大多数人会选择约翰爵士瀑布（Sir John Falls）为终点，然后包游艇继续前进，因为从此地前往斯特罗恩（Strachan）的河段很乏味，缺乏亮点。

678 秘鲁 科塔华西河

没有哪里比科塔华西河（Rio Cotahuasi）更能诠释“高山流水”的意境了，这条河流穿过世界上最深的峡谷——科塔华西峡谷（Cotahuasi Canyon，最深处达3535米）。光是前往漂流起点就得经历一段艰苦卓绝的行程，包括高原上长达12小时的驱车征途以及2天的骑骡跋涉。但付出最大的努力往往能收获丰厚的回报：让你发挥极限的7天的4级和5级激浪漂流，美丽、僻静的露营地，尚无人探索的前印加时期瓦里文明（Huari）留下的遗迹。文化和探险——你还能期待什么呢？

科塔华西河漂流只适合有经验的漂流者。6月和7月被认为是与这条河流亲密接触的最佳时节。

679 智利 富塔莱乌夫河

关于富塔莱乌夫河（Rio Futaleufú），最令你震撼的莫过于水的颜色——河水从近乎非自然的亮蓝色到深浅不一的蓝绿色，都是由于水中的矿物在起作用。冰川融水形成的急流穿越巴塔哥尼亚安第斯山脉（Patagonian Andes）奔腾而下。白天，你或许要与汹涌飞溅、令人心惊胆战的5级白浪不懈搏斗，但负责组织富塔莱乌夫河漂流项目的Earth River提供了前所未有的豪华露营地，远远超出你的想象——淋浴、冲水马桶、热水浴缸和美味可口的佳肴。因此，到了夜晚，你可以彻底放松疲惫的身心。

Earth River每年夏天，即12月到次年3月，会组织富塔莱乌夫河漂流之旅。

680 意大利 诺切河

颠簸于诺切河（Noce River）冰冷的绿波巨浪之上，你会深信自己正与欧洲最适合漂流的河亲密接触。多洛米蒂山是意大利北部阿尔卑斯山区的一处天堂，而冰川融水汇聚而成的诺切河就位于这里，它迂回曲折流过偏远却迷人的太阳谷（Val de Sole）。这条河流适合各个级别的漂流者，但其中最著名的是Mostizzolo峡谷咆哮而过、动人心魄的5级激浪。最妙的是，在整个漂流过程中你都不会远离现代文明（以及完美的浓缩咖啡）。

诺切河最适合漂流的时节是夏季。它可能是这个榜单上最容易到达的河流漂流地。

最伟大的横跨使命

从这片海洋到那片海洋，成功横跨某个地区、国家或者大陆，没有比这更好的自夸资本了。

白天徒步，夜晚享用Guinnes啤酒——这是时下颇为流行的横穿翡翠岛的方式。

681 骑马穿越哥斯达黎加

刚过去的几天里，你已经和你的克里奥尔骏马建立起独特的感情。午后的阳光洒在身上，你悠闲地穿行于咖啡种植园间，这时你意识到，比起一些人类朋友，这匹马（当地品种，以耐力好、性情温顺而著称）更适合成为你的远征搭档。从加勒比海到太平洋的这段长途跋涉，每一天你都会见到截然不同的地形：从最初加勒比海柔软的沙滩，到葱郁青翠的热带雨林。这个多姿多彩的国家散发出令人难以置信的魅力，高地将是你面临的下一个挑战，你需要越过中美洲脊部，然后下行，最终来到太平洋海岸。

哥斯达黎加的旱季（12月至次年4月）是最适合开展骑马等游览活动的时节。当地旅行机构提供马匹及向导安排服务。

682 新西兰海岸到海岸冒险赛

为了这次海岸到海岸冒险赛（coast-to-coast adventure race），你已经整整训练了一年，做好了前所未有的充分准备。但是，当你站上新西兰南岛库马拉海滩（Kumara Beach）的起跑线并背靠塔斯曼海（Tasman Sea）时，还是会觉得极度忐忑不安。你怎么会想到要参加这样的一日赛呢？人们称其为“最漫长的一天”可不是没来由的。“砰”，发令枪响，比赛开始了——自我怀疑到此为止。今天你要通过跑步、骑自行车和划艇的方式，铆足全力，越过南阿尔卑斯山脉（Southern Alps），最终瘫倒在太平洋萨姆纳海滩（Sumner Beach）的终点线，全程长达243公里。

每年2月，会有大约800名热衷冒险的运动员参加新西兰的海岸到海岸赛（Coast-to-Coast race；www.coasttocoast.co.nz）。

GARETH MCCORMACK/GETTY IMAGES ©

683 徒步横穿爱尔兰

大约有10,000家酒吧散落于爱尔兰的各个角落。当你徒步横穿爱尔兰[始于都柏林（Dublin），目的地是位于大西洋海岸的波特马吉（Portmagee）]的旅程进入到第23天时，会有一种已经见过近半数酒吧的感觉。有一些是你提前数月就预订好作为住宿之选的，其他则是充当应急庇护所、让你暂时躲避爱尔兰恶劣天气的。明天将是这趟387英里长途征程的最后一天，尽管在过去三周半的时间里，你历经各式狂野天气，甚至是更为狂热的款待，但旅行的即将结束仍然让你颇为感伤。爱尔兰是个需要细细品味的国家，这样的徒步游走就非常适合。

海岸到海岸徒步横穿之旅涵盖了爱尔兰风光最为动人、沿途设立路标的路线，包括威克洛（Wicklow）、南伦斯特（South Leinster）、东芒斯特（East Munster）、黑水（Blackwater）和凯里（Kerry Ways）等步道。

Gordon Wiltsie/Getty Images ©

从巴伦支海到格陵兰海，穿越冰川，横跨斯匹次卑尔根岛广袤无垠的冰封世界。

684 穿越美国骑行大赛

环法自行车赛很艰苦？算了吧，每个赛段结束后，那些家伙都能停下来歇息睡觉。不妨尝试挑战总长4800公里、不间断计时的骑行赛，这期间没有封闭的赛段，你得在极度疲劳和尽可能每天保证800公里的骑行量（这样才能保持竞争力）二者之间找到平衡。欢迎来到“世界上最艰苦的自行车赛”穿越美国骑行大赛（Race Across America，简称RAAM），参赛选手从加利福尼亚州的洋边（Oceanside）出发，一直要骑到马里兰州的安纳波利斯（Annapolis）。如果你是个人参赛，有12天的时间来完赛，如果是组团参加则只有9天。为了在组委会规定的截止时间内完赛，一些个人参赛者每天只睡可怜的90分钟。

RAAM（www.raceacrossamerica.org）比赛路线从太平洋到北大西洋，一路上参赛选手要骑车穿过12个州、88个县。

685 划桨叶穿行苏格兰大峡谷

当你把独木舟运上车并绕过Banavie的海神水闸（Neptune's Staircase）的闸门时，抬头仰望着苏格兰的天空，明媚的阳光尽情洒落在大峡谷（Great Glen）两岸。大峡谷将苏格兰高地一分为二，从西海岸的威廉堡（Fort William）一直延伸到东边的因弗内斯（Inverness），但这里天气多变，瞬间就会变脸。今晚你将在洛齐湖（Loch Lochy）迷人的岸边宿营，明天你会经过奥斯湖（Loch Oich）。到了第三天，你将面临挑战，划艇穿过幽深的、传说有水怪出没的尼斯湖（Loch Ness）。遇上恶劣天气，这一内陆海卷起的波涛能轻而易举地达到4英尺或5英尺的高度。

2012年，大峡谷划艇路线（The Great Glen Canoe Trail；http://greatglencanoetrail.info）成为苏格兰第一条正式的划艇路线，沿途允许在荒野露营。

686 跑步穿越意大利

耐力赛之前要补充碳水化合物，意大利面堪称完美选择，不是吗？太棒了，在从海岸到海岸跑步横穿亚平宁半岛（Apennine Peninsula）的过程中，绝不会缺少这种补给。在这个沉迷于自行车运动的国家中，这样的跑步比赛更显得与众不同。从亚得里亚海到第勒尼安海（Tyrrhenian Sea），4人接力团队要完成总长368公里、分为4个赛段的赛程。选手们将跑过风光秀美的山丘和乡村，后者如马尔凯（Marche）、翁布里亚（Umbria）和托斯卡纳（Tuscany）的小村庄。比赛重在体验，而非完赛时间。组委会形容这是一项“能唤起旅行者恋爱感觉”的“慢速比赛”。

自2001年起，意大利海岸到海岸赛（Italian Coast to Coast race）每年都会举行，起点设在格罗塔姆马雷（Grottammare），终点为福洛尼卡（Follonica）。

687 挪威 滑雪横穿斯匹次卑尔根岛

此刻，当你套上绳套、拉着船型雪橇，开始横穿这片辽阔的冰封之地时，就会认识到，连续数周拖着卡车轮胎绕着小镇跑步（还得忍受邻居的揶揄）的努力没有白费。那些冷嘲热讽的人中又有几个完成过这样的壮举呢？横跨斯瓦尔巴德群岛（Svalbard）中最大岛屿，全程自给自足，滑雪穿过冰川，夜晚在冰上搭起登山帐篷，度过星光璀璨之夜……这趟为期4天、横贯东西的探险从巴伦支海（Barents Sea）到格陵兰海（Greenland Sea），行至半途，你会觉得自己就像是北极探险家。周围白茫茫一片，除了你之外，只有驯鹿、海象和北极熊——等等，有北极熊？

太容易？探险旅游机构还组织纵贯北南的穿越斯匹次卑尔根岛（Spitsbergen）之旅，需要30天，总长550公里。

688 驾驶四驱车游澳大利亚大草原之路

离开潮湿闷热的凯恩斯（Cairns），翻过热带雨林，来到耸立于湿热带地区（Wet Tropics）之上的高原，崎岖而漫长的大草原之路（Savannah Way）等着你。顺着昔日放牧者留下的足迹，驱车3700公里，你才能到达位于景色壮观的金伯利（Kimberley）的终点布鲁姆（Broome）。你将经历各式探险，包括内森河公路（Nathan River Road）和吉布河公路（Gibb River Road）这两条偏远的道路，沿途会经过溪流渡口、风光独好的垂钓点，还能找到与世隔绝的河岸露营地——小心湾鳄！

大草原之路（www.savannahway.com.au）从东到西将澳大利亚北部一分为二，连接珊瑚海（Coral Sea）和印度洋，横贯昆士兰州、北部地区（Northern Territory）和西澳大利亚州，途经15个国家公园以及5片世界遗产区。

689 美国 发现之旅

打算体验美国发现之旅（American Discovery Trail），那么选择徒步还是骑自行车就成了一个问题。这是一段堪称波澜壮阔的旅程，由一系列环环相扣的步道和公路组成，从大西洋沿岸的德尔马瓦半岛（Delmarva Peninsula）到太平洋边的加利福尼亚北部海岸，横跨15个州。有多条路线供你选择，这条路从俄亥俄州西部开始分成平行的两条路径，到科罗拉多州北部才再度并拢。如果你选择徒步，最好是拿到足够长的年假——因为此行至少要走8000公里，至多可以达到近11,000公里。

发现之旅（www.discoverytrail.org）会经过14个国家公园、16片国家森林，此外还覆盖了5条国家徒步景观之路、10条国家历史步道和23条国家休闲步道。

690 英格兰海岸到海岸山地自行车骑行路线

背包？塞满了。气泵？带了。补胎工具？没落下。鹅卵石？已经放进口袋了。带鹅卵石是为了向艾尔伯特·温莱特（Albert Wainwright）致敬——他被誉为192英里横穿英格兰经典徒步路线之父，他开启了将鹅卵石从圣比斯海滩（St Bees beach）带到罗宾汉湾（Robin Hood's Bay）的传统。当你开始蹬车踏板，逐渐远离爱尔兰海（Irish Sea）时，还将进一步延续艾尔伯特的传统。这趟海岸到海岸山地自行车骑行路线（coast-to-coast MTB route）将让你深入湖区，翻过奔宁高原带（Pennine Uplands）和克利夫兰山（Cleveland Hills），穿过约克郡谷地（Yorkshire Dales）和北约克郡沼泽区（North Yorkshire Moors）。

蒂姆·伍德科克（Tim Woodcock）于1992年设计了海岸到海岸山地自行车骑行路线。与著名的步道有着相同的起点，这条路的景色也同样美丽，但具体路线不一样。

最刺激的过境体验

当你穿过世界上最刺激的边境时，
骗子、掌心冒汗的人、将信将疑的官员以及
令人心醉的美景都将接踵而至。

691 易卜拉欣—哈利勒边境——土耳其到伊拉克（库尔德自治区）

易卜拉欣—哈利勒（Ibrahim Khalil）边境究竟属于哪方？当你来到土耳其的锡洛皮（Silopi），就进入了“库尔德人的世界”。你可能跟母亲说过要去库尔德自治区，但在土耳其人看来，你是去伊拉克。如果你没有被土耳其边境的官员仔细搜身，那么接下去的4个小时，你都可能耗在排长龙、与不断吞云吐雾的卡车司机玩西洋双陆棋中。一旦出了土耳其，你可以惬意地品上一杯chai茶，等着你的护照被盖上那迷人的为期十天的“伊拉克共和国—库尔德自治区”签证（阿拉伯语）。去巴格达？想都别想。

和伊拉克其他地区相比，库尔德人控制的北部相对安全。避免前往库尔德工人党（Kurdistan Workers’ Party，简称PKK）依然活跃的偏远地区。

692 黑龙江——中国到俄罗斯

从北京出发，乘坐日渐稀少的交通工具前往这一边境区域。这不啻为一次探险，黑龙江抚远港是此行的终点。每天，都会有数艘造型优美的苏联时期建造的水翼船，从下游25公里处的哈巴罗夫斯克（伯力，Khabarovsk）开到这里，乘客大多是想购买中国廉价消费品的俄罗斯人。买票很容易，但要说服中国边境的守卫放行是另一回事，他们要等待俄罗斯方面的回音，所以你可能需要等上一天的时间。然后就是用中文说“再见”，再用90分钟跨过三个时区，你将听到“dobro pozhalovat”（欢迎）——你已经进入俄罗斯远东地区，目光所及之处，不见人影！

水翼船在5月至10月运营。哈巴罗夫斯克的交通十分便捷，有飞往堪察加半岛（Kamchatka）的航班。

693 吉布提到索马里兰

经历两天狂野而惊险的沙漠穿越后，扎进摩肩接踵的人群中，这听上去可能不太有趣，但却是不虚此行的真正探险。首先，索马里兰的政权目前不获任何国际承认。其次，那些仍在为独立而奋斗的人们并没有受到蜂拥而至的游客的影响，他们所展现出来的热情友好令人难以置信。这里没有大规模的旅游团，只有像你一样不断前来的零散勇者。他们愿意忍受如流浪汉一般的艰苦日子，走过位于双方边境岗哨之间400米的无人管辖区，脸上还带着疯狂的笑容。

你在地图上找不到索马里兰，它位于索马里西北部。从地图上讲，它仍然隶属于索马里。更多关于索马里兰的信息，登录somalilandgov.com。

694 吐尔尕特山口——中国到吉尔吉斯斯坦

从新疆喀什，穿过边境去吉尔吉斯斯坦，是中国旅行者比较容易实现的过境体验。喀什国际客运站每周有两班国际大巴发往吉尔吉斯斯坦的奥什和比什凯克。如果边境人员准时上班的话，出关就很快，接着就是上坡翻越海拔3700米的山口。吉尔吉斯斯坦的边境小村很破败，一路都是破烂的泥巴路，但沿途的草原、牛羊和雪山却能让你睁大眼睛。一路到奥什，大都是这样的风景。奥什是座丝绸之路上的古城，但没有什么遗迹保留下来。你会在这里看到用天然颜料将两条眉毛连在一起的女人。

与其他中亚国家相比，办理吉尔吉斯斯坦的签证还算简单，但需要邀请函。

695 卡宗古拉渡口——博茨瓦纳到赞比亚

150米的赞比西河段构成了博茨瓦纳和赞比亚的边境，这里堪称世界上最短的边境之一。破旧不堪的渡船需要大约15分钟才能渡过400米宽的河流，到达彼岸。虽然按照非洲的标准，入关手续是合乎情理的，但随行车辆越大，情况就越复杂。按照惯例，卡车最长需要等上一周的时间。卡宗古拉渡口（Kazungula Ferry）会有很多收费的所谓“代理人”，但通常情况下，胆子大的人不需要他们的帮助也能办好所有的手续。当然，你也能绕道附近的津巴布韦，但如果连当地人都不愿意，你就不应尝试。

早点儿到，避开左边的卡车队伍，直接到河边，如果你没有代理人帮忙，就做好讨价还价的准备。

696 “亚马孙州”——秘鲁、哥伦比亚及巴西

亚马孙河流经的三个国家在此交会，三个小镇比邻而居，分别是莱蒂西亚（Leticia，哥伦比亚）、塔巴廷加（Tabatinga，巴西）以及圣罗莎岛（Santa Rosa，秘鲁），但这里没有边境纠纷。这里是从亚马孙河流域的热带雨林中开辟出来的，你能自由地在这些镇子之间穿梭，不限次数，因为除了河流之外没有其他地方可去。唯一要遵守的规定就是离开其中一地的时候盖上离境章，然后在目的地国盖上入境章。当地的很多中介机构会组织所谓前往热带雨林的“生态游”，要小心选择，因为可怕的故事屡见不鲜。当然你也可以选择惬意地坐着，领略大自然的鬼斧神工。

莱蒂西亚是三个镇中消费水准最高的，那里的揽客潮也是最疯狂的。

697 黑水高山道——智利到阿根廷

海拔4765米的“黑水高山道”（El Paso de Agua Negra）极度偏远，却有着令人叹为观止的美景，是安第斯山脉海拔最高的边境之一。505公里的路段连接智利的拉塞雷纳（La Serena）和阿根廷的圣胡安（San Juan），每年只有屈指可数的车辆经过。出入境手续很简单。两国岗哨之间长177公里、几乎没有铺设好的路段很有意思。蜿蜒的单行车道上隐藏着很多急转弯、骤降的陡坡，路两旁没有防护栏，最终你来到高海拔地带，这趟行程对你的车辆和驾驶技能都是极大的考验——对了，之前我们提到积雪和冰冻了吗？

山道仅在每年12月至次年4月开放。目前这里正在修建一条隧道。趁现在还有机会，赶紧去看看吧。当地没有公共交通。

698 红其拉甫口岸——巴基斯坦到中国

离开苏斯特（Sust）的巴基斯坦移民局检查站，过不了多久，你的心就会提到嗓子眼儿，因为你要通过数不尽的险要弯道前往世界上最高的边境之一。喀喇昆仑山、兴都库什山（Hindu Kush）和帕米尔（Pamir）山脉在这里交会，呈现出原始粗犷的一面，瀑布倾泻而下，泼洒飞流，撞击在险峻的沟壑上，路上散落着山崩落石。你的司机会很紧张，不时抬头看——因为不断有小石头掉落。当你逐渐接近陡峭的山峰时，开始拼命吸气，感觉肺都快炸了。最后，在大约4700米的高度，道路变得平坦，你就来到了兀立于此的中方欢迎拱门。从这里起，将是一路下坡。

这一边境通常在5月至12月开放，从苏斯特出发，可以进行一日游（不过境）。

699 板门店——韩国到朝鲜

你能明显感受到这里剑拔弩张的氛围，当你进入这幢淡蓝色的建筑物时，心怦怦地跳个不停。你耐着性子看完视频，签署免责声明书，里面说你可能因为“敌方行动”而“受伤或者死亡”，你甚至穿上了新跑鞋。谈判桌上的电线就是两国真正的边境所在。房间另一头是“不归之门”，直接通往朝鲜。在那里，几步之隔就有一名朝鲜士兵通过窗户盯着你。除非你想求死，否则你绝不会想跨过这道边境。

虽然你无法跨过韩国和朝鲜之间的边境，但可以选择从中国乘坐火车进入朝鲜，也可以走很少有人走的线路——从俄罗斯去朝鲜。

700 西北角——加拿大到美国

什么时候边境不再是边境？答案：美国明尼苏达州的西北角（Northwest Angle）。由于19世纪测量与地图绘制存在误差，因此西北角被划分到北纬49度以北，伍兹湖（Lake of the Woods）将其与美国本土隔开。唯一通往西北角的陆路路线就是从加拿大的马尼托巴省（Manitoba）进入（除非你愿意在隆冬季节驾车驶过冰封的伍兹湖）。边境采取无看守制度，一间小木屋内装有监视镜头，与美国和加拿大海关相连。按下美国的按钮入境，当你离开的时候，按下加拿大一方的按钮。

带上你的钓鱼工具，这里的垂钓体验声名远播。到了冬天，在冰上钓鱼尤其吸引人。

最长徒步路线

有时候，区区几天的徒步旅行会让人意犹未尽。一些徒步征程可以让你耗费数周甚至数月的时间，想挑战吗？

701 尼泊尔 喜马拉雅大环行

尼泊尔是徒步的中心区域，拥有珠穆朗玛峰区域、安纳布尔纳地区（Annapurna）、朗塘（Langtang）、干城章嘉峰（Kanchenjunga）等诸多选择，所以有时候你会不知道怎么选。既然如此，不如将所有路线合并，来一次喜马拉雅大环行（Great Himalaya Trail）。从东边的干城章嘉峰附近开始，这条将把喜马拉雅山脉深深印如你心的、长1700公里的徒步路径穿越整个尼泊尔，一直延伸

这只靴子（版图如靴子般的意大利）是最适合徒步爱好者的，比如征服Sentiero Italia路线。

到西部的胡姆拉（Humla）。大环行有两条路线：一条是Lower Route，平均海拔高度在2000米左右；另一条就是部分路段较为偏远的Upper Route，途中要穿过最高达到6200米的山口，需要一定的登山经验和设备。要做好耗时5个月的准备。

想了解更多相关信息，登录http://thegreathimalayatrail.org。World Expeditions（www.worldexpeditions.com）组织一年一度、为期152天的沿这条路线的徒步游。

GARETH MCCORMACK/GETTY IMAGES ©

702 澳大利亚 双百年路径

幅员辽阔的土地需要与其规模相称的徒步步道，双百年路径（Bicentennial Trail）就是澳大利亚最长的徒步路线。这条路线始于墨尔本附近，引领徒步者穿过澳大利亚温带地区，登上昆士兰州北部库克镇（Cooktown）所在的热带区域。你可以步行、骑马或者骑山地车完成这趟5330公里的远征，沿途会有笑翠鸟（澳大利亚常见的一种鸟类）陪伴着你。这段距离相当于从伦敦一路步行到迪拜。双百年路径建于1988年，目的是庆祝澳大利亚建国200周年。沿着这条路，你将从该国的东海岸开始，顺着澳大利亚最高的山脉大分水岭（Great Dividing Range）前行，途经18个国家公园。当初在设计路线时，只要可行，就会循着早期拓荒者行走的路线进行规划。即便平均每天徒步30公里，你仍然需要6个月才能走完全程。

双百年路径的网站为www.nationaltrail.com.au。

703 欧洲 E4

在欧洲大陆上，一系列长距离徒步路径纵横交错，它们被统称为"E路线"。现有11条这样的路线，每一条都穿越数个国家，例如从北角（Nordkapp）到西西里岛（Sicily），从苏格兰到尼斯。E4是其中最长的一条路线，总长超过10,000公里，它从西班牙最南端的塔里法（Tarifa）开始，蜿蜒经过法国、瑞士、德国、奥地利、匈牙利、罗马尼亚、保加利亚、希腊本土和克利特岛（Crete），直到塞浦路斯（其中罗马尼亚和保加利亚的路段尚未修好）。如果觉得10,000公里对你来说过于艰苦，或许你可以尝试从布列塔尼（Brittany）到维罗纳（Verona）的E5路线。和E4相比，这条3000公里的路线就是小菜一碟。

你可以从欧洲漫步者协会（European Ramblers' Association; www.era-ewv-ferp.com）那里获取所有E路线的相关信息。

704 意大利 SENTIERO ITALIA路线

当一个国家的版图像一条腿时，这个国家肯定适合徒步。意大利最长的徒步路线就是贯穿整个国家的Sentiero Italia路线。设立这条徒步路线的想法始于20世纪80年代。该路线从的里雅斯特（Trieste）开始，深入意大利东北角，这一超过6000公里的漫漫征程在撒丁岛北端的圣特雷莎加卢拉（Santa Teresa Gallura）结束。沿途，你将翻越阿尔卑斯山脉，往南经过亚平宁山脉（Apennines）和西西里岛，接着抵达撒丁岛。虽然Sentiero Italia路线途经350余个不同区域，但在现实中，它基本上仍然只是个想法而已，远非一条全程拥有清晰标识的徒步路线。不过其中较长的路段确实存在，其他部分也是可以通行的。

可以从www.sentiero-italia.it上获取可靠信息，不过网站上只有意大利语。

705 新西兰 蒂阿拉罗瓦步道

“蒂阿拉罗瓦”(Te Araroa)的字面意思就是漫漫长道，这条经过30多年设计规划、直到2011年才建成的步道无疑名副其实。从新西兰最南端的布拉夫(Bluff)到最北边的雷因格海角(Cape Reinga)，蒂阿拉罗瓦步道蜿蜒延伸约3000公里，覆盖人头攒动的90英里海滩(Ninety Mile Beach)，直至曲折穿行于中部高原(Central Plateau)火山之间、被认为是世界上最美的一日游徒步路线的汤加里罗高山步行道(Tongariro Crossing)。蒂阿拉罗瓦步道经过南岛的路段几乎都是山道：从北部的里士满山脉(Richmond Range)开始，顺着南岛的脊梁，延伸至绵延不断的南阿尔卑斯山(Southern Alps)。

可以通过蒂阿拉罗瓦信托会(Te Araroa Trust; www.teararoa.org.nz)了解更多具体信息。

706 美国 太平洋山脊步道

太平洋山脊步道(Pacific Crest Trail)从墨西哥横穿美国到达加拿大，总长4300公里。这是一趟顺着崎岖险峻的内华达山脉和卡斯克德山脉(Cascade mountain range)最高山脊前行的艰苦旅程：一路上经过3个州和包括国王峡谷(Kings Canyon)、红杉树(Sequoia)、约塞米蒂(Yosemite)在内的7个国家公园。大多数徒步者需要四五个月的时间才能走完全程，这不仅是对体能和耐力的严峻考验，也是对你的后勤补给能力的一大挑战，因为补给点往往远离徒步道。你将欣赏到神奇多变的山区风光：从南部的沙漠到内华达山脉被白雪覆盖的顶峰，再到太平洋西北地区的热带雨林。

太平洋山脊步道协会(Pacific Crest Trail Association; www.pcta.org)是很好的获取信息的渠道。

707 澳大利亚 希臣径

澳大利亚第二长的徒步道希臣径(Heysen Trail)从阿德莱德南部海岸开始，翻越弗林德斯山脉(Flinders Ranges)的荒漠地带。这条路径以该地区著名画家汉斯·希臣爵士(Sir Hans Heysen)命名，总长1200公里，是澳大利亚最令人望而生畏的徒步道之一。其原因在于，这条路的大部分路段都经过降雨量稀少的乡村。11月到次年3月，由于存在林区火灾的隐患，徒步道所经过的区域对外关闭。但无论如何，你都不想在夏季挑战这条步道：北部路段的平均气温最高可达34摄氏度左右。大多数人需要60天左右方可完成全程。

希臣径之友网站(www.heysentrail.asn.au)提供很有帮助的行程规划资料。

708 加拿大 横穿加拿大步道

如果你想体验长途远征中的极限，不妨来挑战横穿加拿大步道(Trans Canada Trail)。作为世界上最长的步道网络，这条路线最终长度可以达到23,000公里左右。截至2012年年底，有近17,000公里的路段对外开放。步道计划于2017年，即加拿大建国150周年之际全部竣工。路线一端设在纽芬兰(Newfoundland)，另一端则在温哥华岛(Vancouver Island)，如果你觉得还不够长，可以尝试从阿尔伯塔(Alberta)往北进入育空(Yukon)和西北地区(Northwest Territories)的分支路线。你或许想要囤点儿干粮，因为要完成这趟长途跋涉，你可能需要两年或三年的时间。

步道官方网站为http://tctrail.ca。

汤加里罗高山步行道：在长白云之乡的土地上挑战漫漫长路。

709 欧洲 苏丹之路

这条从维也纳到伊斯坦布尔的新徒步路线集历史和徒步于一体，总长2100公里。苏丹之路（Sultan's Trail）途经6个国家（奥地利、匈牙利、塞尔维亚、克罗地亚、保加利亚和土耳其），沿着奥斯曼帝国苏丹苏莱曼一世（Süleyman the Magnificent）在1529年和1532年围攻维也纳的路线反向延伸。苏丹之路的起点为维也纳的圣斯蒂芬斯大教堂（St Stephens Cathedral），教堂的钟是用奥斯曼帝国遗弃的大炮铸造的，终点设在苏莱曼一世位于伊斯坦布尔的陵墓。目前，这条徒步道没有全部完成，但借用了与现有的多瑙河步道（Danube Path）和E8徒步道重叠的区域。与路线出于军事原因而存在形成鲜明对比的是，苏丹之路被贴上了“和平路线”的标签。

苏丹之路官方网站是www.sultanstrail.com。

710 英国 从兰兹角到约翰欧格罗兹村

徒步横穿大不列颠岛，就如同毕生夙愿一般。不同于其他需要周密规划和准备的横穿国家之旅，徒步大不列颠岛只存在于脑海中。兰兹角（Land's End）到约翰欧格罗兹村（John O' Groats）之间没有规划好的路线，每个徒步者都可以自由发挥、决定自己的徒步路线。通常情况下，他们会徒步约1900公里，将西南海岸步道（South West Coast Path）、科茨沃尔德之路（Cotswolds Way）、奔宁道（Pennine Way）、西部高地步道（West Highland Way）和大峡谷步道（Great Glen Way）等现有路径串联起来。如果你喜欢变化，可以尝试用滑板，有些人曾经一路打着高尔夫完成了这一天涯海角之旅。

兰兹角约翰欧格罗兹村协会（Land's End John O' Groats Association；www.landsend-johnogroats-assoc.com）提供相关路线信息，可以从网站获取。

世界上最好的粉末雪带

这些滑雪探险游将带你前往我们这个星球最棒的粉末雪天堂，为你开启无穷无尽的冬日体验之旅。尽情享受冰天雪地的魅力吧。

711 美国犹他州 直升机滑雪

虽然犹他州没有西海岸那连绵不断、蔚为壮观的积雪胜地，但这里的雪是如此轻柔，以至于你会感觉仿佛飘浮在羽毛之上。这里的滑雪胜地都能提供极好的粉末雪滑雪体验，顶级场所包括Snowbird、Alta和Powder Mountain。不过，若想感受在无人踏足的蓬松积雪上滑行所带来的快感，最好选择专门定制的直升机滑雪一日游。飞机垂直落差总和可以达到20,000英尺。它将带你去各式

皑皑白雪，厚实纯净，二世谷拥有足够多的积雪，即便是最贪婪的粉末雪爱好者也会心满意足。

各样的滑雪带，从粉末雪堆积的林中空地到陡峭的山坳和滑道，应有尽有，基本可以确保你全天都能在没有足迹的粉末雪上滑行。犹他州的雪场很不稳定，因此你并不总是能享有体验直升机滑雪的机会。想体验更多的陆地滑雪探险，可以参加Powder Mountain的雪猫（snowcat）探险。

登录www.diamondpeaks.com了解更多直升机滑雪选择，或者登录www.powder mountain.com了解雪猫滑雪之旅。

STOCKSHOT/ALAMY ©

712 美国科罗拉多州 阿斯彭高地

你无法对这里视而不见。多半个世纪以来，阿斯彭（Aspen）一直是美国的顶级滑雪胜地，吸引了诸多好莱坞名流，也令滑雪爱好者神往。尽管大多数人是冲着一流的餐厅、极度奢华的酒店和亲密相处的机会而来，但别忘了这里还能滑雪。Aspen Mountain、Snowmass和Buttermilk这几个滑雪场都设有趣味性很强的滑道，但真正的滑雪迷都会聚集到阿斯彭高地（Aspen Highlands），其中的Highland Bowl、Olympic Bowl和Steeplechase等粉末雪山谷是全美最好的滑雪场地。最好确保你在滑雪之后还有足够的精力去Hotel Jerome或者Little Nell痛快畅饮。

你可以飞到阿斯彭（但愿是G6飞机），你也可以在丹佛乘坐班车（2.5小时）前往。登录www.aspensnowmass.com了解更多滑雪、住宿及美景信息。

713 美国阿拉斯加州 瓦尔迪兹直升机滑雪

倘若直升机滑雪是极棒的体验，那么在瓦尔迪兹（Valdez）尝试直升机滑雪就是无与伦比的非凡经历。这是一生只有一次的滑雪冒险，你将到达可能是世界上最陡峭、最险峻、最大且最艰辛的滑雪地带。每年都会有超过1000英寸的雪降落在阿拉斯加州的楚加奇山脉（Chugach Mountains）上，你可以和你的私人向导乘直升机，一道去探索那里约200万英亩的冰川山峰。中介机构会依照你的需求和意愿量身定制行程（大多数为5至7天），一周行程中的垂直落差总和约为20,000英尺。你可以尝试50度陡坡的刺激惊险，或者在6000英尺的粉末雪坡上滑出属于自己的8字形轨迹。不用说，只有技能娴熟的滑雪者才有资格进行这样的冒险挑战。

大多数中介机构会在2月至5月间组织滑雪之旅。更多信息，登录www.valdezheliski guides.com查询。

714 日本 二世谷

这个世界上或许还有更好的滑雪胜地，事实上，可能还有很多，但北海道的二世谷滑雪胜地场（Niseko Ski Resort）在世界滑雪胜地中拥有第二高的年均降雪量：595英寸，因此这里值得一游。二世谷滑雪场由安努普利（Annupuri）、东山（Higashiyama）、比罗夫（Hirafu）、花园（Hanazono）和藻岩（Moiwa）等五个区域组成，共为滑雪者设置了27架升降机和3台缆车，十分便捷。这里的滑道很短，平均长度只有900米，但附近有很棒的温泉。最陡滑道的倾斜度达37度。此外，这里还能进行夜间滑雪。

要去二世谷滑雪场，得先飞到新千岁机场（New Chitose Airport）。Skijapan.com提供关于这一滑雪胜地的基本信息。

715 奥地利 莱西

莱西（Lech）和祖尔（Zürs）的降雪量超过欧洲其他任何的滑雪胜地，因此这里成为在奥地利滑雪的首选场所。大多数人会选择漂亮的村庄莱西为起点，即将其作为探索祖尔和阿尔伯格（Arlberg）滑雪区域的大本营。莱西是奥地利唯一一处拥有直升机滑雪项目的滑雪场所，所以基本上能确保你体验到新鲜、未遭破坏的天然雪面。这里还有很多短程徒步项目，你可以沿着徒步道到达未经修整的非滑道场地，这能充分满足你对洁白无瑕的粉末雪的迷恋。想尽情探索莱西的陡坡，最好的方法就是找一个向导。这里的雪坡都经过严格的控制，可防止雪崩，但是这里没有巡逻队员，所以要小心隐蔽的障碍。

这是奥地利最受欢迎的滑雪胜地，可以搜索当地旅游信息平台，找到最划算的选择。更多相关信息，可查询www.ski-lech.com。

716 加拿大不列颠哥伦比亚省 纳尔逊白水滑雪胜地

白水（Whitewater）或许算不上加拿大西部规模最大的滑雪胜地，因为这一荣誉归属于惠斯勒黑梳山（Whistler Blackcomb），但白水确实拥有令人难以置信的充足积雪：每年的降雪量超过40英尺。这一滑雪场只有三架升降机和一根牵引杆，可滑雪区域只有1184英亩。但麻雀虽小，五脏俱全，白水集空旷的林中空地、滑道和雪谷地形于一体。由于该滑雪胜地位于内陆的塞尔扣克山脉（Selkirk Mountains），因此相比于不列颠哥伦比亚省的海岸沿线，这里的雪更为干燥。

考虑安排一周的行程比较妥当。多带些滑雪服装：一天滑下来，你身上会很湿。登录www.skiwhitewater.com查询。

717 智利 波蒂略滑雪场

这一智利的星级滑雪场（Ski Portillo）每年的降雪量超过8米（27英尺）。这里以干雪、晴朗的天气、多姿多彩的夜生活和无与伦比的非滑道场地闻名。你可以聘请向导，也可以独自前往著名的Primavera和Kilometro Lanzado滑道，开启永无止境的白色探险。虽然滑道有760米（2500英尺）的垂直落差，沿途还能欣赏安第斯山脉的壮观全景，但你或许更期待像鹰一般翱翔于天空，因此你可以租一架直升机体验刺激的一日游。虽然这里一日的直升机滑雪价格不菲，但绝对是你愿望清单中不可或缺的一项。

从智利首都圣地亚哥（Santiago）出发，只需2小时的车程就能到达波蒂略滑雪场（www.skiportillo.com），非常便捷。

718 法国 拉格拉夫

法国不缺一流的滑雪场所。每年冬天（有时候是在夏天），钟情于滑雪胜地的人都会聚集到夏慕尼（Chamonix）和其他阿尔卑斯山脉的热门地区，但要想真正体验令你无比兴奋的高山滑雪，拉格拉夫（La Grave）才是你应该去的地方。从惬意舒适的12世纪的村庄出发，在黎明的曙光中，和向导（必需的）一起搭乘三段式缆车。在冰川覆盖的山上只有两条正式的滑道，而你的能力、想象力和向导会决定你选择哪一条滑道。在这个布满裂隙的地方，向导将确保你的人身安全。

拉格拉夫距离格勒诺布尔（Grenoble）不远，后者的交通非常便利。滑雪场网站（www.la-grave.com）提供更多详尽信息。

719 美国科罗拉多州 狼溪滑雪场

科罗拉多州拥有世界上最轻薄、最干燥的雪。充满怀旧气息的狼溪（Wolf Creek）滑雪场规模很小，但这里的香槟色粉末雪却是无可比拟的。这个滑雪场早在1939年就对外开放了，但至今仍然保持着复古风格。而圣胡安山脉的理想位置，使得狼溪平均每年有465英寸的自然降雪，这要超过科罗拉多州其他任何滑雪胜地。狼溪滑雪场仅拥有5架升降机，但你可以从顶部徒步至越野区，在Bonanza Bowl、Exhibition Ridge和Peak Chutes等地可以体验更陡峭的雪坡和雪谷。

在www.coloradoski.com上了解科罗拉多州主要滑雪胜地的相关信息，或者登录www.wolfcreekski.com查询狼溪的相关资讯。

720 美国加利福尼亚州 柯克伍德

加利福尼亚州内华达山脉的崎岖山峰造就了美国本土最险峻的滑雪带。塔霍湖（Lake Tahoe）区域有诸多滑雪胜地，若论及终极陡峭的滑道和超酷的冰雪槽，柯克伍德（Kirkwood）是其中最棒的，

在冰天雪地中，享受接踵而至的乐趣！在波蒂略，你可以如鹰一般腾空，这里有迷人的夜生活、一流的直升机滑雪体验和安第斯山脉的全景。

而且这里还拥有该地区其他滑雪场地所没有的悠闲氛围。你可以花上一两天时间去Wagner Wheel和Sentinel Bowls探索，还可以进行不容错过的、令人叹为观止的波浪形的雪檐体验，然后参加Expedition Kirkwood组织的雪猫越野一日游。他们会为你安排一名向导，提供应对雪崩的装备，引领你挑战柯克伍德最艰苦刺激的滑雪之旅。

柯克伍德距离南塔霍湖最便宜的几家酒店只有30分钟车程。你也可以住在滑雪场。登录www.kirkwood.com了解更多细节信息。

世界上最好的粉末雪带

非洲精华探险游

忘了太阳帽，掸去徒步靴上的灰尘，释放你内心深处隐藏的探险欲望，踏上这些标志性的非洲探险之旅吧。

MASSIMO RIPANI/SIME/4CORNERS ©

没有什么经历可以与在坦桑尼亚和野生大象面对面相提并论。

721 非洲参加摄影游猎，捕捉动物的精彩瞬间

“捕捉”、“瞄准”野生动物从未如此有趣。需要再说一遍？摄影游猎让摄影爱好者和喜爱动物的人有绝好的机会抓拍从河马到黑斑羚、从斑马到猎豹等的各种野生动物，还能拍到非洲荒原和红得无比鲜艳的日落美景。具有资质的野生摄影兼自然向导会给予你一对一的指导。无论你是躲在隐蔽观鸟屋内、驻守在吉普车上，还是追踪足迹或在营地周围闲逛，向导都会帮助你从最佳角度捕捉目标的精彩瞬间。这是最好的从微观和宏观角度感受世界的方法，并不仅仅局限于镜头。

做好清晨出发的准备（黎明是观鸟的好时机，黄昏则更容易看到饮水的动物）。具体信息，可询问总部设在博茨瓦纳的Pangolin Photo Safaris（www.pangolinphoto.com）。

722 阿尔及利亚塔曼拉塞特，徒步撒哈拉沙漠

呼叫所有的沙漠爱好者，这个地方棒极了！耸立于阿尔及利亚南部沙漠上的阿哈加尔（Hoggar）是撒哈拉沙漠中最令人敬畏的山脉之一。在当地图阿雷格族向导的引领下，徒步阿哈加尔，就如同穿行于一个古老神奇的国度之中。你将从塔曼拉塞特镇（Tamanrasset）启程，前往Atakor Massif周边，在斑斓的史前岩画、水坑、沙丘和玄武岩尖峰组成的“森林”间穿梭。你还可以登上阿尔及利亚的最高点Jabal Tahat峰（2908米），并在阿塞克赖姆（Assekrem）高原品味迷人的日落。

登录www.keadventure.com查询更多信息。很多当地的旅游机构也组织团队游。做好每天步行5小时的准备。

723 徒步感受野性坦桑尼亚

如果你真心渴望与大自然亲密接触，就穿上你的徒步鞋，前往坦桑尼亚最负盛名的国家公园塞伦盖提（Serengeti）吧。这里无与伦比的野外步行游猎活动将带你穿越公园的稀树草原，沿着河道前行。从斑马纹到蚁丘，从金合欢树到丛生的野草，技艺娴熟的马赛人和其他护林员聊着与生态系统相关的话题。当然，角马大迁徙（见下图）是这一地区知名的景观，但还有很多很多不容错过的壮丽景象。结束一天的多感官刺激之旅后，在远处狮吼的陪伴下打个盹，让非洲继续施展它那神奇的魔法。

只有经过严格筛选、负责任的中介机构才被允许组织塞伦盖提步行游猎。具体步行时间不等，既有按小时收费的徒步，也有为期数天的野营之旅。

724 博茨瓦纳骑象游猎

喜爱大象的人，听好了，没有比骑在非洲象身上更好的事了。或者说，没有更与众不同的领略博茨瓦纳荒野魅力的方法了。你不仅能从大象的高度欣赏野生动物，还能和你的大象及其所在的象群互动，在它们的陪伴下游泳和漫步。你不妨观察少年老成的小象和作为家族首领的雌象的各种行为表现（所有这些都发生在向象群做完自我介绍之后）。哦，我们是否提过你还能与当地研究人员展开讨论，学习了解大象的行为？与这些绝顶聪明、极度敏感的哺乳动物打交道，将让你前所未有地亲近大自然。

博茨瓦纳是少数能让你体验骑象游猎的地方之一。详见www.abucamp.com。

725 纳米比亚四驱驾行骷髅海岸

在纳米比亚，驾驶四轮驱动车的探险家们会沿着骷髅海岸（Skeleton Coast）直行，这是一条十分偏远的沙漠海岸带，扑朔迷离的雾海笼罩着堆满鲸的白骨和生锈船骸的海滩，这些都源于已成历史的捕鲸作业。早期的葡萄牙水手称这里为“地狱沙滩”。值得庆幸的是，如今这里呈现出截然不同的生机。沿着海滩和内陆驱车，穿梭于沙丘之间，驶过盐池和化石层，翻过参差不齐的山脉，经过峭壁峡谷，感受世界上最动人心魄的美景。若想拥有非同寻常的体验，乘坐轻型飞机可以让你欣赏到鬼斧神工般、类似月球表面的荒芜景象，令人难以置信。

旅游公司在温得和克（Windhoek）办公。不妨从Cardboard Box Travel Shop（www.namibian.org）开始，这家旅行社很不错。Skeleton Coast Safaris（www.skeletoncoastsafaris.com）组织令人叹为观止的陆路和空中旅行。

726 肯尼亚马赛马拉，在马背上见证角马大迁徙

如果真的存在规模盛大的野生动物表演秀，那就非角马大迁徙莫属。每年从7月到10月，有超过150万头的角马和斑马为了鲜嫩的牧草而前往马赛马拉（Maasai Mara）。浩浩荡荡的角马群如潮水一般，渡过鳄鱼出没的河流，爬上河岸，而作为机会主义者的狮子一直在旁虎视眈眈。欣赏这一壮观场景的最好方法就是骑马。为什么？因为野生动物不怕马，这让你有机会与自然奇观近距离地接触。角马迁徙期间，你可以在一旁策马奔腾，也可以真正深入荒原，进入双脚或者吉普车无法到达的偏僻区域。

参与者最好有一定的骑马经验，这一挑战不适合胆小的人。详见www.safarisunlimited.com。

727 发现埃及绿洲

重拾你的流浪情结，驾驶吉普车穿过埃及古老的金字塔、狮身人面像和尼罗河谷，前往位于西部沙漠（Western Desert）的绿洲。这些如梦如幻的绿洲与世隔绝，仿佛隐藏在广袤沙漠中的神奇王国，但它们是真实存在的。你可以漫步在锡瓦绿洲（Siwa Oasis）古老的种植园和13世纪的堡垒之间，也可以在巴哈雷亚（Bahariya）惬意地泡温泉，还可以在费拉菲拉（Farafra）用镜头记录下白沙漠（White Desert）上神奇的地貌形态。还有原汁原味的达赫莱（Dakhla），那里有葱翠的棕榈树、果园和600多个温泉。

一次短期旅程很难让你看完全部绿洲，但是你可以只参观其中的几个。Desert Eco Tours（www.desertecotours.com/English/western_desert.asp）是值得信任的旅游机构。

728 泛艇游马达加斯加

马达加斯加柔软洁白的沙滩是一回事，这里的野生动物又是截然不同的另一回事。忘掉丛林之旅，跳上皮划艇，用力划吧。你不仅有机会从水路探索马达加斯加的东南群岛，还能穿越茂密的红树林和隐匿在圣鲁斯自然保护区（St Luce Nature Reserve）内的湖泊，一睹野生狐猴、巨型变色龙、珍稀鸟类和奇特植物群的风采。除了划皮艇之外，你还能尝试热带雨林漫步、浮潜和乘船游（6月至12月为观鲸季节）等活动。当然，前提是你能摆脱过于热情、聊个没完的当地人。

任何身体健康的人都能参加马达加斯加皮划艇游。详见www.jenmansafaris.com。

凭着信念纵身一跃。在一年一度、壮观无比的大迁徙中，角马群渡过马拉河，奔向肯尼亚大草原。

729 骑骆驼横穿摩洛哥

备好鞍具，骑上骆驼。要感受撒哈拉沙漠的神奇魅力，骑骆驼是最传统且最具氛围的方法。尽管在有些人眼中，骑行流浪并非易事，但对于那些想体验该地区柏柏尔人游牧生活的游客而言，骑骆驼是“不二之选”。沿途，你不仅能看到闪着微光的连绵沙丘，还有城堡、绿洲、橘黄的日出及鲜红的日落美景。乘坐“沙漠之舟”跋涉一天后，你可以在你的贝都因毛毡帐篷中放松身心，仰望璀璨星空。最终，你会在远处传来的部落鼓声的陪伴下进入梦乡，梦见你的沙漠祖先。

一年中最适合骑骆驼横穿摩洛哥的时节是9月至次年2月。了解详情，可登录www.cameltrekking.com。

730 在加纳重温贩奴史

警告：这是一次令人痛心的体验。17世纪之前，海岸角(Cape Coast)和艾尔米纳(Elmina)组成了西非规模最大的奴隶贸易中心。成千上万的非洲人被迫穿过城镇堡垒的地牢，登上拥挤不堪的奴隶船。现在这些堡垒得以完好地保存下来，艾尔米纳城堡如今被列为联合国教科文组织世界遗产。堡垒是昔日痛苦历史的见证：铸铁球和链条曾用来锁住奴隶；牢房漆黑狭小；还有阴森恐怖的“不归之门”(Door of No Return)，这是奴隶被运上船只、永远离开非洲之前走过的最后一道门。

可以在海岸角和艾尔米纳预订当地的团队游。

最激励人心的现代探险家

这些年轻无畏的探险家们用实际行动证明，探险时代并未消亡。

731 埃德·斯塔福德

1985年6月，波兰皮划艇高手皮欧特·契米林斯基（Piotr Chmielinski）和美国记者乔·凯恩（Joe Kane）首次完成亚马孙河全程皮划艇漂流的壮举。之后，有不少后来者都完成过这一艰巨挑战，但唯有一人成功做到徒步穿行这一波澜壮阔的河流——从源头直到入海口。他就是埃德·斯塔福德（Ed Stafford）。2008年4月2日，英国探险家、前英国军队上尉斯塔福德和朋友卢克·科里尔（Luke Collyer）在秘鲁开始沿着河岸徒步。三个月后，科里尔退出，斯塔福德继续和秘鲁林业工人加迪尔·桑切斯·里韦拉（Gadiel 'Cho' Sanchez Rivera）一起前进。他们步行了6000英里，途中与各种野兽斗智斗勇，还一度被诬告谋杀。在出发860天之后，斯塔福德出现在巴西的大西洋海岸，当仁不让地当选为2011年欧洲年度探险家。

相关信息，可查询www.edstafford.org网站。

732 贾斯汀·琼斯和詹姆斯·卡斯特里森

澳大利亚和新西兰之间是塔斯曼海，贾斯汀·琼斯和詹姆斯·卡斯特里森这对澳大利亚探险家最先完成了划皮划艇横渡这一海域的壮举。他们的横渡行程长达3318公里，他们也因此成为2008年冒险领域的显要人物。此前，同样来自澳大利亚的探险家安德鲁·麦考利（Andrew McAuley）也尝试划海上皮划艇穿越塔斯曼海，但他不幸失踪了。不久后，贾斯汀·琼斯（Justin Jones）和詹姆斯·卡斯特里森（James Castrission）开始远征，他们经历了高达10米的滔天巨浪、狂怒无常的风暴、恶劣的气流、严重的食物短缺危机和睡眠不足等考验。他们还从南极洲的边缘出发，步行2275公里，到达南极点，再折返回来，这一为期89天的徒步之旅让两人一共减掉了50公斤的体重。走在澳大利亚双人组之前的挪威滑雪好手亚历山大·加莫（Aleksander Gamme）更是发扬体育精神，他本来可以独享不靠外力支援完成南极点往返世界第一人这份荣誉，但加莫选择了等待。最终，三人一起走向大力湾（Hercules Inlet），共同创造了美妙的纪录。

参考网站：casandjonesy.com.au。

733 大卫·科恩怀特

大卫·科恩怀特（David Cornthwaite）为自己设立了一个具有连续性的挑战目标：使用各种非传统的人力及自然力交通工具，完成25趟达到或超过1000英里的远征。他的征途如下：用滑板滑行5789公里，从珀斯（Perth）到布里斯班（Brisbane），横穿澳大利亚；借助直立式单桨板完成破纪录的密西西比河全程漂流（3846公里）；沿下密苏里河游泳58天，行程1602公里；骑双人自行车从温哥华出发，完成2233公里的骑行，抵达拉斯维加斯；他还完成了从孟菲斯到迈阿密的动力混合型自行车之旅，总长1600公里。

详情参见www.davecornthwaite.com。

734 西尔维亚·维达尔

西尔维亚·维达尔（Sílvia Vidal）擅长长达数天的个人攀登秀，她经常连续几周都住在吊帐里。她周游全世界，向包括印度喜马拉雅山、喀喇昆仑山、巴芬岛（Baffin Island）、科迪勒拉布兰卡（Cordillera Blanca）、巴塔哥尼亚（Patagonia）和法蒂玛之手（Main de Fatima）在内的极高难度攀登路线发起挑战，并取得了不错的成绩。这其中最引人注目的有首次登上Brakk Zang和独自一人爬上Shipton Spire（这两个地方都在巴基斯坦），后者意味着挑战者需要连续21天都在岩壁间攀爬，这期间与外界没有任何交流。她还在北瓦斯卡拉山（Huascaran North，位于科迪勒拉布兰卡；她在岩壁上停留了18天）东面开发出了一条全新的路线，并且在金纳尔峡谷（Kinnaur Valley，位于Kailash Parbat山上；她在岩壁上待了25天）一片无人踏足的岩壁上完成了个人表演。

她的个人网站：www.vidalsilvia.com。

735 史蒂夫·费舍尔

早在尝试探险和远征任务之前，史蒂夫·费舍尔（Steve Fisher）就已经投身于皮划艇竞技圈了。来自南非的他三次被同行评选为世界上最全面的皮划艇选手，在近50个国家完成了大约100次前所未有的极限挑战，其中最值得关注的有在缅甸的伊洛瓦底江（Irrawaddy）、中国的怒江和雅鲁藏布江的挑战。2011年堪称费舍尔皮划艇生涯的巅峰之年，他挑战刚果河的因加激流（Inga Rapids）成功，这片汹涌咆哮的浪涛吞噬了其他所有前来探险的人，这使得像亨利·斯坦利（Henry Stanley）这样的著名探险家也只能甘拜下风。

想了解更多，可登录www.stevefisher.com。

736 菲利克斯·鲍姆加特纳

论及挑战极限，很难有人能超越这个来自奥地利的特技及定点跳伞运动员。菲利克斯·鲍姆加特纳（Felix Baumgartner）被称为“无惧的菲利克斯”。2012年，他创造了新的跳伞世界纪录：从位于平流层、距离地球表面39公里的氦气球上一跃而下，以估计为每小时1342公里（每小时834英里，1.24马赫）的自由落体速度，成为世界上首个不借助交通工具就突破音障的人。鲍姆加特纳此前还创造了定点跳伞的最高纪录（从吉隆坡的摩天大楼双子塔上跳下）和最低纪录（29米，从里约热内卢的基督像手中跳下）。此外，他还依靠专门定制的碳纤维翅膀，以滑翔的方式飞跃了英吉利海峡。

可查阅网站www2.felixbaumgartner.com。

737 罗兹·萨维奇

由于厌倦了英格兰郊区平淡无奇的生活，罗兹·萨维奇（Roz Savage）在34岁那年做出了一个突然的决定：她辞去业务顾问的工作，成为一名划艇横渡海洋的人。她横渡三大洋，行程长达15,000英里。在海上度过500余个日子、完成近500万次划桨动作之后，她成为史上最有成就的划手，创造了数项世界纪录，包括成为首位独自划艇横渡大西洋、太平洋和印度洋的女性。萨维奇利用其探险经历唤起人们对航道塑料污染（以及其他环境问题）的重视。当她不在她那艘23英尺长的划艇上时，就会回到陆地上，化身为联合国的气候英雄。

可登录她的个人网站www.rozsavage.com。

738 迈克·里贝克

作为世界范围内超过45次多姿多彩探险游的设计者和执行者，迈克·里贝克（Mike Libecki）在婆罗洲登上过一座无人企及的2000英尺的高峰。在阿富汗的Koh-e Baba山脉，他冒着雪崩的危险，借助滑雪板完成了一系列攀登初体验，然后躲过塔利班武装人员，在偏僻的山地湖中体验风筝滑雪。接下来，他向北来到法兰士约瑟夫地（Franz Josef Land），在冰封的群岛水域展示高超的桨板滑行能力，并完成了对一些山峰的初次攀登。他的下一站是格陵兰岛，并在那里尝试了一条新的攀山路线。随后他去了菲律宾，在科迪勒拉山脉进行丛林攀登。南极洲的毛德皇后地（Queen Maud Land）是里贝克漫漫征途的最后一站，他和其他人组成团队，征服了此前无人攀登过的峭壁。而以上这一切都只发生在2012年。

登录mikelibecki.com，了解更多的探险经历。

739 阿拉斯泰尔·亨弗里斯

阿拉斯泰尔·亨弗里斯（Alastair Humphreys）主要的探险经历让人印象深刻，不过他那“微缩世界探险年”确实更有创意。2011年，他在故乡的土地（英国）上进行了一系列的探险，完成了这个项目，同时鼓励其他人走出“舒适区域”，去探索自家的后花园。在这之前，亨弗里斯的宏观世界探险包括为期4年、行程达73,600公里（46,000英里）的骑车环游世界活动，还有跑步穿越撒哈拉沙漠、划船横渡英吉利海峡、徒步穿过印度、乘便携筏漂流穿行冰岛和45天划艇横穿大西洋的行动。

参见www.alastairhumphreys.com。

740 弗雷娅·霍夫梅斯特

2009年，弗雷娅·霍夫梅斯特（Freya Hoffmeister）完成了为期332天的划海上皮划艇独自环行澳大利亚之旅。一路上，她经历了鲨鱼的袭击，还得冒着被咸水鳄袭击的危险。不过克服千难万阻之后，霍夫梅斯特成为首位完成此壮举的女性，她也是因此被载入史册的第二人。她抄近路，花了8天时间穿过卡奔塔利亚湾（Gulf of Carpentaria），这期间她的睡眠时间少得可怜，打盹儿的时候就仰躺在皮划艇上，在桨的两端装上浮力袋，保持平衡，这使她最终完成挑战的时间比保罗·卡芬（Paul Caffyn）少了28天。而在这段远征之前，这个德国姑娘于2008年独自一人环行新西兰南岛，破纪录地只用了70天时间。而她接下来的目标是环行南美洲，这可是一项无比艰巨的任务。

可登录她的个人网站freyahoffmeister.com。

最佳高地及岛屿观鸟点

近距离邂逅鸟儿：这份指南将帮你在一望无垠的地方觅得（带羽毛的）朋友。

741 基里巴斯太平洋上的圣诞岛：线岛莺

这种被普遍认为长相平庸的鸣禽是世界上最大的环状珊瑚岛圣诞岛（Kiritimati）上唯一的本土鸟类。在辽阔的太平洋上，只有两个小岛上栖息着这种鸟，因此，这里值得在观鸟心愿列表上勾出来。一同居住在岛上的还有成千上万只军舰鸟、燕鸥和鲣鸟，保证你能观察到其他带羽毛的动物的活动情况。大量的鸟群比与世隔绝的环境和地形更具吸引力，而你能来到此地，同样会收获成就感和满足感。航班时刻表很奇怪，大多数当地人都是走海路，偶尔会有游艇前往这里。

登录太平洋航空网站（Air Pacific；www.airpacific.com）了解最新的航班信息。如果你的时间很充裕，但预算有限，可以咨询往返塔拉瓦（Tarawa）的船只信息，不过班次稀少。

743 印度尼西亚西巴布亚省：大极乐鸟

这些奇特美丽的鸟类栖息在人迹罕至的偏远地带，潜入那里的刺激感几乎不亚于真正找到大极乐鸟身影时的兴奋。通常你要做的就是逆流而上、沿山坡往上走，以及在热带雨林中抬头留意。当地的村民们知道每一棵热闹非凡的跳舞树。在每个清晨和夜晚，精心打扮的“男士们”都会昂首阔步，在“女士们”面前炫耀一番，我们说的可是大极乐鸟。当然了，当地的小伙和姑娘也可能会在某个地方展开同样的活动。因为你很可能会借宿在村庄里，所以也有机会加入他们的行列。

印度尼西亚最东边的小镇马老奇（Merauke）附近的瓦苏尔国家公园（Wasur National Park）很适合作为观鸟游的起点。如果你不会说印度尼西亚语，就带上一本方便、清晰的图解词典。

742 澳大利亚西澳大利亚州：噪薮鸟

你或许已经料到了，既然叫这个名字，那么很有可能在你看到这种鸟之前，就已经听到它的啼鸣声了。它们的鸣叫很容易辨认，如果你此前从没听到过，那就留意从茂盛石南灌丛中发出的一种嘹亮的甚至是异常刺耳的歌声，一旦听到这种声音，你就知道找对地方了。但这种鸟很是小心，而且不喜欢相机镜头。它们是澳大利亚本土最受喜爱的鸟类之一，要想欣赏其美妙敏捷的身姿，你得加快速度，穿梭于西澳大利亚州偏远的南海岸沿岸的灌木丛之间。

Cheyne’s Beach Caravan Park提供最新的观鸟信息，可以向前台索要摆放在办公桌后面的鸟类档案。可登录www.cheynesbeachcaravanpark.com.au查询具体信息。

长途跋涉寻找大极乐鸟，这样的经历本身就是值得珍藏的，获得的乐趣更不亚于看到大极乐鸟的那一刻。

寻找凤尾绿咬鹃：这种栖息于森林中、有着鲜艳翠绿色羽毛的鸟儿名副其实的“华丽”。

744 哥斯达黎加：凤尾绿咬鹃

想象这样的画面吧：染成鲜绿色的艳丽的朋克头，夹杂有翡翠绿弯曲条纹的猩红色的腹部，长长的彩色尾巴……嘿，这就是有着鲜艳羽衣的凤尾绿咬鹃。虽然通常需要在高大茂密的树林间寻觅这种鸟（做好可能患上观鸟职业病颈部僵硬的准备），但凤尾绿咬鹃往往选择在更容易被人发现的地方筑巢，如栅栏柱和树墩上，可以留意伸出鸟巢的尾羽。如果你来对了地方（哥斯达黎加高地的雾林及其边缘地区），那么你的房东肯定知道最近的凤尾绿咬鹃可能筑巢的地方。

凤尾绿咬鹃的繁殖季节为3月至6月。前往崎岖不平的蒙特沃德云雾森林保护区（Monteverde Cloud Forest Reserve）或者慕耶德山（Cerro de la Muerte）周边不为人知的村庄。记得带上防水的斗篷。

745 斐济：橙色果鸠

那些是羽毛，还是一顶发亮的橙色假发？在斐济的一些小岛上，这种色彩艳丽到令人难以置信的鸟类与其森林栖息地完美地融合在一起。最先让你察觉到橙色果鸠就在附近的信号是它们的啼鸣声，尤其是由雄鸟发出的连续的喀喀声。塔韦乌尼岛（Taveuni Island）上没有鸟类杀手（由岛外引入的）猫鼬，因此相比于其他地方，这里的野生动物胆子更大，数量也更多。大多数游客喜欢去海岸边，但深入内陆探险，你会发现茂盛青翠的森林和保存完好的丛林徒步道，这让观鸟成为一种惬意愉悦的体验，即便你被热得大汗淋漓。

去塔韦乌尼的波玛国家遗产公园（Bouma National Heritage Park），尝试在险峻的德辅峰（Des Voeux Peak）或者维达瓦雨林徒步道（Vidawa Rainforest Trail）上观鸟。更多信息，详见www.bnhp.org。

746 博茨瓦纳：横斑渔鸮

在非洲的河边观鸟，会让人格外兴奋。原本平静的河面上泛起了涟漪，是因为鹭在岸边捕鱼，还是由于就在你乘坐的独木舟边上，河马正悄无声息地浮出水面？如果河道两旁绿树成荫，夜幕降临后，拿着灯光守候在岸边，在一连串嗡嗡声之后，黑暗中传来了凄厉的哀号，你的期望值就可以加倍了。前者是饥肠辘辘的横斑渔鸮幼崽的叫声，后者则是鸟爸、鸟妈发出的回应。

在蜿蜒曲折的奥卡万戈三角洲（Okavango Delta）上，随季节变换的岛屿是观察这种鸟类（以及三角洲400余种其他生物）的好地方。细节信息可登录www.botswanatourism.co.bw查询。

747 法国：粉红火烈鸟

在《爱丽斯梦游仙境》一书中，粉红火烈鸟是红桃皇后的槌球棒，至今，它们依然被认为是一种古怪的动物。在前往卡马格（Camargue）世界最大的河流三角洲上的咸水潟湖并亲眼观看粉红火烈鸟之前，不妨先重温一下这本书的插图。实际上，它们扁平、向下弯曲的嘴巴并不是用来击打槌球的，而是起到过滤从浅沼泽地吸起的浮游生物的作用。全年都会有一小群粉红火烈鸟栖息在此，繁殖旺季最多可达10,000只，在日落美景的映衬下，它们相互依偎的轮廓，构成了绝美的景象。

蓬德戈鸟类公园（Parc Ornithologique de Pont de Gau）距离普罗旺斯的阿尔勒有40分钟车程。11月至次年3月是繁殖季节。带上效力强劲的驱蚊剂。

748 加拿大圣诞岛：红胸秋沙鸭

这种鸭子在北半球分布广泛，是少数当加拿大东北部已冰天雪地时依然留下来的鸟类之一。在布拉多尔湖（Bras d' Or lake）冰封的水面上，这种胸部呈红色的鸭子就仿佛是热烈的欢迎标志。和（极）少数耐寒的旅行者一起顶着飕飕的寒风等待着，很快你就会发现几只不畏严寒的水鸟也出来活动了。除了你和它们之外，几乎没有人会在这个时节外出。在茫茫雪野独处和团结的心态会将你们更紧密地联系在一起。

梦想在圣诞岛上度过白色圣诞节？你可以住在Hector' s Arm B&B（www.bbcanada.com/hectorsarm）。最近的机场和汽车租赁点都在新斯科舍省（Nova Scotia）的悉尼。

749 澳大利亚印度洋上的圣诞岛：金色水手鸟

这种独一无二的热带鸟以其灿烂艳丽的羽毛得名，当地人称之为金色水手鸟，是圣诞岛独有的鸟类。它热衷于展现自己，你可以尽情欣赏其长长的尾羽和低飞在空中的优美身姿。有时候，自行车骑手可得留神，金色水手鸟会在低处筑巢，虽然大多数时候它们会选择在海边峭壁上和空心的树上搭窝，但偶尔也会选择在公共道路上（这有利于摄影爱好者拍摄）筑巢。仰面漂浮在清澈的水中，欣赏飞翔在湛蓝天空中的金色水手鸟和黑色军舰鸟（同样是圣诞岛的本土鸟类），没有比这更美妙的享受了。

12月至次年4月的雨季期间，观鸟的乐趣会少很多。大多数航班从西澳大利亚州的珀斯出发。更多信息，见www.christmas.net.au。

750 印度：黑头角雉

这种最稀有的野鸡堪称十足的混搭派，头部是红橙两色交错的风格，身体则点缀着黑白圆点花纹。徒步登上大喜马拉雅山脉国家公园（Great Himalayan National Park）和库尔卢山谷（Kullu Valley）的密林，你可以让你的颈椎休息一下，低头在下层林木中搜寻，黑头角雉会在这里觅食。也别忘了往远处眺望呈锯齿状、积雪盖顶的群山。

公园在冬季关闭。想了解费用、参观信息和日期，可以登录www.greathimalayannationalpark.com查询。

最奇妙的海洋邂逅

潜入水中，与这个星球上最梦幻神奇的海洋生物近距离接触，亲切对话。

751 斐济，与魔鬼鱼一同急速漂游

太平洋岛国斐济是个能让人彻底放松身心的地方，不过在与翼展达到5米的魔鬼鱼一同游泳之后，前往亚萨瓦群岛（Yasawa islands）的旅行者们所感受到的就不只是小激动了。这些自然界最大的魔鬼鱼在热带海域中游动的速度惊人，据说隐形轰炸机标志性形状的设计灵感就来自魔鬼鱼。它们仿佛是水下的鸟类，展开如翅膀般的胸鳍，优雅坚定地飞翔着。要赶上它们并非易事，因此船会将游泳者送到魔鬼鱼前面。选择好时间，你可以与这些奇妙的海洋生物来一次亲密接触。

4月至10月，魔鬼鱼会聚集到斐济亚萨瓦群岛中的纳维蒂岛（Naviti Island）和爪瓦卡岛（Drawaqa Island）周边的进食通道。了解具体信息可登录www.barefootislandfiji.com。

752 南澳大利亚 置身金枪鱼鱼群

你喜欢怎么享用金枪鱼？淋上酱油，用姜和酸橙酱调味，轻轻煎烤？还是切成极薄的日本生鱼片，精致摆盘？当金枪鱼在水下以每小时70公里的速度从你面前飞驰而过时，你又觉得如何？在林肯港（Port Lincoln）的金枪鱼渔场和鱼群一起游泳，就仿佛穿行于亚洲某大型城市熙熙攘攘的街道。和河内或曼谷的交通一样，骚动的鱼群很快会散开，这些具有流线体态的硕大鱼儿会小心翼翼地在游泳者周围游走，避免真正的身体接触。有些金枪鱼的体重可以达到150公斤，由于有稳定的沙丁鱼饲料供应，这些争食的、烟熏色的、精力充沛的健壮鱼儿总是把水搅得一片混乱，泛起白沫。

登录www.swimwiththetuna.com.au了解详情。每年1月澳大利亚独立日（Australia Day）所在的那个周末，林肯港会举办金枪鱼节（Tunarama Festival; www.tunarama.net），为金枪鱼疯狂吧！

753 新西兰 与海豚一起畅游

没错，去新西兰长途漫漫，但如果回报是和世界上最小、最罕见的海豚一起游泳，这趟旅程就是值得的。赫克特海豚（Hector' s dolphin）仅生活在新西兰水域，美丽迷人的阿卡罗阿（Akaroa）港口是观海豚团队游的常规出发地。由于港口所在地是被淹没的死火山口，因此和海豚一起游泳常常是在被壮观火山崖包围的水域中进行的。如果你渴望在新西兰南岛看到更多的南半球海洋生物、有更刺激的体验，也可以腾出时间去阿卡罗阿附近宁静的海湾划皮划艇。

10月至次年4月是体验与赫克特海豚一起畅游的时节，详见Black Cat Cruises（www.blackcat.co.nz）。如果你是10月去那里，不要错过一年两次、为了庆祝阿卡罗阿法式文化遗产的French Fest节。

754 纽埃，与座头鲸一起探索蔚蓝大海

太平洋纽埃岛（人口1400人）在这个星球最大的海洋中显得很不起眼，它是世界上最小的自治国家。尽管这个小岛地处偏远，地形崎岖多岩，但从南冰洋蕴藏着丰富营养的食物区迁徙而来的座头鲸，可是这里固定的回头客。小心翼翼地进入水中，座头鲸就在你的下方，这样的经历足够惊险吧。在距离纽埃遍布洞穴的海岸线50米的浅水区中，新出生的鲸宝宝紧紧依偎着身形庞大的母亲。灿烂的阳光散落在太平洋上，透过水晶般的海水折射下来，在洋底投射出鲸鱼形状的阴影。鲸鱼怡然自得地摆动着尾巴，悄无声息、慢悠悠地在海中穿行。

6月至10月，座头鲸会在纽埃温暖清澈的水域产崽。可以通过Niue Dive（www.dive.nu）预订浮潜游。

JEFF ROTMAN/GETTY IMAGES ©

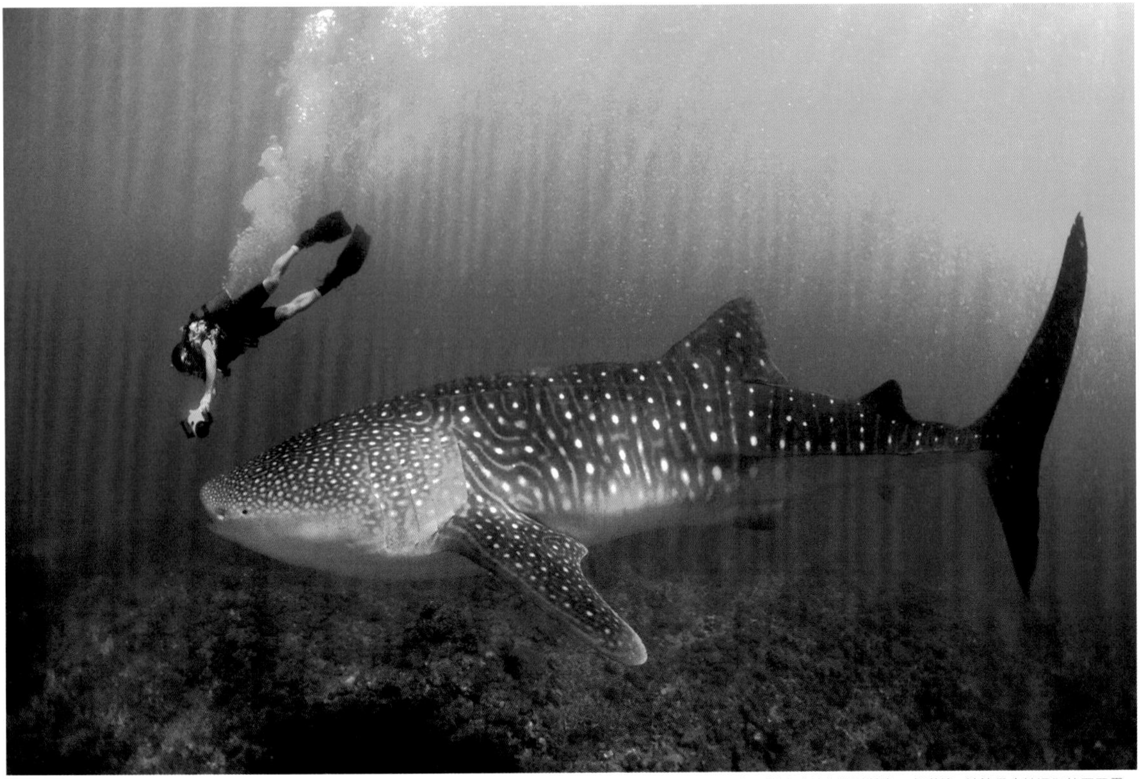

你可以安心地与这种鲨鱼一起游泳，鲸鲨是个性温和的巨无霸。

755 南澳大利亚 和海狮一起玩耍

在大澳大利亚湾(Great Australian Bight)，不妨用带着澳大利亚口音的英语向那里最好奇、最活泼的生物打招呼。自1992年起，贝尔德湾海洋生态体验游(Baird Bay Ocean Eco Experience)就一直带领旅行者拜访海狮，团队游项目还包括和海豚一起游泳。虽然周边的海域是鲨鱼的地盘，但和海狮的互动是在海岸周边的浅岩石池中进行的，很安全，对于家庭旅行者而言是理想的选择。组织者会提供潜水服，不过要记得带上水下照相机，记录下海狮出其不意的姿势。

贝尔德湾全年都可以进行令人激动的海狮探险，详情可登录www.bairdbay.com查询。夏季在这里能欣赏到艾尔半岛(Eyre Peninsula)最美的景致。

756 西澳大利亚 与鲸鲨约会

如果西澳大利亚是一个独立的国家，它将是世界上第十大国家，因此海洋中体型最大的鱼类选择每年来到被列入世界遗产名录的宁格罗海洋公园(Ningaloo Marine Park)落脚就显得合乎情理了。这些个性温和的海洋巨无霸身长可达10米，它们会季节性地迁徙到印度洋蕴藏着丰富食物的水域。与鲸鲨一起浮潜，你的心情很快就会从一开始的忐忑不安变为喜悦满足。不同于我们所熟悉的会“吃人”的鲨鱼，鲸鲨只是体型庞大而已，它们从洒满斑斑点点阳光的宁格罗(Ningaloo)深海中冒出来，从你身边优雅地游过，不会对你造成伤害。鲸鲨还会用大嘴滤食营养丰富的珊瑚卵。

每年4月至7月，鲸鲨会返回宁格罗海洋公园。从6月至11月，魔鬼鱼和座头鲸也会游到这里。

可别像海绵宝宝那样，看到水母就激动无比。在帕劳的水母湖中，可以安静地与水母一起漂流。

757 帕劳 与水母一起惬意地漂流

帕劳的水母湖（当地语为“Ongeim' l Tketau”）面积不足6公顷（14英亩），但足以容纳1000万只水母。在被密林环绕的湖中，当地特有的黄金水母数量时增时减，2005年估算的数量是3100万只。每天，水母们都会随着太阳漂移1公里，缺少天敌意味着它们在进化过程中渐渐失去了身体内的毒素，成为无毒水母。建议游泳者在水中慢悠悠地漂流，这样可以减小对这种精美生物的潜在危害。

从12月到次年4月是与水母一起翩翩起舞的时节。5月至12月为帕劳的雨季，7月至10月可能有台风，因此要避开这两个时间段。

758 哦，佛罗里达的大海牛

在佛罗里达，即便是海牛也会怕冷，尤其是在冬季，所以水晶河国家野生动物保护区（Crystal River National Wildlife Refuge）内温暖的泉池成了西印度海牛重要的栖息地。这里有30多个天然泉池，水温常年保持在22摄氏度（72华氏度），非常适合这种濒危物种生存。海牛不喜欢水肺潜水所产生的气泡，因此悠闲的浮潜游是近距离接触海牛的最佳选择。建议游泳者穿潜水服，虽然水是温的，但算不上暖和。海牛的好奇心和打交道的能力会让你大感意外。

10月中旬至次年3月中旬来到这里，正值冬季寒流时节，会有多达400头海牛聚集在暖和的泉水周围。可登录Birds Underwater Inc（www.birdsunderwater.com）了解更多内容。

759 新西兰，与海狗家族一起潜水

在南岛的海滨小镇凯库拉(Kaikoura)附近、巴尼岩石（Barney's Rock）周边纠结缠绕的巨藻之间，隐藏着新西兰海狗的游乐园。年轻力壮的海狗打转、潜水，或惬意地躺在这片如迷宫一般的海洋森林中，但更小的海狗似乎对漂浮在它们中间、穿着潜水服的不速之客最感兴趣。好奇的海狗幼崽冒冒失失地拱挤着游泳的人，在水下直愣愣地瞅着你，然后调皮地扎进不时晃动着几道光束的黑暗海水中。老年海狗懒洋洋地躺在上方的岩石上晒太阳，偶尔瞄一眼水下热闹非凡的海洋“托儿所”。

10月至次年5月向Seal Swim Kaikoura（www.sealswimkaikoura.co.nz）预订行程。凯库拉也是尽情品尝当地海味，包括小龙虾的好地方。

760 加拉帕戈斯群岛 和企鹅一道划水

加拉帕戈斯群岛的生物多样性在巴托洛梅岛（Isla Bartoleme）新月形的海滩周边得以真正体现出来。只需要戴上浮潜装备，你就可以在水中邂逅很多自由自在的物种。无害的礁鲨与不会飞的鸬鹚、好奇的海狮相安无事，洪堡企鹅（Humboldt penguin）在晶莹剔透的水中飞速游过，它们之所以能在赤道环境中生存，是因为洪堡洋流所带来的寒冷海流符合它们的体温需要。虽然洪堡企鹅在陆地上活动时显得很滑稽，可一旦它们胖乎乎却光滑的身体滑入水中后，就变成了另一种完全不同的动物，笨拙的卓别林式脚步被水下游刃有余的矫健身影所取代。

6月至11月适合来此，这个时节洪堡洋流从南极洲往北流动，带来更寒冷的海流，同时带来营养丰富的食物和更多样的海洋物种。

棒极了的雪鞋健行探险

这是最容易的探索山地、感受壮美冬季荒原的方法之一：探索雪鞋健行的世界。

761 挪威 哈当厄尔高原

乘坐摩托雪橇前往欧洲最大的山地高原，入住僻静的挪威木屋，这里是雪鞋健行探险游的最佳去处。因第二次世界大战期间挪威人的英勇抵抗而闻名的泰勒马克地区（Telemark region）就位于此地，所以北极的粗犷沧桑在这里达到极致。在皑皑白雪上开始你的征程，你将挑战绵延起伏的山峦、冰封的湖泊和积雪覆盖的森林。你可以在这里磨炼冬季运动的技巧，也可以漫步湖畔，为晚餐的食材而垂钓。过夜游会带你深入荒原露营，在这里你还有机会欣赏到美丽、神奇的北极光。

当地平均温度只有零下20摄氏度，保暖的衣物显然是不可缺少的，但你会发现这里的干冷相对而言并不是那么可怕。

762 新罕布什尔州 白山

新罕布什尔州的白山（White Mountains）以难以预测的天气状况而闻名，那里一度保持着地球上最快风速的纪录（在华盛顿山顶峰测到的每小时231英里）。山上气温会骤降，随时可能遭遇暴风雪侵袭，因此这里不适合准备不足的挑战者。但对于户外爱好者而言，白山就如同一块磁石，因为这里的积雪覆盖时间超过美国的大多数地区，从而提供了一流的、极具挑战性的山顶徒步步道。要安全地享受白山之行的乐趣，你得具备出色的冬季方向感和聆听、判断雪崩的能力，同时要确保带了足够的衣服、遮蔽设备及食物。

带上地图和指南针，并且得会使用这些工具。山上信号不佳，不要指望手机会帮助你脱离困境。

763 俄罗斯 拉多加湖

沿着拉多加湖（Lake Ladoga）冰冻的表层步行，你将感受到一段特殊的俄罗斯历史。作为欧洲最大的湖泊，拉多加湖在第二次世界大战中成为被围攻的列宁格勒（如今的圣彼得堡）的生存命脉：连接这座城市与苏联的其他地方。壮观的松树林和高耸险峻的山脊成为雪鞋健行的理想背景。俄罗斯不缺降雪，这个国家有70%的领土被积雪永久覆盖。不妨选择Lumivaara为大本营，这里距离芬兰边境不远，该地区有超过60,000个湖泊。

雪鞋健行在俄罗斯越来越受欢迎，户外商店有更多的装备出售，相应的俱乐部和比赛数量也在增加。

764 新西兰 皇后镇

皇后镇是直升机雪鞋健行的世界，你可以随直升机升入距离谷底几千英尺的高空，踏足高耸的山脉。冬天，通常只有专业的登山运动员才能攀登至此，但有了直升机和雪鞋，你也可以做到。如果预算有限，负担不起乘坐直升机的费用，你也能在南阿尔卑斯山（Southern Alps）周边找到皑皑白雪，四周无比宁静，唯有踩着新鲜积雪时产生的声音，会让你收获极大的满足感。你可以以这里为起点，体验举世闻名的32公里长的路特本步道（Routeburn Track），或者将这里作为大本营，探索卓越山区（Remarkables mountain range）。

如果你打算挑战路特本步道，就会发现沿途有不少木屋。冬季，这一路线天气多变，容易发生雪崩。

765 意大利北部 多洛米蒂山

位于意大利东北部的多洛米蒂山(Dolomites)尽管不是世界上最高的山脉，却很可能是世界上最美丽的山脉之一。它不愧为大自然的鬼斧神工之作，群峰形态各异，有险峻的岩壁、陡峭的悬崖、挺直的山脊和高耸的尖峰，它们被狭窄深邃的山谷一一隔开。花一天时间在这一绝妙的地方体验雪鞋健行，当太阳缓缓西沉时，你能看到苍白的石灰岩被染上层次丰富的粉色。从一座小木屋徒步到另一座小木屋，是探索这一地区的最佳方法。白天徒步于巍峨庄严的山间，到了晚上你则可以在传统的山间庇护所里分享故事。

夏季回到这里，你可以通过铁索攀登的方式，沿着环绕山脉、设有保护设施的攀登路线攀爬，再次品味这个世界。

766 阿根廷，纳韦尔瓦皮湖国家公园

纳韦尔瓦皮湖国家公园(Nahuel Huapi National Park)位于巴塔哥尼亚安第斯山脉的脚下，非常适合雪鞋健行。探险之旅从纳韦尔瓦皮湖南岸的圣卡洛斯－德巴里洛切(San Carlos de Bariloche)开始，你将发现当地多种多样的野生动物和大量的徒步道。冬季运动项目在这里得以蓬勃发展，不过你能很容易躲开喧嚣的人群：你可以前往巴里洛切(Bariloche)西北30公里处的洛佩兹山(Mount Lopez)，或者选择拥有葱郁森林的Challhuaco山，那里有每年落叶量极大的山毛榉。

从积雪覆盖的高耸的安第斯山脉到巴塔哥尼亚沙漠，三种截然不同的地形使得这里成为令人难以置信的探索目的地。

767 加拿大 班夫国家公园

若是初次尝试雪鞋健行探险，班夫国家公园(Banff National Park)的夏季徒步道是你完美的选择，你能欣赏到无与伦比的荒原景象，山间风光之美令人沉醉。从班夫出发驱车半小时就能到达阿格尼丝茶舍(Agnes Teahouse)步道，在那里，你能看到路易湖(Lake Louise)梦幻般的蓝色。顺着约翰斯顿峡谷(Johnston Canyon)步道前行，沿途有瀑布和深邃的山谷，还能探索墨水池(Ink Pots)，这是几处小矿物泉的聚集地，每一个都呈现出不同的蓝色。但只有找到专属于你自己的徒步道，才能真正感受加拿大落基山脉(Rokies)的安详宁静，雪鞋健行是探索这里的最好方法。

班夫的一些特定步道是专为越野滑雪准备的，如果你想体验雪鞋健行，要小心避开这些滑雪专用道。

768 日本 八岳山脉

太平洋带来的充沛降雨量和西伯利亚吹来的冷空气，使得日本的积雪质量得到滑雪爱好者和雪鞋健行者的认可。从东京乘坐火车，只需2小时就能抵达八岳山脉(Yatsugatake mountains)，它绵延30公里，有8座主要的火山峰，到了冬天，这里有适合不同能力及喜好的冬季运动爱好者的步道。由于有高难度地形，你或许想要雇一名向导。假如你打算住上一晚，山上有很多的木屋。Natsuzawa Pass是最受热捧的路线之一，这条步道可以让你从更为优雅的北部横穿至令人眩晕的南部。

你需要时刻提防雪崩：确保团队中每个人都装备了信号灯、探测仪和铁铲。

769 西班牙 内华达山脉

内华达山脉是欧洲最南端的雪鞋健行目的地，距离地中海只有很短的车程。这里有一系列海拔超过3000米的高峰，最高峰为穆拉森山(Mulhacén，3472米)。不同经验的雪鞋健行爱好者都可以在这里找到适合自己的步道，这里有足够多的选择，因此无论你是寻找集森林和开阔山坡于一体的步道，还是想要探索白雪皑皑的险峻山坳和安宁的山谷，都能如愿以偿。不同于其他滑雪目的地，在这里你很容易避开喧闹的场所，踏足真正摄人心魄的美景。若能再在Poqueira Mountain的庇护所（海拔2500米）住上一晚，你将更加不虚此行。

在这里进行雪鞋健行过夜游需要带上正确的装备，如果在途中被拦下来，并被询问和确认是否带了所需要的一切，请不要感到意外。

770 苏格兰 凯恩戈姆山脉

苏格兰的山脉可能不是海拔最高的，却能提供世界级的登山体验。徒步进入Lairig Ghru山口，你将被苏格兰最高的六座山峰中的五座所环绕：一边是Cairn Gorm和Ben Macdui，另一边则是Cairn Toul、Sgòr an Lochain Uain和雄奇险峻、令人不寒而栗的Braeriach。这里栖居着一些苏格兰最美妙的野生动物，经常可以看到雪鹀、岩雷鸟、老鹰，甚至还有雪鹗。可以带上你的雪鞋和过夜装备，规划好沿途有茅屋的路线。

茅屋是可以免费使用的山间小屋，因此，如果发现有其他徒步者也住在里面，不要惊讶。离开时，带上你所有的废弃物以及其他任何你能收拾的垃圾。

面向真正车迷的业余自行车赛

穿上莱卡质地的短裤，跳上你的爱车，
和成千上万的自行车手一道在封闭路段体验这些规模盛大的一日赛。

AFP/GETTY IMAGES ©

骑行在鹅卵石路上。自行车爱好者们在挑战巴黎－鲁贝业余自行车赛。

771 法国 土拨鼠自行车赛

土拨鼠是一种体型小、毛茸茸的可爱动物，喜欢在高山坡挖洞筑窝。可别将这种动物与土拨鼠（La Marmotte）自行车赛混淆了，后者是一项极其艰苦的自行车赛，参赛者不得不先后攀过上阿尔卑斯省（Haute-Alpes）的格朗栋山口（Col du Glandon）、泰利格拉菲山口（Col de Telegraphe）和加利比耶山口（Col du Galibier）等一系列无法归类的高难度坡段，最后抵达阿尔卑斯d' Huez峰顶。这可能是全年最艰苦的业余自行车挑战赛，垂直攀爬高度达到5000米，即便是参加过环法车迷体验赛（l' Etape du Tour）的选手都可能因为支撑不住而累倒在路边。

比赛起点设在Bourg d' Oisans。从12月开始，可以报名参加次年7月举行的比赛，最好是找旅游机构代办，因为名额很快会被一抢而空。必须提供健康证明。

772 澳大利亚 三峰挑战赛

高山国家公园（Alpine National Park）地处维多利亚州一隅，风景秀丽、环境优美，靠近旖旎的乡村小镇比奇沃斯（Beechworth）和布莱特（Bright）。一年一度的三峰挑战赛（Three Peaks Challenge）总长235公里，相当具有挑战性。骑车穿越雪花桉树林，行至半途，恐怕你就不得不咬紧牙关骑行，而不是欣赏美丽的山景了。比赛的起点和终点都设在佛斯溪高山度假地（Falls Creek Alpine Resort），三座山峰中就包括1825米的霍瑟姆山（Mt Hotham），它从哈里特维尤（Harrietville）开始，需要骑行30公里的上坡路段才能到达，十分艰苦。好在你有13个小时骑完这段距离。

三峰挑战赛于每年3月初举行，具体信息可以查询www.bicyclenetwork.com.au。佛斯溪（www.fallscreek.com.au）距离墨尔本大约350公里。

773 意大利 L' EROICA

白色沙砾在你的车胎下发出声响，在秋日微风的吹拂下，道路两旁高大的意大利黑柏树摇曳生姿。L' Eroica是一项特殊的业余自行车赛：所有选手必须骑1987年以前的自行车，环行于托斯卡纳的白色碎石路上。很多骑手都抓住机会穿上复古服装，有些还是20世纪50年代和20世纪60年代的古董珍藏。L' Eroica始于1997年，当时只有92名车手参与，如今参赛人数已达到5000人左右。这项比赛的起点为Gaiole，选手将骑着他们优雅的车子经过基安蒂（Chianti）、蒙塔奇诺（Montalcino）和Val d' Orcia山谷，全程200公里。

L' Eroica在10月举行（www.eroicafan.it）。Gaiole位于锡耶纳（Siena）和佛罗伦萨（Florence）之间。

774 法国 巴黎-鲁贝业余自行车赛

巴黎-鲁贝赛（Paris-Roubaix）有着“古典赛之后”的美誉，250公里的赛段拥有超过18段的鹅卵石道路（法语称为pavé）。在相互角逐的过程中，参赛选手需要付出血与汗的代价，过程充满戏剧性。Arenberg森林赛段被参赛者认为是所有自行车赛中最为艰苦的体验路段之一。无论是天气晴朗，还是尘土飞扬，又或者被水覆盖，这里的鹅卵石路面都很滑。每两年一次的巴黎-鲁贝业余自行车赛从位于法国首都东北的贡比涅（Compiègne）出发，完全沿着鹅卵石铺就的古典赛路线前行，不过这项赛事在6月，而非4月举行，因此骑手们能够避开法国北部寒冷的冬季。幸运的是，这里还有短途赛程可选。

在www.vc-cyclo-roubaix.fr预订，并根据www.picardietourisme.com规划你的行程。

775 法国 L' ARDÉCHOISE

这一为期4天的法国自行车节（也是美食节）让阿尔代什（Ardéche）成为焦点，它位于里昂（Lyon）和阿维尼翁（Avignon）之间，这里有峡谷、岩画和高大直立的孤赏石。每年6月会有多达15,000名车手在封闭路段骑行，穿过法国迷人的乡村一角，这使L' Ardéchoise成为法国规模最大的业余自行车赛。整个赛段都起起伏伏，而1244米高的罗韦山口（Col de Rouvey）成为最后的冲刺目标。除了自行车外，在阿尔代什还能体验世界级的皮划艇和攀登活动，这些项目会在塞文山脉国家公园（Cevennes National Park）里的部分区域内进行。

具体信息登录www.ardechoise.com查询，可以在www.ardeche-tourisme.com预订住宿。

龙出没！并不是所有龙都会喷火。威尔士的青山翠谷吸引着狂热的自行车爱好者们前来参加英国顶级的业余自行车赛。

776 意大利多洛米蒂公路自行车马拉松赛

多洛米蒂公路自行车马拉松赛（Maratona dles Dolomites）是意大利最负盛名的超耐力自行车赛（意大利语为Gran Fondo），到2012年已经举办了25年，共有来自45个国家、9000个地区的30,000人参加。在这个一年一度的盛会期间，自行车爱好者尽情享受美酒和意大利面，他们还能消耗掉300公斤的奶酪。他们需要补充足够的能量，因为这条穿越意大利雄伟的多洛米蒂山、长达138公里的路线有7个令人筋疲力尽的上坡路段，其中最艰苦的是后半程2236米高的Passo Giau山口段以及2200米高的Passo Valparola山口段。这条意大利经典路线沿途风景壮美，鲜有业余自行车赛的风光可与之媲美。

公路自行车马拉松赛（www.maratona.it）于6月底或7月初进行，找旅行机构包办可以确保报名成功。维罗纳（Verona）是距离它最近的城市。

777 南非开普阿格斯自行车巡回赛

在夏末的清晨，想要领略开普敦的海岸风光，没有比骑自行车更好的方法了。只是在参加开普阿格斯自行车巡回赛（Cape Argus Cycle Tour）时，你不会孤单，因为会有其他34,999名自行车手和你一起骑行在封闭的路段上，该赛事也因此成为世界上规模最大的计时自行车赛。110公里的赛段沿着被海浪拍打着的绿点海岸（Green Point）、坎普斯湾（Camps Bay）和豪特湾（Hout Bay）蜿蜒前行，穿过桌山国家公园（Table Mountain National Park）。获胜者不到2个半小时就能完成比赛，但大多数参与者只需在7小时内完赛就可以，他们更有机会细细品味沿途美景。

比赛于3月举行，可以在www.cycletour.co.za报名。开普敦的住宿很快就会满员，可以通过www.capetown.travel预订。

GRAHAM M. LAWRENCE/ALAMY ©

779 威尔士骑龙赛

早在一名苏格兰或法国发明家（这方面仍有争论）得到灵感并发明自行车之前，拥有险峻峡谷和密集山峰的威尔士就勇敢地击退了各式侵略者。但自2004年以来，一群新崛起的“周末战士”（即业余时间参加活动的人）借助有20个挡位的碳纤维车架征服了威尔士。穿上莱卡骑行服，这些男人和女人成群结队，穿梭于南威尔士和布雷肯山（Brecon Beacons）起伏的封闭路段间，这一英国顶级业余自行车赛总长190公里。不过这条龙并不是特别难对付，你可以选择更短的40公里路线，且与那些大陆赛事相比，这里的攀爬难度也不高。

登录www.verentidragonride.com报名。比赛路线每年都不一样，可以在www.visitwales.com预订当地的住宿。

778 法国环法车迷体验赛

想象一下在温布尔登中心球场参加网球比赛的感觉，环法车迷体验赛（L' Etape）就是为自行车迷提供的类似体验。在参加环法自行车赛的大部队（直升机、包车车队和身材苗条的职业自行车手）席卷而过的之前几天，车迷们有机会在环法自行车赛的山路赛段与心目中的英雄一较高下。和其他业余自行车赛一样，环法车迷体验赛在封闭的路段进行，两旁有观众为选手加油鼓劲，精确到毫厘的计时系统更是为比赛增添了刺激感。这项每年举办的赛事覆盖200公里令人叹为观止的阿尔卑斯山脉或者比利牛斯山脉的路段。如果你对比赛成绩很好奇，不妨告诉你，能力一流的职业选手通常完赛的时间，是业余选手平均用时的一半。

每年初，Vélo杂志都会刊登报名申请表，但建议法国以外的申请人找得到赛事主办方ASO认可的旅游机构包办。秋末，www.letapedutour.com会发布具体的路线信息。

780 亚利桑那州图森巡回赛

在冬天来临之前，去参加美国规模最大的自行车赛图森巡回赛（El Tour de Tucson），让你的腿部接受这一年最后一次的锻炼吧。这项业余赛事在感恩节前的周六举行，所以也是在节日之前享受明媚阳光的好机会。届时，会有多达9000名自行车爱好者参与不同距离的比赛，MAMIL（Middle-Aged Men In Lycra，热爱单车运动的中年男士）会参加178公里的全程，如以家庭为单位参赛，则可以选择更短的67公里、96公里和136公里的赛程。选手在比赛过程中都能筹集到数千美元的慈善捐款。

在www.pbaa.com报名，并且可以根据www.visittucson.org规划你的行程。

面向真正车迷的业余自行车赛

最好的鲜为人知的美国公园

在这些偏远、少有人踏足的公共土地上，你能尽情领略连绵群山、荒凉沙漠、狂野沼泽和野性狼群的非凡魅力。

781 南卡罗来纳州 康加里国家公园

游客之所以对康加里（Congaree）敬而远之，可能是因为他们被吓怕了。顺着暗无天日、浑浊的水道划桨前行，两旁是高大的、爬满苔藓的阴森柏树，如此场景足以构思出一部南方哥特风格的小说。如果你想当然地认为这是片沼泽地，到处有蛇出没，能听到猫头鹰凄厉的叫声，看到野猪在溪岸边哼哧作响，也属情理之中。可事实上，康加里是洪泛平原

当地人可能对卡特迈国家公园摄人心魄的美景见怪不怪，但游客肯定会为之倾倒。

（意味着这里并不总是被水覆盖）。关于这片原始之地，还有个怪现象：由于距离州府哥伦比亚很近，当你在这个时刻潮湿的环境中划独木舟、想方设法钓鲶鱼和拍打驱赶蚊子时，手机仍然能接收到信号。

康加里位于哥伦比亚东南32公里（20英里）处、南卡罗来纳州中部，全年对外开放。春季和秋季是游览的最佳时节。详见www.nps.gov/cong。

782 美属萨摩亚国家公园

比起美国其他50个州，美属萨摩亚国家公园（National Park of American Samoa）更靠近塔希提岛（Tahiti，即大溪地）。这一受保护的天堂跨越美属萨摩亚的三座火山岛，湛蓝的海浪轻轻拍打着长满棕榈树的海滩。你可以在珊瑚礁附近体验浮潜，和宝石色的鹦嘴鱼、斑斓的天使鱼一起游泳，还可以尝试从海岸到被云雾笼罩的热带雨林的单日远足。别忘了向当地的狐蝠致敬。到了夜晚，借宿在当地村民传统的家（fale）中。如果他们邀请你一同准备晚餐，例如一起网鱼或者摇晃椰树摘椰子，那就再好不过了。

公园办公总部位于州府帕果帕果（Pago Pago，在图图伊拉岛）。可以联系npsa_info@nps.gov，询问民宿的相关信息。6月至9月，天气最为干燥。登录www.nps.gov/npsa查询具体事项。

783 密歇根州皇家岛国家公园

清晨，湖面上飘着薄薄的雾。你听到远处岸边传来哗啦哗啦的声音，看到一只驼鹿扑通一声跳入湖中饮水。有潜鸟在大叫，又或者这是狼在长嚎？在皇家岛（Isle Royale）的原始森林，以上情景皆有可能出现。这座72公里长、15公里宽的岛屿孤单地漂浮在密歇根州和明尼苏达州之间的苏必利尔湖（Lake Superior）上。与世隔绝加上酷寒的冬天，使得岛上哺乳动物的数量降至最少。这里是美国本土游客最少的公园，园中没有公路，因此狼群和驼鹿可以四处漫步，旅行者也有足够的地方来搭帐篷野营（或者住在孤独的小屋里）。

公园于5月中旬至10月对外开放。渡船从密歇根州的霍顿（Houghton）、铜港（Copper Harbor）和明尼苏达州的大港（Grand Portage）出发。霍顿还提供水上飞机服务。详见www.nps.gov/isro。

784 阿拉斯加州卡特迈国家公园

身形庞大的灰熊扑入清澈见底的溪流，在飞溅的水花中伸出尖利的爪子勾住腾入半空的鲑鱼——你是否还记得这些图库照片？在卡特迈国家公园（Katmai National Park）中，你将成为捕捉那样经典瞬间的操刀者，同时还能听到灰熊的怒吼声。2000多头灰熊出没于南阿拉斯加州这一群山点缀的保护区。沃纳·赫尔佐格（Werner Herzog）的电影《灰熊人》（*Grizzly Man*）就是在卡特迈取的景。除了观熊之外，你也可以徒步前往万烟谷（Valley of Ten Thousand Smokes），你还能划皮划艇体验长达138公里的Savonoski Loop，穿越狂风呼啸的荒郊野外。

卡特迈不通公路。可以从霍默（Homer）、国王鲑镇（King Salmon）或者科迪亚克（Kodiak）乘飞机、船前往。Brooks Camp 可以提供最好的观熊体验（尤其是在7月和9月）。详见 www.nps.gov/katm。

785 得克萨斯州 大本德国家公园

当你驱车前往大本德国家公园（Big Bend）时，从车窗望出去，只会见到随风四处滚动的风滚草和荒无人烟的鬼镇。这个广袤的沙漠公园看起来毫无特点，单调乏味，但如果你调整下期望值，就会留意到孤峰丘陵闪烁着光彩，清脆的鸟鸣声回荡在干涸的沟壑中。在格兰德河（Rio Grande）漂流是绝对不容错过的体验，你将缓缓滑过墨西哥边境附近被染成粉红色的悬崖。耸立于公园中部的奇瑟斯山脉（Chisos Mountains）栽有矮松和杜松，在树荫下徒步和骑马不失为凉爽惬意的选择。户外温泉能进一步帮助你放松身心。

11月至次年4月是公园最热闹的时节，气候凉爽，河水足够深，适宜漂流。部分装备供应商就驻扎在附近的特灵瓜（Terlingua）。可以登录www.nps.gov/bibe查询具体信息。

786 明尼苏达州 探险家国家公园

探险家（Voyageurs）国家公园嵌有森林、岛屿和湖泊，它们都散落于明尼苏达州北部的大片密林中。这里可通行的道路数量有限，所以要像当地人一样，随船屋四处漂流。白天，在纵横交错的水道里，河狸扑腾出水花，老鹰则俯冲下来捕捉猎物。到了夜晚，绿色的极光会闪过天空。等到冬季，河水结冰，你会以为乐趣就此消失，但季节变换只是意味着将你乘坐的船换成摩托雪橇罢了。冰天雪地散发着寂静的气息，这让你很容易发现狼的踪迹，有些狼群就躲在云杉树丛间。

5月下旬至9月下旬是旺季，大多数道路都可以使用。国际瀑布镇（International Falls）是国家公园的主入口。具体查询www.nps.gov/voya。

787 科罗拉多州 甘尼逊黑峡谷国家公园

几乎没有光能透过深邃狭窄的山谷，每天，太阳照到谷底的时间只有1个小时，这里因此得名“黑峡谷”。200万年前，湍急的甘尼逊河冲刷过这里，留下820米（2700英尺）高的陡直峭壁。对于攀岩爱好者而言，这无疑是个好消息，他们准备好绳索，去挑战比帝国大厦还要高的画壁（Painted Wall），这是一座因不同岩石质地而形成不同花纹的悬崖。徒步者沿着峡谷边缘险峻、布满鼠尾草的步道气喘吁吁地坚持前行。垂钓者蹚入冰冷刺骨的甘尼逊河，冻得瑟瑟发抖，不过河里到处都是肥硕的鳟鱼。

蒙特罗斯（Montrose）有一个小机场，是前往黑峡谷的起点。从11月至次年4月中旬，公园大部分地区对外关闭。详见www.nps.gov/blca。

788 内华达州 大盆地国家公园

当你驶入进入大盆地（Great Basin）的主要道路50号公路——即“全美最孤单的公路”时，孤独感就会迎面袭来。接下来，你将跋涉上坡，绕经高山湖泊，穿越树干歪歪扭扭的狐尾松林，甚至还会经过一条冰川。远景，尤其是从海拔3960米（13,000英尺）高的惠勒峰（Wheeler Peak）上极目远眺的景色，令人如痴如醉，但只有你一人沉浸在如此震撼的景致中。等到夜幕降临，偏远和僻静孕育了全美最黑暗的一片天空。抬头看一望无际的星空，繁星、流星和诸多星系汇聚成一条璀璨的银河。你也可以深入地下，远离黑暗，去莱曼洞穴（Lehman Caves）一探究竟，惊叹于大自然的鬼斧神工之作。

贝克镇（Baker）是通往大盆地的门户，最近的机场在伊莱（Ely）。洞穴全年开放，但其他很多景点在11月至次年4月期间关闭。具体可登录www.nps.gov/grba查询相关信息。

789 华盛顿州 北瀑布国家公园

这一瑰宝将西北太平洋沿岸保持着原始风貌、一直延伸到加拿大边境的荒原徐徐呈现在你面前。这里被积雪覆盖的山峰映衬着绿松石色的湖泊，超过300条冰川从山间的裂缝中渗出，瀑布湍急地跌入野花烂漫的山谷。野外风光独好，非常适合徒步、划船，以及在松树下搭帐篷露营。就连地名孤独峰（Desolation Peak）、锯齿山脊（Jagged Ridge）、绝望山（Mt Despair）和恐惧山（Mt Terror），都证明着这个公园无与伦比的荒凉。很多探险家将北瀑布列为除了阿拉斯加州之外地形最为崎岖粗犷的地方。

5月至10月为旅游旺季。位于公园东边的温斯洛普（Winthrop）是不错的大本营。最近的机场在西雅图。具体信息可以查询www.nps.gov/noca。

甘尼逊黑峡谷国家公园将大自然的鬼斧神工展现得淋漓尽致。

790 佛罗里达州 海龟国家公园

这个由七座岛屿组成的小公园深藏于墨西哥湾（Gulf of Mexico）内，靠近古巴。当你对着红砖砌成的19世纪军事巨堡杰弗森堡（Fort Jefferson）发完呆之后，就可以去大海深处看看了。你可以戴上面罩，套上潜水用的脚蹼，欣赏水下奇观：海扇舞动着身体，绿海龟和红海龟慢条斯理地在海扇之间游走，蓝刺尾鱼群和管口鱼群急速穿梭。潜入更深的地方，你会看到西班牙征服者时代留下的船骸。回到陆地上，10万只乌燕鸥（以及其他300种鸟类）发出的喧闹叫声提醒着你，海龟国家公园就处在一条主要的候鸟迁徙路线上。

公园全年对外开放。4月为观鸟高峰期。游客可以从基维斯特（Key West）乘坐渡船或者水上飞机来此。具体见www.nps.gov/drto。

最刺激的裸体冒险

以表达立场的名义脱光衣服，
赤身裸体地参加另类活动，或者这只是为了
你的下一次伟大冒险增添点儿乐趣……

791 抗议斗牛

在全球范围内，脱衣服成为越来越受欢迎的表达政治观点的方法。西班牙的潘普洛纳（Pamplona）每年都会举行旨在抗议斗牛的活动。裸奔节（Running of the Nudes）在名气更大的奔牛节（Running of the Bulls）之前两天举行，后者标志着圣费尔明节（San Fermin）的开始。抗议者只围红色围巾，头戴塑料牛角，沿着奔牛节的800米路线，从圣多明哥（Santo Domingo）的畜栏跑到小镇的斗牛场（Plaza de Toros）。这一抗议活动从2002年开始举办，第一年只有25人参与，后来规模日益扩大，如今已经吸引了1000余名参加者。

自1924年以来，奔牛节记录在案的死亡人数为15人，而牛的死亡率大概为100%。在这种情况下，裸体抗议似乎是个要安全得多的选择。

792 南极洲300俱乐部

加入这个独一无二的俱乐部意味着你要去位于地理南极点的阿蒙森—斯科特科考站（Amundsen-Scott Research Station）。要前往这个世界上最少人到访的大陆绝非易事，从欧洲往返至少需要花费40,000美元。勇气卓绝的成员要忍受300华氏度（149摄氏度）的温度变化，俱乐部因此而得名。首先你要等待气温降至零下100华氏度（零下73摄氏度），接着你要泡200华氏度（93摄氏度）的桑拿浴，然后赤身裸体地冲出室外，直奔南极点，再返回到温暖的室内。

跑步时要格外小心，极寒的温度会对你的肺部造成损害，并严重冻伤你的四肢。

793 滑雪，自由释放

严冬将逝，滑雪季进入尾声，没有人会像中国南山滑雪场的爱好者那样疯狂。他们的“光猪节”其实只是穿着奇装异服和泳装的忸怩游行，但能吸引滑雪爱好者穿得如此清凉地来到雪坡的声势浩大的活动还是会给你留下深刻的印象。其实这一传统起源于科罗拉多州的克雷斯特德比特山滑雪场（Crested Butte Mountain Resort），但从2003年开始，中国南山滑雪场也开始举办这一活动。滑雪者要滑过200米长的初学者坡道，衣着打扮、表现能力以及整体创意将决定谁是最后的赢家。

近几年，音量高低也成为衡量观众反应的标准，所以如果你想赢，就得确保观众站在你这边。

794 徒步荒野

从2002年到2004年，英国最臭名昭著的“裸体漫步者”（Naked Rambler）史蒂夫·高夫（Steve Gough）从兰兹角（Land’s End）开始，徒步1400公里（870英里）抵达约翰欧格罗兹村（John O’Groats），全程他只穿了一双袜子和一双靴子，还背了一个帆布背包。2005年，他再度完成这一壮举，不过他在英格兰被逮捕过两次，在苏格兰则多次被捕，出庭时他依然坚持裸体。英国极高的人口密集度使得你很难在这里裸体出行，但世界范围内有足够多的荒原步道，即便走上几英里也不会碰到其他人。你自己做决定吧。

做好足够的防晒措施，随身带一条围裙，以便在碰到穿衣服的徒步者时能很快蔽体。

795 裸体跳伞

升至14,000英尺的高空，跳出机舱，你将体验65秒惊心动魄的自由落体式飞行。觉得还不够刺激？那么裸体跳伞肯定更添刺激感。如果你是第一次尝试，双人跳伞不失为满足你心愿的捷径。虽然有个陌生人贴在你背上的感觉不太好受，但当你以每小时220公里的终极速度下降时，这些都无关紧要了。完成这种体验的人在互联网上热烈地交流心得，跳伞公司似乎也很开放，所以如果你想将裸体跳伞列入心愿清单，就去一个风光旖旎的地方找一个有经验的教练，这很可能不是教练第一次面对这种请求了。

一旦你完成裸体跳伞挑战，就具备了加入裸体跳伞发展团体（Society for the Advancement of Naked Skydiving）的资格。登录www.thesans.org可以获取你的证书和磁性冰箱贴。

796 为艺术献身

美国摄影师斯潘塞·图尼克（Spencer Tunick）拥有无与伦比的号召力，他能召集大批裸体志愿者来帮他创作独一无二的艺术作品。和几千名陌生人一起创作高端艺术，还有比这更好的脱衣理由吗？图尼克近期的作品中有躺在以色列死海边身上涂满淤泥的模特、爱尔兰咬着玫瑰花的裸模和聚集在悉尼歌剧院外柏油碎石路上的数千名裸体者。这种经历可能没有悬挂在绳索上或者登山那么惊险，但从艺术的角度出发，这不失为一次伟大的冒险。

你可以登录www.spencertunick.com报名参加将来的集会。所有参与者都能免费得到一份最后成品的拷贝。

797 裸体蹦极

如果你这辈子只想体验一次蹦极，那么有两种方法可以确保你终生难忘。第一种就是参加裸体蹦极，在准备纵身跃入深渊之前，你可能会有片刻犹豫，但在人群的注视下，一丝不挂会更加刺激你往下跳。第二种就是去新西兰蹦极，那里是蹦极的发源地。蹦极运动创始人A.J.哈克特（AJ Hackett）在新西兰南岛的皇后镇（Queens Town）附近经营自己的蹦极公司，因此那里至少有一个人是参与裸体蹦极的。

为了录下你人生中最重要的一跃以及其他旁观者的反应，可以考虑带上胸挂式摄影机。

798 多用屁股很重要

想唤起人们对自行车骑行的重视，挑战我们对汽车的依赖性吗？那么世界裸体自行车骑行（World Naked Bike Ride）应该适合你。这项“穿衣为可选项”的活动在全世界各大城市举行，在活动中，你可以欣赏到集人体彩绘、古怪服装和定制自行车于一体的各式创意。骑手化身为画布，绘上诸如“更少原油，更多裸露”“少用石油，多用屁股”“燃烧脂肪，而非石油”之类的口号。诚然，不同国家对待裸露所持的态度不同，如果你关心这个问题，那么巧妙的人体艺术或者恰到好处的丁字裤，都可以转移观众的注意力，这样不仅更添一份乐趣，也有助于避免与当地法律发生冲突。

6月和7月，骑行活动在北半球举行，3月则移师南半球。

799 裸体夜泳

如果你能召集413位无偏见的朋友在同一条河旁边集合，就有望打破在新西兰基督城（Christchurch）创造的世界裸体游泳纪录。野心勃勃、试图破纪录的游泳好手不在少数，去年他们就在西班牙以及英国北海令人胆寒的冰冷海水中进行过尝试。但如果你身边只有少数人愿意加入你的行列，建议你们找一个僻静的湖泊或者宁静的海滩尝试夜泳，时间上则要尽可能靠近夏至。

不适应在冰冷的水中游泳？豁出去吧，但记住要靠近岸边，而且身边要有一同游泳的伙伴。

800 裸体划皮划艇

如果你喜欢裸身运动，但又有所顾虑，那么从裸体划皮划艇开始你的裸身运动之旅是最好的了。防水裙可以包裹住你的下身，而救生衣可以遮住你上身的重要部位，这让你在技巧性裸露、做好安全措施以及最严苛的公众礼仪规范方面都合乎要求。至于目的地，你应该会想要避开北极圈和赤道。地中海的环境不错，你可以在希腊的爱奥尼亚群岛（Ionian islands）间划桨，畅游在偏远宁静的海滩之间，这使你既能在明媚阳光下惬意放松，还能避免引起骚动。

无论你选择在一年中的什么时候去划皮划艇，都必须做好防晒措施，这一点毋庸置疑。戴上一顶好帽子，抹好防晒霜，并且记得每隔一段时间就要抹一次。

最令人愉悦的浮潜胜地

戴上你的面具，套上水鳍，咬住呼吸管，勇敢地闯入如梦似幻的水下世界吧。

801 法属波利尼西亚 茉莉亚岛

在这一法属波利尼西亚小岛的海滩附近就可以进行浮潜。靠近海岸的浅水区海水清澈透明，能见到各式色彩斑斓的热带鱼类，岛的四周环绕着美丽的珊瑚。当你从水中起身，准备放松休息时，迷人的白色和黑色沙滩向你抛去橄榄枝，在那里你能尽情领略茉莉亚岛（Moorea）葱绿的火山山脉和壮观的尖峰。很多浮潜者聚集在度假村或者酒店外的潟湖中，不过乘船游爱好者更热衷于去茉莉亚岛附近的礁石岛。透过潜水面罩，你能看到扳机鱼正在大口嚼着珊瑚，还能近距离地接触到狮子鱼、天使鱼、黑鳍鲨和鲎鲛。

从塔希提岛（Tahiti，即大溪地）去茉莉亚岛非常便捷，在月之海（Sea of the Moon）穿行14公里（9英里）就可以到达。你可以在4月至10月的旱季来访。

802 伯利兹 安柏葛利斯岛

千万不要冲着你的浮潜呼吸管惊声尖叫！在Shark Ray Alley，如大白鲨一般的庞然大物和黄貂鱼在四处巡逻。这里是一片沙洲，模样凶猛（但性格温顺）的护士鲨可能会把你吓得瑟瑟发抖。这个靠近库尔刻岛（Caye Caulker）的著名浮潜圣地就是Hol Chan海洋保护区，它切入珊瑚礁深处，形成一条30英尺深的狭窄水道（hol chin在玛雅语中意为“小海峡”）。在这里，浮潜者可以与已经适应这条水道湍急水流的海鳝、黑石斑鱼以及多种珊瑚亲密接触。这里还有一个小小的蓝洞（就是海底的沉洞），浮潜者可以潜入其中仔细看个究竟。Shark Ray Alley和Hol Chan都在安柏葛利斯岛（Ambergris Caye）的南端。

安柏葛利斯岛就位于库尔刻岛以南，你可以选择一日游，或者住在附近的圣佩德罗（San Pedro）。登录www.holchanbelize.org查询详情。

803 多米尼克 香槟海滩

大量小气泡从海底释放地热的裂缝中冒出来，当你游过时，这一串串“珍珠”会让你觉得痒痒的。漂浮在气泡中的感觉就仿佛你正置身于一瓶香槟中，这片海滩也因此而得名。涓涓暖流从距离海岸不过几英尺的地方扑面而来，嘶嘶作响，这里孕育了包括海胆、青蛙鱼和海马在内的大量海洋生物。香槟海滩（Champagne Beach）隐藏在苏弗里耶火山－斯克茨海德海洋保护区（Soufrière - Scott’s Head Marine Reserve）内，海水就来自一座沉没火山的火山口，它也是热汽的来源。富于冒险精神的游泳者会穿过气泡，去礁石附近欣赏这一地区多种多样的海洋生物。

香槟海滩位于多米尼克南部，门票2美元。

在香槟海滩享受与众不同的气泡酒。

MARTIN STRMISKA/ALAMY ©

深入介于两个大陆板块之间的Silfra裂谷那令人难以置信的清澈海水中，尽情体验浮潜的乐趣。

804 冰岛 辛格韦德利国家公园

冰岛有着奇特的自然景观，冰与火共生共存，举世闻名，这里可能不在你迫切想去的热带浮潜目的地清单上，但火山和地质运动使得这个岛国蔚为壮观的地貌变成了令人难以置信的淡水浮潜胜地。在辛格韦德利国家公园（Þingvellir National Park），因地表板块漂移，在两个大陆间，形成了深邃的Silfra裂谷，其中充满了清澈见底、泛着深浅不同的蓝色的湖水，你可以在裂谷中体验美妙的水下世界。不仅如此，由于火山岩的过滤作用，这里的水是如此透亮，你甚至可以摘掉呼吸管，直接饮用。

全年都有从雷克雅未克（Reykjavik）出发的浮潜游。公园提供密闭防水的干式潜水服。登录www.extremeiceland.is了解更多信息。

805 埃及 红海

前往西奈半岛的宰海卜（Dahab），这里是红海度假胜地（Red Sea Riviera）的一部分，你可以潜入遍布珊瑚的温暖海水中。这片风平浪静的海域深处于宰海卜沙洲内部，是浮潜者的梦想之地。这里还有很多礁石，从岸边前往礁石区也非常方便。五颜六色的鱼在珊瑚群中穿梭，这些珊瑚适应了红海独一无二的环境：几乎没有水体交换，沙尘却很多。多亏降雨量少，这里的水体能见度非常好，浮潜者可以充分利用红海海水极高的含盐度带来的额外浮力，尽情享受红海之旅。

从宰海卜的海滩出发，可以浮潜，也能体验穆罕默德角国家公园（Ras Mohammed National Park）一日游，那里有世界级的礁石。

806 厄瓜多尔 加拉帕戈斯群岛

如果达尔文有面罩和水蜡的话，他肯定会在加拉帕戈斯尽情享受浮潜的乐趣。作为世界上物种最多样的地方之一，加拉帕戈斯群岛为浮潜者提供了与赤道企鹅、海狮、海鬣蜥和海豚一起游泳的机会。魔冠（Devil' s Crown）是遍布峭壁和珊瑚的火山锥。在这片受保护的区域内，游泳者有望和海龟对视，同时这里也是加拉帕戈斯海洋保护区（世界上规模第二大的海洋保护区）最受欢迎的浮潜地之一。水下多变的地形意味着你可以浮潜数日，而且不会感到厌倦。

12月至次年5月是最佳来访时节。前往魔冠的游艇需要旅行者夜宿于其上，计划一日游的旅客请不要前往乘坐。

807 泰国锡米兰群岛 国家公园

锡米兰群岛拥有如天空般湛蓝透亮的海水，岛屿风光和海上美景都令人心旷神怡。这一地处偏远的群岛位于安达曼海（Andaman Sea）上，靠近缅甸的海域边界，岛上遍布平坦的花岗巨岩和伸入大海的绵软的白沙滩。阁朋岛（Ko Bon）和达差岛（Ko Tachai）最近刚刚被归入海洋公园，这里有群岛地区最美丽的珊瑚景观。当你潜入这片温暖的海水中，就能欣赏到海龟、鲸鲨、魔鬼鱼和海豚这些迷人的海洋生物。

10月至次年4月，一日游活动从泰国本土的蔻立（Khao Lak）出发，你也可以参加游艇游，享受更长、更尽兴的远行。

808 加拿大 不列颠哥伦比亚省

在一个无与伦比的环境中体验浮潜：在不列颠哥伦比亚省的坎贝尔河（Campbell River）鲑鱼产卵的水流中，你可以痴迷地看着成群结队的王鲑逆流而上，产卵后死去。在过去的50年里，这里一直致力于恢复鲑鱼栖息地这项工作，从而使得大量鲑鱼洄游，在夏季的数月里，共有5种鲑鱼会来到坎贝尔河。浮潜者拼命把自己塞进潜水服，在向导的指引下，潜入清澈的河水中，趁鲑鱼为下一次逆流而上养精蓄锐之际加入它们的行列。你也可以选择在这些银色的返乡者上方缓缓漂移。

7月至9月有团队游，大巴车把浮潜者送到起点，并会在下游接他们返程。登录网站www.beaveraquatics.ca，了解相关信息。

809 澳大利亚 大堡礁

拉上你的伴侣，去大堡礁吧。它或许是世界上知名度最高的浮潜胜地，这绝不是没有理由的。大堡礁是世界上最大的珊瑚礁群，沿着澳大利亚昆士兰海岸绵延近1900英里，其规模如此之大以至于从太空都能看到。作为世界遗产之一，大堡礁为包括儒艮、蓝鲸和7种海龟在内的一系列濒危物种提供了庇护所。浮潜者可以与1500种热带鱼类一同漂流，和其他顶级浮潜地一样，这里清透的海水使得你能将水下世界看得一清二楚。

前往大堡礁的一日游项目很丰富，尤其是靠近澳大利亚大陆北端的礁石带附近的项目。凯恩斯（Cairns）是最受热捧的门户。

810 马来西亚 停泊群岛

停泊群岛（Perhentian Islands）堪称热带天堂：六个岛屿气候暖和，海水清澈，周边还有长满棕榈树的海滩。水下景色自然也不会差。在这里，你可以盯着黑鳍鲨良久，也能和巨大的绿色海龟一同漂流。作为在停泊群岛上出没的悠闲懒散的嬉皮士，还要尽情享受惬意的夜间风光。你可以一边品尝美味的咖喱，畅饮啤酒，一边和其他旅行者比较海洋美景。你也可以挑选其中一个无人居住的岛屿，去那里露营，届时将只有大海和星星与你做伴。

停泊群岛在靠近马来西亚半岛的东北海岸。这里有两个有人居住的岛屿：Besar面积更大，适合家庭旅行者，而较小的Kecil消费水平更低些。

最佳“小屋至小屋”游

这些地理位置堪称完美的山间小屋供应热腾腾的美味，能让你免受暴风雪袭击，多亏它们的存在，你才能徒步、滑雪或者骑自行车深入荒原。

811 法国夏慕尼到瑞士采尔马特，高路徒步

如果阿尔卑斯标志性的山峰、崎岖起伏的高山山口以及与一群来自天南地北的游客共同度过有趣夜晚的体验会很对你的胃口，那么背上你的行囊，带上你最好的徒步靴，出发去高路（Haute Route）吧。这是一段长180公里、横穿两个国家的冒险之旅。滑雪爱好者可能会嘲笑夏季来此的徒步者错过了著名的越野粉末雪，但徒步者却能领略到冰雪消融后马

经历了整整一天漫长的徒步后，在阿尔卑斯之路沿途的小屋歇脚，这里提供舒适的住宿条件、食物，还有志同道合的同伴。

特洪峰（Matterhorn）和勃朗峰（Mont Blanc）若隐若现的美丽身姿，还有被冰川切开的亮绿色湖泊以及茂密翠绿的山谷。不过这并不意味着你见不到雪。你可以选择需要穿越冰川的高海拔路线，或者低海拔而不那么艰苦的路线。两条路线沿途都有盖好并可以使用的山林小屋。

需要大概2周时间完成整条路线，但仅征服其中部分路段要容易些。

JACQUES PIERRE/GETTY IMAGES ©

812 法国科西嘉岛徒步GR20路线

地中海科西嘉岛（Corsica）上山峦起伏，这条欧洲最艰苦的徒步路线能让你体验到形形色色的高峰和低谷。从花岗岩山峰尖顶上来之不易的360度无敌全景到火辣辣的水疱，再到打退堂鼓的念头，无论你的身心处在何种状态，行走在这条总长168公里（104英里）、分16个阶段的徒步路线上，在每一天行程将要结束时，你都可以在沿途的众多小屋中重新充电、养精蓄锐。有些是简单的带有铺位的石屋，有些更像是迷你旅店，带有餐馆，主人用心烹制的意大利面以及佐餐酒会让徒步者开心不已。

走完整条路线大约需要15天，但你可以选择徒步其中一小段，体验其中的一些小屋（6月至9月间会有工作人员为徒步者服务）。

813 美国科罗拉多州在第十山地师训练基地滑雪

这片世界上规模最大的山林小屋群，吸引着成千上万的人去探索科罗拉多州落基山脉中那一小段惊世骇俗的美。30座小屋散落在瓦利（Vali）、莱德维尔（Leadville）和阿斯彭（Aspen）之间，它们最初是作为第二次世界大战期间美军第十山地师的训练基地被投入使用的。在一年中的任何时候，你都可以去周边的群峰、森林和山谷一探究竟，但冬季这里的越野滑雪是最棒的。第一次来访的旅行者应该考虑在每个小屋都住上几晚，不过最终决定权在于你，小屋的管理方鼓励来访者自行规划行程。

这里有3座可以享受烧木头桑拿浴的小屋，可以考虑将其中一座纳入你的行程。

814 感受阿尔卑斯之路的沿途国家

阿尔卑斯之路（Via Alpina）跨越了8个欧洲国家，是一个全新的徒步道网络，你可以攀登阿尔卑斯山脉，翻过高耸的山脊和险峻的雄峰，近距离接触迷人的天空，感受欧洲最美的自然风光。阿尔卑斯之路分成五条以不同颜色区分的步道，它们纵横交错，仿佛最好的地铁系统，总长4989公里（3100英里）。当地高山俱乐部在步道沿途搭建了许多小屋，提供最为便捷的住宿和食物补给选择，旅行者还能在这里找到志同道合的伙伴。在这些小屋里，你能享受到当地丰盛的美味佳肴，从奶酪火锅到德国面疙瘩应有尽有。这里有热水淋浴，还能结识爱夸夸其谈的新朋友。

前往斯洛文尼亚的尤利安阿尔卑斯山脉（Julian Alps），那里集中了从皮划艇到攀岩等各式探险项目。

GARETH MCCORMACK/GETTY IMAGES ©

挑战阿巴拉契亚步道，白天体验多样地形，领略迷人景致，夜晚享受舒适惬意的小屋。

815 美国新罕布什尔州白山国家森林徒步阿巴拉契亚步道

作为长距离徒步道的始祖之一，阿巴拉契亚步道（Appalachian Trail）一如既往的壮观美丽。这条总长196公里（122英里）的步道穿越了被葱郁林木覆盖的怀特山脉（White Mountains），直插枝繁叶茂的山谷。阿巴拉契亚山脉俱乐部（Appalachian Mountain Club）在徒步道周边搭建了8座小屋，每两座小屋之间的距离大约为一日的步程。这使得你在计划行程时更加方便，但对于徒步而言，它们并不是必需的。这条步道的很多部分都颇具挑战性，尤其是前往华盛顿山（Mount Washington）上云湖小屋（Lakes of the Clouds hut）的路段，它是海拔最高的小屋，不过你能在这里欣赏到令人叹为观止的山谷风景和清晨雾气迷蒙的景象。

向沿途遇见的徒步者打招呼。如果他们从北往南走，那么他们的旅程才刚刚起步。

816 阿根廷巴塔哥尼亚巴里洛切滑雪游

当北半球经历过酷暑、迈入秋风扫落叶的季节时，你可以在阳光灿烂的巴塔哥尼亚湖区无人踏足的耀眼雪地上尽享滑雪乐趣。最好是从巴里洛切镇（Bariloche）出发来此，这里有一些荒原小屋，它们通向陡峭的滑道、长到令你感觉肺在燃烧的雪坡和勾勒出花岗岩尖峰的无边无际的粉末雪，堪称滑雪胜地的完美入口。最有名的小屋是Refugio Frey，这是一座被壮观群峰环绕着的石屋，日落时分总是沐浴在晚霞的余晖中。8月至11月是最适合在这里越野滑雪的时节。

规划你自己的滑雪游，或者将这个任务留给当地众多的导游机构和旅游公司。

817 新西兰跋涉米尔福德步道

新西兰人擅长徒步，米尔福德步道（Milford Track）是这个国家最著名的徒步场所。这条绝美的路线蜿蜒经过峡湾国家公园（Fiordland National Park），全程长约54公里（33英里），徒步者只能从南至北行进。这一时长4天的探险之旅将引领你经过声如雷鸣、倾泻进质朴水潭的壮美瀑布，以及陡峭的花岗岩峰、青郁翠绿的植被和覆盖着薄薄积雪的山口。路线沿途有3座小屋，10月至次年4月，独自出行的徒步者可以借宿于此。挑战步道必须获得许可证，小屋也需要预订。

徒步归来后，你可以在蒂阿瑙（Te Anau）休息恢复，也可以选择在这里做出发前的最后准备。你可以在蒂阿瑙湖上划皮划艇，探访遍布萤火虫的美丽洞穴。

818 加拿大班夫及幽鹤国家公园，在WAPTA TRAVERSE滑雪

这条著名的西加拿大滑雪路线的沿途盖了不少小屋。当清晨第一缕曙光照亮地平线时你就要出门，然后滑雪穿越北美大陆分水岭，征服一系列山峰，再滑过冰原，进入粉末雪滑道。明天你可以继续重复这一路线。当你沉浸在这被尖峰、冰川裂缝和冰瀑点缀得无穷无尽的冬日仙境时，会感到自己既渺小又充满力量。这里雄伟壮观的地貌和滑雪爱好者梦寐以求的积雪，可与欧洲最顶尖的“小屋至小屋”滑雪路线相媲美。从一日游到五日游，你有多种选择，这取决于你的滑雪水平和目标。

你可以计划春天的行程，那时白昼更长，天气更暖和。

819 挪威，隐居在龙达讷国家公园

远离喧嚣的现代文明，退隐到一片荒芜之地，在那里，形成于冰河世纪的山脉盆地为色彩斑斓的地衣所覆盖。龙达讷（Rondane）是挪威首个国家公园（成立于20世纪60年代），至今仍是成群的野驯鹿的家。公园小规模的小屋体系由挪威徒步协会（Norwegian Trekking Association）负责运营。你可以徒步往返于小屋之间，如果你喜欢待在原地，不妨以Rondvassbu为基地，这个小屋很受欢迎，坐落于其中一个高山湖泊旁。从这里出发攀登附近的山峰，堪称绝佳选择。

夏季时节，大多数小屋都有工作人员提供服务，但到了冬季，有些小屋是需要自助服务的。

820 美国科罗拉多州杜兰戈到犹他州摩押，山地骑行

在美国西部的这片区域，跳上山地自行车，你就可以像牛仔那样在山脉间一路颠簸，只不过你不是在赶牛，而是在寻求从单线道路和险峻下坡路段俯冲而下的刺激感。圣胡安小屋群（San Juan Huts）在美国的名声很大。在两条已建成的路线中，特柳赖德（Telluride）至摩押（Moab）的环行距离较长，但相对容易。杜兰戈（Durango）至摩押的路线，对山地骑行的技能要求更高，更具挑战性，沿途主要是单线道。路旁搭建了很多小屋，提供能量饮料和美味培根等补给品，是完美的歇脚点。在这里还能眺望无垠的沙漠天空，感受橘色夕阳，享受鼠尾草的清香，俯瞰红色的岩石。

小屋之间的距离大约为56公里（35英里），可以保证一路骑行的连续性。

探险机构

这些机构发起过最勇敢无畏的探险之旅，
你可以从中受到激励和鼓舞。

821 英国 英国南极调查局

现如今，詹姆斯·库克船长（Captain James Cook）的一些征程可能会引发争议（例如他是否为登陆澳大利亚东部的第一个欧洲人），但他探索未知领域的勇气毋庸置疑。1773年，库克的团队创造了首次环绕南极洲航行的壮举（尽管由于浮冰的阻碍，他们没能到达南极洲的海岸）。如果你跟随他的航行路线，就会发现沿途几乎没有什么变化：寒风依旧刺骨，你呼出的空气被瞬间冻住，而厚厚的冰层所组成的粗犷风景中有耐寒的企鹅们的点缀。库克的远征激发了英国人探索南极大陆的兴趣，由此成立了英国南极调查局（British Antarctic Survey），调查局的研究面逐步扩大，已覆盖了军事和科学领域。

英国南极调查局网站（www.antarctica.ac.uk）上有关于研究者怎样在如此严酷恶劣的环境中生存的文章，引人入胜。

822 中国 中国探险学会

你正站在长江边上，这是亚洲最长的河流，它贯穿了中国的文化史。自大约2000年前的汉代以来，长江就帮助两岸人民灌溉庄稼，同时，它蜿蜒曲折，流经雾蒙蒙的山岳，一直是中国的水墨画和诗词的灵感来源。但在黄效文（出生于香港）带领团队发现长江真正的源头之前，没有人知道这条长河究竟发源于哪里。他于1986年创办了中国探险学会（China Exploration & Research Society，简称CERS），继续致力于中国偏远地区的保护和探索。在中国这片拥有众多未知领域的土地上，中国探险学会引领了一种新的观念。

想了解更多关于中国探险学会如何保护大自然和保护包括西藏佛教寺庙在内的文化遗址的信息，可以登录其网站www.cers.org.hk。

823 英国 登山俱乐部

当你开始攀登世界最高峰珠穆朗玛峰顶部的最后一块岩石时，就是在追随埃德蒙·希拉里爵士（Sir Edmund Hillary）及其尼泊尔夏尔巴族搭档丹增·诺盖（Tenzing Norgay）的足迹。1953年5月29日，他们完成了人类首登珠峰的壮举，将国旗插在珠峰顶端。希拉里是受喜马拉雅联合委员会（Joint Himalayan Committee）之邀参与此次珠峰探险的，委员会是由历史更为悠久的登山俱乐部（Alpine Club）的精英们组成的，该俱乐部于1857年在伦敦成立，旨在征服所有高峰。如今在尼泊尔，几乎人人都可以参加包价游，感受依然回荡在皑皑白雪之间、梦想征服世界最雄伟山脉的老派绅士的交谈声。

登录世界首个登山俱乐部的官方网站，在论坛中与其他登山爱好者交流，可以受到进一步的鼓舞。网址为www.alpine-club.org.uk。

824 美国 美国国家航空航天局

好吧，普通人要想飞入太空是十分困难的，但相比其他任何机构，美国国家航空航天局（简称NASA）在鼓励探险家登陆月球或者探索地球以外的宇宙空间等方面都付出了更多努力。你仍然可以参观肯尼迪太空中心（Kennedy Space Center），与摆脱地心引力、飘浮在外太空的宇航员见面，甚至可以通过网上照片帮忙寻找火星表面的图案。NASA创立于1958年，向我们这些平民展现了如何稳妥地应用太空科学，从而让我们更加珍惜现在生活着的这个独一无二的星球。

商业太空飞行很快就会风靡全球。登录美国国家航空航天局官网www.nasa.gov了解这个项目的相关进程。

825 美国 国家地理协会

去陌生的地方旅行能让你感受到全新的文化，从而形成你独有的认识和理解，美国国家地理协会（National Geographic Society）就致力于激发探险者的这种洞察力。协会杂志所刊登的令人震撼的绝美旅游照片以及生动形象的文章，鼓舞了一代又一代的探险爱好者。它让我们了解了动物学家珍·古道尔（Jane Goodall）等先驱的故事。自1960年起，古道尔关于坦桑尼亚黑猩猩的研究就引起了全世界的关注。古道尔说过："唯有了解，我们才会关心。"现在，你也可以去贡贝国家公园（Gombe National Park）进一步了解黑猩猩，还可以去坦噶尼喀湖（Lake Tanganyika）体验浮潜。

登录www.nationalgeographic.com了解更多关于我们这个星球及生活于其上的生物和探险家的故事。

826 美国 史密森学会

蓝色的希望钻石（Hope Diamond）在全世界周游的里程数比佩戴过它的人的里程总数还多。据说，它的长途之旅从印度开始。1678年，它落入法国国王路易十四的手中，又在1812年飘过英吉利海峡抵达伦敦，最终于1958年在美国的史密森学会（Smithsonian Institution）定居。如今，你依然能在那里的博物馆欣赏到它的风采。这颗钻石辗转数地，历经数人之手，让人啧啧称奇。而这只是史密森学会珍藏的令人难以置信的传奇之一，该学会建于1846年，吸引了无数参观者到其众多博物馆来开阔眼界、增长见识。

史密森学会网站（www.si.edu）收藏的艺术品、故事和历史吸引着新老旅行者。

827 挪威 挪威地理学会

如果你想成为首个到达北极点的人，那么若能成为像弗里乔夫·南森（Fridtjof Nansen）那样具备专业滑雪和滑冰能力的人（他也是诺贝尔和平奖的获得者），无疑大有裨益。1895年，南森利用天然冰块的漂移，避开北极狐和浮冰，设法到达前人无法企及的更北端。途中他靠吃海象和海豹为生。他首先向挪威地理学会（Norsk Geografisk Selskap, Norwegian Geographic Society，成立于1889年）宣布了这一大胆的远征计划，当时该协会已经成立一年。如今这个协会继续与探险家合作，致力于保护北极点及其周边区域。

挪威地理学会出版同行评审期刊，并建有网站，但页面上只用挪威语显示信息，网址为www.geografisk.no。

828 俄罗斯 俄罗斯地理学会

如果你设法和东北虎（又称西伯利亚虎）进行眼神接触，感受对方眼睛里露出的寒光，就会认识到这种大猫无与伦比的王者风范。俄罗斯远东地区（Russian Far East）的很多人视这种老虎为神圣不可侵犯的，然而这并不能阻止这种栖居在积雪盈尺的北方针叶林中的动物数量骤减。俄罗斯地理学会（Russian Geographical Society）就在那里展开学习和研究，以保护野生老虎。该项研究活动可能是从现代开始的，但学会的历史可以追溯到1845年。科学家和自然爱好者聚集在一起，致力于这一世界上领土面积最大国家的可持续发展。

想了解更多该协会在俄罗斯展开的研究工作，可以登录其网站http://int.rgo.ru。

829 美国 塞拉俱乐部

在这里，你能看到耸入云霄的红杉林、巨大的花岗岩半圆顶（Half Dome）、天堂酋长岩（El Capitan）以及约塞米蒂瀑布（Yosemite Falls）湍急的水流。如果没有塞拉俱乐部（Sierra Club），谁知道这些美丽的景观能有多少被保存下来？多亏这个俱乐部的不懈努力，这片最终成为约塞米蒂国家公园（Yosemite National Park）的土地免于被拍卖的厄运。如今，俱乐部仍然竭尽全力，为未来的探险爱好者们保留清新的空气、未被砍伐的树木和干净的水质。

塞拉俱乐部网站（www.sierraclub.org）组织年轻人活动，引导他们保护自然，感受探险精神。

830 英国 皇家学会

让我们来谈谈这位探险家吧：查尔斯·达尔文（Charles Darwin）。他于1831年随小猎犬号（HMS Beagle）开始环球旅行，去了很多奇特的地方。在智利，他感受到了地震时大地的震颤；在环绕阿根廷的巴塔哥尼亚地区，他与南美牧人一同骑马；他还邂逅了澳大利亚的原住民；在加拉帕戈斯群岛，他进行了著名的考察，这最终启发他创立生物进化和自然选择理论，从而改变了科学进程，挑战了宗教信仰。无怪乎伦敦的皇家学会（Royal Society）在1839年将达尔文选为会员。从17世纪60年代开始，该学会的成立章程就表明，学会旨在推动科学发展，造福人类。今天它依然不遗余力地支持探险家独自一人去探索我们这个多样化的星球。

登录皇家学会网站www.royalsociety.org，了解达尔文及其他科学探险家的生平事迹，并从中受到启发。

最令人眩晕的冒险之旅

或攀爬摇摇欲坠的阶梯，或从大桥上纵身一跃，
或胆战心惊地贴着狭窄的走道行走，或沿高山速降。可不要往下看！

眺望腾跃的猛虎，欣赏这一壮观峡谷夺人心魄的美景。

831 英格兰 黑潭塔眼

在全球的高塔之中，这可能并不起眼。相比于埃菲尔铁塔，黑潭（Blackpool）的这座塔的高度只有微不足道的158.12米。但兰卡夏郡这一维多利亚时期的钢铁构架尖塔既是文物保护古迹，又是地标性建筑。自2011年起，旅行者可以在塔上欣赏这个海滨小镇的迷人风光。乘坐电梯到顶部，你将步入塔眼天桥（Tower Eye Skywalk），这是一条全玻璃走廊，沿着透明的地板前行，能把下面的海滩和如织的游人尽收眼底，无比清晰。这种感觉仿佛在空中滑翔一般！不过对于恐高症患者而言，这里可能是噩梦，你的真实感觉取决于你对眩晕美景的承受能力。

塔眼（www.theblackpooltower.com）开放时间为周一至周五的上午10点至下午3点45分、周六和周日的上午10点至下午4点45分。天气状况不佳时，天桥可能会关闭。

832 西澳大利亚戴夫·埃文斯两百周年纪念树

西澳大利亚当地的凯利树（karri tree）是世界上最高大的树种之一，能长至90米高。从20世纪30年代开始，彭伯顿（Pemberton）地区的护林员利用凯利树的这一优势，在一些长势良好的树干上钉上长钉，以便登高监测山火。时至今日，一些不结实的螺旋"阶梯"仍然能攀爬，钉有165个钉子、68米高的戴夫·埃文斯凯利树（Dave Evans karri）是其中最高的。虽然没有安全带或者安全网的保护，但伙计，没有关系！根据当地旅游局的统计，从没有人在攀爬戴夫树时不幸身亡。不过旅游局补充说，有两个人在中途差点犯了心脏病……

戴夫·埃文斯树位于沃伦国家公园（Warren National Park）内，距离彭伯顿只有15分钟的车程。可以在彭伯顿游客中心买到攀爬许可证。网站为www.pembertonvisitor.com.au。

833 阿根廷 徒步阿空加瓜山

南美的最高峰可能算是世界上最高的非技术性攀登场地，换言之，对于那些身体足够强壮但依然是攀登新手的人而言，这里是可以到达的最高极限，同时有着无比壮观的美景。但非技术性并不意味着不会遇到任何问题，光是站在阿空加瓜6962米高的山顶呼吸氧气含量低的稀薄空气就已经是严峻的挑战了。而在顺利通过"忏悔者"（penitentes）冰钉奇观之前，你还要忍受猛烈的重力风，并与臭名昭著的Canaleta作斗争，这是一段令人筋疲力尽的300米长的碎石坡，它残忍地等候在海拔6500米处。不过假如你能战胜所有这些挑战，就能骄傲地宣称你已登至徒步世界的顶峰。

攀登阿空加瓜山需要许可证，可以从位于门多萨（Mendoza）的阿空加瓜国家公园问讯处获取。徒步大约需要3周的时间。

834 中国云南 虎跳峡

迈克尔·帕林（Michael Palin）可谓见多识广。而这位颇受尊重的英国喜剧团体Monty Python成员之一、后来周游世界的专业人士曾承认，当被夹在虎跳峡陡峭的夹缝之间时，他感受到了前所未有的眩晕。因此，这个峡谷确实值得留意。的确，虎跳峡是世界上最深邃的地质裂缝之一，从江流汹涌的底部到哈巴雪山顶部，高度差达到3900米（12,795英尺）。这里的某些路段极度狭窄，据说只有矫健的猫科动物才能跃过去，因此得名虎跳峡。在这里徒步会让你晕头转向，但绝对是无与伦比的体验。你会穿过硬木林和稻米梯田，途经羊肠小道，屏息惊叹于胆敢靠近岩石边缘的山羊。可别往下看……

从丽江出发，有班车途经桥头镇，这里是徒步虎跳峡的起点。来访的最佳时节是5月至6月——正是山花烂漫时。

835 纳米比亚，纳米布沙漠乘坐热气球

乘坐柳条筐可是需要很大勇气的。热气球看似无法让你体验肾上腺素激增的快感，可事实是，一旦你飞到空中，就只剩下柳条筐和冒着火苗、让你离地面越来越远的燃烧器。泛着杏黄色波浪的纳米布沙漠（Namib）是最适合乘坐热气球这一古老飞行器游览的地方之一，因为仅在地面上是无法惊叹于它的广袤无垠的。黎明时分出发，太阳渐渐点燃无边无际的赭色沙丘，只有燃烧器的响声偶尔打破宁静的飘游。

热气球之旅从纳米比亚的塞斯瑞姆地区（Sesriem）出发，具体的起飞地点由风向决定。

836 马来西亚，塔曼尼加拉国家公园树冠走廊

热带丛林让人恼火。在内心深处，你清楚这是这个星球上最具生物多样性的栖息地，你能听到各种叫声，感觉到那里生存着的百万种野生动物。但通常情况下，你只能看到动物的巢穴。塔曼尼加拉（Taman Negara）拥有世界上最古老的热带丛林，这里的树冠走廊（Canopy Walkway）给了你弥补遗憾的机会。这条45米高、510米长的走道就架在树梢上，摇摇晃晃，是全世界此类平台中最长的。在这里，你可以鸟瞰（想象一下像犀鸟、夜莺或者其他348种鸟类一样俯视）这片繁茂多彩、一度让你沮丧的土地。

走廊开放时间为周六至周四的上午11点至下午2点45分、周五上午9点至正午。门票为5林吉特。具体查询www.taman-negara.com。

ATHANASIOS PAPADOPOULIAGEFOTOSTOCK ©

837 中国 天门山索道

缆车总是让人觉得忐忑不安，那些沉重的金属盒子似乎不可能如此悬挂在空中而不从钢索上掉下去。因此，中国最神圣的天门山上运行的索道成为世界上最令人胆战心惊的索道。这条世界最长的索道穿行于陡峭的岩壁之间，全长7.5公里，提升高度达1279米，通向圣洁的顶峰。当然，很多人宁愿冒险（无论这些危险是真实存在的，还是想象出来的）乘坐这种令人头重脚轻的交通工具，而不是挑战艰难的攀爬过程：大汗淋漓地徒步登上999级陡峭的台阶。

天门山位于张家界以南8公里处，有公共汽车前往中门，索道从那里通往山顶。

838 南非齐齐卡马 布劳克朗斯桥蹦极

如果说蹦极起源于新西兰43米高的卡瓦劳桥（Kawarau Bridge），那么可以说南非人充分吸收了这一理念，并将它发扬光大。从布劳克朗斯桥（Bloukrans Bridge）上惊世骇俗的一跃，高度达到令人咋舌的216米，这是世界上最高的商业化桥梁蹦极地。没错，216米，这就意味着当你猛然扎下去的时候，会经历数秒的自由落体运动，外加在河谷上更长的反弹时间，直到弹性绳子渐渐静止。谢天谢地，这里的安全纪录令人放心，哈里王子不过是数千名活着讲述这一神奇经历的人之一。

布劳克朗斯桥位于花园路线（Garden Route）上，从开普敦驱车往西需要大概6小时。这里全年都可以蹦极。具体查询www.faceadrenalin.com。

839 尼泊尔 珠穆朗玛峰跳伞

如果你不具备攀登世界最高峰的技能，为什么不选择从那上面跳下来呢？呃，差不多就是这个意思。珠峰跳伞就是将你从喜马拉雅山脉上方、升空高度达到8890米（29,500英尺）的飞机上“踢”下去，这样你就能从珠峰的高度坠落，全程与世界最高峰面对面。在跳伞之前，要再三检查所有装备，活动组织方会提供氧气面罩。而在此之前，你还需要完成登至海拔3765米（12350英尺）的徒步旅程，从而适应高原环境，因为这将是你跳伞着陆的高度，也是世界海拔最高的伞降区域。这

在塔曼尼加拉45米高的树冠上方，从另一个角度感受热带丛林。

一切都完成后，接下来，你要做的就是鼓足勇气，完成最重要的一跃，享受令人惊叹的美景！

11天的行程，单人跳伞费用为25,000美元，双人跳伞费用则是35,000美元，价格包括正式跳伞前适应环境的徒步行以及装备费用。具体见everest-skydive.com。

840 加拿大多伦多 加拿大国家电视塔 边缘行走

首先要明确这些事实：这是一次在150米长却只有1.5米宽的区域进行的惊险行走。哦，对了，这是在116层的高空中……加拿大国家电视塔（CN Tower）主建筑外围露台的边缘一直以来都被无视，自从如长针一般的尖塔于1976年建成以来（是当时世界上最高的独立式建筑物），这一边缘就始终处于“边缘状态”。不过，到了2011年，智慧（且勇敢）的火花迸发，有人认为如果旅行者可以环绕这356米高的突出物行走一圈，应该很有意思，边缘行走（EdgeWalk）就此诞生。现在你可以加入其他登高爱好者的行列，系上连接上方护栏的安全带，勇敢地挑战自我，行走于城市上空。

边缘行走体验（www.cntower.ca）持续90分钟，其中大约有30分钟是在真正的边缘行走。若天气条件恶劣，边缘行走活动可能会被取消。

最佳“凤凰涅槃”目的地

赶在游客潮涌入前来这里吧。这些地方曾经被认为对旅行者而言太过危险，如今则越来越受热捧。

841 尼加拉瓜

沉浸于格拉纳达（Granada）温婉不张扬的优雅氛围之中，伸展一下你的脖子，沿着鹅卵石街巷漫步而上，欣赏成排成排、景色完美的殖民遗迹。在科恩群岛（Corn Islands），你可以在栽满棕榈树的白色沙滩上面朝大海，放松身心。前往东北为云雾森林所覆盖的火山群，你将渴望征服一两个峰顶。曾经，20世纪80年代的内战（Contra Wars）阴霾挥之不去，接

缅甸以“被现代化遗忘的亚洲”的姿态重返人们的视线。

着是越来越多的游客选择去邻国哥斯达黎加，导致有“诗人之国”美誉的尼加拉瓜的旅游业受创，长期被无视。多年来，游历广阔中美洲的穷游者对这个国家始终不惜溢美之词，可直到现在，人们才开始真正意识到这一点。

马那瓜（Managua）和格拉纳达都有国际机场，但先飞到哥斯达黎加，然后从那里乘坐公共汽车出发向北往往更便宜。

JANE SWEENEY/GETTY IMAGES ©

842 卢旺达

你的心怦怦直跳。银背大猩猩无声地盯着你，仿佛周围的一切都静止了，不知过了多久，它终于对你失去了兴趣，消失在树丛中。卢旺达有着非凡的原始野性魅力，适合探险，能满足任何人最为狂野的梦想。这里拥有非洲最茂盛的原野，还有标志性的大猩猩追踪（gorilla-tracking）体验。你会想当然地以为这里随处可见熙熙攘攘的游客，但是，1994年种族大屠杀的沉痛记忆，加上令人不安的关于与民主刚果接壤地区叛乱活动持续不断的报道，意味着卢旺达的旅游业尚未真正复苏。但如果你真的来到这里，就会发现一个拥有无与伦比美景的非洲。哦，对了，还会发现那些大猩猩。

火山国家公园（Parc National des Volcans）每天都会签发数量有限的大猩猩追踪许可证，费用为每人500美元。

843 海地

从装饰有五颜六色羽饰的铁皮tap-tap公共汽车，到繁忙喧闹的水果市场，再到海滩，无论你走到哪里，kompa乐欢快的节奏都伴随着你。如果你是在加勒比地区的其他地方，那些海滩可能早已被游客和当地人占据，人满为患，但海地似乎总被悲剧困扰。腐化堕落的领导人将海地带入一个悲苦贫穷的恶性循环，2010年的地震更是让已经厄运缠身的海地人雪上加霜。但旅游业正帮助这个国家开始重建，崎岖起伏的红土乡村和迷人的当地文化，非常适合那些寻求商业气息较少的加勒比体验的旅行者。

如果你打算乘坐当地公共交通，要在行程安排中留出额外的时间，薄弱的基础设施意味着在城镇之间辗转可能需要一整天的时间。

844 缅甸

多年来，缅甸一直在旅游黑名单之列，不过现如今，昂山素季鼓励人们前来游玩，缅甸也重回正轨，成为亚洲最令人期待的旅游目的地之一。你首先留意到的是这里的原始风貌。数十年的严苛专制使得这个国家就如同被塞进扭曲的时空中，从生活节奏老派的仰光（Yangon）到闪闪发光的蒲甘（Bagan）寺庙，缅甸是亚洲被现代化遗忘的一隅。乘坐当地的公共汽车，感受灵活穿行于大小街巷所带来的刺激兴奋和当地人的热情真挚，对那些怀念这一切的人而言，缅甸是真正的旧时亚洲。

如果是自由行，住在小巧的客栈，在当地人经营的商铺消费，意味着你是在支持缅甸人而非该国政府。

KELLY CHENG TRAVEL PHOTOGRAPHY/GETTY IMAGES ©

经历了战火纷飞的20世纪90年代，黑塞哥维那的莫斯塔尔（Mostar）重建了这座16世纪的古桥（Stari Most），如同凤凰涅槃一般。

845 波斯尼亚和黑塞哥维那

多年来，克罗地亚一直游客不断，可一旦越过边境，进入小国波斯尼亚和黑塞哥维那，游人数量就骤减。你可以在萨拉热窝（Sarajevo）庆祝这座城市从20世纪90年代残忍的战争中复兴，或穿上你的徒步靴，去东边的苏捷斯卡国家公园（Sutjeska National Park）探险，徒步攀登欧洲最少人踏足、最崎岖险峻、最荒凉的山峰之一。接着转向南边，进入山峦起伏的黑塞哥维那地区，那里至今没有受到匆忙的现代生活节奏的影响，让人感觉犹如时光倒流。多种文化的交汇将引领你步入记忆小巷，看到那个迅速消亡的曾经的欧洲。

从天气角度看，春季和夏季是游览的最佳时节，但如果你热衷于冬季运动，1月至3月那里也有很棒的滑雪场地。

846 乌克兰切尔诺贝利

在普里皮亚(Pripyat),你仿佛在博物馆参观一般,安静、小心翼翼地迈着步子在这个1986年就被冻结的世界中行走。野草从混凝土裂缝中冒出尖来,慢慢地在城区生长着。苏联时期的宣传海报仍然挂在墙上。摩天轮纹丝不动,从其顶部能俯瞰到没有修剪过的树木。1986年4月的一个夜晚,切尔诺贝利核电站第4号核反应堆发生爆炸,泄露出大量高辐射物质,覆盖了整座城市,这座鬼城便是那起核事故留下的恐怖证明。如今,进入这一可怕的辐射"死亡区"参观,提醒人们不忘秘密的"冷战"时期人性的泯灭。

去切尔诺贝利隔离区游览需要尽早预约,从基辅(Kiev)出发最为便捷。SoloEast(www.tourkiev.com/chernobyltour)是值得信赖的旅游机构。

847 伊拉克库尔德自治区

这么说吧,任何在你等待边境官员完成签证手续的过程中为你送上茶水、让你在舒适的椅子上休息的国家,其好客程度都值得打高分。是否想过在没有旅游指南的情况下游走某个地方?欢迎来到半自治的伊拉克库尔德自治区。位于伊拉克北部狭长地带的库尔德自治区是个迷人的地方,与你在电视新闻中所见到的伊拉克截然不同。官方景点可能只有极少数,但荒原和山峦热切地期盼有人前去进行徒步挑战。即便你已经离开很久,当地人爽朗的笑容和友善的好奇心也会久久留在你的脑海中。

可以登录www.tourismkurdistan.com,或者选择Lonely Planet的《中东》(*Middle East*)旅行指南,开始安排你的行程。

848 南黎巴嫩

西顿(Sidon)如同迷宫般的集市(souq)引领你来到港口,那里被一座故事书中才会出现的十字军城堡守卫着。往南前行一个小时,穿过笼罩在薄雾中的地中海柑橘果园,你可以在提尔古城(Tyre)的El Mina遗址前驻足,那里的大理石柱一直排到海边。由于与真主党的联系,南黎巴嫩(South Lebanon)被贴上了禁区的标签,但散布流言的人忘了提及这里绵延数里的沙滩、奥斯曼风格的建筑和古老的遗迹。守卫会邀你坐下来喝杯茶,聊聊天。嘘,让我们继续保守这个秘密吧。

从贝鲁特(Beirut)出发,前往西顿和提尔进行一日游很方便,你也可以在提尔城中家族经营的Auberge Al-Fanar(www.alfanarresort.com)住上一晚。

849 阿尔及利亚

从阿尔及尔直插大海的石灰白城堡,到撒哈拉广袤无垠、一直延伸到地平线并泛着微光的沙漠,阿尔及利亚是北非最出人意料的国家。20世纪90年代,阿尔及利亚发生了血腥的内战,至今仍未能如邻国摩洛哥那样吸引到大批游客,但对于那些准备迎接挑战的人而言,这里的沙漠是探险家的天堂。观赏辽阔的、如月球表面一般崎岖不平的峻峭岩石和领略雄奇壮观的山景与古老的岩壁艺术,不过是那些敢于来此探险的人们收获的一部分回报罢了。

来这里旅行需要提前申请旅游签证,如果是自由行,在提交签证申请时,还需要提供阿尔及利亚住宿的预订证明。

850 哥伦比亚

这里或许因贩毒集团及"绑架之都"的称号而更出名,但多年来,好奇的旅行者们不断前来冒险,并带回关于在海滩吊床上惬意打发时光、在绝美的山村徒步和殖民城市的诱人故事。简而言之,这就是南美,消费水平也不高。一旦你领略过卡塔赫纳(Cartagena)的淡雅之美,在卡利(Cali)与当地人一起狂欢,在内华达山脉的丛林徒步,并前往隐匿的佩尔迪达城(Ciudad Perdida)遗迹一探究竟,你就理解为什么那些旅行者会对这里如此钟情了。

哥伦比亚的一些更为原始的区域因不够安全,仍然被认为不适合旅行者前往。关注最新的政府旅行建议,了解最及时的警告信息。

最重要的探险技能

当你踏上探险征程时，需要掌握如何让自己摆脱困境的诀窍。这里将会教给你一些技能。

851 保暖

成人在体温过低的情况下，能够存活下来的最低温度在15.5摄氏度（60.8华氏度）左右，这看似并不是非常冷。但人体只有在保持正常体温，即36.5摄氏度至37.5摄氏度（98华氏度至100华氏度）时，各器官才能正常工作，即我们其实是十分精密的热的有机体。若体温降至35摄氏度（95华氏度）时，你就会开始打寒战。降到31摄氏度（88华氏度）时，你就已经是严重的体温过低，不会再发抖。我们通过裸露的皮肤散发热量，当潮湿的身体遭遇寒风，热量的流失不亚于下雪的时候。你需要保持干燥，找到隔热物体，并避开大风。将树叶塞进衣服里，蜷曲身体保护你的四肢。如果你的手边有塑料大包，就躲进去。如野外生存专家托尼·内斯特（Tony Nester）所说的：像松鼠那样思考。

852 根据星星识别方向

当你的智能手机没电了，而且地图也皱皱巴巴、已经没法辨认，就需要借助观察力来辨识方向了。在7世纪和8世纪，观星图远比世界各地的地图全面。但请奉行简单原则，只要你能认出北半球的北极星和南半球的南十字座，就能明确方向。北极星是小北斗星座手柄上的最后一颗星，朝北斗星前进，你就是在往北走。坏消息是：人们往往错误地认为北极星是天空中最亮的星。在南半球，找到南十字座（由4颗星组成的倾斜十字架，可以向有文身的澳大利亚人了解具体的结构），长轴就指向南方。

853 处理蛇咬伤

当爬虫学家乔·斯洛文斯基（Joe Slowinski）在缅甸被金环蛇咬伤时，他距离医疗援助站尚有数里之遥。他清楚地知道接下去的几个小时将决定他的命运。如果他能度过48小时危险期，毒液就会自行失效，但在27小时后，无法得到治疗的他就会不幸身亡。如果你被毒蛇咬伤，无论是美国西南部的响尾蛇，还是澳大利亚的东部棕蛇，时间都不等人。不要移动，将衣服撕成条状，在伤口上方扎紧，防止毒液扩散。在他人去寻求帮助时，尽可能保持静止。现在已经不推荐使用止血带了，切开伤口将毒液吸出的做法只出现在好莱坞电影中。小心提防比治疗更重要，留意观察你手脚所在的位置！

854 寻找水源

人在没有水的情况下至多可以存活五天，但实际上，当你在活动时，每小时挥发的水分可能达到自身体重的2%，这意味着情况会更快恶化。不过你有时间去寻找水源。用容器接雨水是个好主意。记得留意鸟类和昆虫聚集的地方。你还可以尝试挖掘地下水，但若得不到当地人的建议，这应该是最后一招。相比之下，制作冷凝集水器这个办法没那么艰苦，你需要找到尽可能大的塑料袋或者塑料布，再找一棵树或者灌木，用塑料袋包住尽可能多的叶子。通过蒸腾作用，水分从植物叶子上以水蒸气的状态散失出去，能在塑料袋中再度凝结成水。

855 生火

没有人确切知道人类首次学会生火的时间，最合理的猜测应该是在大约100万年前。但我们知道，肉类经过烹饪后，人体能更有效地消化其中的蛋白质，从而进一步开发我们的大脑，即让我们拥有了发明镁块打火石的智慧。将干苔藓、野草或棉絮和干树叶等引火物放在一起，堆成巢穴状。用刀从镁块上刮下些许镁屑，然后用刀背与打火石摩擦，所产生的火星能引着镁粉，从而点燃易燃物。没有镁块打火石？那么用火柴如何？

856 过河

在荒野中，穿过一条湍急的河流，无论河中是否有食人鲳，都是最危险的事之一。不管你是否有同伴，都需要找到最合适的跨越点。通常情况下，河流在弯道速度更急，因此要选择直道区域。如果面临河面宽和窄的选择，记住较宽的河面可能意味着河水更浅，而河面窄的地方河水往往更深。涟漪也可能是河水较浅的征兆。当你选好位置，卸下你的背包（万一滑倒，你不会希望被背包拖入河中），脱掉靴子和袜子，在侧跨步过河的过程中要面朝上游方向，结实的棍子有助于增加稳定性。如果可能的话，要和其他人手挽手。

857 雪中藏身所

没有锯子，缺乏爱斯基摩人的技术诀窍，要建造一座冰屋可谓一桩耗时费力的艰巨任务。先从雪洞开始吧。找一大堆足够厚的积雪，在迎风坡找到正确的角度，往雪中挖出一条略向上倾斜的通道。为了防止洞顶坍塌，将洞顶筑成圆形。用棍子在洞顶捅出一个小的通风口。你可以将背包当临时的门，堵上洞口。如果能找到干树叶，就铺在洞里，不要与用动物毛皮当地板的瑞典著名的Ice Hotel比较，要知道他们还有装伏特加的冰制玻璃杯，所以最好还是不要再纠结你的雪洞里缺少什么了。

858 发求救信号

你依照越野训练时所学到的那样，告诉他人你的目的地以及返回的时间。但现在你无法按时回去，所以想要提醒搜救队自己所在的位置。你该怎么做才能方便他们更快找到你？如果你是驱车探险，就待在车边。如果不是，找一个开阔、容易被人看到的地方。这意味着你要离开葱郁的热带丛林。如果你看到一架飞机，且随身携带有镜子，找到合适的角度利用镜子反射阳光，闪三次召唤搜救队。或者使用国际通用的求救信号：上蹿下跳，挥动双臂。如果你要表明是否需要援助，通用的信号是：双臂朝上意味着“需要”，一手向上、一手向下则表示“不需要”。

859 攀爬峡谷

当你走上不归路，有时候逃离狭窄山谷的唯一办法就是往上走。利用攀登烟囱的技能，有时这项技能也会被用于攀登狭窄的岩缝，用背抵着一面岩壁，双手支撑在臀部下方，即着力于你倚靠的岩壁上，双脚则用力推面前的岩墙。你的身躯要高过双脚，然后弯曲一条腿，并移动臀部下方的这只脚，让自己慢慢向上，而顶着对面岩壁的脚同时缓缓上滑。然后你只需重复这套动作就行了。

860 搭建遮蔽处

无论你是迷失在阿巴拉契亚的密林里，还是在非洲的稀树草原中，都需要一个遮蔽处来过夜。搭建遮蔽处的首要原则就是不要直接席地而睡（在这方面，松鼠比人类更具优势）。首先，找一块岩石的背风处，或者用树枝围成一个挡风屏。如果你有轻便的柏油帆布（对于偏远林区的探险者而言，这是非常重要的装备之一），将它系在两棵树之间，底边压上石头。收集树枝、树叶、松针和你周围的一切，铺成一个平台，虽然算不上舒适，却能帮助你保暖。如果你还有精力，就挖一道与遮蔽棚平行的沟渠，在里面点上火。

最适合初学者的攀登体验

系紧你的靴子，套上安全带，
我们将带给你十大具有足够震撼力的初学者攀登体验。

岛峰被称为“最容易”征服的6000米高峰，但别因此产生错误的安全感。

861 法国枫丹白露ROCHER AUX SABOT的黄色环线

枫丹白露(Fontainebleau)是攀登爱好者的天堂，完美的砂岩巨石在沙质地面上拔地而起，一切都位于距离巴黎仅1小时路程的美丽森林中。前人在攀登时留下了小小的箭头标识，指明了抱石路线，时至今日，你依然可以沿着他们的足迹完成挑战，并且无后顾之忧，因为你清楚法式面包店就在不远处。如果非得从这么多精彩的环线中选择一条，那么我们推荐位于Rocher Aux Sabot的黄色环线。这里没有登山时所要面临的严寒和苦难，没有攀岩时令人害怕的掉落危险，但如果你喜欢这里不时出现的小刺激，也不必担心。在枫丹白露，也会发生意外，例如可能会有人把沙土踢到你的法棍上。

枫丹白露全年都可以攀岩，在天气暖和的几个月体验更佳，不过攀岩纯粹主义者可能更喜欢摩擦力最好的冬季。

862 尼泊尔岛峰

踩着登山钉鞋，攀上岛峰(Imja Tse)的山脊顶峰，四周都是令人胆战心惊的陡坡。当你在稀薄的空气中大口地喘气，双腿肌肉切实感受到攀登1000米垂直高度的痛苦时，岛峰作为世界上最容易攀登的6000米(19,685英尺)高峰的名声，似乎成为遥远的记忆。但在你登顶那一刻，这一切不适都消失了，朝北你能看到比岛峰高出2000米(1.25英里)的洛子峰(Lhotse)的硕大山体，你也会看到探险家埃里克·谢普顿(Eric Shipton)将脚下这座山峰命名为岛峰的原因：它孤傲地耸立在冰海之间。

攀登岛峰通常是从5087米(16,690英尺)的珠峰大本营开始，全程都是陡峭的雪地攀爬，几乎不需要攀登者具备专业技能，只有通往顶峰的最后一段，需要攀登一部分冰坡。

863 法国勃朗峰古特路线

登山本来就要面对各种客观存在的危险，包括岩崩、雪崩、严寒和高海拔，但在古特路线(Gouter Route)，你能再增加一项危险，那就是其他的攀登者。作为最容易攀登勃朗峰的路线，其受欢迎程度堪比炎炎夏季的冰激凌店，足以见其入门难度之低。所以你要早点儿动身，原因之一是你想在大峡谷(Grand Couloir)变成落石保龄球场之前尽快穿越它，原因之二是你有望超过部分人群。不过沿途并不都那么糟糕，在逐渐上升的过程中，这条路线的攀登难度越来越低，登顶之前的博斯山脊(Bosses Ridge)的景色尤其美丽，至于顶峰，你可是在阿尔卑斯山脉以及西欧的最高点，还需要我们再说些什么吗？

攀登新手最好在夏季挑战古特路线，并请一名向导。花4天时间登顶，这将有助于你逐步适应高山环境。

864 苏格兰朋尼维山塔岭

你爬了一整天的山，几乎都是沿着难度不高但却看似永无止境的山脊往上攀爬，可现在随着夕阳西下，你来到了塔谷(Tower Gap)，挑战也随之而来。这里是一道狭窄的岩脊，两旁是险峻的陡坡。如果你有勇气，可以放胆走过去，但也许你会犹犹豫豫地拖着步子，战战兢兢地绳降至峡谷中。这下你能宽心了，距离山顶只剩下少许难度不高的斜坡了。你不仅完成了苏格兰最好的高山路线塔岭(Tower Ridge)的攀登，并且离英国最高峰(1344米，4409英尺)仅咫尺之遥。所有行程结束后，你就能下山前往温暖的小屋并享用美味的晚餐啦。

塔岭的最佳攀登季节是夏季，冬天也可以尝试，但难度高了不少。

865 美国约塞米蒂半圆顶蛇沟

抹去眉角的汗珠，将背包甩在岩壁底部，抬头看：上方300米高的花岗岩耸入云霄，给人以压迫和眩晕感。经过4小时的徒步，你将来到半圆顶(Half Dome)脚下，它矗立在约塞米蒂峡谷，高达1400米(4593英尺)。蛇沟(Snake Dike)是一条蜿蜒盘曲的粉色花岗岩攀爬路线，也是难度最低的技术攀登路线，从这里开始，你将在灿烂阳光的照射下，体验数小时的岩壁攀爬。最终你能欣赏到难以置信的美景，还能遇到众多选择捷径的游客，他们都是乘坐缆车、排着长队上来的。

要尝试挑战蛇沟路线，最好是在经验丰富的攀登高手的带领下进行，因为这条路线很长，有很多run-out(两个保护点之间的长长的路段)。5月和9月是约塞米蒂最热闹的攀登时节。

866 澳大利亚阿拉匹力司山巴德路线

阿拉匹力司山(Mt Arapiles)矗立于维多利亚州西部的麦田中，仿佛一座古老破败的堡垒，这是世界上最适合初学者尝试攀登的峭壁。对于任何攀登初学者而言，有一条经典路线是绝不能错过的，即120米(394英尺)的巴德路线(Bard)。顺着阿拉匹力司山最险峻的部分蜿蜒攀爬，第二个坡段是人人都畏惧的：岩棚下有一处距离不长但难度颇高的屋檐下方横移，它的下方就是陡峭的悬崖。不过，一旦克服了这道障碍，接下来就是刺激的下坡，此处共分成三个路段，要穿过一个洞穴并经历很长的一段绳降。这时感觉好点儿了吗?

3月至11月是最适宜攀登阿拉匹力司山的时节，夏季则过于炎热。

867 美国科罗拉多州熨斗山标准东线

熨斗山(Flatirons)耸立于户外天堂博尔德(Boulder)后面，仿佛一排参差不齐的鲨鱼尖牙。如同手指一般，熨斗山由五个尖峰组成，其中第三座(一块完整厚实且硕大的砂岩、砾岩、页岩的组合体)被包括传奇登山家伊冯·乔伊纳德(Yvon Chouinard)在内的很多人称为美国最好的初学者攀登路线：东线(east face)。这条路线顺着倾角较缓的岩壁往上，通向最高的顶峰，在那里有三条刺激的绳降路线可以让你回到山底。如果你觉得“标准”路线缺乏足够的挑战性，也可以考虑效仿前人的壮举：裸体攀登及单人竞速攀登(用时5分59秒)，在1953年，还有人穿着旱冰鞋成功登顶。

2月至7月是猛禽繁殖的季节，熨斗山不对外开放，但其他时候，只要天气条件允许，都可以进行攀登。

868 意大利多洛米蒂马尔莫拉达峰铁索攀登

有些攀登爱好者可能会觉得设置铁索和金属脚蹬的铁索攀登算不上“真正”的攀登，但这种形式的攀登，其便捷性和纯粹的乐趣是其他攀登方式无法媲美的。没有比攀登被誉为“多洛米蒂女王”的马尔莫拉达峰(Marmolada)的西山脊更棒的体验了。这是难度最高的铁索攀登路线之一，垂直上升的高度达到1000米，这意味着你仍然需要运用常识判断，尤其是在天气状况不佳时，铁索、闪电、高空，有没有让你想起些什么?别忘了带上登山钉鞋，以应对结冰的路段。这条路线在第一次世界大战之前就建成了，是欧洲最古老的铁索攀登路线。

天气条件是这里的主宰者，最适宜攀登的时间是6月至9月。初学者应该聘请当地向导。

869 新西兰阿斯帕林山西北山脊

阿斯帕林山(Aspiring)可能不是新西兰最高的山峰，但绝对是最俊美的，它那漂亮的锥体山峰在群峰中脱颖而出，毛利人称之为“Tititea”(闪闪发光的山峰)。对于有抱负的登山爱好者而言，西北山脊被认为是经典的初学者路线。你得做好早早起床、尽快吃完早餐出发的准备，因为你将横穿雄伟的山脊，经历相当漫长的一天，可如果你能忍受南岛众所周知的恶劣天气、险峻的岩石、雪崩和冰川裂缝，你就将成功登上新西兰的第二高峰(或者至少无比接近，因为毛利人认为站在最高点是无礼的行为)。

阿拉匹力司山让攀登者体验挑战地心引力的屋檐下方横移，还有令人难忘的下降过程。

阿斯帕林山最适宜攀登的季节是夏季，需要有经验的同伴或者向导一起出发。你还需要具备基本的登山技能。

870 加拿大不列颠哥伦比亚省布加布斯布加布尖顶凯恩路线

如果你喜欢登高，渴望领略荒原之美，或许还愿意来一场冰川之旅，并想再多投入点儿精力，那么凯恩路线（Kain Route）符合你的所有要求。雄伟的花岗岩巨峰布加布尖顶（Bugaboo Spire）是北美洲最美的山峰之一，顺着山脊往上攀爬，是最容易的攀登（及下坡）路线。此外，这里的攀登体验还会让你觉得与众不同，除了常见的高山攀登风险（天气、裂缝和岩崩）外，还有熊出没，更糟糕的是，这里还有热衷于吃橡胶的豪猪。你可能会觉得好笑，但是当你完成登高壮举，回到山脚，却发现汽车被豪猪啃掉了一半时，恐怕就会觉得没有比这更沮丧的事了。

6月至9月是布加布斯最好的攀登时节，不过，在这里，你随时都可能会遭遇到极端天气。你必须携带冰镐和登山钉鞋，而且在冰川上，建议用同一条绳子将你和同伴系在一起。

疯狂刺激的室内冒险

足不出户，你就能享受肾上腺素激增的快感——这些冒险能让你在室内感受酣畅淋漓的刺激。

871 巴林 CHAKAZOOLU 室内主题公园

每年夏天，巴林都会遭遇从伊拉克和沙特阿拉伯席卷而来的尘暴的侵袭。加上50摄氏度的极端高温，这一切会令你渴望去这个岛国的室内主题公园，感受凉爽带来的身心平静。用不了多久，当你随着过山车升到第一座近乎陡直的顶峰时，你的头发直立起来，真正的刺激体验开始了，你将会一头扎进非洲主题的隧道。既然外面的酷热不会很快消散，那么你有充足的时间去乘坐幽灵火车，还有室内热气球——没错，是真的。

主题公园位于巴林席夫（Seef）区的Dana Mall购物中心。

872 迪拜 室内滑雪和单板滑雪

只有这座酷热难当的靠石油致富的中东城市能将40摄氏度的日子变成零下的仙境。在这个购物中心，当你踩着滑雪板，从五条滑道中的一条冲下来时，能感受到习习凉风。你可以看到自己呼出的"白气"。若不小心摔倒，真正松软的积雪会起到缓冲作用，避免你的脸受伤，且绝对不会让你丢脸。乘坐升降机重新回到85米高的"峰顶"，再畅快地滑下来。往下看，你会觉得头晕目眩，神经紧张，可你的双腿却真正得到了锻炼。当你重返外面的世界时，做好热浪扑面的准备吧。

迪拜滑雪场（Ski Dubai）位于阿联酋购物中心（Mall of the Emirates）内。票价包含装备和衣服的租赁费用。

873 日本东京 室内攀岩

在空间狭小的日本首都，即使是室内运动也得往上发展，以便最大限度地利用有限的房产资源。这座大都市的人们发现辛勤工作了一天后，在五颜六色的黏土块上伸展手指不仅仅是锻炼二头肌的方式，也是与他人碰面、交流的机会——忘了孤独的健身馆吧。在攀岩场地，节奏感很强的音乐能鼓舞你随之摇摆，因此，

MAREMAGNUM/GETTY IMAGES ©

当你成功登顶并看着下面的旁观者时，你的呼吸和心跳都会和背景乐一样动感十足。

室内攀岩比真正的户外悬崖更受欢迎。在东京，可以去J&S Vertical Climbing Zone，具体查询http://js-ebisu.jimdo.com（日语）或http://whereintokyo.com/venues/25214.html（英语）。

874 丹麦哥本哈根室内滑板

丹麦人以设计最精美的椅子著称，而在哥本哈根的室内滑板公园，他们会让脚下的轮子变脏。绘满涂鸦的墙壁是爱丽斯仙境滑板池（Alis Wonderland Skate Pool）的一大特色，这里曾经是一个坡道，如今被改建成完善的滑板碗池，因场地内播放动感的嘻哈乐而成为充满叛逆精神的克里斯钦自由城（Christiania）的开心乐园。自由城街头摊档上随处可见刺眼的假冒珠宝和各种抽烟用具。这一木质滑板池周围环绕着观众座椅，因此，当你翻过顶部进入碗池，最好确保你能够越过那个杆（垂直壁）。

爱丽斯仙境滑板池位于自治区克里斯钦，没有固定的开放或者关闭时间，也不收取门票。克里斯钦有其专门针对软性毒品的立法。

酷热难当的迪拜？去室内滑雪吧——问题解决了。

在卡纳维拉尔角体验头重脚轻的感觉。

875 美国佛罗里达卡纳维拉尔角轻松体验失重

想体验在外太空所有物体都漂浮在周围的失重感，但又不具备进入NASA（美国国家航空航天局）的能力？那就来卡纳维拉尔角进行失重飞行体验吧，这里是阿波罗探月任务的发射点。你所乘坐的飞机在升空半个小时后开始抛物线飞行——基本上就是起起落落，让你处在失重状态。现在解开安全带，慢慢地飘浮在空中。你只会感觉到相当于自身体重1/6的重力，就如同在月球上一样。可别弄丢你的午餐！

零重力公司（Zero Gravity Corporation）负责组织失重飞行项目，NASA也利用这样的飞行来训练宇航员。具体查询http://www.gozerog.com。

876 英格兰谢菲尔德 室内蹦极

如果在只系一根弹力绳的情况下从极高的地方一跃而下还不能让你惊出一身冷汗，那么这一室内刺激体验会让你的心跳进一步加快，你将伴随其他跳跃者尖叫着的视频，跃入半黑暗之中。这里曾经是炼钢厂，工业气息使得冒险氛围更加浓郁。这些都只是你做这勇敢一跳之前的经历。当你体验完如此刺激的冒险后，可以在谢菲尔德众多公园中挑选一个来享受片刻的宁静时光，比如恰如其名的和平公园（Peace Park）。

罗瑟汉姆（Rotherham）的麦格纳科学探险中心（Magna Science Adventure Centre）提供室内蹦极项目。搭乘谢菲尔德长途中转站的69路公共汽车可以到达。

877 美国拉斯维加斯 室内跳伞

拉斯维加斯是模拟跳伞体验的合乎情理的地方——在充斥着复制埃菲尔铁塔、埃及金字塔和威尼斯运河的城市，模拟跳伞显然是完美补充。垂直的风洞如同弹力城堡，营造出模拟跳伞环境，却没有让人晕眩的可怕高度——底部还有一张可以接住你的网。展开四肢躺在网上，当下方巨大的吹风机猛然将你吹到空中，你的身体会感受到无与伦比的紧张和刺激。当一切结束后，你想再来一次，这次打算朝着吹风机方向跃下来体验从飞机上跳下的感觉。

你会接受关于如何落地的短暂培训，然后必须穿上连身衣裤，戴上头盔和手套。具体查询www.vegasindoorskydiving.com。

878 美国得克萨斯州 室内骑牛

你能在一头得克萨斯州愤怒的公牛背上停留多久？在那里要获得骑牛大赛资格，至少得在牛背上挨过8秒钟——这可是生活中转瞬即逝的8秒钟。这头不停上蹿下跳的动物试图把你甩下来，而你则单手拉着缰绳，努力保持着平衡。牛每一次踢腿和旋转都让你距离被甩到空中更近一步，也让你距离跌落到骑牛大赛的场地上或者牛角上更近一步。你可以选择相对没那么致命、（对牛）没那么残忍的体验方法：找一家酒吧骑机器牛，留胡子的醉汉会在一旁疯狂地起哄、叫喊。

在奥斯汀（Austin）有机械牛的酒吧，你往往能看到穿着比基尼的酒吧女郎，还有现场乐队表演。可以查询http://rebelshonkytonkaustin.com。

879 澳大利亚墨尔本 室内激光枪战

朝朋友射击是与他们决裂的好方式，当然除了没有杀伤力的激光。不过别就此产生误解，激光枪战也有竞争性，尤其是当第一个倒下的人得为战后饮料买单时。在黑暗中，你的眼神四处游走，耳朵时刻保持警觉，你悄无声息地移动，这样你的猎物就不会有所察觉。然后，你的激光击中你朋友的胸膛，他们所穿的防护衣开始变色，之后毫无痛苦地"死去"。他们得掏腰包买饮料了！墨尔本常常被评为世界上最宜居的城市，但冬天在室外还是需要戴围巾保暖，因此人们很愿意选择刺激的室内运动。

墨尔本市区及郊区到处都能找到室内激光枪战的场所。墨尔本是澳大利亚仅次于悉尼的第二大城市，乘坐飞机1小时就能到。

880 英格兰约克郡 室内冲浪

约克郡的天气难以预测，这里有青翠欲滴的山坡，海岸边还蕴藏着大量的石油资源（如果你能找到的话），但大风雨水的侵袭也会让你无可奈何。那就转向室内吧，体验机器模拟出的适合趴板冲浪的温和海浪。当教练将模拟机切换成"冲浪"模式时，就跳上冲浪板，开始挑战巨浪吧。可控的室内冲浪环境是安全有保障的，但海浪拍打的劲道不小，因此组织者建议你带上紧身泳衣，以防走光的意外发生。

泳池只能容纳12人的团队。提供可选的潜水服，能在冲浪间隙帮助你保暖。详见www.flowhouse.co.uk。

唤醒神游探险家的书作

从这些关于传奇人士和美妙地方的故事中寻找你下一次探险的灵感。

881 《恋恋荒原》 莱斯利·布兰奇 1954年

皇家地理学会（Royal Geographic Society）于1913年认可女性会员的资格，但这是个略显迟到的决定：早在18世纪、19世纪，女性探险家就已经表现出丝毫不逊于其蓄胡须、戴遮阳帽的男性同胞的勇气。莱斯利·布兰奇就介绍了4位这样的女性，其中有伊莎贝尔·伯顿（Isabel Burton），他是探险家理查德·弗朗西斯·伯顿（Richard Francis Burton，以翻译《一千零一夜》闻名）的妻子，她探索过非洲，在大马士革和的里雅斯特居住过。最让人印象深刻的是艾梅·德·布克·德希维利（Aimée Du Buc de Rivéry），她是个性格坚定的法国女人，青少年时期被海盗俘虏，据说曾被卖到土耳其给人当妾，在那里她成为苏丹舍立姆三世（Sultan Selim Ⅲ）的知己，并当了其子的继母。而布兰奇（Lesley Blanch）本人在20世纪30年代和40年代担任Vogue杂志的特约编辑，去过中亚的很多地方，曾搭便车周游阿富汗，还搭火车体验过西伯利亚铁路。

882 《心灵之山》 罗伯特·麦克法兰 2003年

几乎可以肯定，罗伯特·麦克法兰（Robert Macfarlane）这部探索人类对高处的迷恋的获奖作品能点燃你对群山的渴望。作为剑桥学者，麦克法兰根据其在苏格兰凯恩戈姆斯山脉（Cairngorms）和欧洲阿尔卑斯山脉的探险经历，阐述了关于群山的方方面面，包括地理、艺术、文学和哲学。19世纪，大多数山脉尽管没有被全部征服，但都在地图上标注出来了。这本书以乔治·马洛里（George Mallory）1924年在挑战珠峰过程中遇难的不幸遭遇收尾。“随着西方对想象力需求的逐渐增加，挑战山峰似乎成为答案，”麦克法兰写道，“但对包括我在内的成千上万人中的大多数而言，山峰的吸引力更在于美和陌生，而非危险和失去。”

883 《云林之王》 迈克尔·莫尔普戈 1988年

从霍格沃茨到喜马拉雅，孩提时代的我们总是能从那些描述未知世界的书中汲取无限灵感。迈克尔·莫尔普戈（Michael Morpurgo）于20世纪80年代出版的这部小说讲述了生活在中国西部的传教士之子阿什利的故事，背景为20世纪30年代后期，当时的中国正遭遇日本入侵。阿什利和宋叔叔打算逃往更为安全的印度，这段旅程意味着他们要翻越喜马拉雅山脉。一场暴风雪让阿什利和叔叔走散了，他在香格里拉云雾林遇到了更为神秘的保护者。他一直待在这片魔幻之地，直到一件事的发生让他开始怀疑，如果没有他，那些多毛的朋友（及神秘的保护者）可能会过得更好。

884 《布鲁斯·查特文》 尼古拉斯·莎士比亚 1999年

每个旅行者的书架上都应该放有布鲁斯·查特文（Bruce Chatwin）的作品——《巴塔哥尼亚高原上》（*In Patagonia*）、《歌之版图》（*The Songlines*）和个人自选集《我在这里做什么》（*What Am I Doing Here?* ）等。但尼古拉斯·莎士比亚（Nicholas Shakespeare）所撰写的关于这位谜一般的、兴趣广泛的作家的传记同样能带给人愉悦感。他分析了作家的复杂面：查特文热衷社交[他广交朋友，包括萨尔曼·鲁西迪（Salman Rushdie）和沃纳·赫尔佐格（Werner Herzog）]但却总是去人迹罕至的地方自我放逐，寻求独处时间。在查特文的旅行作品中，现实与虚构交织在一起，而莎士比亚花了7年时间追随查特文的足迹，从而区分那些被润色的轶事。后来，莎士比亚在塔斯马尼亚州定居，他在那里完成了《在塔斯马尼亚州》（*In Tasmania*）。

885 《水中日志》 罗杰·迪金 1999年

充满野性的水流的“爱抚”，总是蕴藏着让人特别兴奋的东西。正是这种刺激让罗杰·迪金（Roger Deakin）花了一整年时间“游泳穿越英国”。他在河流溪涧、池塘湖泊中潜水，或者小心翼翼地涉水而过，重新发现一个很多人认为消失已久的自然界。但在体验了锡利群岛（Scilly Isles）、苏格兰赫布里底群岛（Hebrides islands）的朱拉岛（Jura）上湖泊的自在漂流和“蛙眼”视角的美景后，迪金最具启发性的经历发生在其位于萨福克（Suffolk）、为护城河所环绕的农舍中。这部作品提醒着人们在家门口就能体验丰富多彩的探险。在书的开篇，迪金引用了澳大利亚诗人莱斯·穆雷（Les Murray）的“我只对一切感兴趣”，而余下的内容证明其所言不假。

886 《游走兴都库什》 埃里克·纽比 1958年

在《游走兴都库什》一书中，埃里克·纽比（Eric Newby）讲述了一次穿越阿富汗群山的业余探险征程。他独特的冷嘲式幽默和自我贬低引领了滑稽短途游记风，后来的旅行作家比尔·布莱森（Bill Bryson）和蒂姆·卡希尔（Tim Cahill）都从中汲取了灵感。当意识到出发前往努里斯坦（Nuristan）群山之前有必要做深度准备工作后，纽比和同伴休·卡莱斯（Hugh Carless）在威尔士体验了一周的爬山行。然后他们经伊斯坦布尔、亚美尼亚和德黑兰来到兴都库什。纽比和卡莱斯在潘杰希尔河（Panjshir River）附近见到了维尔弗雷德·塞西格（Wilfred Thesiger）。当看到这两个男人给空气床垫充气时，塞西格断言：“你们肯定是一对同志。”

887 《太空英雄》 汤姆·沃尔夫 1979年

摆脱地心引力，升入天堂，还有比这更伟大的探险吗？对于任何作家而言，要将关于谁第一个把人送上太空的故事写得更丰满都不是件容易的事。但汤姆·沃尔夫（Tom Wolfe）通过充满张力的词汇、娴熟的写作技能以及大量的技术细节，聚焦诸如约翰·格伦（John Glenn）等首批宇航员的生活和性格，创造出一个让人欲罢不能的故事。这本书不仅在描写火箭，还重在强调雄心壮志，而这也是沃尔夫作品中经常出现的主题。故事从这里开始：能力出众的试飞员查克·叶格（Chuck Yeager）在两根肋骨骨折（试飞前两天在夜晚骑马比赛时不小心弄伤）的情况下，驾驶火箭推动X-1飞机突破音障。很显然，叶格是正确的人选。

888 《大河恋》 诺曼·麦克林 1976年

《大白鲸》（*Moby Dick*）、《完美风暴》（*A Perfect Storm*）、《老人与海》（*The Old Man and the Sea*）都是捕鱼必读书。它们大多属于“探险写作流派”中眼神坚定的勇者对抗逆境的主题。但诺曼·麦克林（Norman Maclean）所写的这个发生在20世纪30年代的短篇故事与众不同，它是关于家人、爱、技能以及时间流逝的。这部深情的经典作品以西蒙大拿州刺骨、湍急的布莱克福特河（Blackfoot River）为背景，麦克林的文字张弛有度、优雅动人。当你读完这本书后，依然会感到回味无穷。

889 《雪豹》 皮特·马修森 1978年

《雪豹》与雪豹无关，也不是皮特·马修森（Peter Matthiessen）的同胞、动物学家乔治·夏勒（George Schaller）正在喜马拉雅山脉研究的岩羊，而是关于马修森在Dolpo[西藏高原西北道拉吉里（Dhaulagiri）的偏远角落]寻求生死真谛的经历。沿着山脊和沟壑的羊肠小径徒步跋涉，他回忆起数年前妻子的离世，还念起禅宗中的生命循环。这样的旅程恐怕只能在这些神秘的山脉间才能实现：“我来这里不是为了寻求‘疯狂的智慧’，如果我真的抱着这个目的来此，是永远不可能如愿的。我就是为了来这里才来到这里，和那些岩石、天空和白雪一样，就如同在阳光下的这阵冰雹一样”。

890 《走进空气稀薄地带》，约翰·克拉考尔 1997年

约翰·克拉考尔（John Krakauer）的这部关于一场1996年5月10日的灾难的权威记述，会让大多数读者对攀登世界最高峰这种日渐盛行的商业化征程望而却步。在那场雪难中，8名登山者在攀登珠峰时死于暴风雪侵袭。但这本书作为警示再合适不过了（尽管此类事故的教训不易被后人吸取，2006年5月，又有11人不幸在珠峰丧生），那就是在高海拔地带，任何不起眼的失误都会如同滚雪球一般演变成大灾难。若想了解克拉考尔对这起悲剧的说法所引起的社会反响，不妨读下G.维斯顿·德沃特（G Weston DeWalt）和安纳托利·波克里夫（Anatoli Boukreev）撰写的《攀登》（*The Climb*），波克里夫是灾难发生那天的登山向导之一。

结伴而行：双人冒险

与好友一同体验世界上最精彩的双人冒险项目，在无与伦比的惊险刺激中保持笑容。

和我一起飞吧……OK，我们将一起滑翔，然后发现里约从未这么迷人。

891 加纳阿克拉 HASH HOUSE HARRIERS

并不是所有的冒险运动都要分出高下。Hash House Harriers是玩类似大型捉迷藏游戏并狂饮庆祝的社交俱乐部。它相当于定期举办的“极速前进”（真人秀节目），“野兔”会留下诸如粉笔或者面粉之类的记号，“猎狗”可以根据这些记号，走或者跑着去找“野兔”。不过这可不是为精英运动员举办的冲刺赛，正如20世纪50年代俱乐部登记卡上所表明的，游戏的目的是说服年纪大的俱乐部会员意识到他们其实并未老。大多数俱乐部或者“分会”自称有跑瘾的喝酒俱乐部。

从加纳到南极洲，全世界范围内有近2000个Hasher分会。要了解阿克拉的hasher活动，登录http://www.accrahash.com查询。

RENE FREDERIC/AGEFOTOSTOCK ©

892 蒙古 骑马

蒙古马早已融入这个国家的文化，在蒙古人还没学会走路前，他们就开始学着骑小马。如今在这一游牧民族的鞭笞下，驰骋于一望无际的蒙古草原上的马和成吉思汗所驾驭的骏马一样。成吉思汗曾打趣道：“征服世界比征服马背更容易。”现如今，更应做的可能是战胜日复一日、枯燥乏味的日子！既然如此，那就和朋友一道去发现蒙古森林、沙漠、湖泊的生态多样性，感受蒙古文化吧。当旅行进入尾声，畅饮用马奶做成的饮品。

骑马游一天至多为8小时。具体信息，可查询www.hiddentrails.com。

893 阿姆斯特丹 双人自行车

两个好兄弟同骑一辆自行车，没有比这更有团队的感觉了。虽然后座的人视线会受阻，但双人自行车骑起来更加轻松，同时也是与伙伴共享刺激冒险的好方法，当然争吵除外。当你们两个列成一路纵队，骑过小镇，穿过绚烂的郁金香花海时，会成为其他人关注的焦点。然后骑车回到驳船上，享受一顿惬意的晚餐，再为明天的骑行充足电，准备漂向你在荷兰的下一个目的地。

自行车探险俱乐部组织自行车和驳船游，双人游览费为1699美元起，不包含自行车费。详见http://www.bicycleadventureclub.org/。

894 里约热内卢 悬挂式滑翔

此刻你就在里约蒂茹卡国家公园（Tijuca Forest National Park）青翠山脉的上方半公里处，和你一同滑翔升空的伙伴冲你竖起大拇指，指指下方一条金色的沙带，它正依偎着无边无际的湛蓝大海。那里不同于一般的海滩，它正沐浴在阳光和歌声中。再过去是绵延的伊帕内玛（Ipanema），显得那么迷人！远端是总回荡着流行乐声的科帕卡巴纳（Copacabana）。你俩都是那么愉悦，感觉就仿佛在梦境中飞翔，在气流的推动下如云般柔软地着陆在Pepino海滩上。

请和专业教练一起滑翔，风速最理想的时间段是上午9点至下午2点。具体见www.riohanggliding.com。

湄登河漂流是平稳惬意的，但当水流开始打转时，一定要紧紧抓住你的同伴。

895 泰国清迈 竹筏和激浪漂流

乘坐竹筏顺着湄登河（Mae Taeng River）缓缓而下是相当舒适的，而你得尝试在竹筏上站起来，就像站在冲浪板上一样竭力保持平衡，否则就会跌进泛着白沫的河水中。不过上游的激浪漂流更有意思，河水在那里开始变得湍急，汹涌翻滚，你必须毫不迟疑地抓紧漂流筏，然后接受接连不断的激流考验（有些达到4级和5级）。这是进一步加深友谊的完美机会，你们胆战心惊，紧紧抓着彼此，颠簸旋转，全身湿透，大声尖叫，尽情享受刺激快感。

你可以从泰国北部的清迈出发，在向导的指引下体验湄登河漂流。天气变幻莫测，因此要向组织者询问安全标准和训练的相关情况。具体见http://www.queenbeetours.com/。

896 加拿大魁北克，坐平底雪橇滑下雪坡

北加拿大当地的原住民因纽特人和克里人曾用简单的雪橇作为穿越冰天雪地的交通工具。现在，在魁北克及其周边，你可以两人（或者更多）一起乘坐平底雪橇，从雪坡上全速冲下来，让笑声回荡在积雪上空。如果你想体验更原汁原味的传统速降，就选木头材质的平地雪橇。滑雪时，拽住掌控方向的绳子，伸直双腿，在下滑的过程中，让你的同伴紧紧抱住你。在穿过冰冻的区域时，要尽可能控制在能够驾驭的速度内。

为安全起见，在陡峭的雪坡上，建议你们戴好头盔。在魁北克市官网的相关网页www.bonjourquebec.com/qc-en/attractions-directory/tobogganing-winter-sliding/，可以找到近50家提供平底雪橇滑行项目的完善的机构。

897 澳大利亚蓝山绳降

和很多双人冒险项目一样，澳大利亚荒原的绳降也强调同伴间的信任协作。你从悬崖边缘往下降，同伴就在另一边根据你的速度调节绳索，这可谓极度的默契体验。你就如同一扇百叶窗被放下又被拉起，从而能看到下方墨绿色的树冠丛。从中，你与同伴分享自深渊远眺的惊险兴奋，那时美冠鹦鹉就从你的头顶掠过。你们还能分享从峰顶极速下降时掌心冒汗的刺激快感。

在悉尼主要的火车站都能买到火车及公共汽车联票，只需2小时你就能到达蓝山。很多提供绳降项目体验的机构都能在白天安排活动，并且能到悉尼接你。

898 匈牙利埃格尔水下曲棍球

1954年，一些热衷挑战的人决定将冰球放在泳池底部，用类似香蕉大小的棍子击打，这样能让曲棍球运动变得更具挑战性和趣味性——事实的确如此。那么你要学会屏住呼吸和迅速升到水面上，因为你只能通过一根呼吸管来呼吸。2013年，美丽的埃格尔主办了此项目的世界锦标赛。没有摄像机，水下曲棍球的观赏性并不强，因此你最好是套上鱼鳍服，亲自潜到水下。体验过如此激烈的水下运动后，你可能需要在这座巴洛克之城闻名的温泉水疗中放松下肌肉。

水下曲棍球也被称为Octopush（章鱼），因为两支比赛队伍各有8人参赛。这项运动为CMAS（世界水上运动联合会）所管理，你可以在其网站http://www.cmas.org/hockey查询接下来的赛事。

899 克罗地亚驾驭帆船

达尔马提亚（Dalmatian）海岸曾经聚满威尼斯商人和身上沾着海盐的Uskok pirates。如今，名流贵族在这蔚蓝色的海水中乘船游览，处处闪耀着珠光宝气。不过达尔马提亚依然有一项水手冒险项目在等着你，那就是扬帆出航。在你穿行于由众多地形崎岖、无人居住的岛屿组成的科纳提群岛（Kornati archipelago）之间时，在与风浪一较高下的过程中，就能真正学会怎样与绳索打交道。沿着达尔马提亚海岸，从扎达尔（Zadar）到黑山边境是无数的海滩、海湾和岛屿，你可以尝试双人航海冒险，不用担心海盗！

如果你和你的朋友们更愿意体验难度不高的克罗地亚岛屿游，从杜布罗夫尼克（Dubrovnik）到扎达尔都可以租到带船长的帆船。详见http://www.croatica-charter.com。

900 英格兰诺福克，威森汉姆树林绳索课程

困境能让人如此团结，真是不可思议。将绑树、绑木头和绑杆子的技巧融入激情澎湃的友情竞赛中，很快你们就会成为一支无比团结的队伍。在绳索课程中，你需要攀爬晃晃悠悠的绳梯，或者比赛谁能更快爬到由原木堆成的金字塔顶端。但别担心，你系有安全绳，万一跌倒，它能保证你的安全。绳索课程可能是艰苦的“丛林”训练，也可能是基本上只停留在地面上的“低端”训练，课程专注于培养团队解决问题、建立信任、消除胆怯和畏惧心理的能力。

威森汉姆树林（Weasenham Woods）位于斯沃夫汉姆（Swaffham）以北8英里处，东英格兰许多最高的树木就生长于此。课程只在4月至11月初开放。具体查询http://www.extreemeadventure.co.uk。

最佳山地骑行路线

骑行在这些拥有史诗般壮观美景的山地路线上，翻越世界上最起伏的道路和小径。

901 法国 阿勒颇杜埃

在拥有一百多年悠久历史的环法自行车赛经过的所有山口中，阿勒颇杜埃（Alpe d' Huez）无疑是名气最大的。自1952年首次被纳入环法赛路线以来，它有28次成为令参赛选手精疲力竭的爬坡点，这使它成为那些想与职业车手一较高下的山地骑行爱好者眼中真正的朝圣地。要攀登至1860米高的山口，你得从瓦桑堡（Le Bourg-d' Oisans）出发，蜿蜒骑行13.8公里，经过21个险弯（都标记了序号，只为了折磨你），平均坡度为8.1%。马可·潘塔尼（Marco Pantini）曒经用37分35秒完成了这一骑行挑战。

从格勒诺布尔（Grenoble）出发，Transisere（www.transisere.fr）的公共汽车前往瓦桑堡，可以携带自行车。

902 尼泊尔 安纳布尔纳环线

安纳布尔纳山峦周边的山谷陆续出现了上山的道路。随着路线的增多，在徒步爱好者看来，曾经备受热捧的安纳布尔纳环线渐渐失去了其魅力，但对于爱冒险的自行车手而言，这条路线却成为极具诱惑力的山地骑行场所。从比斯瑟哈尔（Besi Sahar）到伯尼（Beni），是一条300公里的环线。你并非全程都能骑行——路线具有一定的技术挑战性，而且超过20%的路段都无法骑车，包括从Thorung Phedi到海拔最高的5416米的Thorung La高点的整个上坡段。但在推车前进的过程中，你能欣赏到迷人的山间风光。再说谁会愿意错过骑行穿越世界最深邃的峡谷卡里甘达基（Kali Gandaki）的机会呢？

Nepa Maps出版精细的自行车骑行地图——《安纳布尔纳骑行环线地图》（*Biking Around Annapurna*），在加德满都的地图商店就能买到。

903 巴基斯坦/中国 喀喇昆仑公路

作为曾经的自行车骑行路线中的梦想之路，虽然巴基斯坦的政局让骑行爱好者对这一史诗级路线的热情逐渐冷却，但群山和公路依旧在那里。这条1300公里长的公路于20世纪60年代和70年代切开喀喇昆仑山脉（中国），1986年对旅行者开放，它连接巴基斯坦的拉瓦尔品第（Rawalpindi）和中国的喀什，穿过带有

ALEXANDER FORTELNY/GETTY IMAGES ©

神话色彩的白沙瓦（Hunza Valley），翻越4730米高的红其拉甫山口。喀喇昆仑山脉是这个星球上高山和长冰川最集中的地方，有些高山和长冰川就在公路边，所以沿途不缺美景。大多数骑行者选择从吉尔吉特（Gilgit）出发，而不是拉瓦尔品第。

冬季，喀喇昆仑公路非常难走，雪崩、山体滑坡时有发生，出境关口也会定时关闭。

904 加拿大 冰原大道

这条山路常常被誉为世界上最美丽的私家车道，可是，在上面骑自行车的感觉更好。从路易斯湖（Lake Louise）到贾斯珀（Jasper），冰原大道绵延230公里，穿越落基山脉，顺着山谷经过石青色的湖泊、高耸锐利的山峰以及从北美最大的冰原发源的冰川。尽管你将置身于山峦起伏的环境中，但道路本身并没有太多起伏，只有两个主要的山口需要攀登，每一个的爬坡距离都在500米左右。经验丰富的骑行者可以将行程延伸至与路易斯湖有60公里之隔的班夫（Banff），沿着弓河大道（Bow Parkway）骑行，据说这是加拿大最适合观赏野生动物的道路。

关于冰原大道的详细信息，可以查询www.icefieldsparkway.ca。

换一种玩法：骑行体验安纳布尔纳环线。

DOUG PEARSON/JAI/CORBIS ©

比利牛斯山脉孤独的道路构成了颇具挑战性的骑行路线，但沿途风光绝佳。

905 法国 比利牛斯计时赛

比利牛斯山脉的图尔马莱山口（Col du Tourmalet）是环法自行车赛首个主要的爬坡路段，1910年被列入比赛。可如果一个山口还不够，那么比利牛斯计时赛（Raid Pyrénéen）可能会符合你的要求。这条路线从塞尔贝尔（Cerbère）横穿至昂代伊（Hendaye），长800公里，穿越28个山口（爬坡路段总长18,000米），需要在10天内完成。仍然觉得挑战性不足？那么试试更远的赛程，在100小时内骑行720公里，穿过18个山口（爬坡路段总长11,000米）。接受这一挑战的自行车手可以申请获得一张路线卡（brevet），在指定站点盖章后，可获得比利牛斯计时赛奖章。

向Cyclo Club Béarnais（www.ccb-cyclo.fr）申请晋升排名。

906 澳大利亚 维多利亚女王骑行道

鸟瞰世界群峰，澳大利亚所拥有的可能只是不起眼的“丘陵”，但只有当你亲自骑行过霍瑟姆山（Mt Hotham）或者佛斯溪（Falls Creek）的山坡后才能有真正的感受。230公里长的维多利亚女王骑行道（Queen Victoria Ride）是一条观光路线，从美景山镇（Mount Beauty）出发，穿过维多利亚州最高的两条山地公路。它先是顺着Tawonga Gap翻过难度不大的小坡，然后就是4000米左右的上坡，包括残酷的Back o' Falls路——9公里的路段上升高度达700米。三四天的骑行之后，你会感到身心俱疲。而在高山精英赛（Alpine Classic，1月）和三峰挑战赛（3 Peaks Challenge，3月）期间，少数硬汉能在一天内完成这条路线。

想了解更多信息，登录www.queenvictoriaride.com.au。

907 意大利 斯泰尔维奥

海拔2758米高的斯泰尔维奥山口（Passo dello Stelvio）是阿尔卑斯山脉意大利境内的主要山口，也是意大利最高、阿尔卑斯山脉第三高的公路口。从普拉托阿洛斯泰尔维奥（Prato allo Stelvio）出发，这条25公里长的攀登路线大约会上升1800米，平均坡度为7.4%。这条路受到公路自行车爱好者的推崇，也是环意大利自行车赛（Giro d' Italia）的常规赛段，其全程有48个标记的险弯，高于林木线，你可以眺望山峦起伏、冰川覆盖的雄奇美景，公路本身也是一道亮丽的风景线。在山口可寻找意大利传奇车手福斯托·科皮（Fausto Coppi）的石头纪念碑。你需要花好几个小时上坡，但不用一小时就能下山。

位于普拉托（Prato）以北3公里处的Spondigna是最为便捷的交通枢纽，有公共汽车经梅拉诺（Merano）前往波尔查诺（Bolzano）。

908 印度马纳利至拉达克列城

提及山地骑行道，几乎没有道路能够达到偏远的印度公路（Indian highway）的高度（如果按照字面意思来看）。这条公路从喜马偕尔邦（Himachal Pradesh）的马纳利市（Manali）出发，穿过5个喜马拉雅山的高山口，包括5300米高的Taglung La岔口（据说这是世界上第二高的公路口），往北一直到达拉达克地区（Ladakhi）的列城（Leh）。从3900米高、无比泥泞的Rohtang La岔口到印度河流域的高原沙漠，每个山口都有不同的风景。整条公路虽然没有特别陡峭的爬坡路段，但上坡路段绵延不绝——从马纳利到Rohtang La是长达50公里的纯爬坡路段。注意，公路通常是开放的，但一年中只有3个月（7月至9月）能免于风雪侵袭。

Exodus（www.exodus.co.uk）组织从马纳利到列城的有向导的自行车骑行游。

909 美国 大分水岭骑行路线

据说大分水岭骑行路线（Great Divide Mountain Bike Route，简称GDMBR）是世界上最长的越野自行车路线，绵延起伏4400公里（2734英里），从班夫（加拿大）一直到新墨西哥州美墨边境的羚羊井（Antelope Wells）。这条路线30次穿过大分水岭（东至大西洋、西到太平洋的延伸山脉），最高处为科罗拉多州3630米（11,909英尺）高的印第安山口（Indiana Pass），总爬坡路段超过60,000米（196,850英尺）。这是一段需要卓绝勇气和毅力的骑行旅程：你得自给自足，带上露营装备，尽管全程技术难度不高，但大多是沿未被开发的道路和小径前行。做好在自行车上骑行三个月的准备。

登录www.adventurecycling.org/routes/greatdivide.cfm了解这条路线的全部相关信息。

910 智利 南部公路

若你想知道世界尽头究竟在哪里，并且好奇是否能在那里体验骑行，那就去智利的南部公路（Carretera Austral）吧。从蒙特港（Puerto Montt）开始，这条很少使用、几乎没被开发的冷门道路向南延伸1200公里，通往Villa O' Higgins，越来越受到旅游骑行爱好者的喜爱。南部公路沿着安第斯山脉边缘前行，随着山峦逐步接近被遗忘的南端，风景之美令人陶醉。沿途的天气如同景致一般狂野，如果你觉得在其他地方已经感受过无情的顶头风和侧风，那么等你经历过巴塔哥尼亚的肆虐狂风后再来下定论吧。这条路线很偏远，科伊艾克（Coyhaique）是沿途唯一可以称得上小镇的地方，该路线仅在夏季可以通行。

智利航空（LAN Chile）有航班从圣地亚哥（Santiago）飞往蒙特港。

孩提时代的探险

孩提时代读过的经典书籍充满适合各个年龄段孩子的探险经历，你能从中汲取丰富多彩的旅行灵感。

911 在大西洋寻找莫比·迪克的后代

复仇之念让亚哈船长驾着他的“裴廊德”号轮船从楠塔基特（Nantucket）出发，经过非洲南端，历时3年，只为捕捉一条名叫莫比·迪克的白鲸。你很可能会在赫曼努斯（Hermanus）遇到第一条鲸，那里被看作是世界上最好的陆地观鲸点。每年6月至11月，南露脊鲸就会从拥有丰富磷虾资源的南极洲食场迁徙到更温暖的水域交配，并产下后代。从海岸边就能看到鲸群，这些皮糙肉厚的庞然大物优雅地跃身击浪。它们甩尾的身姿，显然与我们熟悉的逻辑背道而驰。

带上梅尔维尔（Melville）于1851年出版的作品，了解捕鲸船上的真实生活，一窥鲸类学让人意外的一面。

912 阿拉斯加州，在北极光下体验狗拉雪橇

阿拉斯加小镇费尔班克斯（Fairbanks）被誉为世界狗拉雪橇之都，该镇深以为傲。小镇位于道森市（Dawson City）以西600公里处，当年21岁的杰克·伦敦（Jack London）就是在这里将其淘金经历融入了经典作品《野性的呼唤》，但这里其实是体验狗拉雪橇的好地方。2月来到这里，可为参加育空狗拉雪橇大赛（Yukon Quest）的选手以及他们的狗队加油助威。比赛路线长1000英里，可沿早期捕猎者、矿工和邮局投递员走过的路线翻越四座山脉。参加狗拉雪橇过夜游，远离灯火辉煌的小镇，你会发现费尔班克斯的北极光更出名的原因。

这些太阳风引起的极光通常出现在冬季，它们会将夜空映照成迷人的奶绿色。

913 徒步南美失落的世界

关于委内瑞拉著名平顶山区特普伊（tepuis）的传说，是阿瑟·柯南道尔（Arthur Conan Doyle）创作《失落的世界》（*The Lost World*）一书的灵感源泉。在书中，那片与世隔绝的高原上生活着各种史前生物。在所有的特普伊山中，罗赖马山（Mt Roraima）可能是最容易攀登的，虽然没有人真正见过禽龙，但你可以留意当地特有的黑蛙、食肉植物和这片高原上独一无二的其他植物。在山顶，你会看到让人过目难忘的奇特岩层，这会让你觉得仿佛置身于另一个世界中。

从委内瑞拉境内上坡是唯一非技巧性的登顶路线，而从巴西或者圭亚那境内上山则需要专业的攀岩技能。

914 澳大利亚发现原住民艺术

在詹姆斯·文斯·马绍尔（James Vance Marshall）撰写的《荒原历险》（*Walkabout*）一书中，飞机的失事让两个孩子来到澳大利亚内陆。在一个当地原住少年的帮助下，他们得以安全存活。如果你前往卡卡杜国家公园（Kakadu National Park），在极度干旱的环境中，你肯定能感受到一种文化联系。澳洲原住民拥有至少23,000年的悠久历史，而卡卡杜国家公园是澳大利亚的岩画宝库之一，拥有丰富的岩画艺术杰作。此外，这里还有彩虹蜂虎鸟、当地特有的黑纹大袋鼠、致命的咸水鳄等令人惊叹的野生动物。徒步游可以让你看到栖满各种鸟类的死水潭，并眺望壮观的远景。你还可以选择在灌木丛中扎营。

要在卡卡杜进行过夜徒步游，你需要申请许可证，办理至少需要7天，所以提前做好准备吧。

915 英国湖区 扬帆航行及野外露营

英国经典儿童小说《燕子与鹦鹉》(*Swallows and Amazons*)中描述的户外冒险，就是以虚构的湖区为背景的。在科尼斯顿湖(Coniston Water)租一艘帆船，探索这一8公里长、美得摄人心魄的宁静湖泊，寻找亚瑟·莱瑟姆(Arthur Ransome)笔下野猫岛的灵感来源。回到陆地上后，不妨登上老人峰(Old Man of Coniston)，在书中它被称为"Kanchen-junga"。这座803米高的山峰的一面已被开采板岩矿的人破坏，从其他坡面，你可以从极度陡峭的Dow Crag下方走到山羊湖(Goat's Water)，夏季和冬季，这里都是攀岩热门地点。

在荒原高处搭帐篷，或者预订Coniston Copper Mines Youth Hostel，享受湖区最原始又便宜的住宿方式。

916 感受荒岛漂流

《鲁宾孙漂流记》(*Robinson Crusoe*)的创作灵感源自苏格兰人亚历山大·塞尔柯克(Alexander Selkirk)的经历：他被困在距离智利海岸570公里的一座荒岛上长达4年，靠贝类和山羊肉为生，驯化猫科动物捉老鼠。作为胡安·费尔南德斯群岛(Juan Fernandez Archipelago)中面积最大的岛屿，这座岛曾经被称作马斯蒂拉岛(Más a Tierra)，但1966年被重新命名为鲁宾孙·克鲁索岛。只需稍稍花点工夫，你就能找到当初塞尔柯克独处的地方以及他住过的小屋的遗迹，还可以找找他当初眺望地平线等待援救船只的地点。塞尔柯克在1709年终于等来了援助。

旺季时节，有固定的航班往返于智利圣地亚哥和鲁宾孙·克鲁索岛之间。每月一次的跨海上岛仅需不到2天的时间。

917 尼泊尔 追踪雪人

丁丁在西藏看到过一个雪人，但如果你想追寻雪人的行踪，我们建议你从尼泊尔出发进入珠穆朗玛山区。我们不能保证你一定能看到雪人，但在通往珠峰大本营的途中，你可以去昆琼庙(Khumjung Monastery)参观"雪人头皮"(其实是用鬣羚皮做的，这是一种类似山羊的羚羊)。埃里克·希普顿(Eric Shipton)曾经拍到一个雪人脚印，埃德蒙·希拉里爵士(Sir Edmund Hillary)、克里斯·勃宁顿爵士(Sir Chris Bonington)以及布鲁斯·查特文(Bruce Chatwin)都找寻过这种生物，而莱因霍尔德·梅斯纳尔(Reinhold Messner)声称看到过雪人，还提交了有关寻找经验的报告。

当地人形容这种生物披着红色毛皮，长着圆锥形的脑袋，会高声喊叫，还散发着些许的大蒜味。

918 学习如何 穿梭时空

早在动笔写《环游世界80天》(*Around the World in Eighty Days*)前，儒勒·凡尔纳(Jules Verne)就知道国际日期变更线在这本小说中会起到重要作用。斐利亚·福克往东，开始周游世界，当他回到伦敦时以为输给了自己，但随后意识到跨越国际日期变更线意味着他又多了一天时间。正式的国际日期变更线是一条穿过太平洋的折线。出了崴亚沃村(Waiyevo)，你很快就能找到一块标志分界线的木板，孩子们喜欢在那里从昨天蹦到明天。你可以徒步、潜水或划皮划艇环岛，去欣赏无与伦比的鸟类和令人赞叹的珊瑚群。

在高原雨林地区寻找斐济国花塔依毛西亚花(tagimaucia)，这种花只长在海拔600米以上的地区。

919 新西兰 "魔多"一日游

当彼得·杰克逊(Peter Jackson)寻找一片足够荒蛮的土地，以期重现托尔金(JRR Tolkien)笔下的中土世界时，新西兰这一火山聚集区是显而易见的选择。汤加里罗(Tongariro)是新西兰最古老的国家公园，这里的三座火山峰鲁阿佩胡(Ruapehu)、汤加里罗和瑙鲁霍伊(Ngauruhoe，电影中的末日火山)是20公里长的汤加里罗越山步道(Tongariro Alpine Crossing)上最好的山峰。你能看到保持原始风貌的迷人地形、翡翠绿色的湖泊、蒸汽腾腾的气孔以及火山最近喷发的证据。你还可以尝试攀登瑙鲁霍伊山，若在Mangatepopo或者Ketetahi的小屋住上一晚，再登山就更加便捷了。

为了让"魔多"单程游更加方便，在终点有固定班次的穿梭巴士服务，这些巴士会将你送到起点。

920 探访孟加拉虎

在《森林王子》(*The Jungle Book*)一书中，有一只名叫Shere Khan的老虎追捕一个名叫Mowgli的被狼群养大的男孩。但在现实生活中，印度虎的数量正因为人类的不断发展而变得岌岌可危。中央邦(Madhya Pradesh)是最有可能看到野生孟加拉虎的地方之一，吉卜林(Kipling)的系列故事就是以此地为背景的。在著名的坎哈国家公园(Kanha National Park)茂密的乔木林中和广阔的草地上栖居着200多头老虎，此外还有豹、豺、泽鹿、蟒蛇、眼镜蛇以及蜜獾，在这里你将拥有无与伦比的丛林体验。

独自上路？可以和其他旅行者组成团队，平摊游览费用。包车是按照每辆吉普车收费的，而不是按人数。

具有传奇色彩的长途跋涉

VADIM SCHOBER/AGEFOTOSTOCK ©

奥德修斯有那么多不回家的借口，
可他依然义无反顾，实在是勇气可嘉，不是吗？
对埃里克松心生羡慕吗？那就整装出发，
追随他们具有开拓性的远征足迹吧。

921 意大利和希腊 在地中海追随奥德修斯漫漫回家路

因史诗级冒险经历而成为热门目的地的地方，自然非伊萨基岛（Ithaki）莫属，这个神秘的希腊岛屿，是让奥德修斯心心念念的家乡。奥德修斯的绝大部分不幸遭遇可能都发生在意大利海岸附近。据说他在西西里岛躲过了独眼巨人，而在撒丁岛上，当他的水手吃下莲花后，他不得不费力地让他们清醒过来。不过你也可以创造属于自己的地中海线路，在特洛伊（Troy）、墨西拿（Messina）和现代伊萨基岛追随奥德修斯的足迹，你能在此徒步穿过荒凉的原野，尽情领略令人难以置信的湛蓝大海。

在伊萨基岛上，最著名的与奥德修斯有关的地方就是阿里萨泉（Fountain of Arethusa），猪倌欧迈俄斯就是把猪赶到这里来喝水的。

922 印度和斯里兰卡 猴神哈奴曼

在印度教中，哈奴曼（Hanuman）之所以被视为力量和坚毅的化身，不是没有缘由的。在印度史诗《罗摩衍那》（*Ramayana*）中，毗湿奴化身罗摩的妻子悉多，她被楞伽城魔王拉瓦那劫走，哈奴曼挺身而出。一路上他与海中怪兽搏斗，数次变身，徒步前往喜马拉雅山脉，寻找能治病的仙草，最终抵达楞伽城，解救了罗摩的妻子。在你开启斯里兰卡的航程前，去喜马偕尔邦的西姆拉（Shimla）参观一系列高耸的哈奴曼雕像，然后前往斯里兰卡的Seetha Amman神庙，拉瓦那就把悉多藏在那里。

现在你可以乘渡船前往斯里兰卡，穿越哈奴曼英勇壮举开始的那片海域。

923 希腊伯罗奔尼撒半岛 赫拉克勒斯英雄事迹

Augean这位古希腊罗马神话中的大力神完成的7件壮举，都发生在被希腊人称为Pelopónnisos的伯罗奔尼撒半岛上。这座位于希腊南部的半岛见证了赫拉克勒斯杀死尼米亚猛狮、与九头蛇搏斗、引河水冲洗奥吉斯国王（Augean）的牛舍以及最后捉到地狱看门犬刻耳柏洛斯的事迹。在所有英勇壮举的发生地中，孤独的岬角泰纳龙角（Cape Tainaron）可能是最触动人心的，赫拉克勒斯就是自海角下方的大洞穴中将刻耳柏洛斯拽出冥府的。

Destino Tours（www.destinotours.gr）组织一系列别出心裁的环希腊游项目，其中的一项就是追寻赫拉克勒斯的英雄足迹。

924 加拿大纽芬兰—拉布拉多省 莱夫·埃里克松的发现

古斯堪的那维亚探险家莱夫·埃里克松（Leifr Eiríksson）致力于将基督教引入格陵兰岛，但大风让他偏离航道，最后在被他称为“文兰”（Vinland）的沿

大阿勒山耸立于土耳其高原之上，吸引着寻找诺亚方舟的探险家以及登山爱好者。

岸地区登陆，即如今的纽芬兰。位于纽芬兰北端的兰塞奥兹牧草地（L' Anse aux Meadows）曾是北美大陆最重要的维京人定居点，你不妨在此凝望残酷无情的大西洋，思索前往格陵兰岛的漫长航行。没有比托恩盖特山脉国家公园（Torngat Mountains National Park）更原始、更能让人感受维京时代氛围的地方了，维京人是第一批探索这片荒原的人。巍峨的山脉耸立于偏远的草坪上，野花烂漫，不时泛起棕红色，而在峡湾的海岸边，会不时有北极熊出没。

斯堪的那维亚传说认为，莱夫发现了两个重要的地方："Helluland"，这是一片荒凉的岩石区，可能就是现在的巴芬岛（Baffin Island）；而被森林覆盖的荒野"Markland"极有可能是现在的拉布拉多（Labrador）。

925 土耳其 诺亚方舟停泊处

关于诺亚方舟最后的停泊处，人们众说纷纭，争论的激烈程度丝毫不亚于当初迫使诺亚建造方舟的洪水，而答案很可能是土耳其。对于那些想重温这一圣经中最受喜爱的乘船游路线的人们而言，位于土耳其东部、靠近伊朗和亚美尼亚边境的大阿勒山（Mount Ararat）自然会令他们的行程增色不少。但其他地方也宣称自己才是真正的诺亚方舟停泊处，比如位于Tendürek火山附近的Durupınar，这里有一块明显凸起的地方，于20世纪70年代被发现，当地人从而参与到诺亚方舟停泊处的激烈争论中。好吧，那个地方的形状确实有点像船……

Doğubeyazıt很适合作为起点，前往上述两个地方都很方便。那里宏伟的奥斯曼风格建筑会让所有经历了漫长航行的人身心愉悦。

926 厄瓜多尔和秘鲁 沿纳波河寻找黄金国

顺着这条源自厄瓜多尔安第斯山脉的河流乘船而下，进入亚马孙盆地，追随昔日寻宝者的行踪。在这一史上最著名的寻宝远征中，西班牙征服者弗朗西斯科·德·奥雷利亚纳（Francisco de Orellana）和贡萨洛·皮萨罗（Gonzalo Pizarro）航行到这一支流，一心寻找传说中的黄金国（El Dorado）。面对叛乱和当地凶悍的原住民部落，皮萨罗幸存下来，并且成为首个顺利通过亚马孙河流域的欧洲人。你也可以鼓足勇气，来到秘鲁的伊基托斯（Iquitos），经过建在桩子上的隐匿村庄，沿亚马孙河而下，直到该河与大西洋的汇合处。

Manatee（www.rainforestcruises.com）是厄瓜多尔境内纳波河上仅有的游船公司。

TTL/PHOTOSHOT ©

927 加勒比地区 哥伦布的大航海

1492年10月，当哥伦布率领的平塔号（La Pinta）船上的水手罗德里戈·德·特里亚纳（Rodrigo de Triana）看到大陆时，旧世界遭遇新世界，欧洲人第一次看到加勒比地区。但那片陆地究竟是哪里，至今没人说得清。现在人们将范围缩小到特克斯和凯科斯群岛（Turks and Caicos）或巴哈马（Bahamas），因此你至少应该在大特克岛（Grand Turk Island）、巴哈马的圣萨尔瓦多（San Salvador）和萨马拿岛（Samana Cay，巴哈马最大的无人居住岛）驻足停留。最后前往多米尼加共和国海岸一探究竟，哥伦布四次远航时，每一次都会来到这里。

哥伦布灯塔（Faro a Colón）耸立于圣多明各（Santo Domingo），该塔是为纪念这位伟大探险家发现美洲大陆500周年而建，藏品有哥伦布的遗物。

928 哈萨克斯坦、土库曼斯坦、乌兹别克斯坦、塔吉克斯坦和中国，马可·波罗的游历

马可·波罗的父亲和叔叔曾在布哈拉（Bukhara，今乌兹别克斯坦）建立商栈，尚不为欧洲人所熟悉的忽必烈后来邀请他们前往其位于大都（今北京）的宫廷。短暂的文化交流后，忽必烈要求他们至少带回一百个善于艺术创作、精通科学的同胞。1271年，马可·波罗的父亲和叔叔决定完成这一任务，这一回他们带上了小马可。沿着丝绸之路，重温马可·波罗当年艰苦卓绝的行程：穿过哈萨克斯坦、土库曼斯坦、乌兹别克斯坦和塔吉克斯坦，在荒芜的塔克拉玛干沙漠里体验极限，最后抵达上都。1275年，蒙古皇帝就是在这里的夏日行宫招待马可·波罗一行的。

上都（被列入联合国教科文组织世界遗产名录）就在中国的内蒙古自治区境内，靠近多伦诺尔镇。

929 塔希提岛、东澳大利亚和新西兰 库克船长的远征

数世纪以来，人们一直在猜测：未知的南方大陆真的存在吗？英国探险家詹姆斯·库克（James Cook）于1770年得到了答案，他先是在塔希提岛停留并观测金星，然后接到密函，领命前往寻找“未知的南方大陆”。库克船长环绕了太平洋上的诸多小岛以及新西兰全域海岸线，并且绘制了沿途的地图。当“奋进号”再次抛锚停泊的那一刻，库克船长一行抵达了澳大利亚东海岸，对于欧洲人而言，这是一片全新的大陆。库克带回了此前欧洲人从未见过的植物品种以及关于澳洲原住民的故事。不过你可以选择短线航行，以纪念库克船长当年的壮举。

沿着纳波河而下，可能会找到传说中的黄金国或者其他河畔亮点。

包括悉尼澳大利亚博物馆（www.australianmuseum.net.au）的库克船长藏品展（Cook Collection）在内，有很多博物馆设有向船长致敬的展览。

930 坦噶尼喀湖，布隆迪、坦桑尼亚和赞比亚，利文斯通和史丹利

"如果我没有猜错的话，你就是利文斯通博士吧。"当亨利·摩根·史丹利（Henry Morgan Stanley）终于在湖畔找到同为探险家的大卫·利文斯通（David Livingstone）时，他说出了这句探险史上最著名的一句话。当时利文斯通迷失在非洲内陆，下落不明，这促使史丹利率队前去寻找。但两人相遇的地方究竟在哪儿？布隆迪人在他们的国境线内建造了一尊纪念碑，标出了具体地点。但利文斯通的报告表明，两人是在坦桑尼亚沿海地区的乌吉吉（Ujiji）相逢的。那个时候，利文斯通完成了欧洲人首次横穿非洲大陆的壮举，探索赞比西河作为通往中非的贸易渠道的可能性，并且找到了尼罗河的源头。这个可怜的家伙可能只是需要休息一下而已。

即便是英勇无畏的利文斯通也乐意去赞比亚维多利亚瀑布（他以英女王的名字为瀑布命名）附近的Royal Livingstone（www.royal-livingstone-hotel.com）住上一晚。

最适合初学者的岸边浪体验

在尝试重大突破之前，先在世界上最平静的海浪上磨炼你的技能。

931 南非 梅真堡海滩

梅真堡海滩（Muizenberg Beach）的尽头被誉为冲浪者角落（Surfers Corner），那里的海浪温和，水势稳定。这里对于初学者而言，可谓完美，你也无须担心遭遇海洋霸主的侵袭，因为鲨鱼观测员会时刻留意海上的情况。在出现任何危险征兆时，你都可以回到岸上，品尝咖啡、感受醇香，或体验适宜初学者的冲浪

海滩磁石：拜伦湾有持续稳定的岸边浪，氛围也很好，吸引着冲浪新手以及真正的嬉皮士们。

文化。此外，对于初学者而言，这片设有彩色更衣室的海滩也很适合拍照留念。当你做好冲入更高海浪的准备后，就去卡尔克湾（Kalk Bay）或名副其实的危险礁（Danger Bay）吧。

12月至次年3月的蓝旗季节（蓝旗是欧洲环境保护教育协会颁发的生态标志）有救生员上班，那段时间的天气也是最暖和的。www.garysurf.com提供冲浪课程。

BECK ROCCHI/GETTY IMAGES ©

932 摩洛哥塔加佐特香蕉海滩

这里的海浪很大，总是拍打到海滩上，这意味着即便浪潮汹涌，你也会被安全地带回岸上，而不是被卷入深海。对于初学者而言，塔加佐特（Taghazout）的这片海滩是完美的学习场地，他们的安全也得到了保障。如果你想逃离欧洲的寒流，这里温暖的海水会让你感到无比惬意。附近的香蕉村（Aourir）得名于20世纪60年代的吉米·亨德里克斯（Jimi Hendrix）的香蕉种植园。你能在这里感受到原汁原味的摩洛哥风情，尤其是在周三的集市期间，整个小镇都沉浸在香料的香味和织布商的叫卖声中。

冬季（11月至次年3月）是最佳的游览时节，此时海浪稳定，天气依旧暖和。想了解课程及更多信息，登录www.bananabeach.biz。

933 美国夏威夷瓦胡岛白色平原海滩

对于仍在摸索窍门的冲浪初学者而言，作为冲浪发源地且拥有滔天巨浪的夏威夷或许并非冲浪圣地，但夏威夷确实有一些温和的冲浪地点，可以让初学者循序渐进地学习，最终融入蔚蓝大海。位于瓦胡岛（O ʻahu）的白色平原海滩与世隔绝，堪称冲浪者的幼儿园，同时也意味着鲜有初学者来到这里。波光粼粼的海浪无休止地翻滚着，很容易驾驭，能够带你抵达如白色缎带一般的沙滩，而当你摔倒时，也不会有众多双眼睛看着你出丑。当地消防员负责教授冲浪课程，他们接受过急救护理培训，因此放心跳上冲浪板吧，到了夜晚，就可以尽情享受夏威夷式晚宴了。

Hawaiian Fire Surf School（www.hawaiianfire.com）教授冲浪课程。

934 澳大利亚新南威尔士州拜伦湾

如果你是冲浪新手，将经常需要离开海浪休息片刻。鉴于拜伦湾（Byron Bay）数十年来一直是嬉皮士和厌倦城市生活的人（seachangers）的聚集地，你可以在这个海湾最出名的吉他声和香薰的香气中短暂放松。而拜伦湾也是观赏阳光下波浪轻缓地拍打海岸的最佳地点。被称为“残骸”（Wreck）的区域听起来骇人，但这里实际上是以发生于沙洲附近、造成持续稳定碎浪的海难命名的。冲浪点与镇中心距离很近，如果海浪汹涌，你可以去那里散步，放松一下。

拜伦湾与悉尼有9小时车程，与布里斯班有2小时车程。详见www.byronbaysurfschool.com。

PETER PTSCHELINZEW/GETTY IMAGES ©

库塔不仅有喧嚣的夜生活，还有温和的岸边浪。

935 印度尼西亚巴厘岛 库塔海滩

库塔（Kuta）的岸边浪在你的冲浪板下翻滚着，泛起令人愉悦的乳白色泡沫，但海浪从不会表现得来势汹汹。你知道自己正置身于热带天堂，因为成群结队的鱼儿在水中如同银剑般飞速穿梭。晚些时候，你可以轻呷一口清甜的椰子汁，谈论着明天如何驾驭6英尺的浪头，并平稳地抵达浅水区。冲浪课程是进一步了解这一蓝色野兽的好方法，而友善的当地人很乐意帮助你。救生员会密切留意海面情况，以便在海浪变得汹涌时发出警告。

通常情况下，巴厘岛是安全的，但请关注最新的旅游建议。Odyssey Surf School（www.odysseysurfschool.com）做出承诺，保证你在上过几堂课之后就能站上冲浪板。

936 斯里兰卡 希克杜沃海滩

如果你只是刚学会如何站上滑溜溜的冲浪板，那你最不想做的就是与冰冷刺骨的海水打交道。对于初学者而言，希克杜沃（Hikkaduwa）温暖惬意的海浪会让一切变得轻松。这里的礁岩浪极为柔和，在清晰的延伸段可以见到星星点点的浮潜者，还能见到卷起的印度洋向黄色沙滩滚滚而来。2004年的海啸对这里造成了重创，但现在一切已恢复平静。捐献给受灾家庭的缝纫机，使得希克杜沃成为热门的量身制衣地。在参观庙宇之前，不妨穿上定制的考究新衣。

希克杜沃位于斯里兰卡西南海岸，靠近加勒（Galle）。11月至次年4月最适合冲浪。

937 哥斯达黎加 圣特蕾莎海滩

这是你在梦中见过的那种如明信片上风景一般的海滩。这里有白沙、沐浴在阳光中的太平洋、极为轻柔平稳的海浪和被热带丛林环绕的海滩，葱郁茂密的树林中随处可见犀鸟和猴子。你很快就能感受到吸引冲浪者的波涛的魅力，但圣特蕾莎真正成为如此令人着迷的旅行目的地，还是因为那些轻松惬意的时刻——在海滩棚屋里喝饮料，或者沿着被清澈海水拍打着的海岸骑马。

12月至次年4月温暖干燥，最适合来这里。不妨租一块冲浪板，上冲浪课程。具体见www.mambosurf.com。

938 波多黎各 乔布斯海滩

波多黎各的绝大多数海浪都是拍打着礁石的咆哮巨浪，但在乔布斯海滩（Playa Jobos），海浪就诞生于沙洲内，蓝色潟湖掀起轻柔的浪头，成为香水广告的完美背景。这里也是冲浪新手磨炼技能的完美地点。这里的海水温和至极，你甚至可以在此浮潜。当你需要休息时，就在黄金海滩上品尝肉馅或者蟹肉馅的pastellilo糕点。等到你的双腿不再摇摇晃晃时，就可以更上一个台阶，去潟湖外挑战更猛烈的海浪。

12月中旬至次年4月中旬是最热门的时节，人们逃离北半球的冬天，来到这里温暖的水域学习冲浪。欲了解课程相关信息，查询www.purelifesurfschool.com。

939 法国阿基坦 奥瑟戈

在欧洲最长的不间断沙滩，你注定会找到一片宁静的可以学习冲浪的区域。在那里，你可以一次又一次地从冲浪板上掉下来，无须担心面子问题。冲浪一整天后，顺势跌入清澈的浪涛中，当你凝望一望无垠的海洋，笑容会情不自禁地浮现在你的脸上。确保你处在救生员的视线范围内。如果你想体验另一种刺激，海滩上还有一片裸体区，即Bare Bottoms。

5月至9月天气暖和，最适合冲浪初学者。关于课程信息，见www.unitedsurfcamps.com。如果你想在ASP冲浪巡回赛（ASP World Tour）期间欣赏职业选手的精彩表现，那就等10月来吧。

940 英国康沃尔 纽基

好吧，要面对英格兰臭名昭著的寒冷天气，你可能需要鼓起勇气，但纽基（Newquay）生机勃勃的海滩和冲浪场景还是能令你穿上潜水服，体验适合冲浪新手的浪头，将寒意留在海湾。大西部海滩（Great Western Beach）是一片倚靠着悬崖的沙滩，对于那些仍在努力保持平衡的冲浪者而言，这里较小的海浪不会显得过于严苛。涨潮时海水会没过海滩，不过这倒是吃炸鱼和薯条补充体力或者用香肠和土豆泥来慰藉自己的完美借口。

5月下旬至9月底，这片海滩会有巡逻的救生员。登录www.escapesurfschool.co.uk了解初学者课程相关信息。

独自上路，经典壮举

独行侠的数量多于群居动物？这些激励人心的单人壮举会让你心潮澎湃，并迫不及待地渴望上路，即便你已经意识到这些多姿多彩的经历需要你独自一人承担风险。

941 独自乘气球旅行

这个想法折磨了拉里·沃尔特斯(Larry Walters)20年时间。终于，在1982年，他下定决心，购买了一张草坪躺椅和40多只氦气球。作为越战老兵的沃尔特斯是第一次尝试驾驶气球，他将气球绑在椅子上，再把椅子拴在其位于洛杉矶的花园中。他带上准备用来逐个打爆气球的气枪（看吧，花在梦想上的这20年可没有白费），然后坐在椅子上，切断了绳子。沃尔特斯原本认为气球只会缓缓带着他来到离地面100米高的地方，但他惊讶地发现自己迅速上升到了5000米的高空，两架喷气式客机的飞行员都看到沃尔特斯出现在飞往洛杉矶机场的航线上。这下，沃尔特斯不敢再射气球了，这也在情理之中。当他最终降落到长滩(Long Beach)上时，已是又冷又怕。后来，沃尔特斯被美国联邦航空管理局罚款4000美元。

沃尔特斯为其新发明起名为"灵感1号"，他的确启发了几个模仿者，但大多数都遇难了。

942 骑车环游世界

向骑自行车环游世界这一艰巨任务发起挑战的人不在少数，文·考克斯(Vin Cox)和麦克·霍尔(Mike Hall)等自行车高手争相一较高下，想打破独立完成骑行环绕地球的纪录。根据最新的纪录，从你出发那一天开始，大概需要105天时间。时间回到2001年，骑行环游世界的先驱者之一阿拉斯泰尔·亨弗里斯(Alastair Humphreys)选择了不同的方式。他骑车穿过欧洲，途经中东，南下到非洲，然后到美洲，接着经俄罗斯、中国和中亚返回家乡。4年时间，他周游了60个国家、5个大陆。正如他所写的："生命过于短暂却又太过精彩，绝不能畏畏缩缩、敷衍了事"。

任何人，只要有6至12个月的空闲时间，并且有方向感和信用卡，都能尝试独自骑自行车环游世界。相关信息建议查询www.alastairhumphreys.com。

943 独自攀登阿尔卑斯山脉

在独自登山领域，世界第二高峰K2至今未被征服。这项挑战是需要付出巨大代价的：攀登这一喜马拉雅山脉高峰的人，平均每四人中有一人死亡。最好还是选择阿尔卑斯山脉，这里引领了轻松快速登峰运动的潮流。马特洪峰(Matterhorn)是阿尔卑斯山脉标志性的山峰，在这里登顶至少需要6小时至12小时，具体耗时取决于路线和天气状况。如果你想及时赶回来享用午餐，可以向瑞士登山家乌里·斯特克(Ueli Steck)讨教，他完成过一项令人难以置信的壮举——在不到2小时内独自登上马特洪峰。

任何想要攀登马特洪峰或者在该地区徒步的人，都应选择采尔马特(Zermatt; www.myswitzerland.com)为大本营。

944 美国 独攀酋长岩

2012年6月，在加利福尼亚州的一个夏日，被誉为攀岩界"摇滚巨星"的亚历克斯·霍诺德(Alex Honnold)独自攀登约塞米蒂三大岩壁——沃特金斯山(Mt Watkins)、酋长岩(El Capitan)和半圆顶(Half Dome)，并在19小时内不间断地完成了任务。在总长度达7000英尺的直角攀登中，霍诺德有500英尺是在没有绳索的情况下完成的。相形之下，仅仅是攀登酋长岩，普通攀岩者就要花5天时间。事实上，1968年首次有人独自攀完酋长岩，耗费10天。攀登酋长岩有数条路线，其中Nose被认为是世界上最经典的攀爬路线之一，分成30多个阶段路线。只有技能高超、经验丰富并且正值最佳状态的攀登者才能尝试这一挑战。对于不会攀岩的独行者而言，在酋长岩背面徒步或许是相对容易的选择……

945 在哥伦比亚体验滑翔伞

你孤身一人飞翔在空中，四周是翱翔的鸟儿，它们和你一同享受温暖的上升气流。在你的下方则是昔日哥伦比亚可卡因交易之都麦德林（Medellín）。值得庆幸的是，这座城市在过去的十年间发生了变化。嚣张的毒贩被另一种与刺激打交道的人所取代：滑翔伞教练以及激浪漂流向导。麦德林成了哥伦比亚的热门冒险地，而周围环绕的群山以及螺旋上升的气流都使得滑翔伞成为这座城市最大的招牌。

在阿布拉山谷（Aburrá Valley）找一家类似Zona de Vuelo（www.zonadevuelo.com）的当地旅游机构。独立飞行员至少需要有6年经验。

946 大西洋划船

英国人约翰·费尔法克斯（John 发Fairfax）是第一个单人划船横渡大西洋的人，他于2012年离世，享年74岁。1969年，他从加那利群岛（Canary Islands）出发，耗时6个月，航行8000公里，抵达佛罗里达。据其妻子说，他还当过海盗，经常去拉斯维加斯玩巴卡拉纸牌，手臂还被鲨鱼咬掉了一大块。显然，对费尔法克斯而言，横渡大西洋是一趟性格历练之旅。另一个英国人安德鲁·布朗（Andrew Brown）在2012年创造了横渡大西洋的最快纪录，他在参加大西洋挑战赛（Atlantic Challenge，一年举办两次的赛事，创办于1997年）时，用40天9小时44分钟完成了从加那利群岛到巴巴多斯的征程，全程长4800公里。

如果你能应对汹涌巨浪、睡眠不足以及严重的皮肤炎症，那就在www.taliskerwhiskyatlanticchallenge.com报名参赛吧。

947 美国徒步约翰·缪尔径

加利福尼亚州的约翰·缪尔径（John Muir Trail）是世界上最引人入胜的徒步道，旨在向19世纪和20世纪竭力保护约塞米蒂的这位苏格兰博物学家致敬。独自漫步于内华达山脉的荒原中，是约翰·缪尔最愉悦的时候，无怪乎这里会成为独自徒步者的天堂。这条以约翰·缪尔命名的340公里长的徒步道，从约塞米蒂山谷开始，经过国王峡谷（King' s Canyon）和红杉（Sequoia）两个国家公园，最终抵达惠特尼山（Mt Whitney）。

徒步走完整条步道是可行的，但你需要预先安排好食物补给点。带上质量可靠的徒步靴、帐篷、炉子和能够存放补给的防熊罐。具体请查询www.johnmuirtrail.org。

948 驾帆船周游世界比赛

独自一人驾驶帆船环游世界，或许看似是个合乎情理的选择，可如果你打算尝试，就得在两项著名的赛事中做出选择。环球帆船赛（Ocean Race）是按赛段进行的，而环球不靠岸航海赛（Vendée Globe）是不间断的比赛。2012年，法国人弗朗索瓦·贾巴特（Francois Gabart）打破了后者的赛会纪录，用78天时间完赛。相比之下，第一个完成单人驾帆船周游世界壮举的弗朗西斯·奇切斯特爵士（Sir Francis Chichester）驾驶着他那54英尺长的帆船Gypsy Moth Ⅳ号，于1966年从普利茅斯（Plymouth）启程，在海上漂流226天，仅在悉尼停靠过1次。

在www.vendeeglobe.org上关注独行水手的最新动向。

949 划皮划艇游亚马孙河

儿童电视节目主持人都是善于一心多用的能手，但在世界第二长的河中划皮划艇可不在其职责范围内。BBC儿童台主持人海伦·斯凯尔顿（Helen Skelton）并没有被她此前从未划过皮划艇的事实吓倒。2010年，她从秘鲁的瑙塔（Nauta）出发，沿着亚马孙河划皮划艇，直到巴西的阿尔梅林（Almeirim），全程长3200公里。斯凯尔顿总共花了6周时间，完成数以万次的划桨动作，遭遇无数次蚊叮虫咬，这些艰辛让她成为首个划皮划艇游完亚马孙河的女性。顺河道而下感受一个国家的魅力，没有比这更有吸引力的方式了。任何河流都具挑战性，不过也要留意当地的野生动物：南非皮划艇手亨德里克·库特兹（Hendrik Coetzee）在划艇前往白尼罗河（White Nile）源头的途中，不幸于乌干达被鳄鱼咬死。

950 滑雪穿越南极洲

寒风刺骨，你用力将补给从冰层中拉出来，继续拖动步子滑雪向前。恭喜你！你刚刚完成了南极探险的首公里，仅剩下1744公里！在没有援助的情况下，如果你能成功滑雪穿越南极洲，你将跻身于一个特别的精英俱乐部。如果你是女性，那么这个俱乐部在你之前还有一名会员：2012年，菲丽希迪·阿斯顿（Felicity Aston）成为首个完成这一壮举的女性。在低至零下30摄氏度（零下22华氏度）的气温下，她拖着85公斤重的补给，历时59天穿越南极洲。然而，心理所面临的挑战丝毫不亚于身体遇到的挑战。“独自一人听上去很简单，”她说，“但你上一次一整天见不到一个人是什么时候？”

适合举家参与的冒险

这些冒险游最适合孩子和大人一起参与，共同探索世界，每个人的脸上都会挂着灿烂的笑容。

951 捷克布拉格 置身童话世界

很久很久以前，穿过蜿蜒曲折的鹅卵石街巷，翻过一座桥（桥下是波涛汹涌的河流），就能看到山上那座气势恢宏的城堡，波希米亚历代国王就住在那里。8个世纪后，布拉格城堡（Prague Castle）依然坚挺，这座世界上最大的城堡仿佛是睡前故事中才会出现的城堡。即便是世界上最淘气的孩子，在城堡那令人敬畏的大

在南非参加游猎，目睹稀树草原上的条纹居民。

教堂面前，也会目瞪口呆。乘坐索道前往佩特辛山（Petrin Hill），能看到埃菲尔铁塔的迷你复刻版。从山顶俯瞰布拉格全景，能看到类似灰姑娘乘坐的那种四轮马车，你可以和家人一起坐马车下山回市区。

4月和5月春光烂漫，适宜去布拉格。也可以选择12月及1月前往，届时这里会变成白雪皑皑的冬季仙境，还有圣诞集市。

JOHN WARBURTON-LEE/GETTY IMAGES ©

952 印度尼西亚巴厘岛 享受海滩和印尼豆豉

预算有限的家庭旅行者，仍然可以体验热带冒险游！巴厘岛消费水平适中，有明媚阳光、洁白沙滩、棕榈树及清澈的海水，孩子可以体验浮潜和潜水，一睹五彩斑斓的鱼和珊瑚。当地人十分友好，他们用心制作的gado gado（印尼杂拌什锦菜），能让日出冲浪的孩子们更加精力充沛。如果你喜欢待在陆地上，于节日期间骑自行车前往形似松果的寺庙，你会发现它们并不庄严肃穆，而是聚集了伴随音乐翩翩起舞的巴厘岛舞者。他们戴满首饰的手指在阳光下闪闪发光。休息一下，品尝香气扑鼻的椰子咖喱，上面撒着松脆的煎洋葱，好好享用吧！

4月至10月的旱季为巴厘岛的最佳旅游时节，但雨季期间，气候依旧温暖，所有的一切都变得郁郁葱葱。

953 美国新墨西哥州 在圣菲牧场活跃身心

在这个牧场，城里的孩子可能会为有这么大的玩耍场地而疯狂。让他们去吧，这正是新墨西哥州山脉间成片草地和森林的美妙所在。全家一起骑马或者骑自行车，穿过烂漫野花和遍布岩石的溪流，或者让孩子学习如何制作属于他们自己的木头卡丁车，而你可以悄悄开溜练瑜伽去。这里还有很多历练心灵的机会，例如促进心灵治愈和自我表达能力的“drum and journey circle”。归根结底，圣菲（Santa Fe）是艺术家和探险家的天堂。

圣菲全年都阳光灿烂，所以准备些防晒霜。登录Bishop’s Lodge（www.bishopslodge.com）查询住宿价格和空房数量。

954 南非参加非洲游猎，与野生动物面对面

在南非野生动物园开阔的平原上，童书中的狮子、河马、斑马和长颈鹿都活生生地出现在你眼前。在敞篷游猎车中，你能真切感受到野生动物的一举一动，也会瞠目结舌地看着与你只有数米之隔的庞然大象。在小屋中醒来，欣赏洒在干旱的长满草的稀树草原上的日出霞光，抬头能看到成群结队的朱鹮在你上空盘旋，真正体验未被驯服的野性大自然……即便一家人已经回到家中，这些经历依然会牢牢印在你们的脑海中。

这一冒险项目最适合12岁以上的孩子参与。觉得吃药太麻烦，那就找一个没有疟疾的南非野生动物园。

MARTIN SHIELDS/ALAMY ©

感受哥斯达黎加的最好方法是置身于热带丛林中。

955 在哥斯达黎加感受活力丛林

远处冒着热气的火山并不危险，但其烟雾升腾的景象让人感觉哥斯达黎加的一切都充满活力。当你乘坐漂流筏穿行于萨拉皮奇河（Sarapiquí River）的激浪中，能听到鹦鹉的叫声、猴子的长嚎以及河水的哗哗声。你的孩子能在村庄里与当地人交流，学做陶器，体验更为刺激的空中索道，还能穿过茂密的森林树冠，到当地可可种植园品尝让人兴奋的生巧克力。你甚至可以近距离靠近火山口边缘，不过这可不是学校的科学作业，这是真的。

旱季（12月至次年4月）来访能避开雨水。5月至11月游客较少，但午后阵雨来势汹汹。

956 意大利翁布里亚马尔莫雷瀑布玩水

当古罗马人决定将韦利诺河（Velino）引流至马尔莫雷（Marmore）的悬崖，让河水涌向世界、淹没树冠时，他们恐怕并不知道自己创造了世界上最高的人造瀑布。今天，你可以带着孩子与这片瀑布亲密接触。当你沿着小径攀向顶部的花园时，能感受到飞溅到脸上的清澈水花。你也可以选择在瀑布下方的内拉河（Nera River）体验漂流。当你决定回到陆地后，可以骑驴逛小镇，寻访考古遗址，其历史可以追溯到青铜时代。

登录马尔莫雷瀑布官方网站（www.marmorefalls.it/indexen_GB.php），了解具体的开放时间。

957 埃及畅游尼罗河

埃及随处可见熙攘喧嚣的集市，人们在此兜售具有异国风情的便宜货和标志性的金字塔纪念品，但埃及亦有温婉优雅的一面。而领略这一面的最佳方法就是乘坐三桅小帆船（felucca），这是一种没有马达的帆船，自古代起就开始在此扬帆航行。坐着这种帆船，你可以顺着尼罗河缓缓而下，悠闲惬意。无论是孩子还是成人，卡纳克（Karnak）和卢克索（Luxor）遗迹都是绝好的具有教育意义的户外冒险场所。如果选择乘坐马车，小孩就不会太累，你们也能有更多时间去细细欣赏头顶上那些有数百年历史的雕像的面部。

乘坐飞机往返开罗（金字塔所在地）和卢克索需1小时，如果你不想搭乘飞机，可以选择火车的卧铺，或者花一天一夜，乘坐三桅小帆船沿尼罗河而下。

958 美国怀俄明州冬季仙境体验雪橇游

孩子（以及童心未泯的成年人）都爱在怀俄明州的冰天雪地中玩耍。在这里，麋鹿在积雪盈尺的树林间漫步，绵延的山脉成为滑雪坡，高山湖泊冻成“野外”滑冰场。想感受更多圣诞节式的魔力，不妨带你的孩子乘上马拉的雪橇环游小镇，直达童话般的提顿村（Teton Village）。那里的山脉崎岖起伏，夜晚星空璀璨。雪橇仿佛是安置在雪板上的巨大苹果筐，由高大健壮的马儿拉着。带家人一同上雪橇，舒舒服服地坐着，尽情欣赏辽阔的怀俄明州吧。

在最冷的季节（12月至次年2月）来到怀俄明州体验雪地冒险。具体见www.elkadventures.com。

959 西班牙，骑行历史悠久的安达卢西亚

你的家人喜欢运动、热衷于多姿多彩的游历吗？远离摩肩接踵的游客群，骑上自行车沿着古老的白色山城之路（Los Pueblos Blancos）前行。在坐落于群山间的白色村庄中停留，品尝用当地橄榄油烹制、充满阳光气息的安达卢西亚小吃tapas。当你顺着通往格拉纳达（Granada）的河流而下时，沿途的大教堂和摩尔式建筑就给孩子们上了一堂鲜活生动的历史课。穿过沐浴在阳光中、闪着光辉的柑橘树林，你会情不自禁地想来点儿新鲜的橙汁。

留出一周的时间，你可以轻松地从塞维利亚（Sevilla）骑到格拉纳达，这里看不到急匆匆的人流。登录www.andaluciancyclingexperience.com了解更多信息。

960 日本东京，感受历史与现代的交融

细节决定了家庭假日出行能否做到无后顾之忧。日本有着发达的交通网络以及安全、适合孩童的文化氛围。具有自动调节温度功能的子弹头列车以及无处不在的自动售货机，都能让孩子开心、兴奋，同时让家长轻松自在。这里的冒险旅程可以以自然为主，比如聆听沙沙作响的高耸竹林，也可以进一步体验这里迷人的文化，武士道、相扑、电子游戏以及街上留着夸张头发、打扮成日本动漫角色的青少年都会让孩子眼花缭乱。骑自行车环绕宁静的代代木公园（Yoyogi Park），能看到猫王的模仿者以及其他有趣的人物，全家人都能玩得很尽兴。

虽然2011年核辐射事件曾引发恐慌，但现在的东京是个很安全的旅游地。

顶级潜水探险

检查你的呼吸调节器和潜水服，潜入奇妙的海底世界，
那里有海龙、钟乳石、沉船遗骸以及历史古迹。

PREDRAG VUCKOVIC/GETTY IMAGES ©

在开曼群岛，与斑驳的阳光和巨大的魔鬼鱼一同游泳。

961 冰岛 在大陆板块间漂移

板块移动对你来说意味着什么？让人昏昏欲睡的地理课？好吧，忘了积灰的课本和乏味的老师。在冰岛的辛格维尔湖（辛格韦德利）[Þingvellir Lake（Thingvellir）]，你能亲身感受到大陆板块的漂移，这种经历会令你终生难忘。Silfra是美洲和欧洲大陆板块之间的一条裂缝，水晶般透彻的冰川水汇聚于此，能见度可以达到数十米，甚至是100米。当然了，这里水温极低，冰冷刺骨，必须穿干式潜水服，但壮美的峡谷、畅快的游泳体验以及如梦似幻般的水面倒影，使这种潜水体验变得独一无二。别指望看到鱼类，但要做好邂逅瑰丽视觉奇迹的准备。

Silfra位于辛格维尔国家公园内，这里是冰岛首届议会的举办地，从雷克雅未克出发到此进行一日游，十分方便。

962 墨西哥 跃入神圣的井中

在尤卡坦（Yucatán），人们用石灰岩创造了奇迹，看下玛雅人在丛林中建造的阶梯金字塔吧。然而，大自然总是更胜一筹：不妨去观赏这一半岛上星罗棋布的灰岩坑（cenote），它们是软性石灰岩被地下水溶解形成的。现在，在大多数灰岩坑里都能欣赏到壮观的钟乳石和石笋，它们在五彩的灯光映射下泛着光芒，难怪玛雅人将其中一些坑视为圣井。少部分灰岩坑深达数十公里，但包括Gran Cenote在内的都只有10米深，适合相对缺乏经验的潜水新手前来探访。你会惊叹于这些令人难以置信的自然创造。

Gran Cenote位于图卢姆（Tulum）以北4公里处，就在通往科巴（Cobá）的途中。在水下时要小心，不要破坏精美的钟乳石。

963 大堡礁 参加珊瑚狂欢会

世界上最长的珊瑚礁群拥有的可不仅仅是规模。诚然，你可以与许多庞然大物一同游泳：在鳕鱼洞（Cod Hole）有重达150公斤的豆鳕鱼和尖唇鱼，蜥蜴岛（Lizard Island）周边有活了一个世纪之久的巨型蛤蜊，还有在这2300公里长的礁石群沿线频频出没的魔鬼鱼、鲨鱼和鲸鱼。想要度过一个难忘的夜晚，就算好时间加入水下珊瑚狂欢会吧。珊瑚虫开始集体繁殖，无数卵子和精子被排入大海，往海面上漂去，就如同一场千变万化的暴风雪。这是难得一见的奇异景象，一年中只有几天会发生，所以肯定会让你无法忘怀。

珊瑚虫通常在春末满月之后的几天内产卵，基本上是在11月。向当地潜水机构询问大概日期。

964 开曼群岛 与魔鬼鱼一起畅游

一群个体宽达1米的海中怪兽，每个都武装了一根有毒而尖锐的尾翅，它们带着慑人的气势朝你滑行过来。在不过3米深的水域中，这应该是你能体验到的最激动人心的冒险了。在大开曼岛（Grand Cayman）北桑德（North Sound）的魔鬼鱼城（Stingray City），每天都会举办这样的水下宴会。据说当地渔民曾经习惯在这片平静的水域清洗捕捞到的鱼，而散发出的气味吸引了饥饿的魔鬼鱼。如今，渔民已经消失，但魔鬼鱼依然在这里优雅地游动着寻觅食物。穿上装备（不需要水鳍），做好被这些软骨鱼“吮吸式亲吻”的准备。记住不要碰它们，以免破坏魔鬼鱼体表的保护黏液。

12月至次年4月是最干燥、最凉爽的季节。下午，当乘船游览的游客离开后，将是在魔鬼鱼城潜水的最佳时间。

965 马来西亚西巴丹 验证库斯托的选择

雅克·库斯托（Jacques Cousteau）对蔚蓝深海了解颇多，因此任何被他形容为“保持原汁原味的艺术杰作”的地方肯定有与众不同之处。这种说法实在太保守了。西巴丹（Pulau Sipadan）是马来西亚婆罗洲沙巴（Sabah）东海岸边一座石灰岩岛屿，从深达600米的海床上升出海面。这是该地区仅有的深洋岛，作为唯一的亮点，吸引了无数令人眼花缭乱的海洋生物。这里以海龟（无论是活的，还是死的，向无数海龟的安息之所“海龟墓”表达敬意）、潜水以及3000多种鱼类闻名。

每天发放的潜水许可证的数量严格控制在120张。西巴丹不允许过夜。找有经验、可以帮你获取许可证的旅游机构预订行程。

规模宏大的丘克幽灵战舰水下博物馆。

966 探索珊瑚礁三角区

菲律宾和澳大利亚之间的水域，延伸至巴布亚新几内亚东部，蕴藏着这个星球最多样化的生态系统，而且可能是世界上最好的潜水场所：你能置身于大约605种珊瑚之间。四王群岛（Raja Ampat）上熊熊燃烧的篝火以及成群结队的海水鱼很出名，但若想看到巨大的扇柳珊瑚、色彩鲜艳的海鞭、蓝色的海星、礁鲨、洞穴和悬挂钟乳石，就得去紧邻巴布亚新几内亚的新西不列颠（West New Britain）金贝湾（Kimbe Bay）上偏远、高耸的火山峰。有些专家甚至推测这里可能是世界珊瑚的起源地。

金贝湾最适合潜水的时节是2月至6月，8月中旬至12月下旬也不错。

967 日本，探寻与那国岛神秘遗迹

与那国岛（Yonaguni）位于日本最西端，无论这座岛屿下方的巨大水下金字塔是古老的Mu文明所建造的，还是外星人留下的杰作，抑或只是奇特的天然岩石形成的（令人生疑），它的存在都令人瞠目结舌。直到1986年，人们才发现这一呈古怪几何形状、看似用100米长的巨石雕刻而成的建筑，它高达25米，据估计大约有8000年的历史。强劲的洋流意味着在这里潜水并不轻松，但金字塔的神秘，加上可能看到锤头鲨的刺激，都意味着你将不虚此行。

12月至次年2月的冬季，通常能看到锤头鲨。从石垣岛（Ishigaki）出发，每天有两趟航班飞往与那国岛，石垣岛的潜水体验也很棒。

JOE DOVALA/GETTY IMAGES ©

968 法属波利尼西亚，伦吉拉环礁随波逐流

在伦吉拉环礁（Rangiroa）体验放流潜水，会让你感觉正被排水孔的强大吸力拖拽着，这种感受是前所未有的。随着太平洋开始涨潮，在这一80公里长的环状珊瑚岛内，Avatoru Pass和Tiputa Pass两条水道的洋面将会上涨。计算好时间，你可以借助潮流和一大群海洋生物一同漂流。看着成群结队的宽吻海豚欢乐嬉戏，欣赏周围轻松穿梭的金枪鱼、梭鱼、鲹鱼和鲼鱼。你也能看到鲨鱼，礁鲨总是在那一带出没，偶尔也会有锤头鲨和身形巨大的魔鬼鱼。

通常情况下，1月和2月可以看到锤头鲨，9月和10月则是魔鬼鱼最集中出没的时节，但这里全年都非常适合潜水。

969 密克罗尼西亚丘克 拜访幽灵战舰

1944年2月，美军击沉了日军停泊在丘克潟湖（Chuuk Lagoon）天然港口的舰队。这座港口长225公里，由近环状的礁石围成。当时大约有60艘日军军舰沉入海底，残骸至今仍然得以保存，这可能是世界上令人印象最深刻的沉船潜水区。游过清透的海水，就如同参观水下军事博物馆，你能看到包括战斗机、坦克、汽车以及其他军事装备在内的各式展品。如今，幽灵战舰为成排成排的柳珊瑚、海葵、大群游弋的海水鱼等小型生物以及海龟、魔鬼鱼和鲨鱼等大型生物所占据。

丘克的旱季为12月至次年4月，而其余时间，雨水也只是断断续续的，水下能见度通常都很不错。

970 新西兰 向“穷骑士们”致敬

既冷又温暖，这便是穷骑士群岛（Poor Knights Islands，据说是库克船长用其非常喜欢的早餐布丁命名的）周边水域呈现出如此美妙的生物多样性的秘密所在。从赤道往南的温暖洋流与大陆架周边温度更低、营养丰富的水流相遇，吸引着各式海洋生物，例如魔鬼鱼、多种濑鱼、石斑鱼、虎鲸、海鳝、成群结队的王鱼、绚丽多彩的海蛞蝓和珊瑚虾。在摇曳生姿的巨藻林之间，可以看到柳珊瑚和海绵珊瑚，还有洞穴和悬崖。这里的水下能见度也非常好，是每个潜水爱好者心愿清单上必不可少的地方……至少，库斯托（Cousteau）是这么认为的。

穷骑士群岛与大陆板块分离的历史不少于18,000年，这里有很多稀有的陆地物种。如果没有许可证，不可以上岛。

跟随电影英雄的足迹

看过电影了？不要再沉浸于银幕故事，而是动身出发，像电影明星一样去这些令人印象深刻的目的地冒险吧。

971 乌干达默奇森瀑布国家公园

20世纪50年代，好莱坞在外景拍摄地的选择上可不会大费周章，至于追寻电影人足迹的事更是前所未闻。因此，《非洲女王号》（*African Queen*）并没有唤起太多热情的影迷前往乌干达和如今的刚果——这部电影的很多场景都是在那里拍摄的。或许他们应该去的。这片被尼罗河一分为二、为密林所环绕的辽阔草原，以丰富多样的野生动物（狮子、长颈鹿、野牛以及其他动物）而闻名。影片为人津津乐道的最终场景——亨弗莱·鲍嘉和凯瑟琳·赫本与德国战舰Louisa狭路相逢，就是在默奇森瀑布（Murchison Falls）附近的艾伯塔湖（Lake Albert）边上拍摄的。

在计划行程前先了解最新的旅行建议：尽管该公园总体而言很安全，但毗邻不时会遭到安全威胁的刚果共和国。

972 秘鲁北亚马孙

当沃纳·赫尔佐格（Werner Herzog）开始着手拍摄其两部以秘鲁丛林为背景的经典作品《阿基尔，上帝的愤怒》（*Aguirre, the Wrath of God*）和《陆上行舟》（*Fitzcarraldo*）时，他一心"力求真实"。纳奈河（Nanay）和瓦亚加河（Huallaga）沿途的几个地方成为《阿基尔，上帝的愤怒》一片的外景拍摄地，大队人马乘坐竹筏漂流，再现了西班牙征服者沿河寻找黄金国的经历。十年之后，《陆上行舟》的拍摄产生了诸多众所周知的故事：疾病、截肢、与当地原住民部落的争执以及赫尔佐格与这两部影片的男主角克劳斯·金斯基（Klaus Kinski）之间紧张的关系。在这片亚马孙流域的水道中，你依然可以体验漂流和丛林冒险。人们依然生活在伊基托斯，谈论着《陆上行舟》拍摄期间的第一手资料。

将La Casa Fitzcarraldo（www.casafitzcarraldo.com）作为你的大本营，这座位于伊基托斯的殖民风格建筑就是当年《陆上行舟》剧组的下榻地。

973 土耳其伊斯坦布尔

要拍摄追逐场景，没有理由不选择伊斯坦布尔吧？东西方文化交融（有多少城市能够横跨两个大陆？）、古老清真寺勾勒出的完美天际线、无处不在的集市和连绵的屋顶，加上特技动作，这一切都让人兴奋不已，而007电影《大破天幕杀机》（*Skyfall*，2012年）的开场将这些一一呈现出来。不过这座伊安·弗莱明（Ian Fleming）最爱的城市早已成为闻名遐迩的电影取景地。很少有人知道，早在1964年，正是盗窃题材电影《土京盗宝记》（*Topkapi*）让伊斯坦布尔真正成为冒险片地图上不可或缺的取景地。

鼓起勇气，像丹尼尔·克雷格（Daniel Craig）那样驾着摩托车在埃米诺努广场（Eminönü Square）和新清真寺（New Mosque）呼啸而过。

974 新西兰《魔戒》拍摄地

从来没有哪一部冒险电影能像彼得·杰克逊里程碑式的三部曲那样将一个地方（他的家乡新西兰）的美妙展现得如此淋漓尽致。想跳过电影中霍比特人一路所经历的艰难险阻？那就直接去中土世界可怕的"魔多"，即汤加里罗国家公园所在地。在群山深处，藏着电影中的末日火山瑙鲁霍伊山。蒂阿瑙（Te Anau）西北的玛佛拉湖（Mavora Lake）地区就是树人所在的法贡森林（Fangorn Forest），而寻找霍比特人家园夏尔的人应该去汉密尔顿附近的玛塔玛塔（Matamata）周边起伏的浅绿色农场。

登瑙鲁霍伊山需要耗费数小时，相当于爬一座巨大的沙丘。这座山基本上就是一大堆沙灰。

975 约旦 佩特拉

你不用像哈里森·福特在《夺宝奇兵3之圣战骑兵》（*Indiana Jones and the Last Crusade*）中那样需要通过重重考验（例如忏悔或掉脑袋），就能悠然自得地领略这一凿刻在砂岩悬崖上、举世闻名的沙漠之城的雄伟壮观。经典参观路线就是从狭窄的赤锈色峡谷蛇道（Siq）进入，来到卡兹尼神殿（Al Khazneh，金库所在地），这是佩特拉众多古老遗迹中的佼佼者，和电影里展示的一样，不过少了纳粹分子。这里有足够多的古迹，你可以花上好几天的时间慢慢游览。无须担心生命受到威胁，莫着急。

如果觉得《夺宝奇兵》还不够经典，那就奔向另一个在岩石上凿刻出来的山谷瓦迪拉姆（Wadi Rum），它位于约旦南部，《阿拉伯的劳伦斯》（*Lawrence of Arabia*）就是在那里拍摄的。

976 多米尼克 加勒比海盗出没地

停船！无怪乎杰克·斯派洛船长（《加勒比海盗》中的角色）对这里念念不忘，决定再拍续集。在所有虚张声势的景点中，影迷们最爱的应该是北海岸那崎岖起伏的悬崖林（还记得水轮决斗吗？）和剔透峡谷（他们被吹飞镖的部落追逐）。爬满蕨类的悬崖之间流淌着蓝色水流，在其中漂流可一睹电影拍摄时留下的各式物品。多米尼克以潜水出名，而且约翰尼·德普（Johnny Depp）穿着海盗装潜过水，但这并不意味着你也需要这么做。

从剔透峡谷徒步到莫尔纳·特鲁瓦·皮斯通斯国家公园（Morne Trois Pitons National Park）另一边的沸湖（Boiling Lake），沿途风光独好。

977 美国 拉什莫尔山

好吧，当《西北偏北》（*North by Northwest*）渐入高潮时，加里·格兰特（Cary Grant）和爱娃·玛丽·森特（Eva Marie Saint）其实没必要在这座具有纪念意义的山的边缘处上演英雄救美的戏码，不是吗？不过这确实成为电影史上的经典一刻。今天来到南达科他州这一地标，你能比加里和爱娃更接近这四座巨大的总统头像雕塑，它们于1927年至1941年由格曾·鲍格勒姆（Gutzon Borglum）及其帮手利用天然悬崖雕刻而成。不过，别妄想在林肯的眉毛上玩绳降，自从雕像完成后，这里就禁止攀登了。

拉什莫尔山不过是你在南达科他州探险游的起点，这里的黑山（Black Hills）和荒原（Badlands）广袤无垠，为群山、草原和如月球表面地形一般的石质沙漠所覆盖。

978 美国 昔日66号公路

在诸如落日火山口纪念碑（寻求搭车的杰克·尼科尔森就是在这里上车的）和彩绘沙漠等位于亚利桑那州的地方，学习《逍遥骑士》（*Easy Rider*），像丹尼斯·霍珀（Dennis Hopper）和彼得·方达（Peter Fonda）那样骑上机车驰骋。追随这部经典公路电影，意味着你要沿着已经“退役”的66号公路前行，尽管这条公路从没穿过路易斯安那州，但《逍遥骑士》做到了。可以到新奥尔良，电影在这里的Mardi Gras狂欢节期间拍摄。还可到克罗茨斯普林斯（Krotz Springs），这里是英雄们的旅程突然终结的地方。

在亚利桑那州贝利蒙特（Bellemont）的Roadhouse Bar & Grill停留，听路过的逍遥骑士们谈天说地，看一眼那块众人皆知的“没有空房”（No Vacancy）的标牌。

979 中国 安吉大竹海

《卧虎藏龙》让武侠片重拾视觉艺术。在一定程度上，这部影片奉上的视觉盛宴得益于导演李安喜欢的行云流水、刚柔并济的武当意境，但也少不了那令人惊叹的森林，这里是中国最后的大片竹林之一。置身于沙沙作响的翠竹间，回想章子怡和周润发在这里摇曳追逐的场景，这个场景肯定能跻身有史以来最伟大的电影打斗场面之列。竹林中还设有过山车，你可以在竹海间极速穿梭——即便是影片的主角们也会为你啧啧称奇。

从上海出发到安吉的公共汽车体系出了名的复杂，在安吉可乘坐出租车或摩的前往竹林。

980 突尼斯 撒哈拉沙漠

天行者卢克（Luke Skywalker）的故乡塔图因（Tatooine）其实并非遥不可及，它就在突尼斯南部的沙漠地带。《星球大战》（*Star Wars*）系列中有四部是在这一地区取景的，而塔图因这个星球的名字就源于突尼斯的小镇Tataouine。《星球大战》的忠实影迷可以住进卢克的家（好吧，寄养家庭），即如今的Hotel Sidi Driss（在Lars餐厅用餐）。欧比旺·克诺比的黏土坯房就是杰尔巴岛（Djerba）上一处被遗弃的隐居所。在所有电影的取景地中，Mos Espa（塔图因腐化的太空基地之一）得以完美保存下来，今天看来就如同荧幕上一样古怪。

突尼斯的《星球大战》景观精华应该位于梅德宁（Medenine）及其周边的萨夫（ksour，意为粮仓）。

最刺激的蜜月冒险

与心爱的人正式迈入婚姻殿堂并不意味着生活节奏会就此放慢。继续和爱人一同冒险，找到让你心跳不止的刺激和兴奋感。痛恨浪漫情调的人，现在把脸转过去吧。

981 美国拉斯维加斯跳伞婚礼

用一句拖长的“我愿意”向心爱的人做出承诺吧。好吧，你们其实没法在半空中结婚，但你们可以在飞机上缔结连理，然后纵情一跃。或者随降落伞优雅地飘落至拉斯维加斯外围的内华达沙漠，在亲朋好友的见证下宣读结婚誓言。无论选择哪种方式，当你们肩并肩飞翔在空中、开始下一阶段的冒险时，在快乐的尖叫声的伴随下，婚礼前的紧张和烦躁都将不复存在。

出于安全考虑，你和你的伴侣在跃入空中时，是分别和一名教练绑在一起，而不是彼此相伴的。具体细节查询www.vegasextremeskydiving.com。

982 法国勃艮第乘坐热气球

想一起体验更为温和的冒险，不妨来到法国勃艮第地区。和你的另一半一道爬进巨大的篮筐，飞至森林和葡萄园的上空。当你们欣赏点缀着村庄与河流的童话仙境时，必须来上一杯当地产的葡萄酒。你可能会很兴奋，但整个乘坐体验是很平稳的。篮筐很稳固，所以你不会觉得头晕恶心。相反，当你们掠过树顶，欣赏日出或日落美景时，会感到无比自由畅快。

穿衣指数：着陆的时候穿保暖的衣服。在空中，由于热气球燃烧器的作用，脱掉外套，穿凉快的衣服。乘坐热气球的费用大约为每人250美元，可以持续几小时。具体情况登录www.franceballoons.com。

983 摩洛哥马拉喀什阿特拉斯山脉骑马

环绕这一广阔山脉带的干旱、恶劣地形不愧为真正的挑战。马拉喀什（Marrakech）崎岖多岩的平原和雄伟的山峦可能看似令人胆寒，但你能得到极好的回报：领略瀑布和淡水泉的生动之美，在沿途还能邂逅骆驼、猴子和各种鸟儿。你骑在马背上，从古老的菲斯古城（Fez）到遍布黏土屋的柏柏尔人居住的村庄，然后再前往山间的湖泊。在此过程中，不妨和你的伴侣来一场友谊赛，比比谁是更出色的骑手。

类似旅程的持续时间从1天到10天不等，一天至多骑行8小时。具体查询www.trekmorocco.com。

984 约旦和以色列死海漂浮

沉下去或者游泳……在死海，这两件事你都没法做。含盐量极高的死海水可以让你仰面漂浮在乳蓝色的海面上，你也可以像超级英雄那样飞翔其上。这样，你们就能感受到平静的浪漫。数千年来，不断有人来到这里以求恢复健康（《圣经》中的大卫王就是死海常客），比如降低紫外线对皮肤的伤害（因为死海是陆地最低点）。黑泥能让你的皮肤获得重生，变得柔软光滑，但要避免眼睛接触黑泥，否则刺痛感会让你尴尬地落泪。

最适合来到死海的时间为10月至次年4月，届时的天气较为凉爽。了解更多信息及旅游机构，查询www.goisrael.com。

ARCTIC-IMAGES/GETTY IMAGES ©

放松加浪漫：在冰岛的蓝潟湖，一切都显得那么自然。

985 冰岛 蓝潟湖游泳

位于熔岩地貌上的雾气弥漫的户外水疗场所具备让人卸下包袱、彻底放松身心的魔力。好吧，它不会让你将人际关系抛诸脑后，但这里富含矿物质的水能让你的皮肤变得光滑洁净。有些人甚至声称，这里保持在37摄氏度至39摄氏度之间的水能治好皮肤病。蓝潟湖（Blue Lagoon）的本地人清楚，当成双成对的伴侣离开这片神奇的地方时，他们能变得多么甜蜜，因此他们为爱侣们量身定制了Romance for Couples打包服务，包括一顿亲密的晚餐以及一同浸泡在水中的机会。

在进入水疗池前后，必须淋浴。蓝潟湖（www.bluelagoon.com）与冰岛首都雷克雅未克相距40分钟车程，与主要的机场相距20分钟车程。

Neil Setchfield/Getty Images ©

雄伟壮丽的危地马拉奇迹：探寻玛雅人“失落的世界”来庆祝蜜月。

986 危地马拉 发现蒂尔卡“失落的世界”

蒂尔卡（Tikal）的玛雅神庙遗址美丽且神秘，来这里冒险无疑是浪漫的体验。当你置身于丛林深处，与吼猴、鹦鹉、犀鸟以及无数此前从未见过的动物为伍时，你会情不自禁地感觉自己就像是旧世界的探险家。和你的伴侣一同爬上金字塔的阶梯（小心，这些阶梯非常高），从而领略这一“失落的世界”的风采。1000多年前，这座玛雅中心城池曾经无比繁荣。

12月至次年2月最适合去蒂尔卡，这样能避开4月至5月的炎热以及5月至9月的雨水。

987 伯利兹 探洞漂流

想度过一个质朴宜人的蜜月，拥有湛蓝的天空和摇曳的棕榈树的伯利兹（Belize）可能是不错的选择。但如果渴望更刺激的体验，那就去Nohoch Che' en Caves Branch挑战探洞漂流吧。这一地下洞穴系统的水或许很冷，但景观之壮美摄人心魄。在头灯的照射下，你能见到千姿百态的钟乳石和晶莹剔透、色泽美丽的结晶体，还有盲眼的洞穴鱼以及玛雅人留下的杰作。要增添浪漫气息，可在日落时探洞漂流。在黄昏时分进入洞穴，穿过黑暗，出了洞穴漂至下游，头顶是璀璨的星空，周围丛林齐声为你们合唱动听的小夜曲。

Nohoch Che' en Caves Branch考古保护区在贝尔莫潘（Belmopan）附近，从伯利兹城驱车前往非常方便。想了解更多信息，见www.cavetubing.bz。

988 日本出云 出云大社

在日本最古老的神社祈祷，要拍四次手，两次是为你自己，两次是为你心仪的人（即便你们已经缔结连理）。伴随着好运和放进功德箱的硬币，婚姻与幸福之神会带给你们快乐，让你们幸福安康。最起码这一规模宏大、漂亮的寺庙群能唤起你对日本文化的喜爱。节日期间来到这里，能得到更多的祝福。

出云大社每天都免费对外开放。你可以从出云大社前站（Izumo Taisha-mae）火车站步行至此。具体查询www.jnto.go.jp/eng/location/spot/shritemp/izumotaisha。

989 悉尼 裸体海滩游泳

悉尼是最能体现澳大利亚海滩特色的地方：黄金沙滩遇上蔚蓝天空，流畅齐整的海浪邂逅轻松惬意的文化。女士湾海滩（Lady Bay Beach）是一处与世隔绝的裸体海滩，是将各式禁忌抛诸脑后、尽情享受澳洲温暖阳光的完美地方。记住在不常裸露的皮肤上多抹点防晒霜。相互搂抱没问题，但更进一步的亲热最好还是留到酒店套房再说吧。不远处还有很棒的户外用餐点，也可以选择在海滩上享用蜜月香槟，欣赏日落美景。

12月至次年2月，太阳最为暖和，是来此游玩的最佳时节。

990 格陵兰岛 乘船游北极

北极圈是一片荒袤之地。大多数旅行者终生都没有机会踏上这里，正是这个原因让北极圈得以保持质朴的原始面貌。这片冰封之地的绝大部分区域都没有受到人类及其建筑、污染或者政治的玷污。尽管格陵兰的字面意思为“绿色的土地”，可到了冬季，这里就会变成一个白雪皑皑的世界，有北极熊、驯鹿和麝牛出没。乘船游北极，你可以在安全、温暖舒适、有美味佳肴供应的情况下领略北极风光，远处会有座头鲸浮出水面，可留意观察。

这一奢华冒险费用可达数千美元。乘船游北极线路在“夏季”（6月至9月）运营。具体见www.arcticodysseys.com。

跃然于纸上的探险经历

受伟大探险的启发，追随非凡行者的脚步，
或者，如果你无法企及他们的高度，
不妨坐在沙发上，沉浸于书中描绘的世界。

991 追随希拉里和丹增的登山足迹

英国是如何与人类首次攀登世界最高峰联系在一起的？1953年，希拉里（Hillary）、丹增（Tenzing）及其他珠穆朗玛峰远征队[由约翰·亨特爵士（Sir John Hunt）带领]的成员，在为具有史诗意义的攀登训练做准备时，就选择了威尔士的最高峰雪墩山（Snowdon）。你可以追随他们的足迹，攀登经典的雪墩马蹄形路线（Snowdon Horseshoe）。你将翻过陡峭险峻的Crib Goch，登上顶峰，然后从毗邻的Y Lliwedd峰下山。当年那支远征队还徒步攀登过瑞士的少女峰（Jungfraujoch）和莫希峰（Mönch），看来这是个顺便前往阿尔卑斯山脉的好借口。

阅读亨特（Hunt）的书《珠峰攀登》（*The Ascent of Everest*），了解1953年远征队的故事。攀登完雪墩山后，可以去Pen-Y-Gwryd享用啤酒，参观当年远征队留下的物品。

992 发现你自己的摩托禅宗

作为冒险游记，《万里任禅游》（*Zen and the Art of Motorcycle Maintenance*）收获的评价可能不高。这本书具有的影响力，更多的是来自其蕴含的哲学理念，而不是令人肾上腺素增加的描述。从明尼阿波利斯（Minneapolis）开始，翻越蒙大拿州起伏的山峦，经爱达荷州和俄勒冈州进入著名的太平洋海岸公路（Pacific Coast Highway）。无论是驱车，还是驾驶摩托车，无论你是否读过这本书，跟随作者罗伯特·波西格（Robert Pirsig）的足迹，你都能看到大多数人所看不到的美国。1968年，波西格和儿子花了17天首次完成这趟旅程，因此你至少要留出这么多时间。

上网查找整条路线相关的Google地图，地图附带图片、路线描述。最好再带上书中相关的摘录。

993 骑行喜马偕尔邦

1963年的那个严冬，旅行传奇人物黛芙拉·墨菲（Dervla Murphy）独自一人从爱尔兰骑自行车到印度，她后来在《全速冲刺》（*Full Tilt*）一书中记录了这段经历。在通往印度的途中，她不得不和冰封的山口、小偷以及蓄意袭击作斗争。从德里开始，她骑到达兰莎拉（Dharamsala），在那里，她成为救助儿童会（Save the Children）的志愿者。从那里到库尔卢山谷（Kullu Valley），对于骑车旅行者而言，堪称一段令人难以置信的路线，因为沿途需要翻过海拔3978米高的罗唐山口（Rohtang Pass）。

带上自行车飞到德里，接下去就是5天的攀登库尔卢的骑行之旅，不过要留出足够的时间以适应德里以外炎热的天气、穿过昌迪加尔（Chandigarh）的上坡路段以及高海拔。

994 领略最美的马特洪峰

马特洪峰耸立于采尔马特旁边，但人类首次登上其顶峰的壮举却蒙着一层阴影。1865年，当马特洪峰首次被人类征服时，爱德华·温伯尔（Edward Whymper）是欢庆队伍中的一员，然而，下山途中发生意外，一名经验不足的攀登者滑倒，连带其他三个人一起丧命。温伯尔在《攀登阿尔卑斯山脉》（*Scrambles in the Alps*）一书中描述的那条路线，如今成为登顶的"常规"路线。对于经验丰富的登山者而言，这是经典的阿尔卑斯上坡路线。如果你打算首次尝试攀登阿尔卑斯山脉，那就前往邻近的布莱特峰。

良好的环境适应能力、正确的装备以及登山技能（包括能够使用冰镐和登山钉鞋），都是攀登布莱特峰所不可或缺的要素。

995 骑行穿越西班牙

1934年，只会说一句西班牙语的洛瑞·李（Laurie Lee）带上小提琴，搭船前往维戈（Vigo），然后徒步穿越正值内战的西班牙。他的《当我走出一个仲夏早晨》（*As I Walked Out One Midsummer Morning*）讲述了他是如何通过卖艺表演，一路露宿地走过这个国家的。如今从英国出发，有渡船前往桑坦德（Santander）或者毕尔巴鄂（Bilbao），从那里你可以骑自行车翻越欧洲之巅（Picos de Europa），然后经过萨拉曼卡（Salamanca）、马德里、科尔多瓦（Cordoba）和格拉纳达等城市。在挑战你自己的期望值的同时，细细品味西班牙和西班牙人。

西班牙是个让人意外的多山国家，但非常适合骑自行车探索。至少留出3周的时间。预订从马拉加返回的航班。

996 徒步横穿南乔治亚岛

厄尼斯特·萨克尔顿（Ernest Shackleton）的远征队原本计划穿越南极洲，然而他的“坚忍号”被浮冰困住，穿越计划就此泡汤。远征队员被迫在冰天雪地中生存了数月之久，接着他们进行了两次大胆的开阔水面航行以及有史以来首次有记录的南乔治亚岛高山翻越。这期间没有队员丧命，最终所有人都获救。你可以跟随萨克尔顿的足迹，参加有组织的南乔治亚穿越徒步行，直到斯特罗姆内斯（Stromness）捕鲸站。1922年，萨克尔顿重返这座岛，但不幸因心脏病发作辞世。

Aurora Expeditions（www.auroraexpeditions.com.au）组织南乔治亚岛徒步游。带上一本萨克尔顿撰写的关于“坚忍号”远征的《南极》（*South*）。

997 发现之旅

古板的科学家或勇往直前的行者？查尔斯·达尔文在“小猎犬号”上度过了5年时光，但是他对加拉帕戈斯群岛5周的探索及其与自然选择论的联系，使得这些岛屿被赋予近乎神话的色彩。探访这里13座主要的岛屿能让你有机会与海鬣蜥、魔鬼鱼、鲨鱼、海龟甚至巨型陆龟面对面。如果你想体验更加刺激的观鸟游，可以追踪嘴部灵活、能当工具使用的啄木鸟，不会飞的鸬鹚或者加岛鹭。

从没想过乘船渡海前往加拉帕戈斯群岛？你有伴了。在《乘小猎犬号环球航行》（*The Voyage of the Beagle*）一书中，达尔文这么写道：“我厌恶，我憎恨大海以及所有航行在海面上的船只。”

998 安纳布尔纳环线

第一支登上8000米高峰的队伍是在缺乏精准地图、没有氧气供给以及天气恶劣的情况下完成这一壮举的。然而，在下山途中，他们遭遇了手套遗失、雪崩和冻伤等不幸。毛里斯·赫尔佐格（Maurice Herzog）在事故中失去了手指，在撰写《安纳布尔纳》（*Annapurna*）一书时，他只能口述，无法打字。如果这些动摇了你尝试攀登8000米山峰的念头，不妨选择安纳布尔纳环线。在大约3周的徒步旅程内，你最高可攀至海拔5416米的高度，沿途可以欣赏壮美的喜马拉雅地形，这将是在其他地方无法感受到的体验。安纳布尔纳被认为是尼泊尔最好的徒步路线，你能发现风景如画的村庄、令人惊叹的山间风光，还能居住在很棒的徒步小屋中。

顺带前往Manang、Muktinath和Jomsom。这样虽然会延长旅行时间，但这些都是沿途不可错过的亮点。

999 发现寂静的世界

雅克·库斯托（Jacques Cousteau）丰富多彩的海洋生涯让无数人见识到了深海的瑰丽。他的第一本书《寂静的世界》（*The Silent World*）记录了发明解放当代潜水者的水肺的过程，他用抒情般的语句生动描绘了水下各式生物以及发现。全世界都有潜水课程，你可以报名参加，从而体验库斯托式的冒险。泰国的涛岛（Koh Tao）是学习潜水的热门地点，可以提供很棒的潜水体验。在五彩斑斓的珊瑚间缓缓滑行，学习在水下保持静止不动的技巧，做好与海龟、魔鬼鱼以及小丑鱼亲密接触的准备吧。

前往涛岛的交通很便捷，且岛上住宿消费不高，因此极受潜水爱好者的欢迎。4月至10月的淡季前来可以避开人群。

1000 发现秘鲁最好的高山徒步路线

从大锡乌拉峰（Siula Grande，6344米）的顶部下山时，灾难发生了，摔断了腿的乔·辛普森（Joe Simpson）仅靠一根绳索悬挂在空中，他的同伴别无选择，只能割断绳子。辛普森在《触及巅峰》（*Touching the Void*）中记录的艰难爬过裂缝和冰川、最终保全性命的经历，成为登山界的传奇之一。攀登这座山绝非易事，但这一地区拥有世界上最美的高山徒步风光：为积雪所覆盖的起伏群峰、水晶蓝色的湖泊和陡峭的山脊，还有与当地人沟通交流的机会。

5月至9月是这里最适合攀登的时节，可在当地村庄里找一名经验丰富、见多识广的向导。

幕后

关于本书

这是Lonely Planet《1000极致探险体验》的第1版，由Brett Atkinson、Kate Armstrong、Andrew Bain、Robin Barton、Sarah Baxter、Greg Benchwick、Joe Bindloss、Paul Bloomfield、Catherine Bodry、Lucy Burningham、Jean-Bernard Carillet、Ethan Gelber、Sam Haddad、Virginia Jealous、Pat Kinsella、Jessica Lee、Kate Rew、Caroline Sieg、Matt Swaine、Phillip Tang、Ross Taylor、Jonathan Thompson、Steve Waters、Luke Waterson、Jasper Winn、Karla Zimmerman共同撰写。

本书为中文第一版，由以下人员制作完成：

项目负责 关媛媛

内容统筹 谭川遥

翻译统筹 肖斌斌

翻　　译 陈薇薇　齐浩然　焦晓菊　邹云

内容策划 夏筱雅　李小可

视觉设计 李小棠　佟雪莹　尹家琤

协调调度 丁立松　富晓敏

责任编辑 杨帆

特约编辑 菜畦

编　　辑 李偲涵

终　　审 石忠献

流　　程 李晓龙

排　　版 北京梧桐影电脑科技有限公司

感谢王若玢、张桐、李斯、潘英为本书提供的帮助。

声明

封面图片：挪威夜晚的北极光；Antony Spencer / GettyImages。

说出你的想法

我们很重视旅行者的反馈——你的评价将鼓励我们前行，把书做得更好。我们同样热爱旅行的团队会认真阅读你的来信，无论表扬还是批评都很欢迎。虽然很难一一回复，但我们保证将你的反馈信息及时交到相关作者手中，使下一版更完美。我们也会在下一版特别鸣谢来信读者。

请把你的想法发送到china@lonelyplanet.com.au，谢谢！

请注意：我们可能会将你的意见编辑、复制并整合到Lonely Planet的系列产品中，例如旅行指南、网站和数字产品。如果不希望书中出现自己的意见或不希望提及你的名字，请提前告知。请访问lonelyplanet.com/privacy了解我们的隐私政策。

1000极致探险体验

中文第一版

书名原文：*1000 ULTIMATE ADVENTURES*
（1st edition, September 2013）

本中文版由中国地图出版社出版

图书在版编目（CIP）数据

1000极致探险体验／澳大利亚LonelyPlanet公司编；陈薇薇等译. -- 北京：中国地图出版社, 2015.7（2017.8重印）
书名原文: 1000 Ultimate Adventures
ISBN 978-7-5031-8672-1

Ⅰ. ①1… Ⅱ. ①澳… ②陈… Ⅲ. ①探险－世界
Ⅳ. ①N81

中国版本图书馆CIP数据核字(2015)第145757号

出版发行 中国地图出版社
社　　址 北京市白纸坊西街3号
邮政编码 100054
网　　址 www.sinomaps.com
印　　刷 北京华联印刷有限公司
经　　销 新华书店
成品规格 185mm×240mm
印　　张 22
字　　数 803千字
版　　次 2015年7月第1版
印　　次 2017年8月北京第2次印刷
定　　价 99.00元
书　　号 ISBN 978-7-5031-8672-1
图　　字 01-2015-0948

*如有印装质量问题，请与我社发行部（010-83543956）联系